高等院校计算机规划教材　多媒体系列

Premiere Pro CC 2015 中文版应用教程

Pr

张　凡　等◆编著

中国铁道出版社有限公司
CHINA RAILWAY PUBLISHING HOUSE CO., LTD.

内 容 简 介

本书属于实例教程类图书。全书分为9章，内容包括视频剪辑的基础知识、Premiere Pro CC 2015操作基础、视频过渡的应用、视频效果的应用、运动效果的应用、字幕的应用、获取和编辑音频、视频影片的输出和综合实例等内容。

本书定位准确、教学内容新颖，深度适当。在编写形式上完全按照教学规律编写，因此非常适合实际教学。本书中理论和实践的比例恰当，教材、资源素材两者之间互相呼应，相辅相成，为教学和实践提供了极其方便的条件。特别适合应用型高等教育注重实际能力的培养目标，具有很强的实用性。

本书适合作为高等院校的教材，也可作为社会培训班的教材及后期制作和剪辑爱好者的自学参考用书。

图书在版编目（CIP）数据

Premiere Pro CC 2015中文版应用教程 / 张凡等编著. —北京：中国铁道出版社有限公司，2019.7（2022.7重印）

高等院校计算机规划教材. 多媒体系列

ISBN 978-7-113-25750-7

Ⅰ. ①P… Ⅱ. ①张… Ⅲ. ①视频编辑软件－高等学校－教材 Ⅳ. ①TP317.53

中国版本图书馆CIP数据核字（2019）第081840号

书　　名：Premiere Pro CC 2015中文版应用教程

作　　者：张　凡　等

策　　划：汪　敏　　　　**编辑部电话**：（010）51873628

责任编辑：汪　敏　冯彩茹

封面设计：崔　欣

责任校对：张玉华

责任印制：樊启鹏

出版发行：中国铁道出版社有限公司（100054，北京市西城区右安门西街8号）

网　　址：http://www.tdpress.com/51eds/

印　　刷：三河市荣展印务有限公司

版　　次：2019年7月第1版　2022年7月第2次印刷

开　　本：880 mm×1 230 mm　1/16　**印张**：16.75　**字数**：377千

书　　号：ISBN 978-7-113-25750-7

定　　价：49.80元

前言

PREFACE

Premiere Pro CC 2015 是由 Adobe 公司开发的视频编辑软件，使用它不仅可以编辑和制作电影、DV、栏目包装、字幕、网络视频、演示、电子相册等，还可以编辑音频内容。

本书属于实例教程类图书，全书分为 9 章，主要内容如下：

第 1 章：视频剪辑的基础理论，主要讲解了视频剪辑相应的理论和视频编辑知识。

第 2 章：Premiere Pro CC 2015 操作基础，讲解了关于 Premiere Pro CC 2015 基本操作方面的相关知识。

第 3 章：视频过渡的应用，讲解了 Premiere Pro CC 2015 有关视频切换方面的相关知识，并理论联系实际，通过 4 个实例具体讲解 Premiere Pro CC 2015 的视频切换在视频编辑中的具体应用。

第 4 章：视频效果的应用，讲解了 Premiere Pro CC 2015 有关视频特效方面的相关知识，并理论联系实际，通过 5 个实例具体讲解 Premiere Pro CC 2015 的视频特效在视频编辑中的具体应用。

第 5 章：运动效果的应用，讲解了利用 Premiere Pro CC 2015 对素材进行运动和透明度的编辑设置的相关知识。并理论联系实际，通过两个实例具体讲解 Premiere Pro CC 2015 的运动效果在视频编辑中的具体应用。

第 6 章：字幕的应用，讲解了字幕的创建、编辑和动态字幕方面的相关知识，并联系实际具体讲解 6 个 Premiere Pro CC 2015 字幕在视频编辑中具体应用的实例。

第 7 章：获取和编辑音频，讲解了利用 Premiere Pro CC 2015 获取和编辑音频方面的相关知识。

第 8 章：视频影片的输出，讲解了利用 Premiere Pro CC 2015 进行视频影片输出方面的相关知识。

第 9 章：综合实例，利用前面各章的知识，通过两个实例的具体讲解，旨在帮助读者独立完成相关的剪辑操作。

本书是“设计软件教师协会”推出的系列教材之一，实例内容丰富、结构清晰、讲解详尽、富于启发性。全部实例都是由多所院校（中央美术学院、北京师范大学、清华大学美术学院、北京电影学院、中国传媒大学、天津美术学院、天津师范大学艺术学院、首都师范大学、山东理工大学艺术学院、河北职业艺术学院）具有丰富教学经验的知名教师和一线优秀设计人员从长期教学和实际工作中总结出来的，每个实例都包括制作要

前　言 PREFACE

点和操作步骤两部分。为了便于读者学习，每章最后还有课后练习，以便于读者对每章所学的知识进行巩固加深。

本书由张凡等编著，参与编写的人员还有刘若海、李松、程大鹏、于元青、曲付、何小雨等。

由于编写时间仓促，书中难免存在疏漏和不足之处，恳请读者批评指正。

编　者

2019 年 3 月

目录

CONTENTS

视频剪辑的基础理论 第1章

本章重点

随着数字技术的兴起，影片剪辑早已由直接剪接胶片演变为借助计算机进行数字化编辑的阶段。然而，无论是通过什么样的方法来编辑视频，其实质都是组接视频片段的过程。不过，要如何组接这些片段才能符合人们的逻辑思维，并使其具有艺术性和欣赏性，便需要视频编辑人员掌握相应的理论和视频编辑知识。通过本章的学习，读者应掌握以下内容：

- 掌握视频编辑的基本概念；
- 掌握镜头组接的基本知识；
- 掌握常用数字视频和音频格式；
- 掌握线性编辑和非线性编辑的相关知识。

1.1 视频编辑的基本概念

在视频编辑的过程中，根据编辑对象的特点及最终完成作品的内容属性，经常需要用到一些基本的概念，下面就进行具体讲解。

1.1.1 视频画面的运动原理

视频的概念最早源于电视系统，是指由一系列静止图像所组成，但能够通过快速播放使其“运动”起来的影像记录技术。也就是说，视频本身不过是一系列静止图像的组合而已，它是通过多幅内容相近的画面被快速、连续播放时，在人类大脑产生的“视觉滞留”原理的影响下认为画面中的内容在运动。所谓“视觉滞留”原理就是当眼前物体的位置发生变化时，该物体反映在视网膜上的影像不会立即消失，而是会短暂滞留一段时间。

1.1.2 数字视频

数字视频的形成过程是：先用摄像机之类的视频捕捉设备，将外界影像的颜色和亮度信息转变为电信号，然后将其记录到储存介质（如录像带）中。在播放时，视频信号被转变为帧信息，并以约 30 帧 / s 的速度投影到显示器上，使人类的眼睛误认为它是连续不间断地运动着的。电影播放的帧率大约是 24 帧 / s。如果用示波器（一种测试工具）来观看，未投影的模拟电信号的山峰和山谷必须通过数字 / 模拟（D / A）转换器来转变为数字的“0”或“1”，这个转变过程就称为视频捕捉（或采集过程）。要在电视机上观看数字视频，需要一个从数字信号到模拟信号的转换器，将二进制信息解码成模拟信号。

1. 模拟信号

传统的模拟摄像机是把实际生活中看到、听到的内容录制成模拟格式。如果是用模拟摄像机或者其他模拟设备（使用录像带）进行制作，还需要能将模拟视频数字化的捕获设备，一般计算机中安装的模拟视频捕获卡就是起这种作用的。模拟视频捕捉卡有很多种，它们之间的差异表现在可以数字化的视频信号的类型、被数字化视频的品质等方面。Premiere 或者其他软件都可以进行数字化制作。一旦视频被数字化之后，就可以使用 Premiere、After Effects 或者其他软件在计算机中进行编辑。编辑结束以后，为了方便，也可以再次通过视频进行输出。在输出时，可以使用 Web 数字格式，或 VHS、Beta-SP 等模拟格式。

2. 数字信号

使用数码摄像机可以把录制方式保存为数字格式，然后将数字信息载入计算机中进行制作。使用最广泛的数码摄像机采用的是 DV 格式。将 DV 传送到计算机上要比模拟视频更加简单，因为视频保存方式已经被数字化。所以，只需要一个连接计算机和数据的通路即可。最常见的连接方式是使用 IEEE 1394 卡，使用 DV 设备的用户普遍使用这种格式，也可以通过其他方式接收，不过这个方法是最普通、最常用的。

1.1.3 帧、场与扫描方式

帧、场、扫描方式这些词汇都是视频编辑中常出现的专业术语，它们之间的共同特点是都与视频播放息息相关。

1. 帧

视频是由一幅幅静态画面所组成的图像序列，而组成视频的每一幅静态图像便被称为“帧”。也就是说，帧是视频（包含动画）内的单幅影像画面，相当于电影胶片上的每一格影像，以往人们常说到的“逐帧播放”指的便是逐幅画面地查看视频。

在播放视频的过程中，播放效果的流畅程度取决于静态图像在单位时间内的播放数量，及“帧速率”，其单位是帧 /s。目前，电影画面的帧速率是 24 帧 /s，而电视画面的帧速率则为 25 帧 /s 或 30 帧 /s。

2. 场

在采用隔行扫描方式进行播放的显示设备中，每一帧画面都会被拆分开进行显示，而拆分后得到的残缺画面即称为“场”。也就是说，视频画面播放为 30 帧 /s 的显示设备，实质上每秒需要播放 60 场画面；而对于 25 帧 /s 的显示设备来说，其每秒需要播放 50 场画面。

这一过程中，一幅画面内被首先显示的场称为“上场”，而紧随其后进行显示的、组成该画面的另一个场被称为“下场”。

3. 隔行扫描与逐行扫描

扫描方式是指电视机在播放视频画面时采用的播放方式。电视机的显像原理是通过电子枪发射高速电子来扫描显像管，并最终使显像管上的荧光粉发光成像。在这一过程中，电子枪扫描图像的方法有隔行扫描和逐行扫描两种。

1）隔行扫描

隔行扫描是指电子枪首先扫描图像的奇数行（或偶数行），当图像内所有奇数行（或偶数行）全部扫描完成后，再使用相同方法逐次扫描偶数行（或奇数行）。

2）逐行扫描

逐行扫描是在显示图像的过程中，采用每行图像依次扫描的方法来播放视频画面。

早期由于技术的原因，逐行扫描整幅画面的时间要大于荧光粉从发光到衰减所消耗的时间，因此会造成人眼的视觉闪烁感。在不得已的情况下，只好采用一种折中的方法，即隔行扫描。在视觉滞留现象的帮助下，人眼并不会注意到图像每次只显示一半，因此，隔行扫描很好地解决了视频画面的闪烁问题。但随着显示技术的不断进步，逐行扫描会引起视觉不适的问题已经解决。此外，由于逐行扫描的显示质量要优先于隔行扫描，因此隔行扫描技术已逐渐被淘汰。

1.1.4　分辨率与像素宽高比

分辨率和像素都是影响视频质量的重要因素，与视频的播放效果有着密切联系。

1. 像素与分辨率

在电视机、计算机显示器及其他相类似的显示设备中，像素是组成图像的最小单位，而每个像素则由多个（通常为 3 个）不同颜色（通常为红、绿、蓝）的点组成。分辨率是指屏幕上像素的数量，通常用“水平方向像素数量 × 垂直方向像素数量”的方式来表示，如 720×480、720×576 等。

像素与分辨率对视频质量的正面影响在于每幅视频画面的分辨率越大，像素数量越多，整个视频的清晰度也就越高。这是因为，一个像素在同一时间内只能显示一种颜色，因此在画面尺寸相同的情况下，拥有较大分辨率（像素数量多）图像的显示效果也就越为细腻，相应的影像也就越为清晰；反之视频画面便会模糊不清。

2. 帧宽高比与像素宽高比

帧宽高比即视频画面的长宽比例，目前电视画面的宽高比通常为 4∶3，电影画面的宽高比则为 16∶9。至于像素宽高比，则是指视频画面内每个像素的长宽比，具体比例由视频所采用的视频标准来决定。

不过，由于不同设备在播放视频画面时像素宽高比也有所差别，因此当某一显示设备在播放与其像素宽高比不同的视频时，就必须对图像进行矫正操作。否则，视频画面的播放效果便会较原效果产生一定的变形。

1.1.5　数字压缩

数据压缩也称编码技术，准确地说，应该称为数字编码、解码技术，是将图像或声音的模拟信号转换为数字信号，并可将数字信号重新转换为声音或图像的解码器综合体。

随着科技的不断发展，原始信息往往很大，不利于存储、处理和传输，而使用压缩技术可以有效地节省存储空间，缩短处理时间，节约传送通道。一般数据压缩有两种方法：一种是无损压缩，是将相同或相似的数据根据特征归类，用较少的数据量描述原始数据，达到较少数据量的目的；另一种是有损压缩，是有针对性地简化不重要的数据，减少总的数据量。

目前常用的影像压缩格式有 MOV、MPG、QuickTime 等。

1.1.6　电视制式

在电视中播放的电视节目都是经过视频编辑处理得到的。由于世界上各个国家对电视影像制定的标准不同，其制式也有一定的区别。电视制式的出现，保证了电视机、视频及视频播放设备之间所用标准的统一或兼容，为电视行业的发展做出了极大的贡献。目前世界上的电视制式分为 NTSC 制式、PAL 制式和 SECAM 制式 3 种。

在 Premiere CC 2015 中新建视频项目时，也需要对视频制式进行具体设置。

1. NTSC 制式

NTSC 制式是由美国国家电视标准委员会（National Television System Committee）制定的，主要应用于美国、加拿大、日本、韩国、菲律宾等国家和地区。该制式采用了正交平衡调幅的技术方式，因此 NTSC 制式也称正交平衡调幅制电视信号标准。该制式的优点是视频播出端的接收电路较为简单。不过，由于 NTSC 制式存在相位容易失真、色彩不太稳定（易偏色）等缺点，因而此类电视都会提供一个手动控制的色调电路供用户选择。

符合 NTSC 制式的视频播放设备至少拥有 525 行扫描线，分辨率为 720×480，工作时采用隔行扫描方式进行播放，帧速率为 29.97 帧 /s，因此每秒播放 60 场画面。

2. PAL 制式

PAL 制式是在 NTSC 制式基础上的一种改进方案，其目的主要是为了克服 NTSC 制式对相位失真的敏感性。PAL 制式的原理是将电视信号内的两个色差信号分别采用逐行倒相和正交调制的方法进行传送。这样一来，当信号在传输过程中出现相位失真时，便会由于相邻两行信号的相位相反而起到互相补偿的作用，从而有效地克服了因相位失真而引起的色彩变化。此外，PAL 制式在传输时受多径接收而出现彩色重影的影响也较小。不过，PAL 制式的编 / 解码器较 NTSC 制式的相应设备要复杂许多，信号处理也较麻烦，接收设备的造价也较高。

PAL 制式也采用了隔行扫描的方式进行播放，共有 625 行扫描线，分辨率为 720×576，帧速率为 25 帧 /s。目前，PAL 彩色电视制式广泛应用于德国、中国、英国、意大利等国家和地区。然而即便采用的都是 PAL 制式，不同国家和地区的 PAL 制式电视信号也有一定的差别。例如，我国采用的是 PAL–D 制式，英国使用的是 PAL–I 制式，新加坡使用的是 PAL–B/G 或 D/K 制式等。

3. SECAM 制式

SECAM 制式意为“顺序传送彩色信号与存储恢复彩色信号制”，是由法国在 1966 年制定的一种彩色电视制式。与 PAL 制式相同的是，该制式也克服了 NTSC 制式相位易失真的缺点，但在色度信号的传输与调制方式上却与前两者有着较大差别。总体来说，SECAM 制式的特点是彩色效果好、抗干扰能力强，但兼容性相对较差。

在使用中，SECAM 制式同样采用了隔行扫描的方式进行播放，共有 625 行扫描线，分辨率为 720×576，帧速率与 PAL 制式相同。目前，该制式主要应用于俄罗斯、法国、埃及、罗马尼亚等国家。

1.2 镜头组接的基础知识

无论是什么样的影视作品，结构上都是将一系列镜头按一定次序组接后所形成的。然而，这些镜头之所以能够延续下来，并使观众将它们接受为一个完整融合的统一体，是因为这些镜头间的发展和变化秉承了一定的规律。

1.2.1 镜头组接规律

为了清楚地向观众传达某种思想或信息，组接镜头时必须遵循一定的规律，归纳后可分为以下几点：

1. 符合观众的思维方式与影片表现规律

镜头的组接必须要符合生活与思维的逻辑关系。如果影片没有按照上述原则进行编排，必然会由于逻辑关系的颠倒而使观众难以理解。

2. 景别的变化要采用“循序渐进”的方法

通常来说，一个场景内“景”的发展不宜过分剧烈，否则便不易与其他镜头进行组接。相反，如果“景”的变化不大，同时拍摄角度的变换也不大，也不利于与其他镜头的组接。

例如，在编排同机位、同景别，恰巧又是同一主体的两个镜头时，由于画面内景物的变化较小，因此将两镜头简单组接后会给人一种镜头不停重复的感觉。在这种情况下，除了重新进行拍摄外，还可采用过渡镜头，使表演者的位置、动作发生变化后再进行组接。

3. 镜头组接中的拍摄方向与轴线规律

所谓“轴线规律”，是指在多个镜头中，摄像机的位置应始终位于主体运动轴线的同一线，以保证不同镜头内的主体在运动时能够保持一致的运动方向。否则，在组接镜头时，便会出现主体“撞车”的现象，此时的两组镜头便互为跳轴画面。在视频的后期编辑过程中，跳轴画面除了特殊需要外基本无法与其他镜头相组接。

4. 遵循“动接动”“静接静”的原则

当两个镜头内的主体始终处于运动状态，且动作较为连贯时，可以将动作与动作组接在一起，从而达到顺畅过渡、简洁过渡的目的，该组接方法称为“动接动”。

与之相应的是，如果两个镜头的主体运动不连贯，或者它们的画面之间有停顿时，则必须在前一个镜头内的主体完成一套动作后，才能与第二个镜头相组接。并且，第二个镜头必须是从静止的镜头开始，该组接方法便称为“静接静”。在“静接静”的组接过程中，前一个镜头结尾停止的片刻称为“落幅”，后一个镜头开始时静止的片刻称为“起幅”，起幅与落幅的时间间隔大约为1～2 s。此外，在将运动镜头和固定镜头相互组接时，同样需要遵循这个规律。例如，一个固定镜头需要与一个摇镜头相组接时，摇镜头开始要有“起幅”；当摇镜头要与固定镜头组接时，摇镜头结束时必须要有“落幅”，否则组接后的画面便会给人一种跳动的视觉感。

提示

摇镜头是指在拍摄时，摄像机的机位不动，只有机身做上、下、左、右的旋转等运动。在影视创作中，摇镜头可用于介绍环境、从一个被摄主体向另一个被摄主体、表现人物运动、表现剧中人物的主观视线、表现剧中人物的内心感受等。

1.2.2 镜头组接的节奏

在一部影视作品中，作品的题材、样式、风格，以及情节的环境气氛、人物的情绪、情节的起伏跌宕等元素都是确定影片节奏的依据。然而，要想让观众能够很直观地感觉到这一节奏，不仅需要通过演员的表演、镜头的转换和运动、以及场景的时空变化等前期制作因素，还需要运用组接的手段，严格掌握镜头的尺寸、数量与顺序，并在删除多余枝节后才能完成。也就是说，镜头组接是控制影片节奏的最后一个环节。

1.2.3 镜头组接的时间长度

在剪辑、组接镜头时，每个镜头停滞时间的长短，不仅要根据内容难易程度和观众的接受能力来决定，还要考虑到画面构图及画面内容等因素。例如，在处理远景、中景等包含内容较多的镜头时，便需要安排相对较长的时间，以便观众看清这些画面上的内容；对于近景、特定等空间较小的画面，由于画面内容较少，因此可适当减少镜头的停留时间。

此外，画面内的一些其他因素也会对镜头停留时间的长短起到制约作用。例如，画面内较亮的部分往往比较暗的部分更能引起人们的注意，因此，在表现较亮部分时可适当减少停留时间；如果要表现较暗的部分，则应适当延长镜头的停留时间。

1.3 数字视频和音频格式

非线性编辑的出现，使得视频影像的处理方式进入了数字时代。与之相应的是，影像的数字化记录方法也更加多样化，下面介绍一些目前常见的视频和音频格式。

1.3.1 常见的视频格式

随着视频编码技术的不断发展，视频文件的格式种类也不断增多。为了更好地编辑影片，必须熟悉各种常见的视频格式，以便在编辑影片时能够灵活使用不同格式的视频素材，或者根据需要将制作好的影视作品输出为最为适合的视频格式。

1. MPEG/MPG/DAT

MPEG/MPG/DAT 类型的视频文件都是由 MPEG 编码技术压缩而成的视频文件，被广泛应用于 VCD/DVD 和 HDTV 的视频编辑与处理等方面。其中，VCD 内的视频文件是由 MPEG-1 编码技术压缩而成的（刻录软件会自动将 MPEG-1 编码的视频文件转换为 DAT 格式），DVD 内的视频文件则是由 MPEG-2 压缩而成的。

2. AVI

AVI 是由微软公司所研发的视频格式，其优点是允许影像的视频部分和音频部分交错在一起同步播放，调用方便、图像质量好；缺点是文件体积过于庞大。

3. MOV

MOV 是由 Apple 公司所研发的一种视频格式，是 QuickTime 音 / 视频软件的配套格式。在 MOV 格式刚刚出现时，该格式的视频文件仅能在 Apple 公司所生产的 Mac 机上进行播放。此后，Apple 公司推出了基于 Windows 操作系统的 QuickTime 软件，MOV 格式也逐渐成为使用较为频繁的视频文件格式。

4. RM/RMVB

RM/RMVB 这是按照 Real Networks 公司所制定的音频 / 视频压缩规范而创建的视频文件格式。其中，RM 格式的视频文件只适于本地播放，而 RMVB 除了能够进行本地播放外，还可通过互联网进行流式播放，从而使用户只需进行极短时间的缓冲，便可不间断地长时间欣赏影视节目。

5. WMV

WMV 这是一种可在互联网上实时传播的视频文件类型，其主要优点在于可扩充的媒体类型、本地或网络回放、可伸缩的媒体类型、流的优先级化、多语言支持、扩展性等。

6. ASF

ASF（Advanced Streaming Format，高级流格式）是微软公司为了和Real Networks竞争而发展出来的一种可直接在网上观看视频节目的文件压缩格式。ASF使用了MPEG-4压缩算法，其压缩率和图像的质量都很不错。

1.3.2 常见的音频格式

在影视作品中，除了使用影视素材外，还需要为其添加相应的音频文件。

1. WAV

WAV音频文件也称波形文件，是Windows本身存放数字声音的标准格式。WAV音频文件是目前最具通用性的一种数字声音文件格式，几乎所有的音频处理软件都支持WAV格式。由于该格式文件存放的是没有经过压缩处理，而直接对声音信号进行采样得到的音频数据，所以WAV音频文件的音质在各种音频文件中是最好的，同时它的体积也是最大的，1分钟CD音质的WAV音频文件大约有10 MB。由于WAV音频文件的体积过于庞大，所以不适合在网络上进行传播。

2. MP3

MP3（MPEG-Audio Layer 3）是一种采用了有损压缩算法的音频文件格式。由于MP3在采用心理声学编码技术的同时结合了人们的听觉原理，因此剔除了某些人耳分辨不出的音频信号，从而实现了高达1∶12或1∶14的压缩比。

此外，MP3还可以根据不同需要采用不同的采样率进行编码，如96 kbit/s、112 kbit/s、128 kbit/s等。其中，使用128 kbit/s采样率所获得MP3的音质非常接近于CD音质，但其大小仅为CD音乐的1/10，因此成为目前最为流行的一种音乐文件。

3. MP4

MP4是采用美国电话电报公司（AT&T）所开发的以“知觉编码”为关键技术的音乐压缩技术，由美国网络技术公司（GMO）及RIAA联合公布的一种新的音乐格式。MP4在文件中采用了保护版权的编码技术。另外MP4的压缩比例达到1∶15，体积比MP3更小，而音质却没有下降。

4. WMA

WMA是微软公司为了与Real Networks公司的RA以及MP3竞争而研发的新一代数字音频压缩技术，其全称为Windows Media Audio，特点是同时兼顾了高保真度和网络传输需求。从压缩比来看，WMA比MP3更优秀，同样音质WMA文件的大小是MP3的一半或更少，而相同大小的WMA文件又比RA的音质要好。总体来说，WMA音频文件既适合在网络上用于数字音频的实时播放，同时也适用于在本地计算机上进行音乐回放。

5. MIDI

严格来说，MIDI并不是一种数字音频文件格式，而是电子乐器与计算机之间进行的一种通信标准。在MIDI文件中，不同乐器的音色都被事先采集下来，每种音色都有一个唯一的编号，当所有参数都编码完毕后，就得到了MIDI音色表。在播放时，计算机软件即可通过参照MIDI音色表的方式将MIDI文件数据还原为电子音乐。

1.4 数字视频编辑基础

现阶段，人们在使用影像建制设备获取视频后，通常还要对其进行剪切、重新编排等一系列处理，然后才会将其用于播出。在上述过程中，对源视频进行的剪切、编排及其他操作统称为视频编辑操作，而用户以数字方式来完成这一任务时，整个过程便称为数字视频编辑。

1.4.1 线性编辑与非线性编辑

在电影电视的发展过程中，视频节目的制作先后经历了“物理剪辑”、“电子编辑”和“数字编辑”3个不同发展阶段，其编辑方式也先后出现了线性编辑和非线性编辑。

1. 线性编辑

线性编辑又称在线编辑，是指直接通过放像机和录像机的母带对模拟影像进行连接、编辑的方式。传统的电视编辑就属于此类编辑。采用这种方式，如果要在编辑好的录像带上插入或删除视频片断，则插入点或删除点以后的所有视频片断都要重新移动一次，在操作上很不方便。

2. 非线性编辑

非线性编辑是指在计算机中利用数字信息进行的视频／音频编辑。选择数字视频素材的方法主要有两种：一种是先将录像带上的片断采集下来，即把模拟信号转换为数字信号，然后存储到计算机中进行特效处理，最后再输出为影片；另一种是利用数码摄像机（即DV摄像机）直接拍摄得到数字视频，此时拍摄的内容会直接转换为数字信号，然后在拍摄完成后，将需要的片断输入到计算机中即可。Premiere属于非线性编辑软件。

1.4.2 非线性编辑系统的构成

非线性编辑的实现，要靠软件与硬件两方面的共同支持，而两者间的组合便称为非线性编辑系统。目前，一套完整的非线性编辑系统，其硬件部分至少应包括一台多媒体计算机，此外还需要视频卡、IEEE 1394卡以及其他专用板卡（如特技卡）和外围设备。其中，视频卡用于采集和输出模拟视频，也就是担负着模拟视频与数字视频之间相互转换的功能。

从软件上看，非线性编辑系统主要由非线性编辑软件、二维动画软件、三维动画软件、图像处理软件和音频处理软件等外围软件构成。

提示

随着计算机硬件性能的提高，编辑处理视频对专用硬件设备的依赖越来越小，而软件在非线性编辑过程中的作用则日益突出。因此，熟练掌握一款像Premiere之类的非线性编辑软件便显得尤为重要。

课后练习

一、填空题

1. 帧宽高比即视频画面的长宽比例，目前电视画面的宽高比通常为________，电影画面的宽高比则为________。

2. 目前世界上的电视制式分为________、________和________3种。

二、选择题

1. PAL制式的帧速率是（　　）帧/s。

A. 30　　B. 25　　C. 20　　D. 12

2. 下列（　　）属于音频格式。

A. MP3　　B. AVI　　C. MOV　　D. WAV

三、问答题

1. 简述视频画面的运动原理。
2. 简述镜头组接的规律。
3. 简述线性编辑与非线性编辑的特点。

第2章 Premiere Pro CC 2015操作基础

本章重点

Premiere Pro CC 2015 是一款优秀的非线性视频编辑处理软件，具有强大的视频和音频内容实时编辑合成功能。它的操作界面简便直观，同时功能全面，因此被广泛应用于家庭视频内容处理、电视广告制作和片头动画编辑等方面。通过本章的学习，读者应掌握以下内容：

- Premiere Pro CC 2015 的启动与项目创建；
- Premiere Pro CC 2015 的操作界面；
- 素材的导入和编辑；
- 编组与嵌套；
- 创建新元素；
- 打包项目素材；
- 脱机文件。

2.1 Premiere Pro CC 2015 的启动与项目创建

Premiere Pro CC 2015 的启动与项目创建的具体操作步骤如下：

（1）执行“开始|所有程序|Adobe Premiere Pro CC 2015”命令（或双击桌面上的 Premiere Pro CC 2015 的快捷图标），弹出图 2-1 所示的界面，在该界面中可以执行新建项目、打开项目和开启帮助的操作。

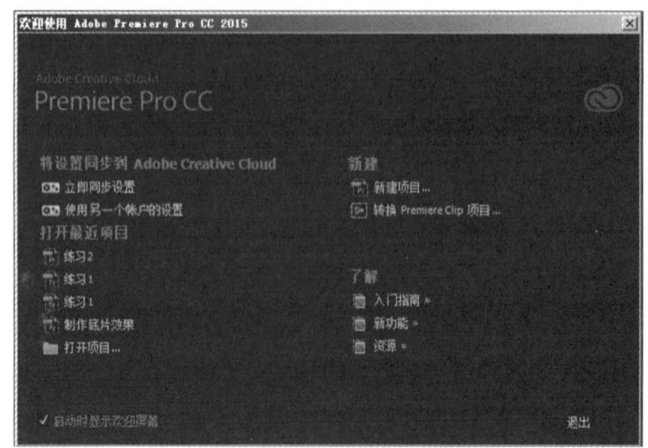

图2-1 Premiere Pro CC 2015的启动界面

- 打开最近项目：用于显示最近编辑的项目文件，单击其中一个文件可以直接进入主界面，对其进行继续编辑。
- 新建项目：单击该按钮，可以创建一个新的项目文件进行视频编辑。
- 打开项目：单击该按钮，可以开启一个在计算机中已有的项目文件。

（2）单击“新建项目”按钮，弹出图 2–2 所示的对话框。在该对话框中可以设置“新建项目”的参数。

- 名称：用于为项目文件命名。
- 位置：用于为项目文件指定存储路径。单击右侧的“浏览”按钮，可以在弹出的对话框中指定相应的存储路径。
- 视频和音频显示格式：用于设置视频和音频在项目内的标尺单位。

捕捉格式：用于设置从摄像机等设备内获取素材时的格式。

（3）单击“确定”按钮，即可新建一个项目文件。

（4）在“项目”面板中单击下方的■（新项目）按钮，从弹出的下拉菜单中选择“序列”命令，如图 2–3 所示，此时会弹出图 2–4 所示的“新建序列”对话框，在该对话框中可以设置影片的屏幕类型等参数。

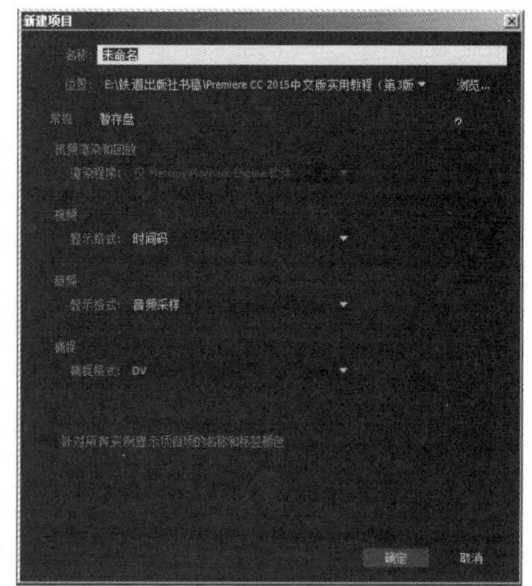

图2–2　“新建项目”对话框

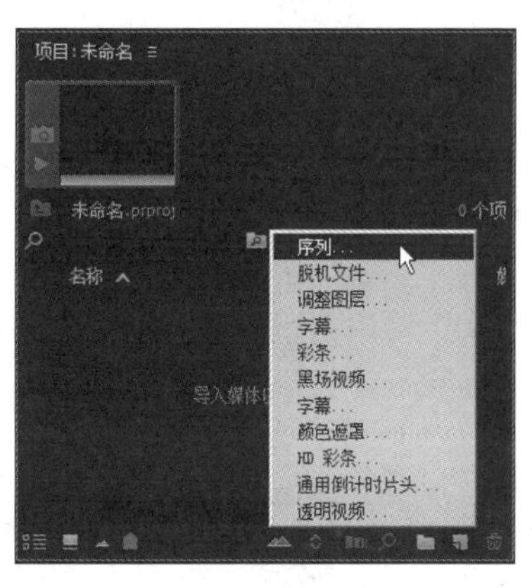

图2–3　选择“序列”命令

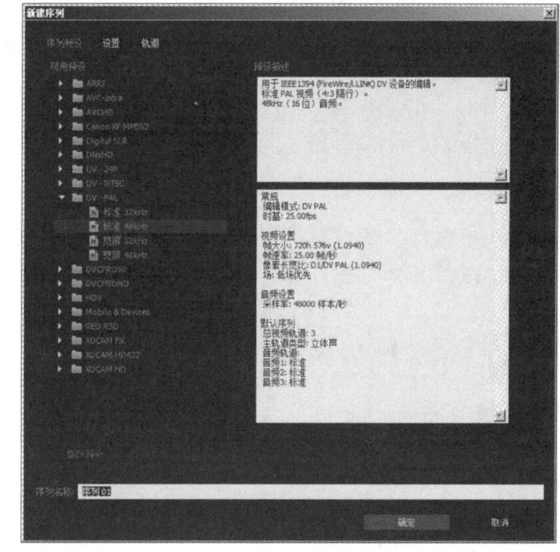

图2–4　“新建序列”对话框

（5）在“新建序列”对话框中选择“设置”选项卡，如图 2–5 所示，在其中可以创建所要的项目文件的内容属性。

- 编辑模式：用于设定时间线面板中播放视频的数字视频格式。
- 时基：用于设定序列所应用的帧速率的标准。当设置不同的“编辑模式”时，“时基”右侧下拉列表中会显示不同的选项。例如，设置“编辑模式”为“DV PAL”时，“时基”右侧下拉列表中会显示“25.00 帧 /s”；设置“编辑模式”为“DV NTSC”时，“时基”右侧下拉列表中会显示“29.97 帧 /s”。
- 视频：该选项组中的选项用于调整与视频画面有关的各项参数。其中“帧大小”用于设置视频画面的分辨率；“像素长宽比”用于设置视频输出到监视器上的画面宽高比；“场”用于设置逐行扫描或隔行扫描的扫描方式；“显示格式”用于设置序列中的视频标尺单位。
- 音频：该选项组中的选项用于调整与音频有关的各项参数。其中“采样率”用于设置序列内的音频文件的采样率；“显示格式”用于调整序列中音频的标尺单位。

- 视频预览：在该选项组中，“预览文件格式”用于设置 Premiere 生成相应序列的预览文件的文件格式。当采用 Microsoft AVI 作为预览文件格式时，还可以在“编解码器”下拉列表内选择生成预览文件时采用的编码方式。此外，在勾选“最大位深度”和“最高渲染质量”复选框后，还可提高预览文件的质量。

(6) 设置完成后，可以单击“保存预设”按钮，然后在弹出的对话框中输入相应名称（此时输入“张凡”），如图 2–6 所示，接着单击“确定”按钮，即将自定义的设置方案进行存储。

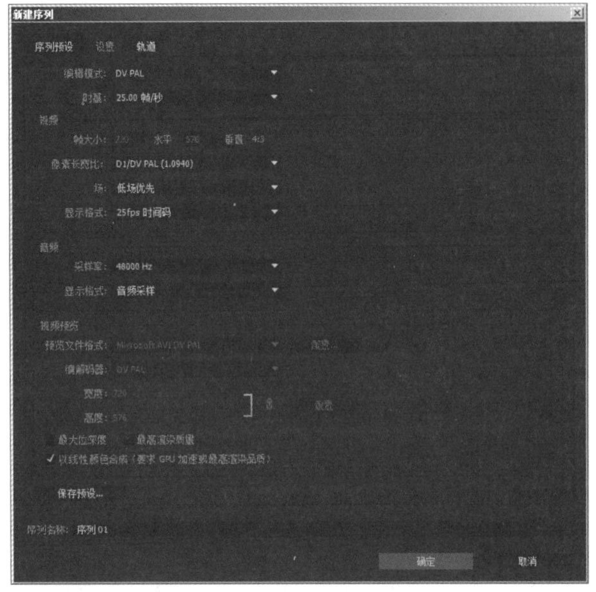

图2–5 “设置”选项卡

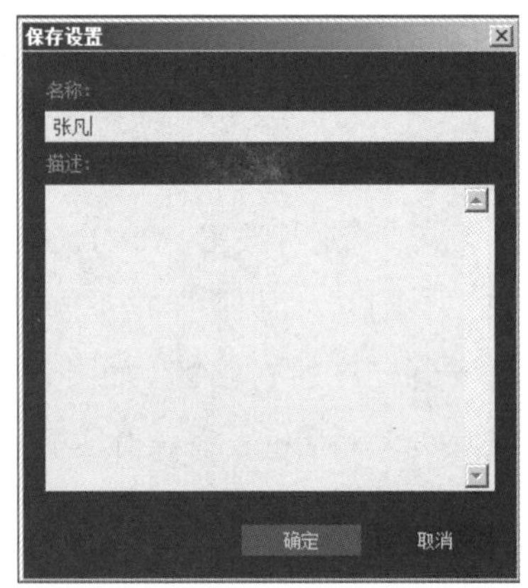

图2–6 输入名称

提示

如果要调用保存的预置，可以在“可用预设”选项卡的左侧“自定义”文件夹中找到保存的预置文件，如图2–7所示，单击“确定”按钮即可。

(7) 在“新建序列”对话框中选择“轨道”选项卡，如图 2–8 所示，可以设置新创建影片中视频轨道和音频轨道的数量和类型。

图2–7 找到保存的预置文件

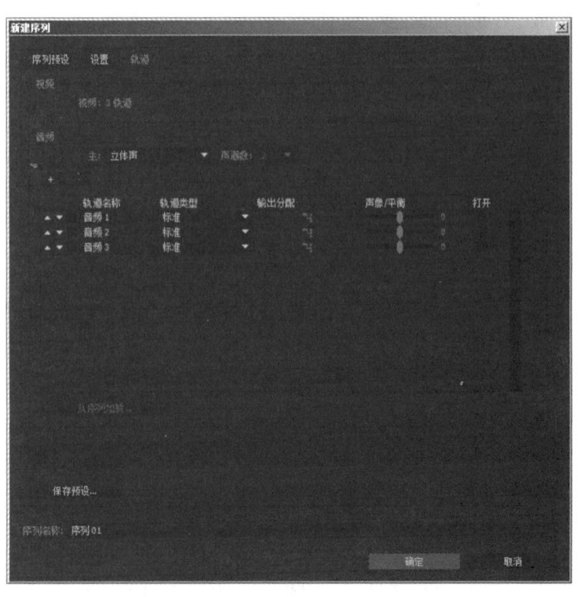

图2–8 “轨道”选项卡

(8) 设置完毕后，单击“确定”按钮，即可新建一个序列文件。

2.2 Premiere Pro CC 2015 的操作界面

在创建或打开一个项目文件后，即可进入 Premiere Pro CC 2015 的操作界面。

Premiere Pro CC 2015 提供了 7 种模式的界面，分别是“编辑”模式界面、“编辑 CS5.5”模式界面、“元数据记录”模式界面、“效果”模式界面、“组件”模式界面、“音频”模式界面和“颜色”模式界面。执行“窗口 | 工作区”中的相应子命令，可以在这 7 种工作界面间切换。这里讲解 Premiere Pro CC 2015 的“效果”模式界面的构成。“效果”模式界面大致可分为“菜单栏”和“工作窗口区域”两部分，如图 2-9 所示。

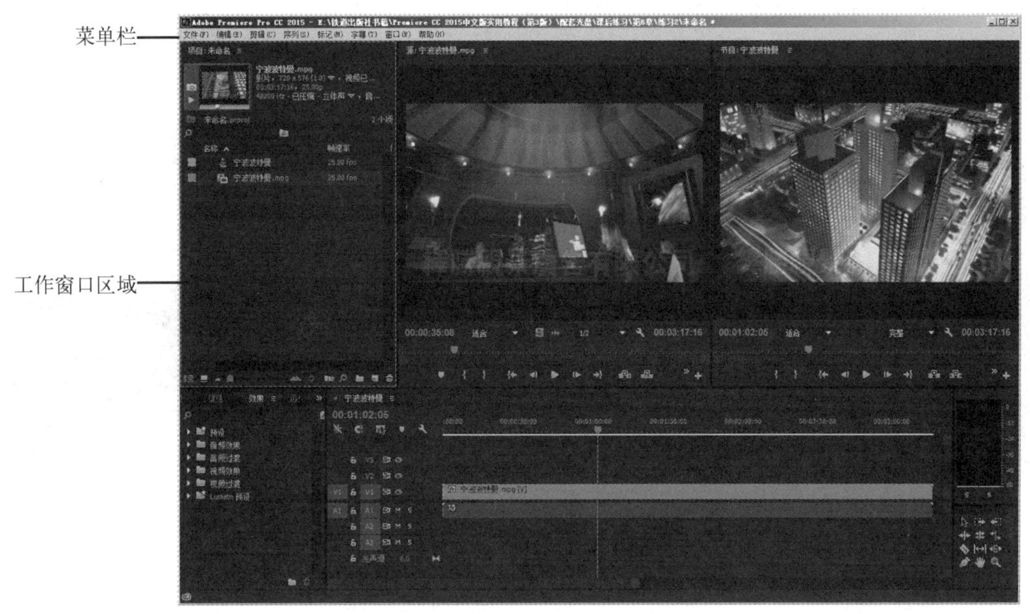

图2-9 “效果”模式界面

1. 菜单栏

Premiere Pro CC 2015 的菜单栏中包括“文件”、“编辑”、“剪辑”、“序列”、“标记”、“字幕”、“窗口”和“帮助”菜单 8 项。其中，“文件”菜单中的命令用于执行创建、打开和存储文件或项目等操作；“编辑”菜单中的命令用于常用的编辑操作，如恢复、重做、复制文件等；“剪辑”菜单中的命令用于对素材进行常用的编辑操作，包括重命名、插入、覆盖、编组等命令；“序列”菜单中的命令用于在“时间线”面板中对项目片段进行编辑、管理、设置轨道属性等常用操作；“标记”菜单中的命令用于设置素材标记、设置片段标记、移动到入点 / 出点、删除入点 / 出点等操作；“字幕”菜单中的命令用于设置字幕字体、大小、位置等属性；“窗口”菜单中的命令用于控制编辑界面中各个窗口或面板的显示与关闭；“帮助”菜单中的命令可以是用户阅读 Premiere Pro CC 2015 时的帮助功能，还可以连接 Adobe 官方网址，寻求在线帮助等。

2. 工作窗口区域

Premiere Pro CC 2015 的工作区域由多个面板组成，这些面板中包含了用户在执行节目编辑任务时所要用到的各种工具和参数。

1）“项目”面板

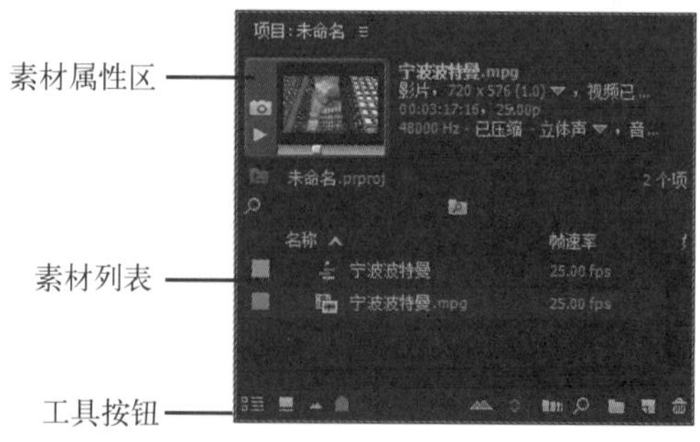

图2-10 “项目”面板

“项目”面板的主要作用是管理当前编辑项目内的各种素材资源。“项目”面板分为素材属性区、素材列表和工具按钮 3 个部分，如图 2-10 所示。其中，素材属性区用于查看素材属性并以缩略图的方式快速预览部分素材的内容；素材列表用于罗列导入的相关素材；工具按钮用于对相关素材进行管理操作。

工具按钮中各按钮的含义如下：

- （列表视图）：该方式为 Premiere Pro CC 2015 默认显示方式，用于在素材列表中以列表方式显示素材。
- （图标视图）：单击该按钮，将在素材列表中以缩略图的方式显示素材，如图 2-11 所示。
- （缩小）：单击该按钮，可以缩小素材列表的显示。
- （放大）：单击该按钮，可以放大素材列表的显示。
- （自动匹配序列）：单击该按钮，可将选中素材添加到“时间线”面板的编辑片断中。
- （查找）：单击该按钮，将弹出图 2-12 所示的对话框，从中可以查找指定的素材。

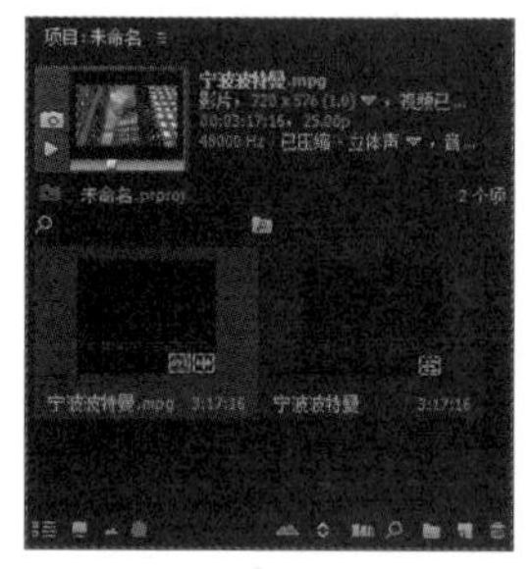
图2-11 缩略图的方式显示素材

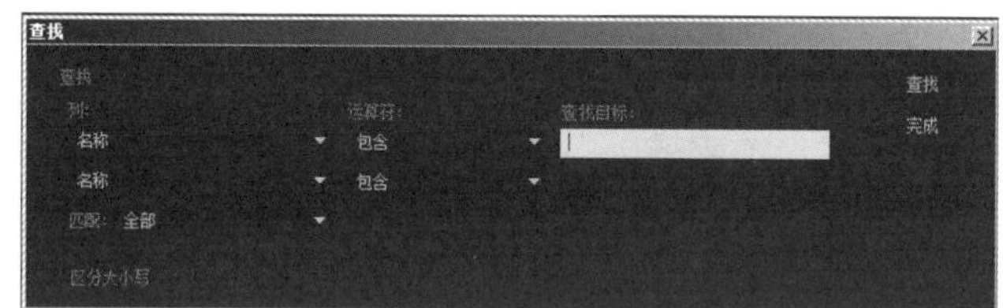

图2-12 “查找”对话框

- （新建素材箱）：单击该按钮，可以新建文件夹，便于素材管理。
- （新建项）：单击该按钮，将弹出图 2-13 所示的下拉菜单，从中可以选择多种分类方式。
- （清除）：单击该按钮，可以将选中的素材或文件夹删除。

序列...
脱机文件...
调整图层...
字幕...
彩条...
黑场视频...
字幕...
颜色遮罩...
HD 彩条...
通用倒计时片头...
透明视频...

图2-13 新建项的下拉菜单

2）“时间线”面板

“时间线”面板用于组合“项目”面板中的各种片段，是按时间排列片段、制作影视节目的编辑窗口。绝大部分的素材编辑操作都要在“时间线”面板中完成。例如，调整素材在影片中的位置、长度、播放速度，或解除有声视频素材中音频与视频部分的链接等。此外，用户还可以在“时间线”面板中为素材应用各种特技处理效果，甚至还可直接对特效滤镜中的部分属性进行调整。

该面板由节目标签、时间标尺、轨道及其控制面板 3 部分组成，如图 2-14 所示。

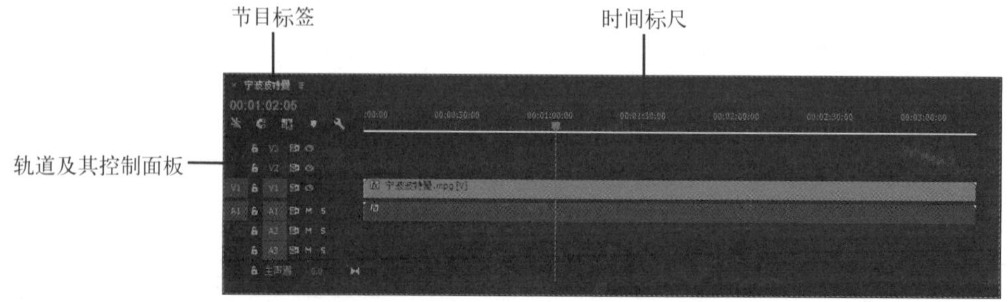

图2-14 “时间线”面板

（1）节目标签。节目标签标识了主时间轴上的所有的节目。单击它就可以激活节目并使其成为当前编辑状态。也可以拖动节目标签，使其成为独立的一个窗口。

（2）时间标尺。时间标尺由时间滑块、时间显示和工作区控制条组成，如图 2–15 所示。

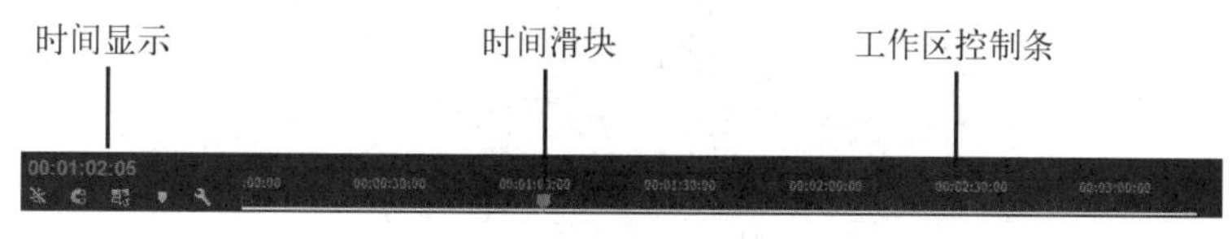

图2–15　时间标尺

- 时间显示：用于显示视频和音频轨道上的剪辑时间的位置，显示格式为“小时：分钟：秒：帧”。可以利用标尺缩放条提高显示精度，实现编辑时间位置的精确定位。
- 时间滑块：标出当前编辑的时间位置。
- 工作区控制条：规定了工作区域及输出的范围。在编辑视频和音频时，系统会自动根据所添加的素材调整工作区域，也可以左右移动时间滑块来调整工作区域。

（3）轨道及其控制面板。在时间标尺下方是视频／音频轨道及其控制面板。左边部分是轨道控制面板，可以根据需要对轨道进行展开、添加、删除及调整高度等操作，右边部分是视频和音频轨道。该部分默认有 3 个视频轨道和 3 个立体声音频轨道。

轨道控制面板分为视频控制面板和音频控制面板两部分。

视频控制面板中主要按钮的功能如下：

- （切换轨道输出）：当该按钮呈现状态时，可以对该轨道上的素材进行编辑、播放等操作；当该按钮呈现状态时，此时导出影片将不会导出该轨道上的剪辑。
- （切换轨道锁定）：为了避免编辑其他轨道时对已编辑好的轨道产生误操作，可以将轨道锁定。如果需要再次编辑，可以单击按钮，对其进行解锁。
- M（静音轨道）：激活该按钮，表示禁止轨道输出。
- S（独奏轨道）：激活该按钮，表示启用轨道独奏。

3）“监视器”面板

监视器主要用于在创建作品时对它进行预览。Premiere Pro CC 2015 提供了源监视器、节目监视器和参考监视器 3 种不同的监视器。

（1）“源”监视器。“源”监视器用于观察素材原始效果。“源”监视器在初始状态下是不显示画面的，如果想在该窗口中显示画面，可以直接拖动“项目”面板中的素材到“源”监视器中，也可以双击“项目”面板中的素材或已加入到“时间线”面板中的素材，将该素材在“源”监视器中进行显示。

该监视器分为监视器窗口、当前时间指示器、默认工具按钮和按钮编辑器 4 个部分，如图 2–16 所示。其中监视器窗口用于实时预览素材；当前时间指示器用于控制素材播放的时间，在其上方的时间码用于确定每一帧的位置，显示格式为“小时：分钟：秒：帧”；默认工具按钮位于监视器窗口的下方，主要用于修整和播放素材；按钮编辑器用于添加默认工具按钮以外的其余工具按钮。

“源”监视器的默认 11 个工具按钮的含义如下：

- （添加标记）：用于在特定帧标记为参考点。
- （标记入点）：单击该按钮，时间线的目前位置将被标注为素材的起始时间。
- （标记出点）：单击该按钮，时间线的目前位置将被标注为素材的结束时间。

图2-16　“源”监视器

- （转到入点）：单击该按钮，素材将跳转到入点处。
- （转到出点）：单击该按钮，素材将跳转到出点处。
- （播放）：用于从目前帧开始播放影片。单击该按钮，将切换到（停止）按钮。按空格键也可以实现相同的切换工作。
- （前进一帧）：单击该按钮，素材将前进一帧。
- （后退一帧）：单击该按钮，素材将后退一帧。
- （插入）：单击该按钮，将在插入的时间位置插入新素材。此时处于插入时间位置后的素材都会向后推移。如果要插入的新素材的位置位于一段素材之中，则插入的新素材会将原素材分为两段，原素材的后半部分会向后推移，接在新素材之后。
- （覆盖）：单击该按钮，将在插入的时间位置插入新素材。与单击（插入）按钮不同的是，此时凡是处于要插入的时间位置之后的素材将被新插入的素材所覆盖。
- （导出帧）：单击该按钮，将弹出图2-17所示的“导出帧”对话框，此时在“名称”右侧输入要导出的帧的名称，然后在“格式”下拉列表中选择一种输出的图片格式，接着单击“浏览”按钮，从弹出的对话框中设置图片输出的位置，最后单击“确定”按钮，即可将当前时间指示器指示的帧图片进行输出。

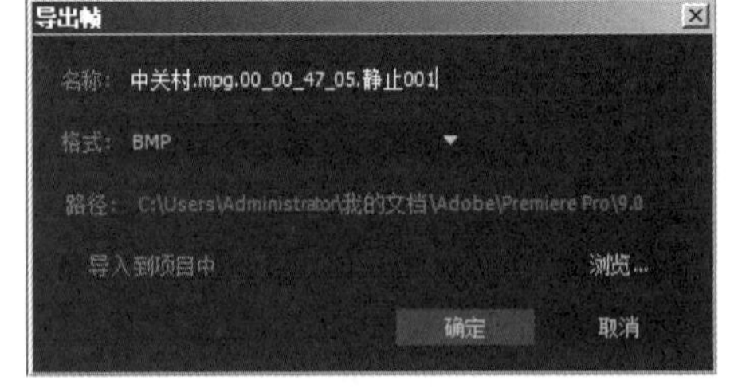

图2-17　“导出帧”对话框

单击（按钮编辑器）按钮，将弹出“按钮编辑器”面板，如图2-18所示。在该面板中包含了“源”监视器中所有的编辑按钮。用户可以通过拖动的方式将“按钮编辑器”面板中相应的按钮添加到“源”监视器的工具按钮中，如图2-19所示。如果在“按钮编辑器”面板中单击“重置布局”按钮，可以恢复“源”监视器中工具按钮的默认布局。

在“按钮编辑器”面板中可以添加到“源”监视器默认工具以外的按钮的含义如下。

- （清除入点）：单击该按钮，将清除已经设置的入点。
- （清除出点）：单击该按钮，将清除已经设置的出点。

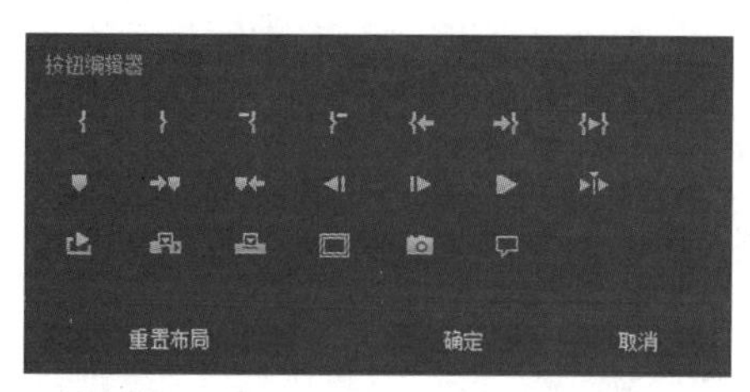

图2-18　“按钮编辑器”面板

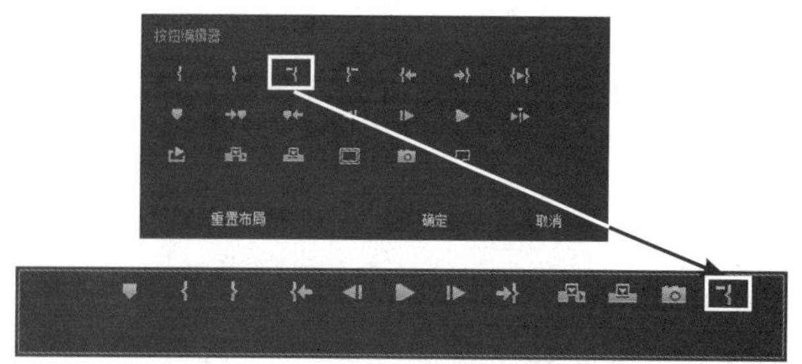

图2-19　添加工具按钮

- （从入点到出点播放视频）：单击该按钮，将播放入点和出点之间的内容。
- （转到下一标记）：单击该按钮，将前进到下一个编辑点。
- （转到上一标记）：单击该按钮，将后退到下一个编辑点。
- （播放邻近区域）：单击该按钮，将从当前时间指示位置前两帧开始播放到当前时间指示位置后两帧。例如，当前时间指示位置是 00:00:46:00，单击（播放邻近区域）按钮后，将从 00:00:44:00 播放到 00:00:48:00。
- （循环）：单击该按钮，将循环播放素材。
- （安全边距）：单击该按钮，将显示屏幕的安全区域。

“源”监视器除了可查看视频画面或静态图像外，还可以波形的方式来显示音频素材，如图 2-20 所示。这样，编辑人员便可以在聆听素材的同时查看音频素材的内容。

（2）“节目”监视器。“节目”监视器，与“源”监视器基本相同，如图 2-21 所示，用于对编辑的素材进行实时预览，也可以对影片进行设置出点、入点和未编号标记等操作。在实际影片编辑过程中，同时观察“源”监视器与“节目”监视器中的内容，可以让影视编辑人员更好地了解素材在编辑前后的差别。

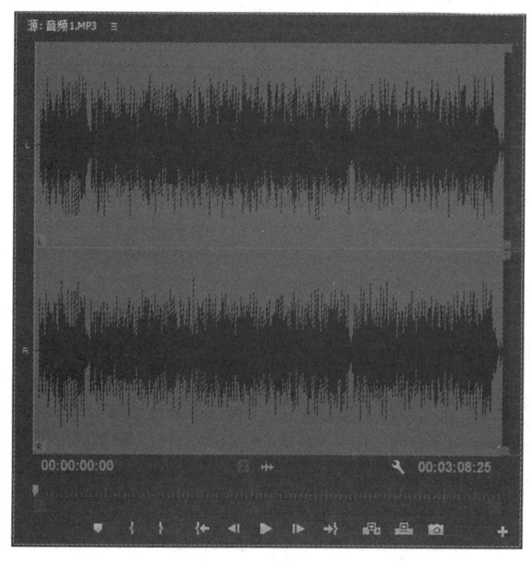

图2-20　利用“源”监视器查看音频

图2-21　“节目”监视器

（3）“参考”监视器。在许多情况下，“参考”监视器是另一个“节目”监视器。在 Premiere Pro CC 2015 中可以使用它进行颜色和音调调整，因为在“参考”监视器中查看视频示波器（它可以显示色调和饱和度级别）的同时，可以在“节目”监视器中查看实际的影片。执行“窗口 | 参考监视器”命令，即可调出“参考”监视器，如图 2-22 所示。“参考”监视器可以设置为与“节目”监视器同步播放或统调，也可以设置为不统调。

4）“音轨混合器”面板

“音轨混合器”面板如图 2–23 所示，该面板主要用于对音频素材的播放效果进行编辑和实时控制。

图2–22 “参考监视器”面板

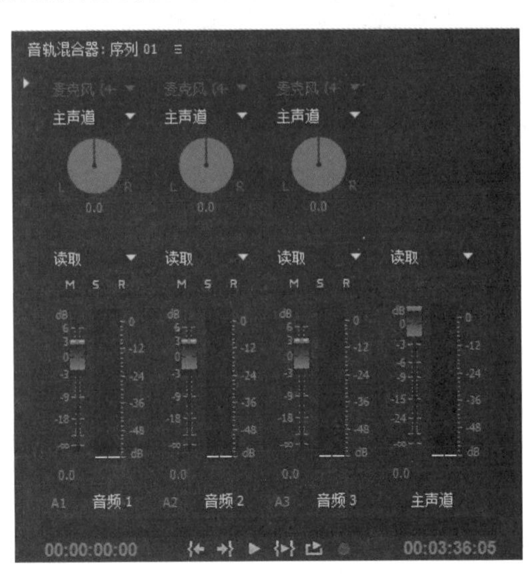

图2–23 “音轨混合器”面板

5）“效果”面板

“效果”面板中列出了能够应用于素材的各种 Premiere Pro CC 2015 的特效，其中包括预设、音频效果、音频过渡、视频效果和视频过渡五大类，如图 2–24 所示。使用“效果”面板可以快速应用多种音频特效、视频特效和切换效果。单击“效果”面板下方的 （新建自定义文件夹）按钮，还可以新建文件夹，将常用的各种特效放在里面，此时自定义文件夹中的特效在默认的文件夹中依然存在。单击“效果”面板下方的 （删除自定义分项）按钮，可以删除自建的文件夹，但不能删除软件自带的文件夹。

6）“效果控件”面板

“效果控件”面板如图 2–25 所示，用于调整素材的运动、透明度和时间重置，并具备为其设置关键帧的功能。

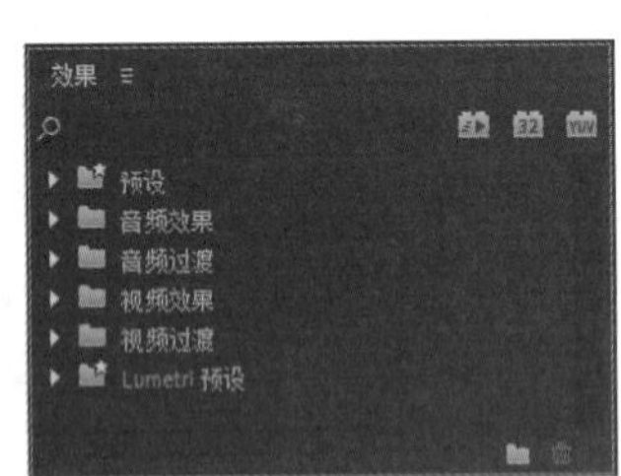

图2–24 “效果”面板

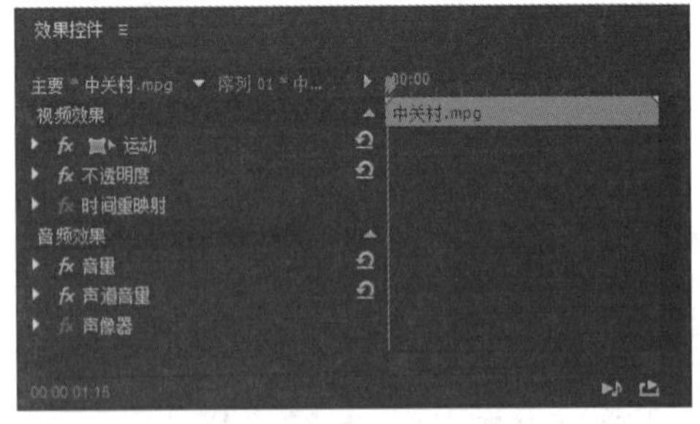

图2–25 “效果控件”面板

7）“工具”面板

“工具”面板如图 2–26 所示，主要用于对时间线上的素材进行编辑、添加或移除关键帧等操作。

“工具”面板中各按钮的含义如下：

- （选择工具）：用于对素材进行选择、移动，并可以调节素材关键帧，为素材设置入点和出点。
- （向前选择轨道工具）：用于选择某一轨道上的所有素材。
- （波形编辑工具）：用于拖动素材的入点或出点，以改变素材的长度，相邻素材的长度不变，项目片段的总长度改变。图 2–27 所示为使用“波形编辑工具”处理“中关村 .mpg”出点的前后比较。

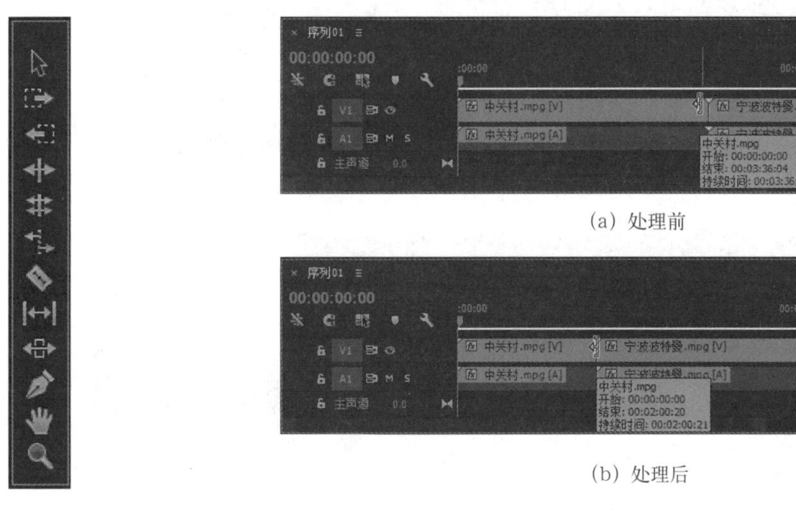

(a) 处理前

(b) 处理后

图2–26　“工具”面板

图2–27　使用“波形编辑工具”处理“中关村.mpg”出点的前后比较

- （滚动编辑工具）：使用该工具在需要剪辑的素材边缘拖动，可以将增加到该素材的帧数从相邻的素材中减去，也就是说项目片段的总长度不发生改变。图 2–28 所示为使用“滚动编辑工具”处理“中关村 .mpg”的前后比较。

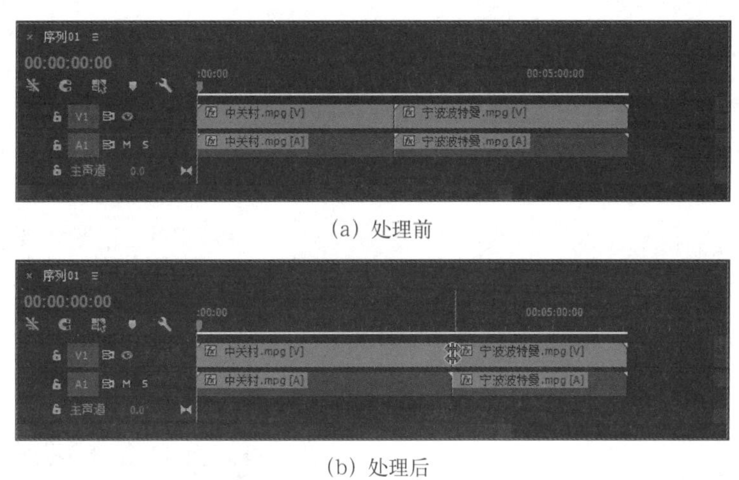

(a) 处理前

(b) 处理后

图2–28　使用“滚动编辑工具”处理“中关村.mpg”的前后比较

- （比率拉伸工具）：用于对素材进行速度调整，从而达到改变素材长度的目的。
- （剃刀工具）：用于分割素材。选择该工具后单击素材，可将素材分为两段，从而产生新的入点和出点。图 2–29 所示为使用“剃刀工具”处理“中关村 .mpg”的前后比较。
- （外滑工具）：用于改变一段素材的入点和出点，保持其总长度不变，并且不影响相邻的其他素材。
- （内滑工具）：用于保持要剪辑素材的入点与出点不变，通过相邻素材入点和出点的变化，改变其在“时间线”面板中的位置，而项目片段时间长度不变。
- （钢笔工具）：用于设置素材的关键帧。
- （手形工具）：用于改变“时间线”面板的可视区域，有助于编辑一些较长的素材。
- （缩放工具）：用于调整时间轴单位的显示比例。按住 Alt 键，可以在放大和缩小模式间进行切换。

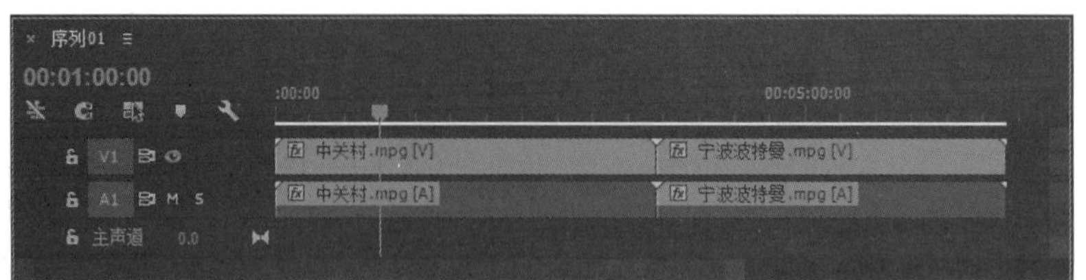

（a）处理前

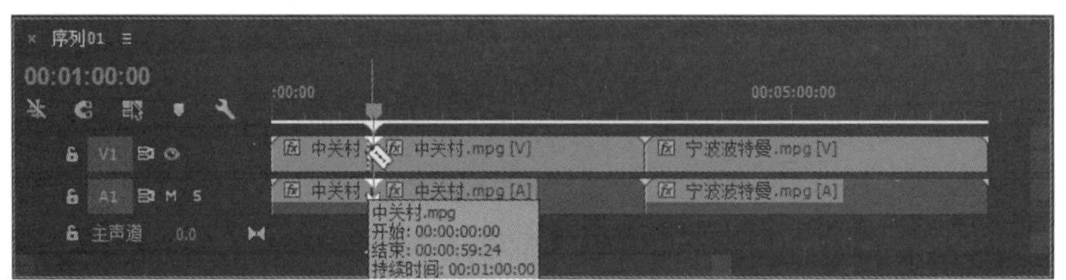

（b）处理后

图2-29　使用“剃刀工具”处理“中关村.mpg”的前后比较

8）“历史记录”面板

“历史记录”面板如图 2-30 所示，用于记录用户在进行影片编辑操作时执行的每一个 Premiere 命令。通过删除“历史”面板中的指定命令，还可实现按步骤还原编辑操作的目的。

图2-30　“历史记录”面板

9）“信息”面板

“信息”面板如图 2-31 所示，用于显示所选素材以及该素材在当前序列中的信息，包括素材本身的帧速率、分辨率、素材长度和该素材在当前序列中的位置等。

10）“媒体浏览器”面板

“媒体浏览器”面板如图 2-32 所示，该面板的功能与 Windows 管理器类似，能够让用户在该面板内查看计算机磁盘任何位置上的文件。而且，通过设置筛选条件，用户还可在“媒体浏览器”面板内单独查看特定类型的文件。

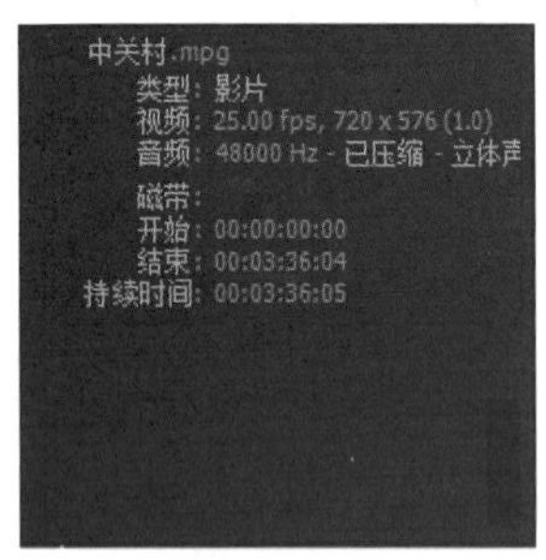

图2-31　“信息”面板

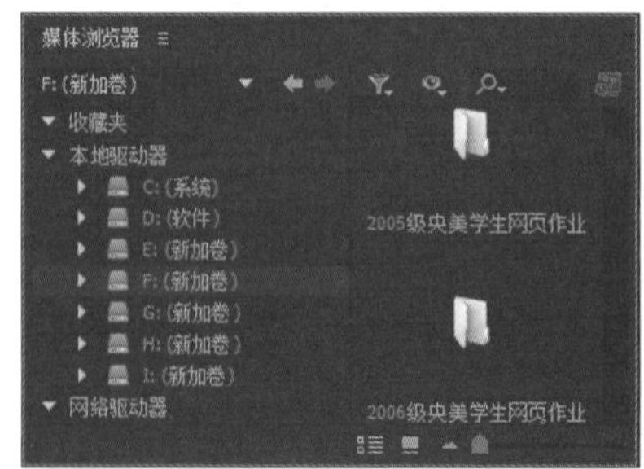

图2-32　“媒体浏览器”面板

2.3　素材的导入

使用 Premiere Pro CC 2015 进行的视频编辑，主要是对已有的素材文件进行重新编辑，所以在进行视频编辑之前，首先要将所需的素材导入到 Premiere Pro CC 2015 的项目面板中。

2.3.1　可导入的素材类型

Premiere Pro CC 2015 可以支持多种格式的素材。

可导入的视频格式的素材包括：MPEG1、MPEG2、DV、AVI、MOV、WMV、SWF 等。

可导入的音频格式的素材包括：WAV、WMA、MP3 等。

可导入的图像格式的素材包括：AI、PSD、JPEG、TGA、TIFF、BMP、PCX 等。

2.3.2　导入素材

（1）启动 Premiere Pro CC 2015 程序后，创建一个新的项目文件或打开一个已有的项目文件。

（2）执行“文件 | 导入”（快捷键为 Ctrl+I）命令，弹出“导入”对话框，如图 2–33 所示。

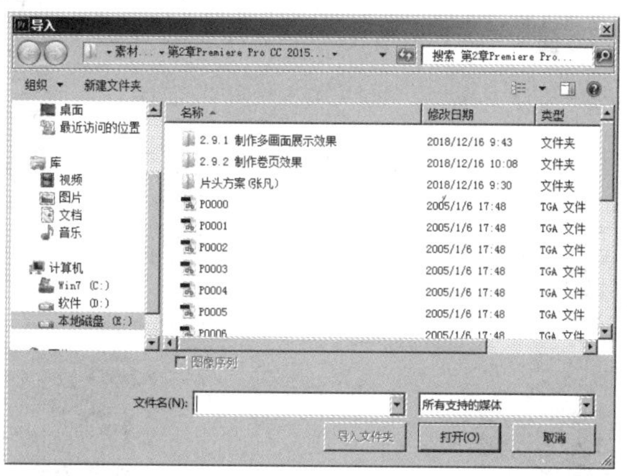

图2–33　“导入”对话框

（3）导入静止序列图像文件。选择资源素材中的“素材及结果 \ 第 2 章 Premiere Pro CC 2015 的操作基础 \P0000.tga”文件（静止序列文件的第一幅图片），并勾选“图像序列”复选框，如图 2–34 所示，单击“打开”按钮，即可导入静止序列文件。此时在“项目”面板中会发现该序列文件将作为一个单独的剪辑被导入，如图 2–35 所示。

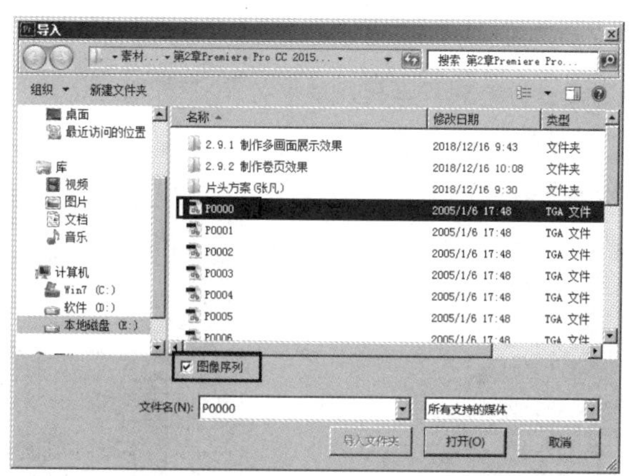

图2–34　选择“P0001.tga”图片，并勾选“图像序列”复选框

（4）导入不含图层的单幅图像。选择资源素材中的“素材及结果 \ 第 2 章 Premiere Pro CC 2015 的操作基础 \ P0001.tga”文件，不勾选“图像序列”复选框，单击“打开”按钮，此时在“项目”面板中该文件将作为一幅单独的图片被导入，如图 2–36 所示。

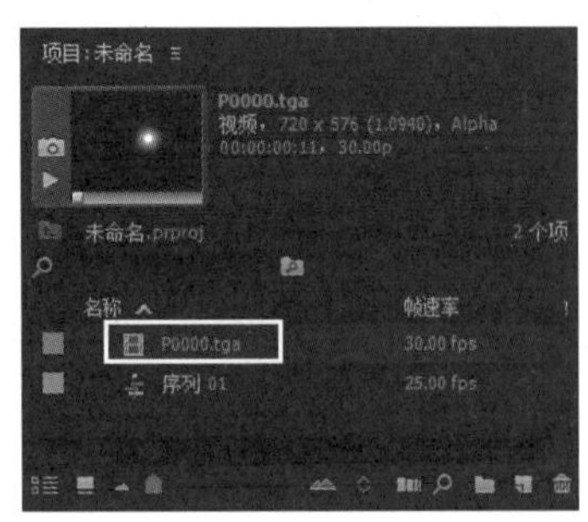

图2-35　导入序列图片

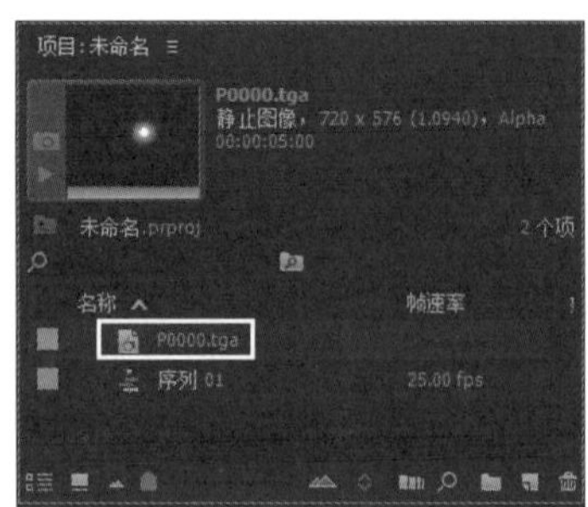

图2-36　导入单幅图片

（5）导入含图层的 .psd 图像文件。选择资源素材中的“素材及结果＼第 2 章 Premiere Pro CC 2015 的操作基础＼文字 .psd”文件，弹出图 2-37 所示的对话框。如果选择“合并所有图层”选项，单击“确定”按钮，此时图像会合并图层后作为一个整体导入；如果选择“各个图层”选项，然后在其后面的下拉列表中选择相应的图层，如图 2-38 所示，单击“确定”按钮，此时图像会只导入选择的图层。图 2-39 所示为导入“分层文字 .psd”中“图层 1”和“图层 2”后的“项目”面板显示。

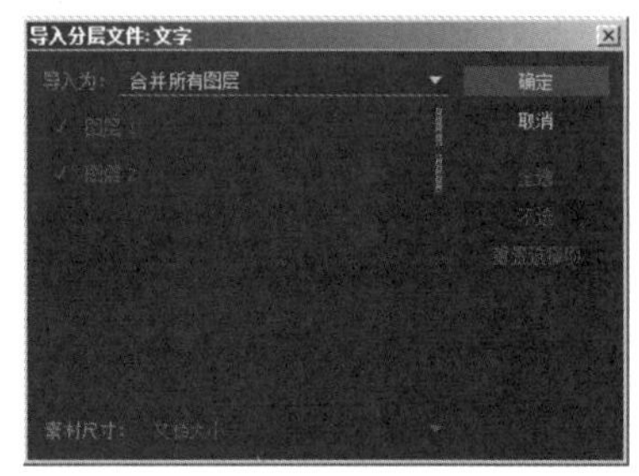

图2-37　“导入分层文件：文字”对话框

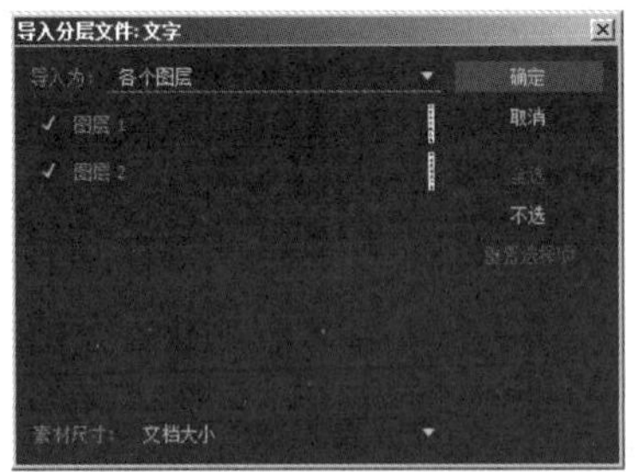

图2-38　选择相应的图层

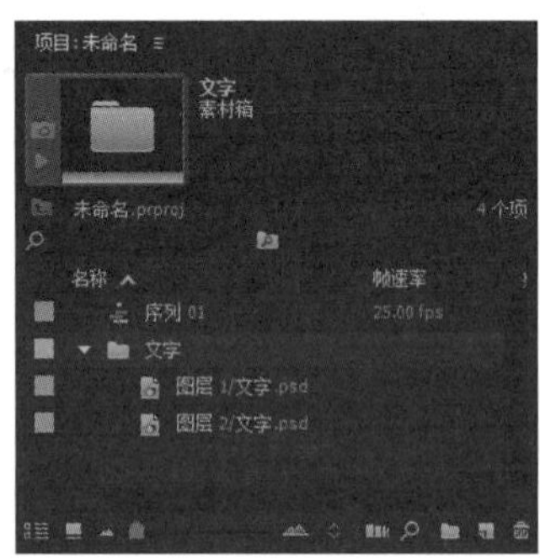

图2-39　导入“文字.psd”中“图层1”和“图层2”后的“项目”面板显示

（6）导入动画文件。选择资源素材中的“素材及结果＼第 2 章 Premiere Pro CC 2015 的操作基础＼德胜门 .mpg”文件，单击“打开”按钮，即可将其导入“项目”面板。

（7）导入文件夹。方法：选择资源素材中的“素材及结果＼第 2 章 Premiere Pro CC 2015 的基础知识＼片头方案（张凡）”文件夹，单击“导入文件夹”按钮，如图 2-40 所示，即可将该文件夹导入“项目”面板，如图 2-41 所示。

图2-40　“导入”对话框

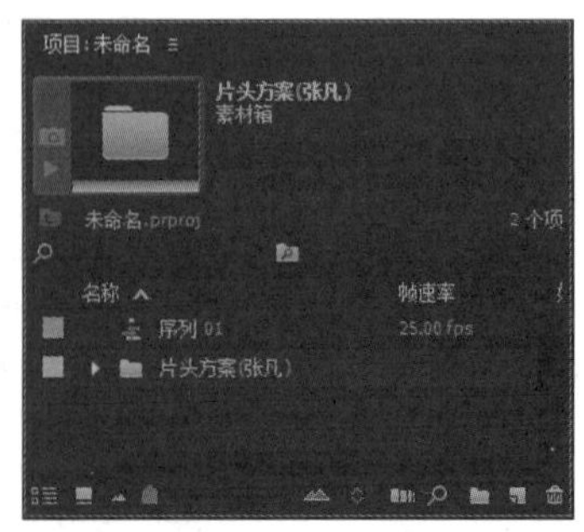

图2-41　导入文件夹

提示

要导入素材，也可执行以下操作：

- 在“项目”面板素材列表区空白处双击，然后在弹出的“导入”对话框中选择要导入的素材，单击“打开”按钮。
- 在“项目”面板素材列表区空白处右击，从弹出的快捷菜单中选择“导入”命令，如图 2-42 所示。
- 如果剪辑最近被使用过，可以执行“文件 | 导入新近文件”命令，在弹出的子菜单中选择要导入的剪辑。

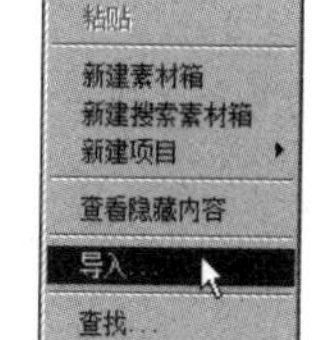

图2-42　选择“导入”命令

2.3.3　设置图像素材的时间长度

在 Premiere Pro CC 2015 中导入图像素材，需要自定义图像素材的时间长度，这样可以保证项目文件导入的图像素材保持相同的播放长度。默认情况下，图像素材的时间长度为 5 s，如果要修改默认的时间长度，可以执行以下操作：

（1）执行“编辑 | 首选项 | 常规”命令，弹出“首选项”对话框，如图 2-43 所示。

（2）在“静止图像默认持续时间”右侧输入要改变的图像素材的时间长度，单击“确定”按钮即可。

（3）对于已经导入到“项目”面板的图像文件来说，如果要修改其播放长度，可以先选中该图像，然后右击，从弹出的快捷菜单中选择“速度 / 持续时间”命令，接着在弹出的“剪辑速度 / 持续时间”对话框中进行设置，如图 2-44 所示，单击“确定”按钮。

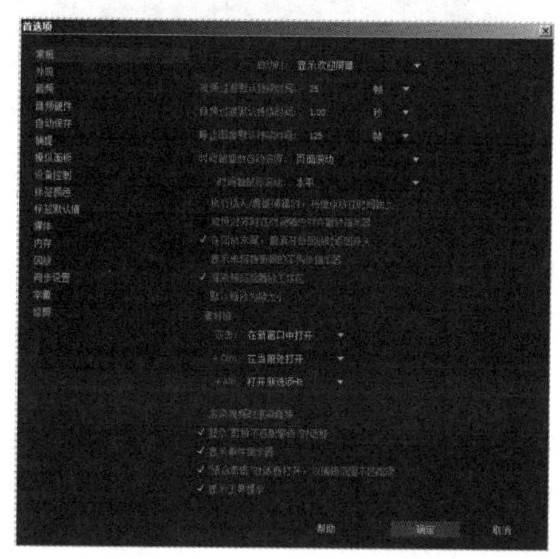

图2-43　“首选项”对话框

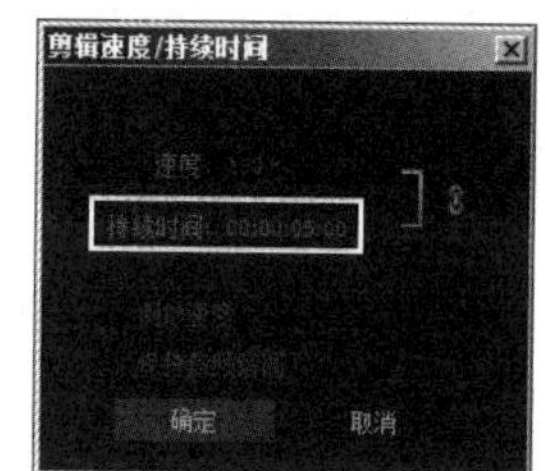

图2-44　“剪辑速度/持续时间”对话框

2.4　素材的编辑

将素材导入“项目”面板后，接下来的工作就是对素材进行编辑。下面就来介绍对素材进行编辑处理的相关操作。

2.4.1　将素材添加到“时间线”面板中

在对素材进行编辑操作之前，首先需要将素材添加到“时间线”面板中，将素材添加到“时间线”面板的具体操作步骤如下：

（1）在“项目”面板中选择要导入的素材，然后按住鼠标左键，将该文件拖动到“时间线”面板的“V1”轨道上的第 0 秒，如图 2–45 所示。此时，“节目”面板中将显示相关素材的第 1 帧的画面，如图 2–46 所示。

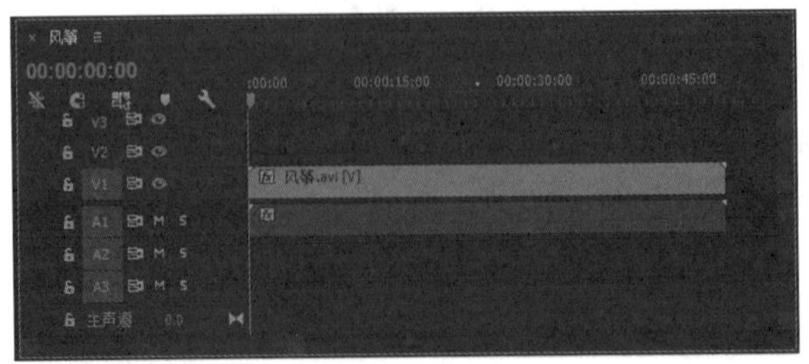

图2–45 将素材拖入时间线的第0秒

（2）同理，可将其他素材添加到“时间线”面板的其他视频轨道上。

（3）如果目前视频轨道不够用，可以执行“序列 | 添加轨道”命令，或者在“时间线”面板左侧轨道名称处右击，在弹出的“添加轨道”对话框中设置要添加的轨道数量，如图 2–47 所示，然后单击“确定”按钮。接着将素材拖到新添加的轨道上即可。

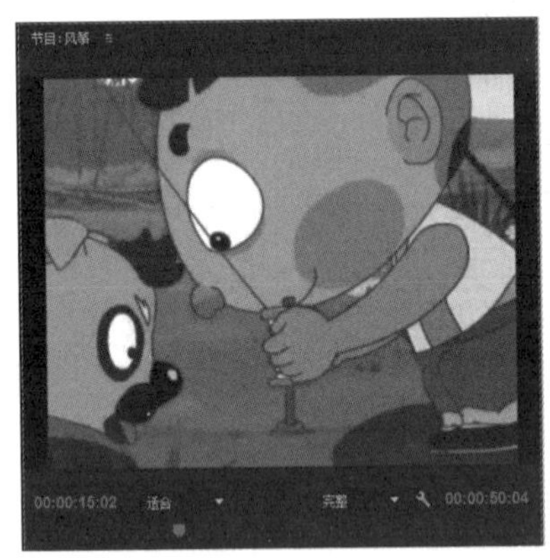

图2–46 在“节目”面板显示素材的画面

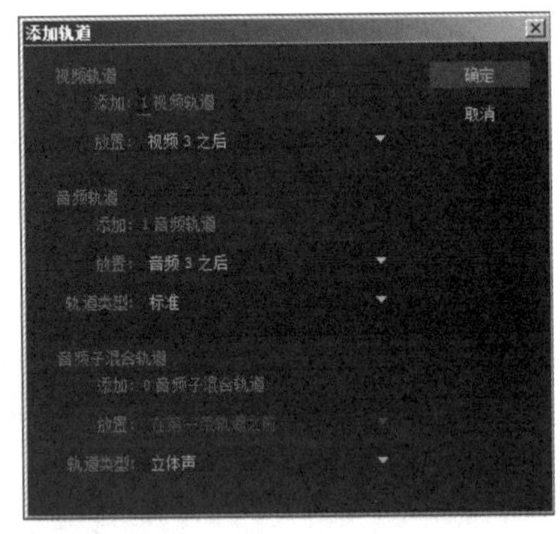

图2–47 设置要添加的轨道数量

2.4.2 设置素材的入点和出点

在制作影片时并不一定要完整地使用导入到项目中的视频或者音频素材，往往只需要用到其中的部分片断，这时就需要对素材进行剪辑，通过为素材设置入点与出点，可以从素材中截取到需要的片断。

1. 在“源”监视器中设置素材的入点和出点

在“源”监视器中设置入点和出点的具体操作步骤如下：

（1）在“项目”面板中双击一个视频素材，此时在“源”监视器中会显示该素材，如图 2–48 所示。

（2）拖动时间滑块到需要截取素材的开始位置，然后单击 （标记入点）按钮，即可确定素材的入点，如图 2–49 所示。

（3）拖动时间线滑块到需要截取素材的结束位置，单击 （标记出点）按钮，即可确定素材的出点，如图 2–50 所示。

图2–48 在“源”监视器中显示素材

2. 在“时间线”面板中设置入点和出点

（1）在“时间线”面板中将时间滑块移动到需要设置素材入点的

位置，如图 2–51 所示。然后将鼠标指针移动到素材的开头，当鼠标指针变为![]标记时，按下鼠标左键向右拖动素材到时间线位置，即可完成素材入点的设置，如图 2–52 所示。

图2–49　确定素材的入点

图2–50　确定素材的出点

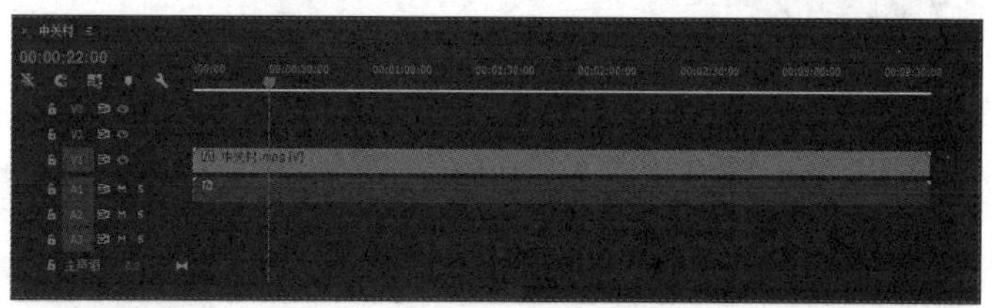

图2–51　将时间滑块移动到需要设置素材入点的位置

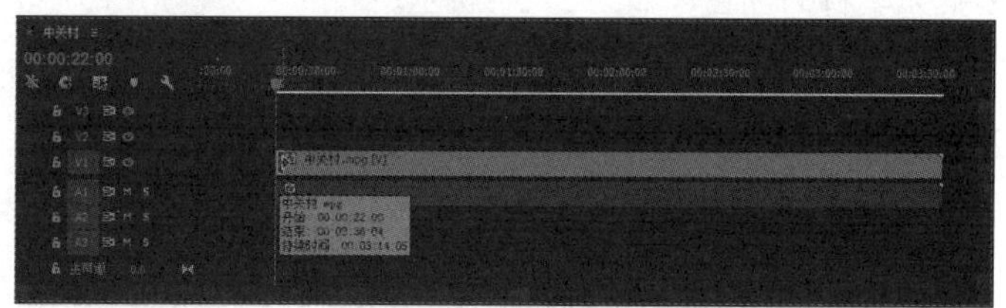

图2–52　确定素材的入点

（2）同理，将时间滑块移动到需要设置素材出点的位置，如图 2–53 所示。当鼠标指针变为![]标记时，再将素材的结束处向左侧拖动，即可完成素材出点的位置，如图 2–54 所示。

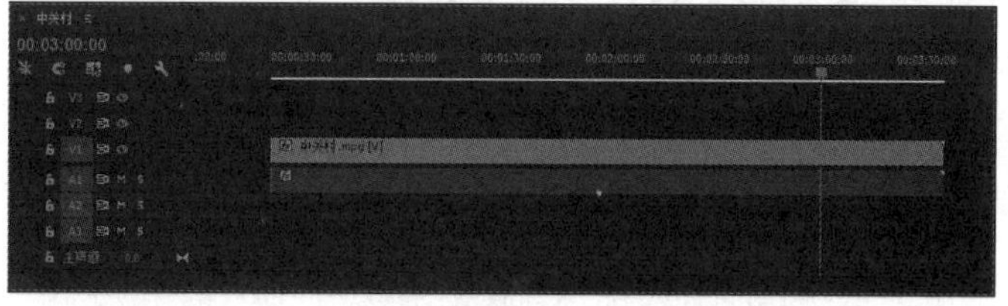

图2–53　将时间滑块移动到需要设置素材出点的位置

图2–54　确定素材的出点

2.4.3 插入和覆盖素材

使用“源”面板中的（插入）和（覆盖）工具，可以将“源”面板中的素材直接置入“时间线”面板中的指定位置。

1. 插入素材

使用（插入）工具插入新素材时，凡是处于要插入的时间位置后的素材都会向后推移。如果要插入的新素材的位置位于一段素材之中，则插入的新素材会将原素材分为两段，原素材的后半部分会向后推移，接在新素材之后。插入素材的具体操作步骤如下：

（1）在“时间线”面板中定位需要插入素材的位置，如图 2–55 所示。

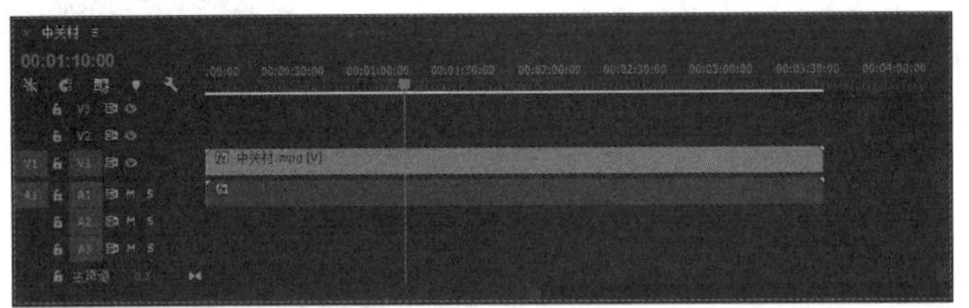

图2–55 定位需要插入素材的位置

（2）在“项目”面板中双击要插入的素材，使之在“源”面板中显示出来，然后确定素材的入点和出点，如图 2–56 所示。

（3）单击“源”面板下方的（插入）工具按钮，即可将素材插入到“时间线”面板中要插入素材的位置，如图 2–57 所示。

提示

如果选中“项目”面板中的素材，单击“项目”面板下方的（自动匹配到序列）按钮，也可将素材插入到时间线目前的位置上。

图2–56 设置要插入素材的入点和出点

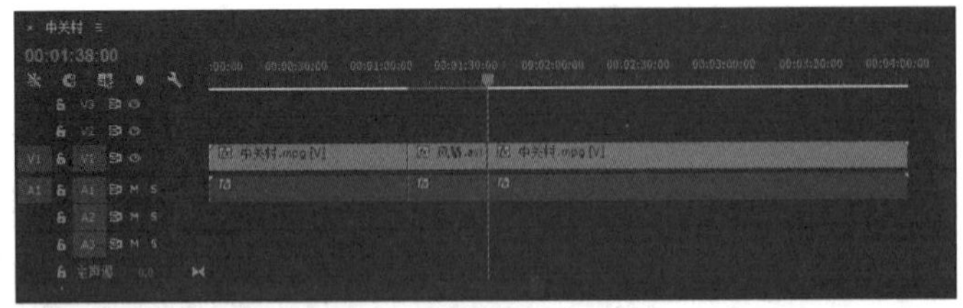

图2–57 将素材插入到“时间线”面板中要插入素材的位置

2. 覆盖素材

使用（覆盖）工具插入新素材时，凡是处于要插入的时间位置后的素材将被新插入的素材所覆盖，但整体时间长度不变。覆盖素材的具体操作步骤如下：

（1）在“时间线”面板中定位需要插入素材的位置，如图 2–58 所示。

（2）在“项目”面板中双击要插入的素材，使之在“源”面板中显示出来，然后确定素材的入点和出点。

（3）单击“源”面板下方的▣（覆盖）工具按钮，即可将素材插入到时间线面板中要覆盖素材的位置，如图 2–59 所示。

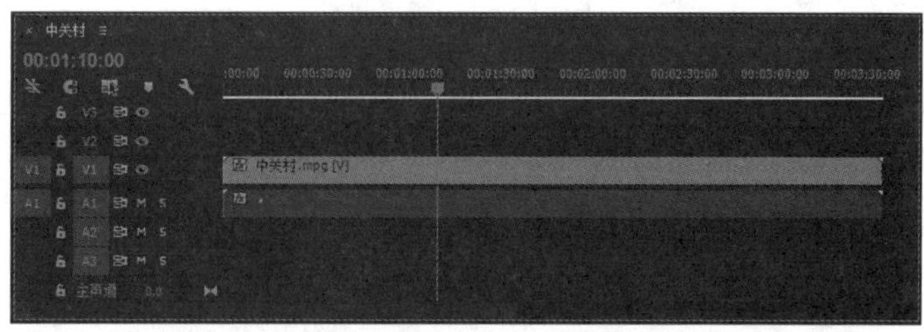

图2–58 定位需要覆盖素材的位置

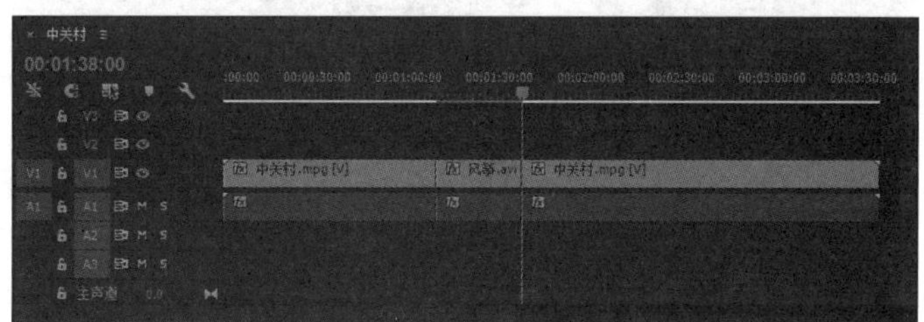

图2–59 将素材插入到“时间线”面板中要覆盖素材的位置

2.4.4 提升和提取素材

使用▣（提升）和▣（提取）工具可以在“时间线”面板中的指定轨道上删除指定的一段素材。

1. 提升素材

使用▣（提升）工具对影片素材进行删除修改时，只会删除目标轨道中选定范围内的素材片断，对其前、后的素材以及其他轨道上的素材的位置不会产生影响。提升素材的具体操作步骤如下。

（1）在“节目”面板中为素材设置入点和出点，此时设置的入点和出点会显示在时间标尺上，如图 2–60 所示。

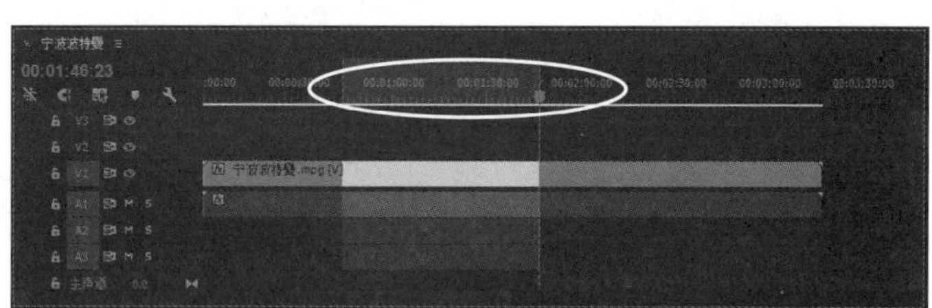

图2–60 设置的入点和出点会显示时间标尺上

（2）在“时间线”面板上选中提升素材的目标轨道。

（3）在“节目”面板中单击▣（提升）工具按钮，即可将入点和出点之间的素材删除，删除后的区域显示为空白，如图 2–61 所示。

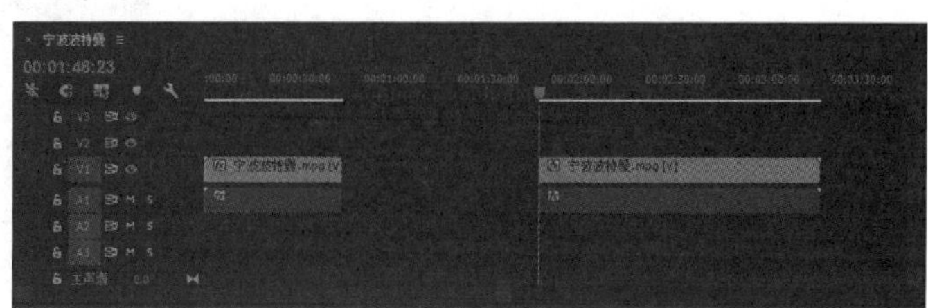

图2–61 提升素材后的效果

2. 提取素材

使用（提取）工具对影片进行删除修改，不但会删除目标轨道中指定的片断，还会将其后的素材前移，填补空缺。提取素材的具体操作步骤如下：

（1）在“节目”面板中为素材设置入点和出点，此时设置的入点和出点会显示在时间标尺上，如图 2–62 所示。

（2）在“时间线”面板上选中提升素材的目标轨道。

（3）在“节目”面板中单击（提取）工具按钮，即可将入点和出点之间的素材删除，其后的素材将自动前移，填补空缺，如图 2–62 所示。

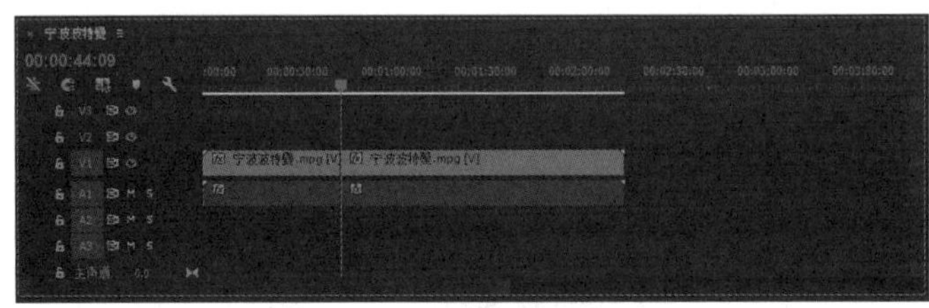

图2–62　提取素材后的效果

2.4.5　分离和链接素材

在编辑工作中，经常需要将“时间线”面板中素材的视、音频进行分离，或者将各自独立的视、音频链接在一起，作为一个整体进行调整。

1. 分离素材的视、音频

分离素材的视、音频的具体步骤如下：

（1）在“时间线”面板中选择要进行视、音频分离的素材。

（2）右击，从弹出的快捷菜单中选择“解除视音频链接”命令，即可分离素材的视频和音频部分。

2. 链接素材的视、音频

链接素材的视、音频的具体步骤如下：

（1）在“时间线”面板中选择要进行视、音频链接的素材。

（2）右击，从弹出的快捷菜单中选择“链接视音频”命令，即可链接素材的视频和音频部分。

2.4.6　编辑标记

标记用于指示重要时间码的位置，通过设置标记，可以将时间线快速移动到标记的位置。在“节目”面板和“源”面板中均可设置标记。下面以“节目”面板为例讲解编辑标记的相关操作。

1. 设置标记

设置标记的具体操作步骤如下：

在“节目”面板中显示一个素材，然后将时间线滑块移动到需要设置标记的位置。接着执行“标记 | 添加标记”命令，此时在“节目”面板的时间标尺处会出现一个标记，如图 2–63 所示。同时，“时间线”面板的相应位置还会出现一个标记，如图 2–64 所示。

图2–63　时间标尺处会出现一个标记

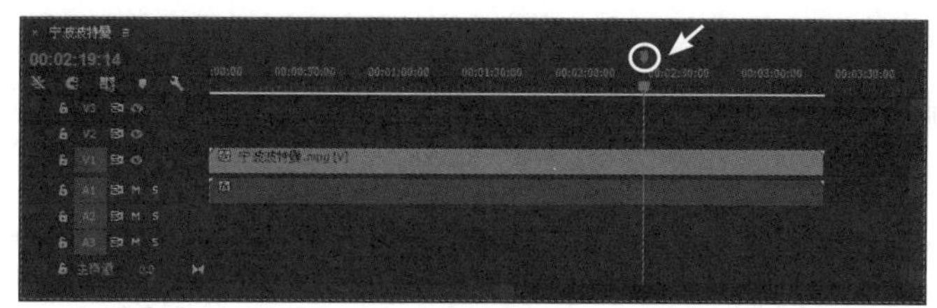

图2–64　“时间线”面板的相应位置出现一个■标记

2. 跳转标记

为素材加入标记之后，便可以快速跳转到某个标记所在的帧。跳转标记的具体操作步骤如下：

通过单击监视器窗口下方的 （转到下一标记）按钮和 （转到上一标记）按钮进行跳转。

3. 删除标记

删除标记的具体操作步骤如下：

（1）删除单个标记。在“节目”面板或“时间线”面板选中要删除的标记，然后右击，从弹出的快捷菜单中选择“清除当前标记”命令，将其删除。

（2）删除所有标记。在“节目”面板中或在“时间线”面板的标尺处右击，从弹出的快捷菜单中选择“清除所有标记”命令，即可将所有标记删除。

提示

执行“标记|清除所有标记”命令，也可以将所有标记删除。

4. 在“时间线”面板中设置入点与出点标记

在“时间线”面板中可以对素材片断进行入点与出点标记的设置，从而方便在时间线中快速移动到入点和出点的位置。在“时间线”面板中设置入点与出点标记的具体操作步骤如下：

（1）将时间线”面板中的时间滑块定位在入点处，然后在时间标尺处右击，从弹出的快捷菜单中选择“标记入点”命令，即可完成入点的设置，结果如图 2–65 所示。

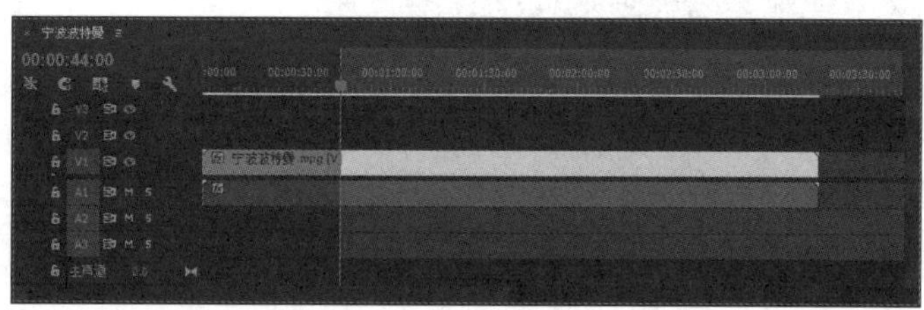

图2–65　选择“标记入点”命令

（2）同理，将时间线定位在出点位置，然后在时间标尺上右击，从弹出的快捷菜单中选择“标记出点”命令，即可完成出点的设置，结果如图 2–66 所示。

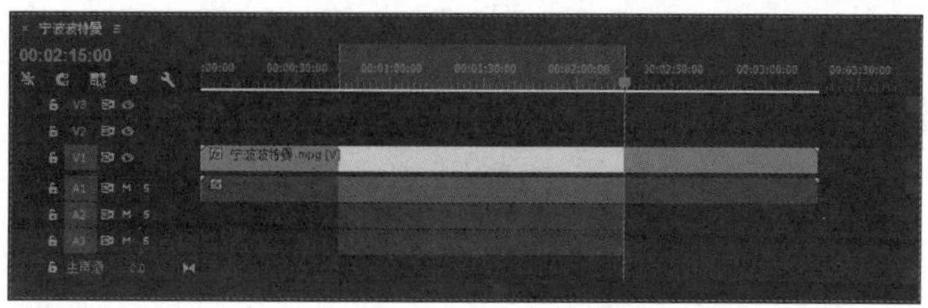

图2–66　选择“标记出点”命令

（3）完成入点和出点设置后，选中该素材片断，然后在时间标尺上右击，从弹出的快捷菜单中选择“转到入点”和“转到出点”命令，即可返回到素材的入点和出点位置。

提示

在“节目”面板中单击 （转到入点）按钮和 （转到出点）按钮，也可直接返回素材的入点和出点位置。

（4）如果要删除素材的入点和出点标记，可以执行“标记|清除入点和出点”命令，即可将入点和出点标记删除。

2.4.7 修改素材的播放速率

对视频或音频素材的播放速率进行修改，可以使素材产生快速或慢速播放的效果。修改素材的播放速率的具体操作步骤如下：

（1）在“时间线”面板中选择需要修改播放速率的素材，如图 2–67 所示。

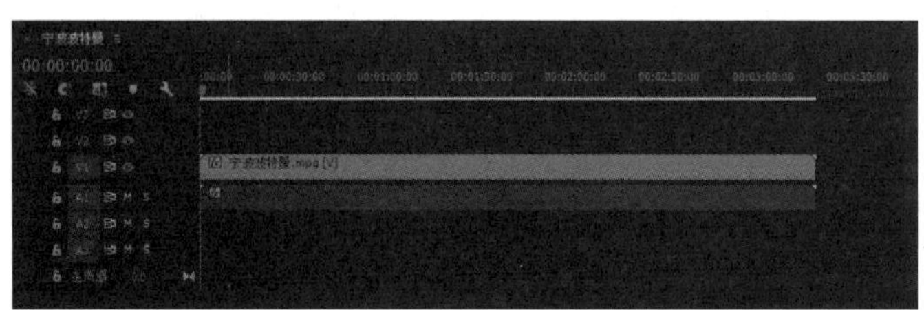

图2–67 选择需要修改播放速率的素材

（2）选择“工具”面板中的 （比率拉伸工具），然后将鼠标指针移动到素材的开头或末尾，接着按住鼠标左键向左或向右拖动，即可在不改变素材的内容长度的状态下，改变素材播放的时间长度，以达到改变片断播放速度的效果（即俗称的快放和慢放），如图 2–68 所示。

（3）如果要精确修改素材的播放速率，可以在“时间线”面板中选中素材，然后右击，从弹出的快捷菜单中选择“速度 / 持续时间”命令，接着在弹出的“剪辑速度 / 持续时间”对话框中进行设置，如图 2–69 所示。

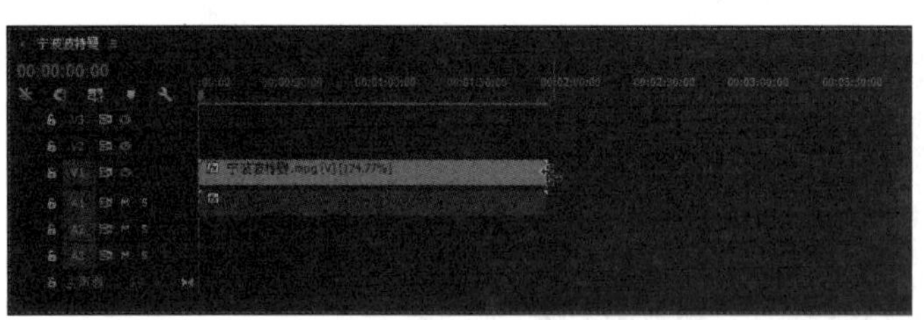

图2–68 利用 （比率拉伸工具）改变素材播放的时间长度

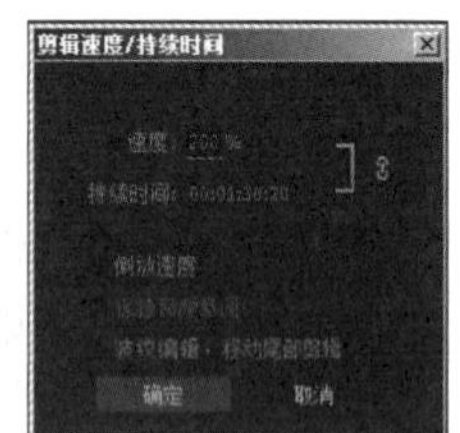

图2–69 精确设置素材的播放速率

2.5 编组与嵌套

1. 编组

在编辑工作中，经常需要对多个素材整体进行操作。此时，使用编组命令，可以将多个片段组合为一个整体进行移动、复制及编辑等操作。

建立编组的具体操作步骤如下：

（1）在“时间线”面板中框选进行编组的素材。

提示

按住Shift键可以添加素材。

（2）在选定的素材上右击，从弹出的快捷菜单中选择“编组”命令，即可将选中的素材进行编组。

提示

编组的素材无法改变其属性，比如改变编组的不透明度或施加特效等。如果要取消编组，可以右击群组对象，从弹出的快捷菜单中选择“取消编组”命令即可。

2. 嵌套

嵌套可以将一个时间线嵌套到另外一个时间线中，作为一整段素材使用。使用嵌套可以完成普通剪辑无法完成的复杂操作，并且可以在很大程度上提高工作效率。例如，进行多个素材的重复切换和特效混用。建立嵌套素材的方法如下：

（1）在“时间线”面板中切换到要进行嵌套的目标时间线。

（2）在“项目”面板中选择要进行嵌套的时间线，然后将其拖入目标时间线的轨道中即可。

2.6　创建新元素

Premiere Pro CC 2015 除了可以使用导入的素材外，还可以建立一些新素材元素。

2.6.1　通用倒计时片头

Premiere Pro CC 2015 为用户提供的“通用倒计时片头”命令，通常用于创建影片开始前的倒计时片头动画。利用该命令，用户不仅可以非常简便地创建一个标准的倒计时素材，并可以在 Premiere Pro CC 2015 中随时对其进行修改。创建通用倒计时片头动画的具体操作步骤如下：

（1）在“项目”面板中单击下方的■（新建项）按钮，然后从弹出的快捷菜单中选择“通用倒计时片头”命令，如图 2-70 所示。

（2）在弹出的图 2-71 所示的“新建通用倒计时片头”对话框中设置相关参数后，单击“确定”按钮，进入“通用倒计时片头设置”对话框，如图 2-72 所示。

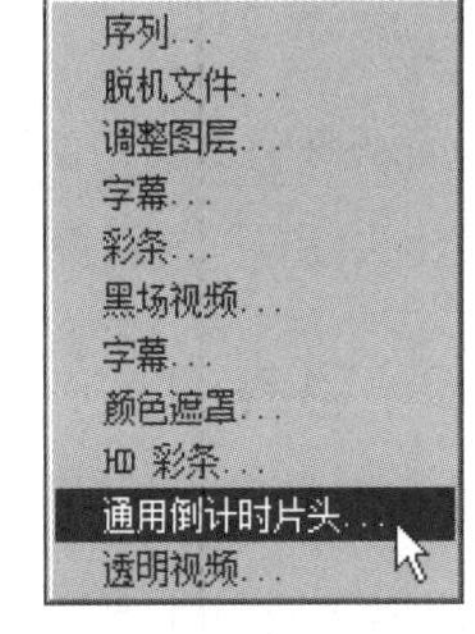

图2-70　选择“通用倒计时片头”命令

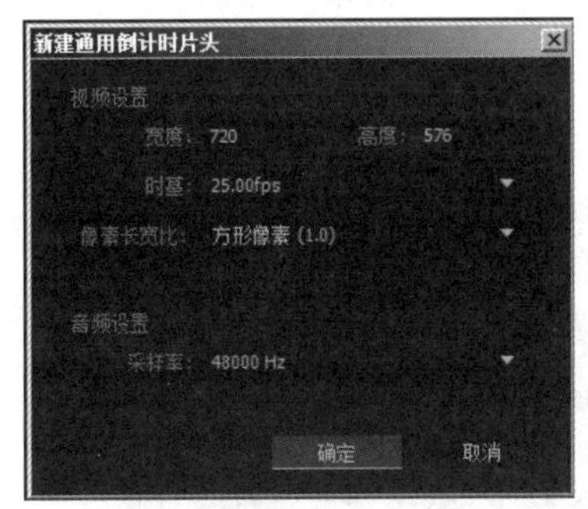

图2-71　“新建通用倒计时片头”对话框

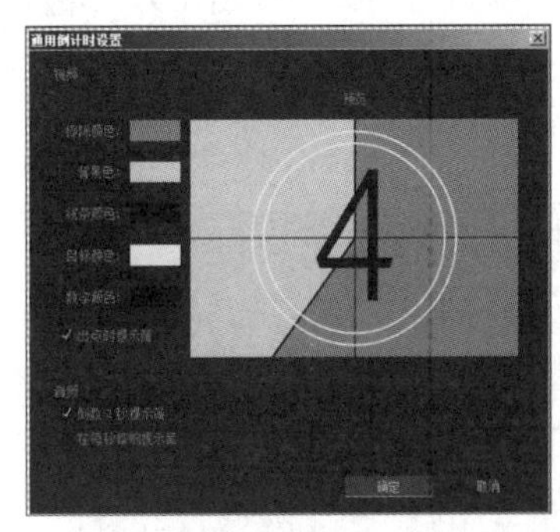

图2-72　“通用倒计时片头设置”对话框

“通用倒计时片头设置”对话框中的参数含义如下：

- 擦除颜色：用于设置擦除后的颜色。在播放倒计时影片时，指示线会不停地围绕圆心转动，在指示线转动之后的颜色即为擦除后的颜色。
- 背景色：用于设置背景颜色。当指示线转动之前的颜色即为背景色。
- 线条颜色：用于设置指示线颜色。固定的十字线及转动指示线的颜色由该项设置。
- 目标颜色：用于设置圆形准星的颜色。
- 数字颜色：用于设置数字颜色。

（3）设置完毕后，单击“确定”按钮，即可将创建的通用倒计时片头放入“项目”面板，如图 2–73 所示。

（4）将“项目”面板中的“通用倒计时片头”素材拖入“时间线”面板中，然后在“节目”面板中单击▶按钮，即可看到效果，如图 2–74 所示。

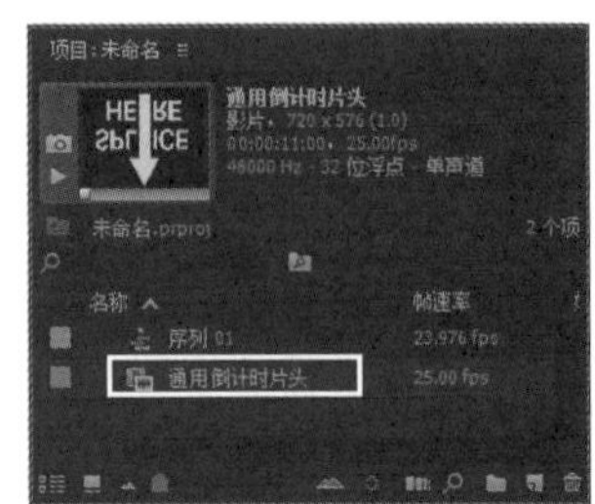

图2–73 “项目”面板中的“通用倒计时片头”素材

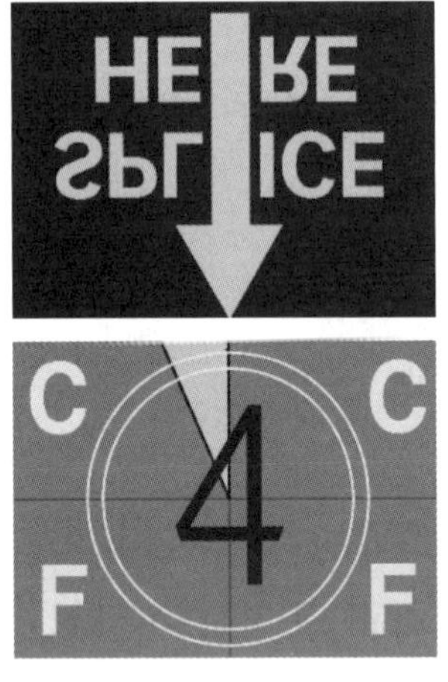

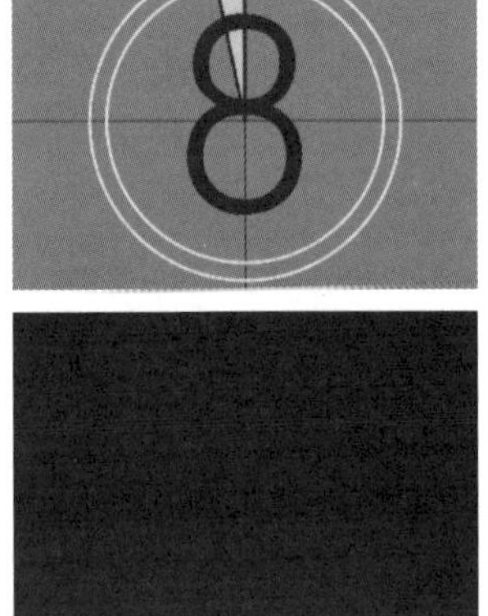

图2–74 通用倒计时片头效果

（5）如果要修改通用倒计时片头，可以在“项目”面板或“时间线”面板中双击倒计时素材，然后在打开的“通用倒计时片头设置”对话框中进行重新设置。

2.6.2 彩条

在 Premiere Pro CC 2015 中，利用“彩条”命令可以为影片在开始前加入一段静态的彩条效果。创建彩条的具体操作步骤如下：

（1）在“项目”面板中单击下方的 （新建项）按钮，然后从弹出的快捷菜单中选择“彩色”命令。

（2）在弹出的图 2–75 所示的“新建彩条”对话框中设置相关参数后，单击“确定”按钮，即可将创建的彩色放入“项目”面板，如图 2–76 所示。

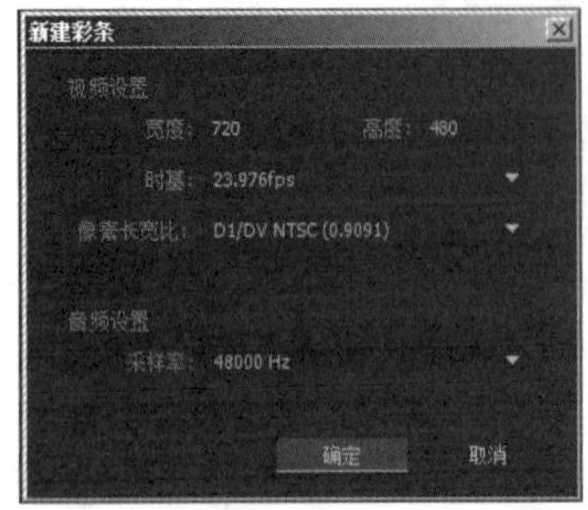

图2–75 “新建彩条”对话框

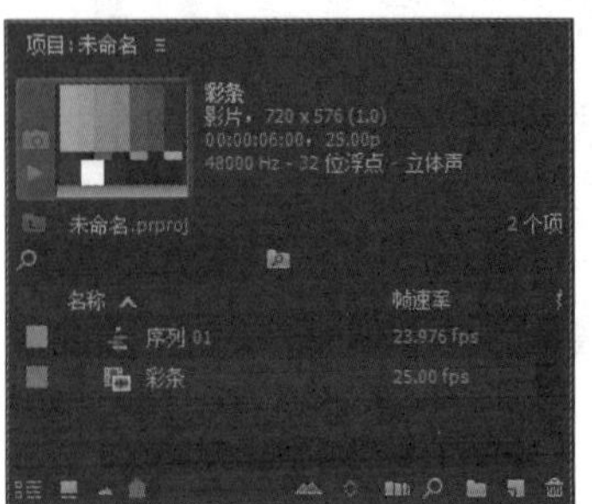

图2–76 “项目”面板中的“彩条”素材

2.6.3　黑场视频

所谓黑场，是指画面由纯黑色像素所组成的单色素材。在实际应用中，黑场通常用于影片的开头或结尾，起到引导观众进入或退出影片的作用。在 Premiere Pro CC 2015 中，利用“黑场视频”命令可以为影片加入一段静态的黑场效果。创建黑场视频的具体操作步骤如下：

（1）在“项目”面板中单击下方的■（新建项）按钮，然后从弹出的快捷菜单中选择“黑场视频”命令。

（2）在弹出的图 2-77 所示的“新建黑场视频”对话框中设置相关参数后，单击“确定”按钮，即可将创建的黑场视频放入“项目”面板，如图 2-78 所示。

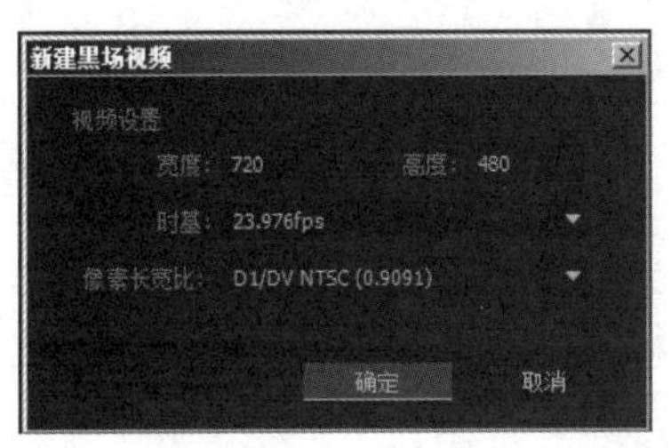

图2-77　“新建黑场视频”对话框

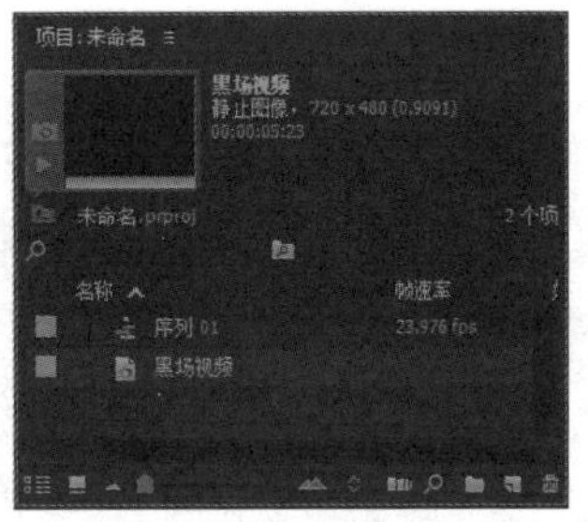

图2-78　“项目”面板中的“黑场视频”素材

2.6.4　颜色遮罩

从画面内容上看，颜色遮罩与黑场视频素材的效果极为类似，都是仅包含一种颜色的纯色素材。所不同的是，用户无法控制黑场素材的颜色，却可以根据影片需求任意调整颜色遮罩素材的颜色。创建颜色遮罩的具体操作步骤如下：

（1）在“项目”面板中单击下方的■（新建项）按钮，然后从弹出的快捷菜单中选择“颜色遮罩”命令。

（2）在弹出的图 2-79 所示的“新建颜色遮罩”对话框中设置相关参数后，单击“确定”按钮。然后在弹出的“拾色器”对话框中设置好颜色遮罩的颜色，如图 2-80 所示，单击“确定”按钮。接着在弹出的图 2-81 所示“选择名称”对话框中输入颜色遮罩的名称，单击“确定”按钮，即可将创建的颜色遮罩放入“项目”面板，如图 2-82 所示。

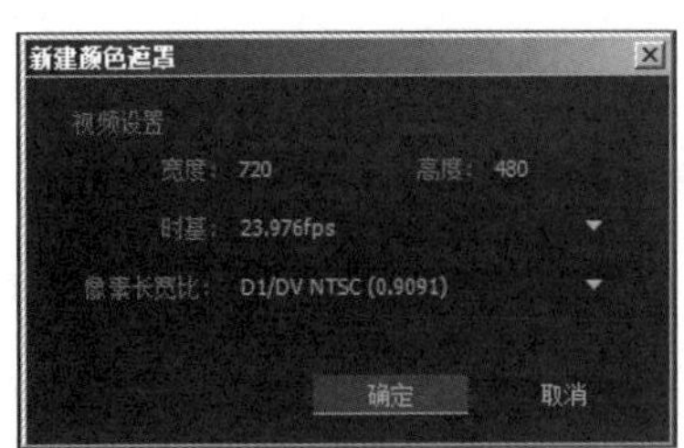

图2-79　“新建颜色遮罩”对话框

图2-80　“拾色器”对话框

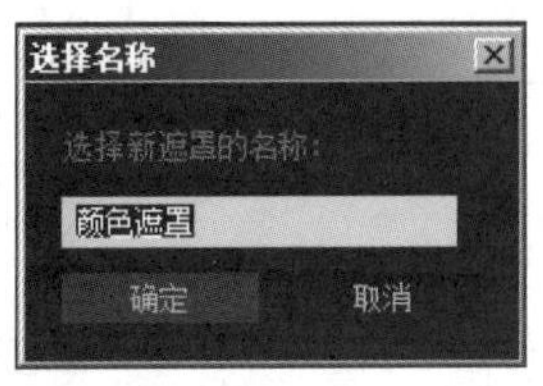

图2-81　输入颜色遮罩的名称

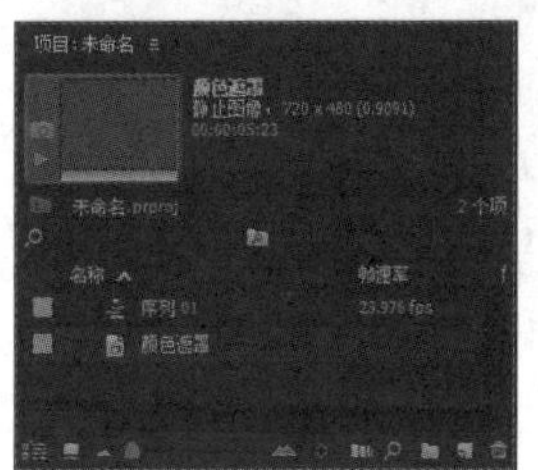

图2-82　“项目”面板中的“颜色遮罩”素材

2.7 脱机文件

脱机文件是指项目内当前不可用的素材文件，其产生原因多是由于项目所引用的素材文件已经被删除或移动。

在 Premiere Pro CC 2015 中打开脱机文件时，会在弹出的对话框中要求用户重新定位脱机素材的位置，如图 2-83 所示。此时，用户可以通过单击“查找”按钮，从弹出的对话框中指出脱机素材新的文件位置，项目会解决该素材文件的媒体脱机问题。反之，如果单击“脱机”按钮，则在打开脱机文件后，在“项目”面板中选择该素材文件时，“源”或“节目”面板内便将显示该素材的媒体脱机信息，如图 2-84 所示。

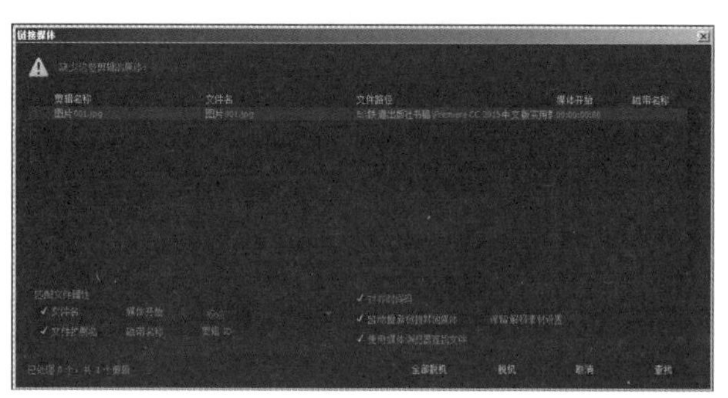

图2-83 重新定位脱机素材的位置

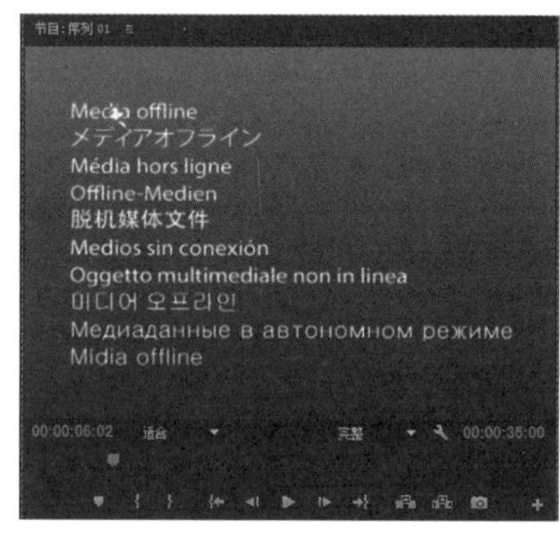

图2-84 “源”面板中显示媒体脱机信息

2.8 打包项目素材

制作一部稍微复杂的影视节目，所用到的素材会数不胜数。在这种情况下，除了使用“项目”面板对素材进行管理外，还应将项目所用到的素材全部归纳于一个文件夹内，以便进行统一的管理，这就是打包项目素材。打包项目素材的具体操作步骤如下：

（1）执行“文件 | 项目管理”命令。

（2）在弹出的“项目管理器”对话框中的“序列”区域内选择所要保留的序列，然后在“目标路径”选项组内设置项目文件归档方式，如图 2-85 所示，接着在“路径”右侧单击“浏览”按钮，从弹出的“请选择生成项目的目标路径”对话框中选择要放置打包文件的位置，如图 2-86 所示，单击“确定”按钮，即可创建一个放置所有项目素材的打包文件夹，如图 2-87 所示。

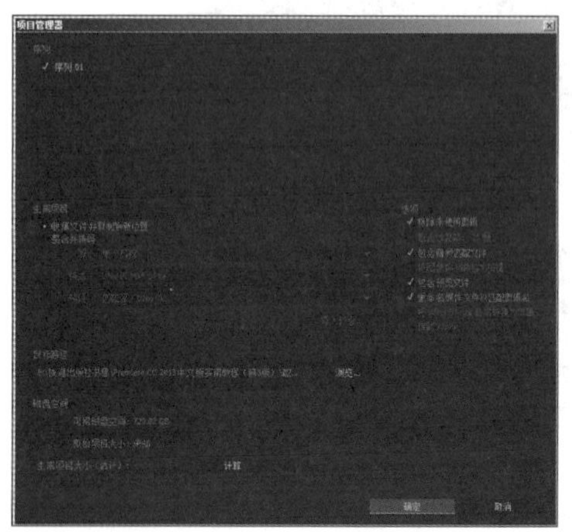

图2-85 “项目管理器”对话框

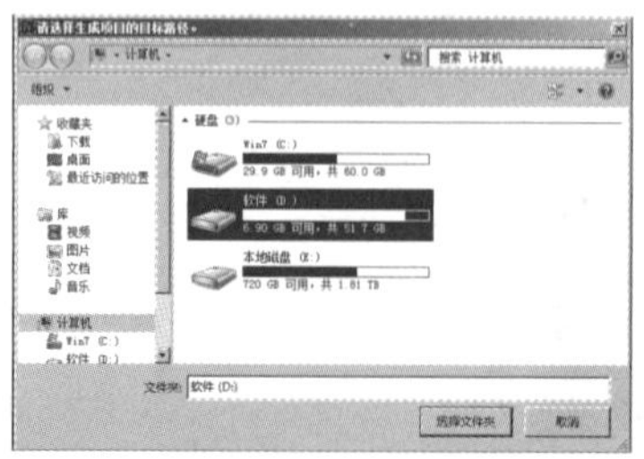

图2-86 “请选择生成项目的目标路径”对话框

图2-87 创建的打包文件夹

2.9　实 例 讲 解

本节将通过“制作多画面展示效果”和“制作卷页效果”2 个实例来讲解 Premiere Pro CC 2015 操作基础在实践中的应用。

2.9.1　制作多画面展示效果

要点

本例将制作多画面展示效果，如图 2–88 所示。通过本例的学习，应掌握设置静止图片的持续时间、利用文件夹来管理素材以及时间线嵌套的应用。

图2–88　多画面展示效果

操作步骤

1. 建立素材文件夹并导入素材

（1）启动 Premiere Pro CC 2015，然后单击“新建项目”按钮，新建一个名称为“制作多画面展示效果”的项目文件。接着新建一个 DV–NTSC 制标准 48 kHz 的“序列 01”序列文件。

提示

DV-NTSC的时间基准为30帧/s，这一点在后面设置时要注意。

（2）创建文件夹。方法：单击“项目”面板下方的■（新建文件夹）按钮，创建“10 帧”和“1 秒”两个文件夹，如图 2–89 所示。

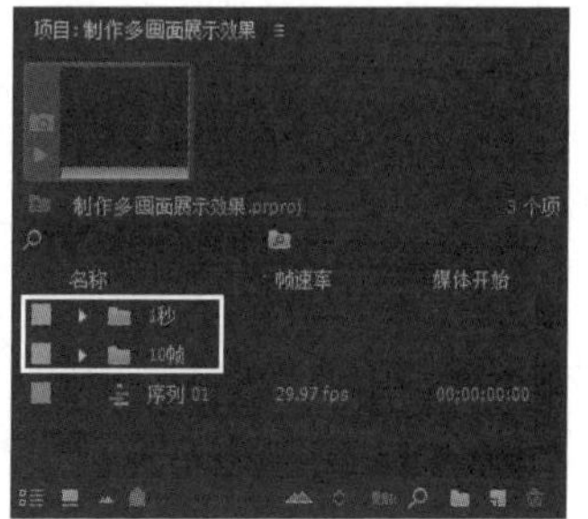

图2–89　创建“10帧”和“1秒”两个文件夹

（3）导入“10 帧”文件夹中的素材。执行“编辑|首选项|常规”命令，在弹出的对话框中设置“静止图像默认持续时间”为 10 帧，如图 2–90 所示，然后在左侧选择“媒体”，再在右侧将“不确定的媒体时基”设置为 30 帧 /s，如图 2–91 所示，单击“确定”按钮。接着双击“10 帧”文件夹，进入编辑状态。最后执行“文件|导入”

（快捷键为 Ctrl+I）命令，在弹出的对话框中选择资源素材中的“素材及结果 \ 第 2 章 Premiere Pro CC 2015 操作基础 \2.9.1 制作多画面展示效果 \01.jpg~15jpg”文件，如图 2–92 所示。

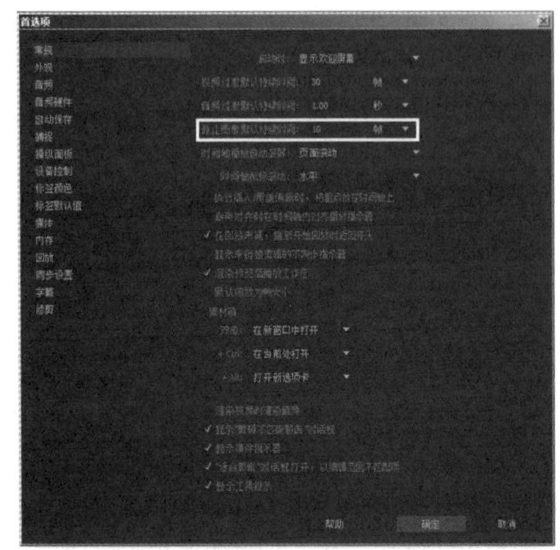
图2–90　设置“静止图像默认持续时间”为10帧

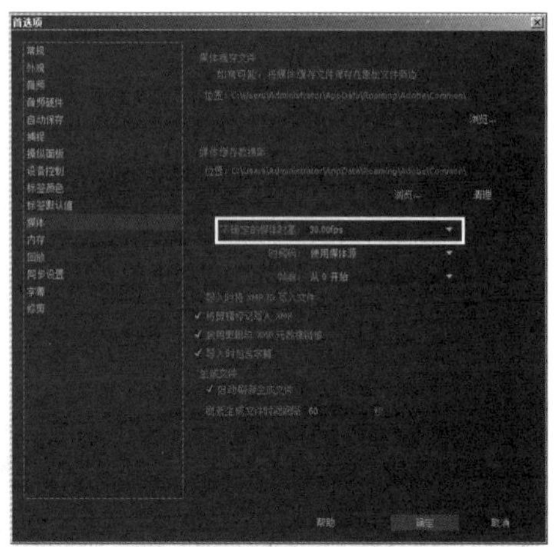
图2–91　设置“不确定的媒体时基”为30帧/s

（4）导入“1 秒”文件夹中的素材。执行“编辑 | 首选项 | 常规”命令，在弹出的对话框中设置“静止图像默认持续时间”为 30 帧（即 NTSC 制式的 1 秒），再将单击“确定”按钮。接着双击“1 秒”文件夹，执行“文件 | 导入”（快捷键为 Ctrl+I）命令，导入资源素材中的“素材及结果 \ 第 2 章 Premiere Pro CC 2015 操作基础 \2.9.1 制作多画面展示效果 \ 果 \01.jpg~05jpg”文件，如图 2–93 所示。

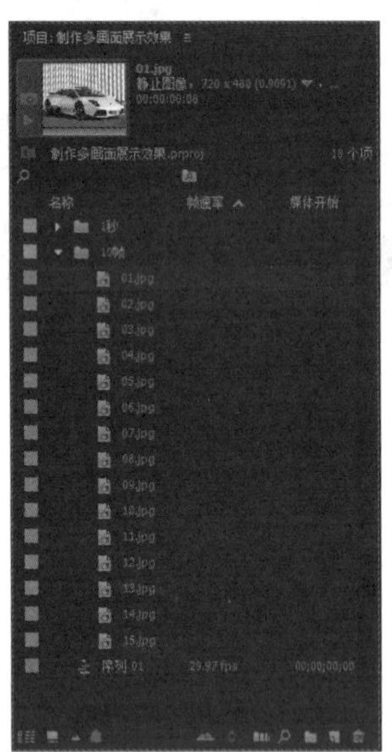
图2–92　导入“01.jpg~15jpg”图片文件

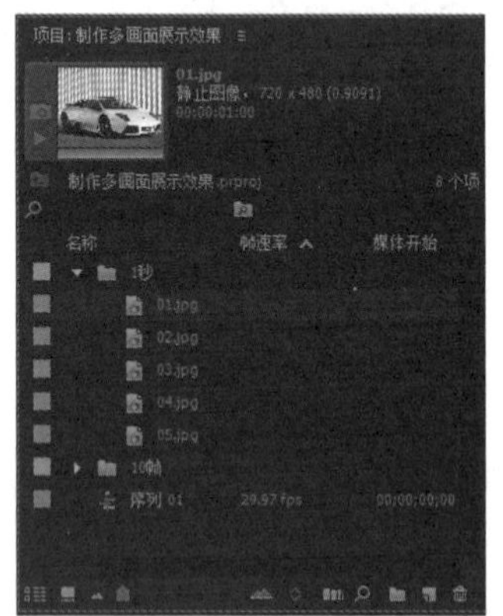
图2–93　导入“01.jpg~05jpg”图片文件

2. 编辑序列 1 和序列 2

（1）编辑“序列 1”。选择“10 帧”文件夹，将其拖入“时间线”面板中“V1”轨道中，入点为 00：00：00：00 秒。此时该文件夹中的 15 幅图片会依次放入到时间线中，总长度为 5 秒，如图 2–94 所示。

（2）新建“序列 2”。在“项目”面板空白处右击，从弹出的快捷菜单中选择“序列”命令，如图 2–95 所示。然后在弹出对话框中的设置如图 2–96 所示，单击“确定”按钮，此时“项目”面板中会产生一个名称为“序列 02”的新序列，如图 2–97 所示。

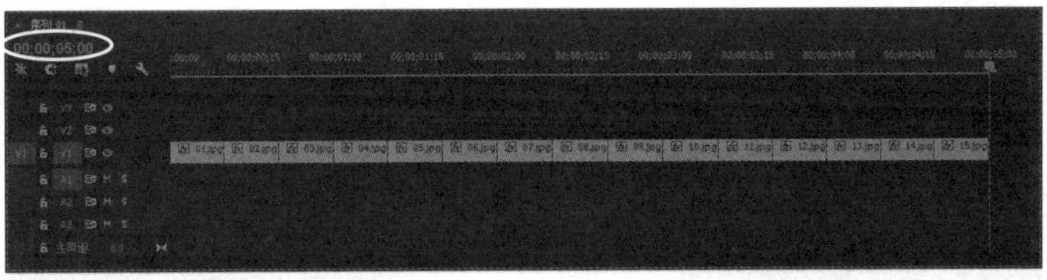

图2–94　将“10帧”文件夹拖入“V1”轨道中

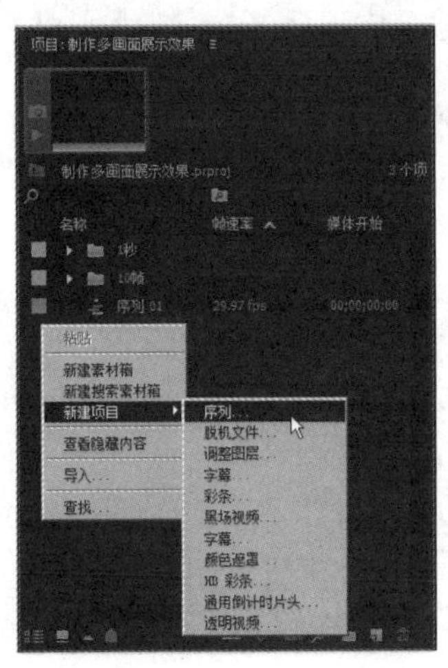

图2–95　选择“序列”命令

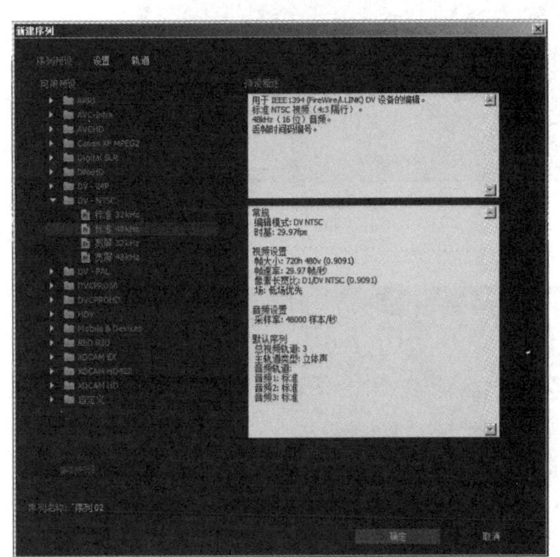

图2–96　设置“序列02”的参数

提示

单击“项目”面板下方的 （新建项）按钮，从弹出的下拉菜单中选择“序列”命令，也可以弹出“新建序列”对话框。

（3）编辑“序列 02”。选择“1 秒”文件夹，将其拖入“时间线”面板中“V2”轨道中，入点为 00：00：00：00 秒。此时该文件夹中的 6 幅图片会依次放入到时间线中，总长度为 150 帧（即 5 s），如图 2–98 所示。

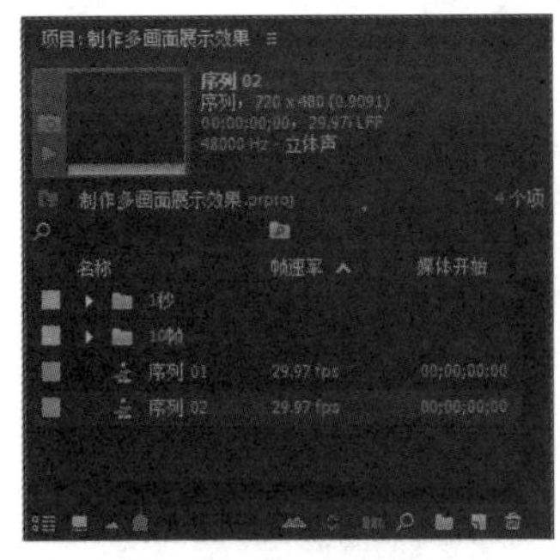

图2–97　“序列”面板

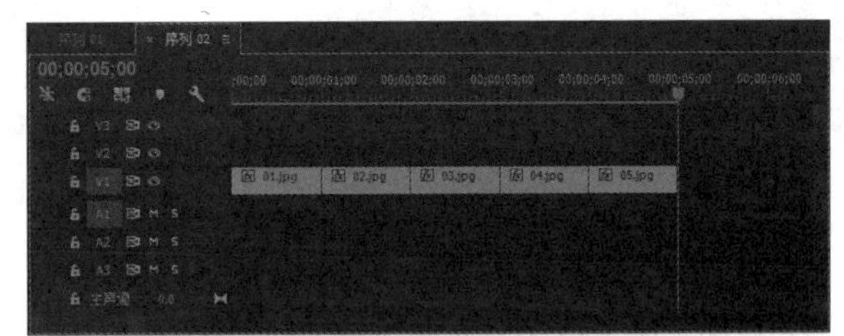

图2–98　“时间线：序列02”面板

3. 嵌套序列

（1）同理，新建“序列 03”。然后将“项目”面板中的“序列 01”拖入“时间线”面板的“V1”轨道中，入点为 00：00：00：00，如图 2–99 所示。

（2）选择“A1”轨道的音频，按 Delete 键，将其进行删除，结果如图 2–100 所示。

（3）将“V1”轨道中的“序列 01”素材复制到“V2”和“V3”中。选择“时间线”面板“V1”轨道中的“序列 01”素材，按快捷键 Ctrl+C 进行复制。然后选择“V2”轨道，使其处于高亮状态，再将时间线滑块定位在 00：00：00：00 的位置，按快捷键 Ctrl+V 进行粘贴，结果如图 2–101 所示。接着选择“V3”轨道，使其处于高亮状态，再将时间线滑块定位在 00：00：00：00 的位置，按快捷键 Ctrl+V 进行粘贴，结果如图 2–102 所示。

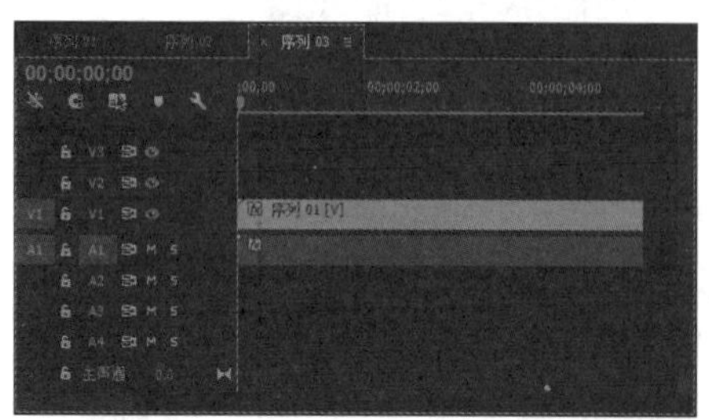

图2–99　将“序列01”拖入“V1”轨道中

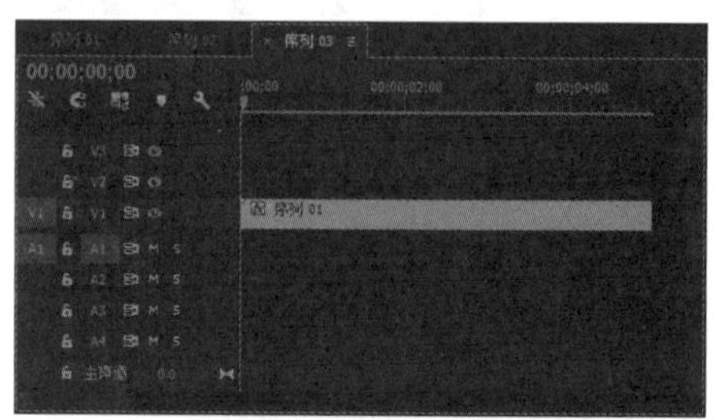

图2–100　删除“音频”后的效果

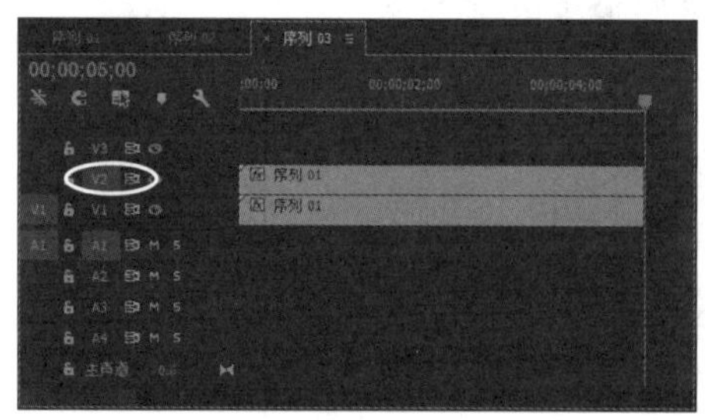

图2–101　将“序列01”粘贴到“V2”轨道中

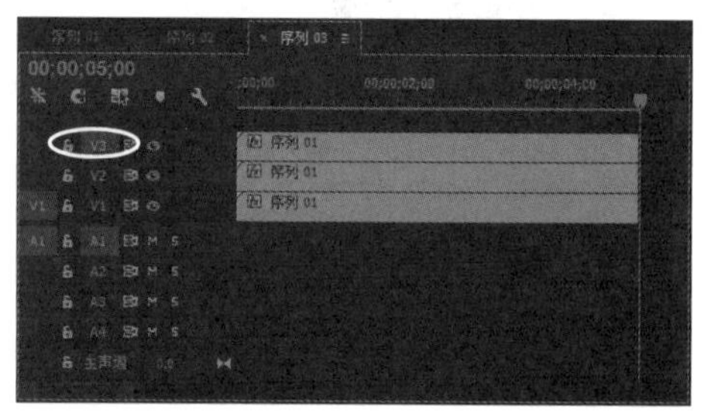

图2–102　将“序列01”粘贴到“V3”轨道中

（4）选择“项目”面板中的“序列 02”素材，然后将其拖入“时间线”面板的“V3”轨道上方的空白处，此时会自动产生一个“V4”轨道来放置“序列 02”，如图 2–103 所示。接着将“序列 02”的“A4”轨道的音频进行删除，结果如图 2–104 所示。

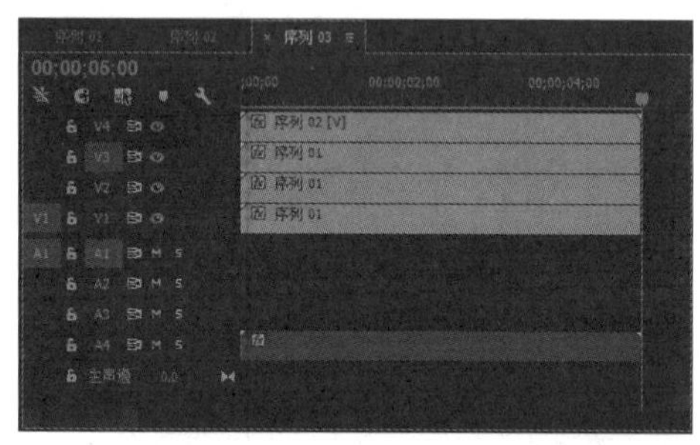

图2–103　将“序列01”粘贴到“V2”轨道中

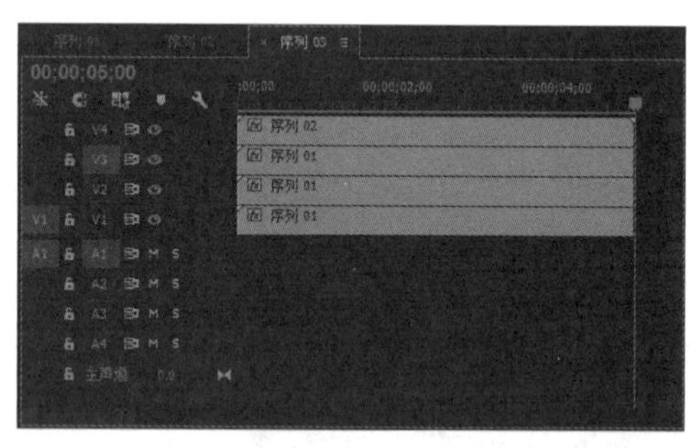

图2–104　将“序列01”粘贴到“V3”轨道中

提示

在进行多个序列嵌套时，某一序列不可以嵌套其本身，例如，“序列03”嵌套“序列02”，“序列02”嵌套了“序列01”，那么“序列01”就不能再嵌套“序列02”或“序列03”。

4. 调整“序列 01”和“序列 02”的位置和比例

下面分别对 4 个视频轨道上的“序列 01”和“序列 02”的比例和位置进行修改，使其在屏幕中同时显示。

（1）选中最上层“V4”轨道中的“序列 02”素材，然后在“效果控件”面板中将“缩放”的数值设置为“60.0”，将“位置”的数值设置为（250.0，240.0），如图 2–105 所示。

图2-105　设置“V4”轨道上的“序列02”素材的位置和缩放

（2）选择“V3”轨道上的“序列 01”素材，然后在“效果控件”面板中取消勾选“等比缩放”复选框，以便分别修改“缩放高度”和“缩放宽度”。接着将“缩放高度”的数值设置为 18.0，将“缩放宽度”的数值设置为 25.0。最后将“位置”的数值设置为（580，120），如图 2-106 所示。

图2-106　设置“V3”轨道上的“序列01”素材的位置和缩放

（3）同理，将“V2”轨道上的“序列 01”的将“缩放高度”的数值设置为 18.0，将“缩放宽度”的数值设置为 25.0，将“位置”的数值设置为（580.0，240.0），如图 2-107 所示。

图2-107　设置“V2”轨道上的“序列01”素材的位置和缩放

（4）同理，将“V1”轨道上的“序列 01”的将“缩放高度”的数值设置为 18.0，将“缩放宽度”的数值设置为 25.0，将“位置”的数值设置为（580.0，340.0），如图 2–108 所示。

图2–108　设置“V1”轨道上的“序列01”素材的位置和缩放

（5）至此，多画面的展示效果制作完毕，执行“文件|导出|媒体” 命令，将其输出为“多画面展示效果 .avi”文件。

2.9.2　制作卷页效果

要点

本例将制作多种卷页效果，如图 2–109 所示。通过本例的学习，应掌握导入字幕文件、时间轴嵌套、创建“颜色遮罩”和“页面剥落”类视频过渡效果和默认“交叉溶解”视频过渡效果的综合应用。

图2–109　卷页效果

操作步骤

1. 编辑图片素材

（1）启动 Premiere Pro CC 2015，然后单击“新建项目”按钮，新建一个名称为“制作卷页效果”的项目文件。接着新建一个 DV–PAL 制标准 48 kHz 的“序列 01”序列文件。

（2）设置静止图片默认持续时间为 3 s。执行“编辑|首选项|常规”命令，在弹出的对话框中设置“静止图像默认持续时间”为 3 s，如图 2–110 所示。然后在对话框左侧选择“媒体”，再在右侧将“不确定的媒

体时基”设置为 25 帧 /s，单击“确定”按钮。

（3）导入图片素材。执行“文件 | 导入”（快捷键为 Ctrl+I）命令，导入资源素材中的“素材及结果 \ 第 2 章 Premiere Pro CC 2015\9.2.2 制作卷页效果 \ 人物插画 .jpg”、“包装盒立体展示效果图 .jpg”、“面包纸盒包装设计 .jpg”和“作品欣赏字幕 .prtl”文件，如图 2-111 所示。

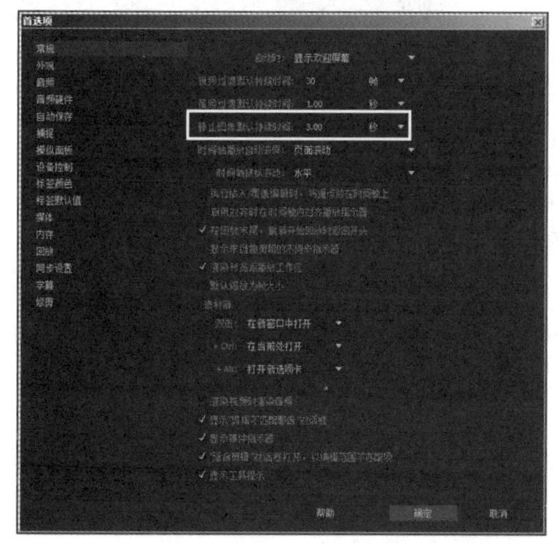

图2-110　设置“静止图像默认持续时间”为3 s

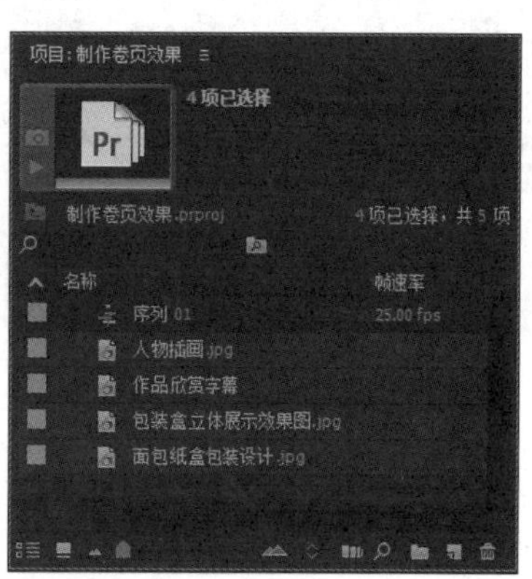

图2-111　“项目”面板

2. 创建标题画面

（1）制作蓝色背景。单击“项目”面板下方的 （新建项）按钮，然后从弹出的下拉菜单中选择“颜色遮罩”命令，如图 2-112 所示。接着在弹出的“新建颜色遮罩”对话框中保持默认参数，如图 2-113 所示，单击“确定”按钮。再在弹出的“拾色器”对话框中设置一种蓝色（RGB 为（0，0，80）），如图 2-114 所示，单击“确定”按钮。最后在弹出的“选择名称”对话框中保持默认名称，如图 2-115 所示，单击“确定”按钮，即可完成蓝色背景的创建，此时“项目”面板如图 2-116 所示。

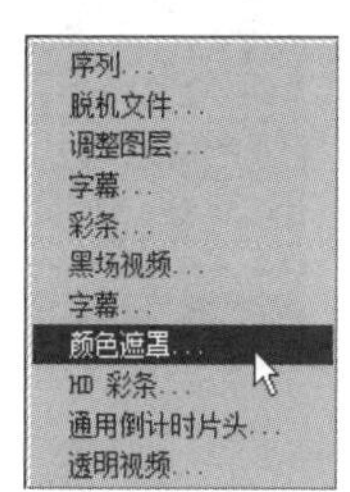

图2-112　选择“颜色遮罩”命令

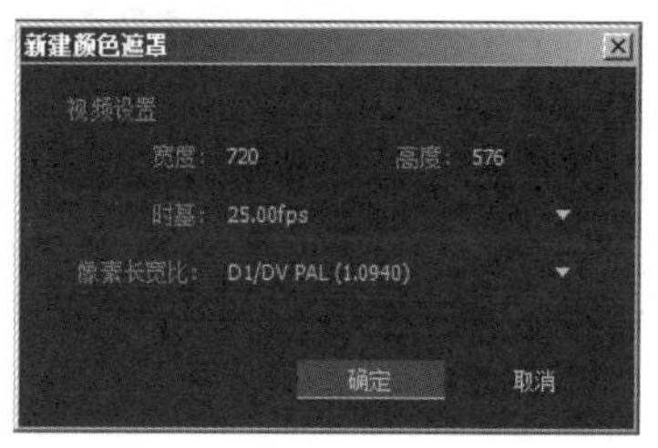

图2-113　“新建颜色遮罩”对话框

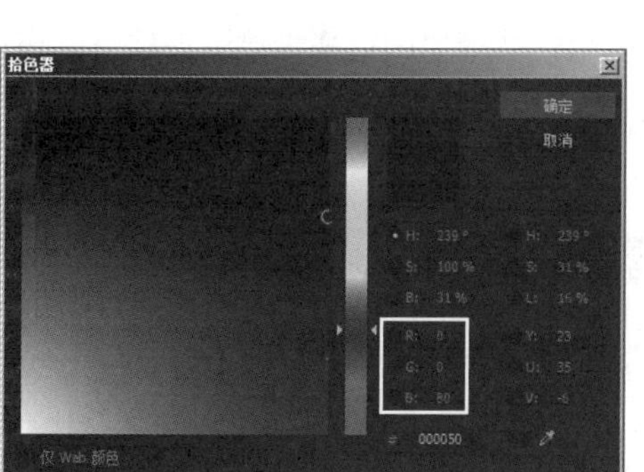

图2-114　设置一种蓝色

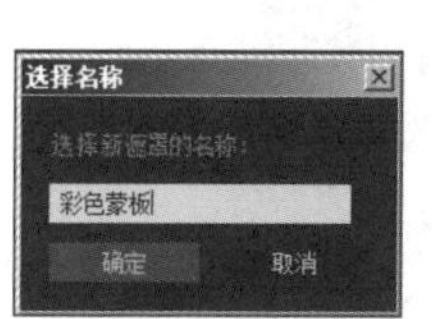

图2-115　“选择名称”对话框

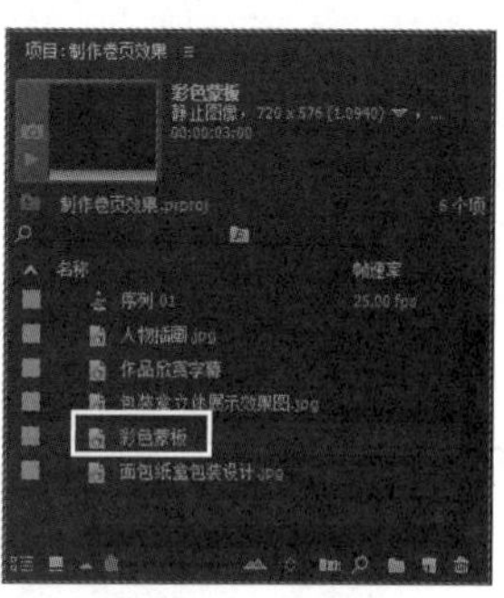

图2-116　“项目”面板

（2）从“项目”面板将“彩色蒙版”素材拖入“时间线”面板的“V1”轨道中，然后再将“作品欣赏字幕 .prtl”素材拖入“时间线”面板的“V2”轨道中，入点均为 00：00：00：00，如图 2–117 所示，效果如图 2–118 所示。

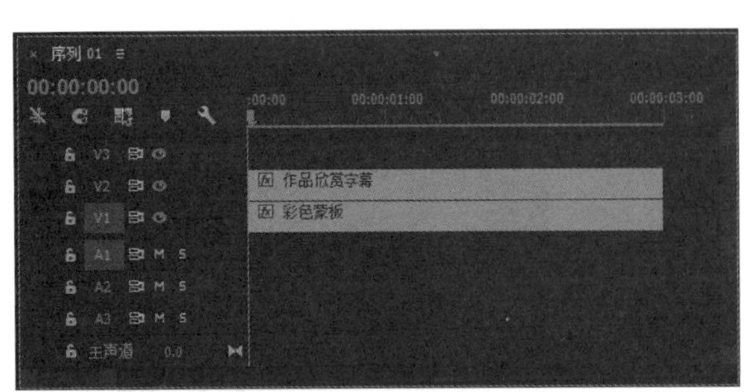

图 2–117　“时间线”面板

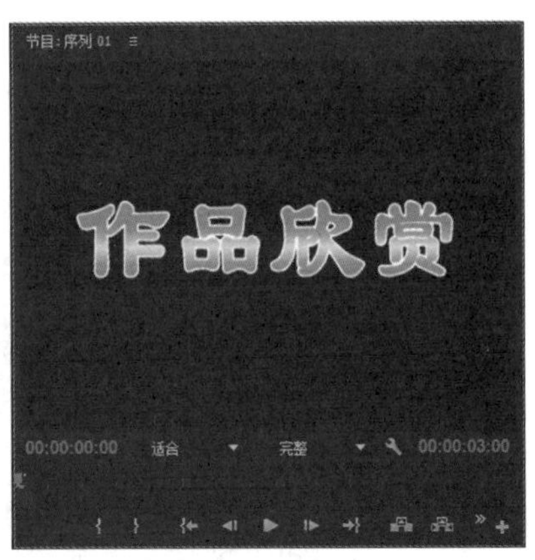

图 2–118　标题画面效果

3. 添加翻页效果

（1）翻页效果是在另一个时间线序列中完成的。下面首先创建一个新的序列。方法：单击“项目”面板下方的 （新建项）按钮，如图 2–119 所示，从弹出的下拉菜单中选择“序列”命令，然后在弹出的对话框中设置，如图 2–120 所示，单击“确定”按钮。此时“项目”面板中会产生一个名称为“序列 02”的新的序列，如图 2–121 所示。

图2–119　选择“序列”命令

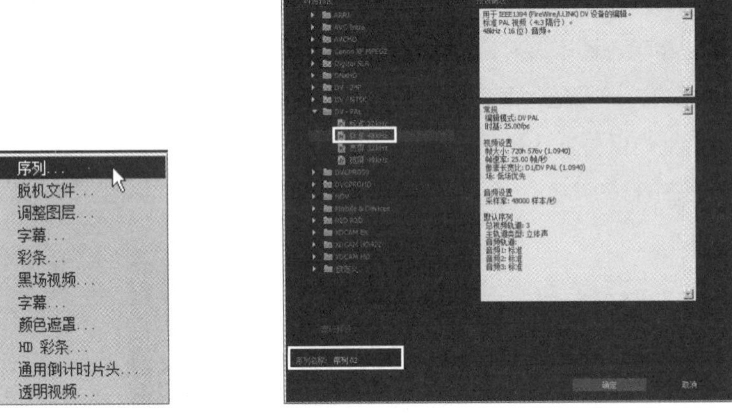

图2–120　设置“序列 02”的参数

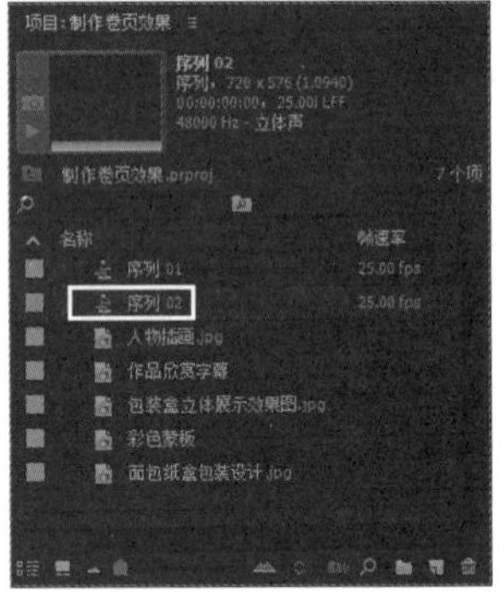

图2–121　“项目”面板

（2）将“项目”面板中的“序列 01”素材拖入“时间线”面板的“V1”轨道中，入点为 00：00：00：00，如图 2–122 所示。然后右击“时间线”面板中的“序列 01”素材，从弹出的快捷菜单中选择“解除视音频链接”命令，即可将“序列 01”的视频和音频进行分离。接着选择分离出的音频，按 Delete 键，将其进行删除，结果如图 2–123 所示。

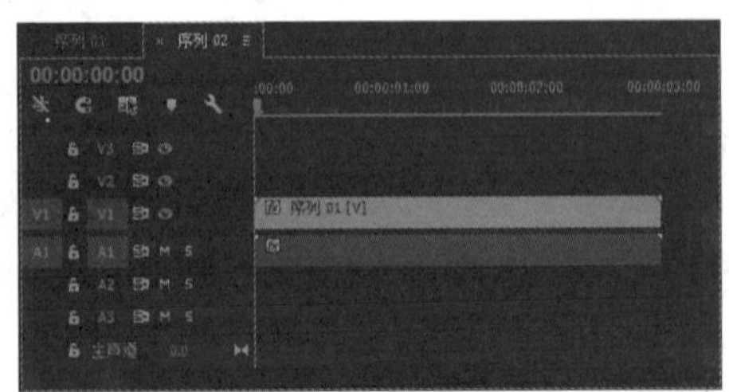

图2–122　“时间线”面板

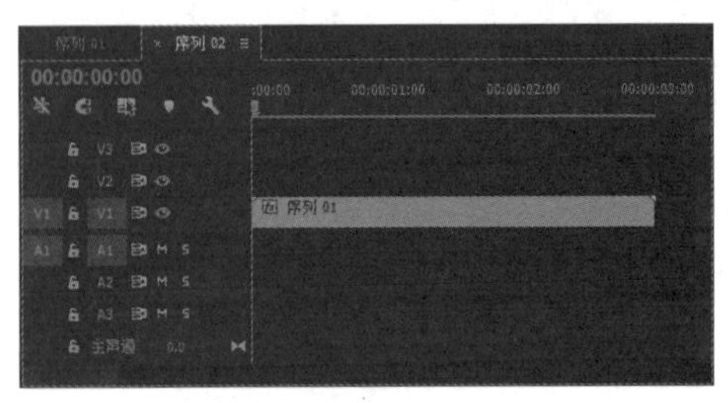

图2–123　标题画面效果

（3）在“项目”面板中按住 Ctrl 键，依次选择“人物插画 .jpg”、“折页 .jpg”和“汽车 .jpg”，然后将它们拖入“时间线”面板的“V1”轨道中，入点为 00 ： 00 ：03 ：00（即与“序列 01”素材结尾处相接）。此时“时间线”面板会按照素材选择的先后顺序将素材依次排列，如图 2-124 所示。

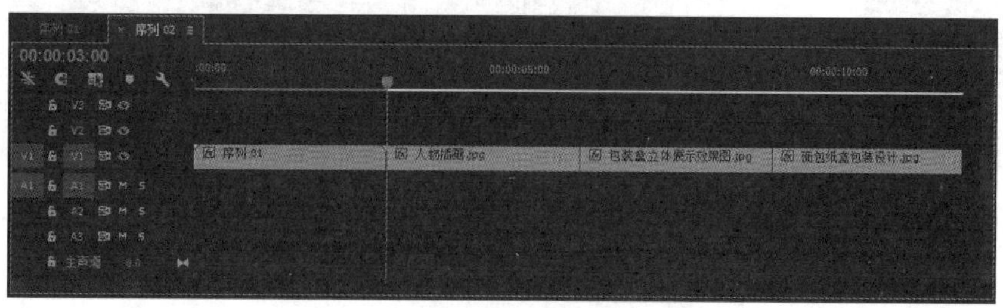

图2-124 将“人物插画.jpg”、“折页.jpg”和“汽车.jpg”拖入“V1”轨道

（4）在“序列 01”结尾处添加“页面剥落”卷页效果。方法：在“效果”面板中展开“视频过渡”文件夹，然后选择“页面剥落”中的“页面剥落”视频过渡，如图 2-125 所示。接着将其拖入“时间线”面板中的“V1”轨道中的“序列 02”素材的结尾处，此时鼠标指针会变为形状，最后释放鼠标，即可将“页面剥落”卷页效果添加到“序列 02”素材的结尾处，如图 2-126 所示。

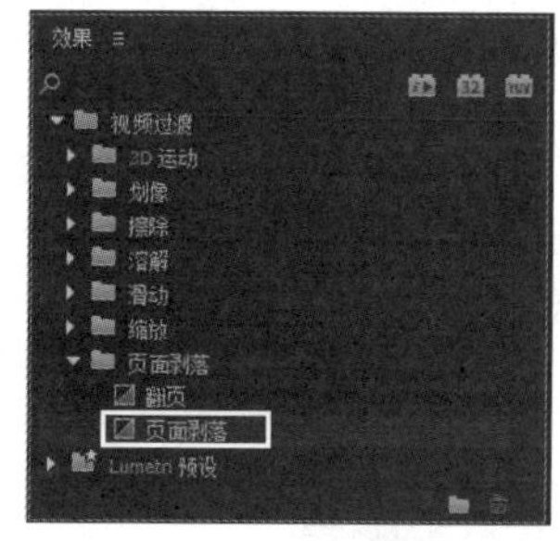

图2-125 选择“页面剥落”

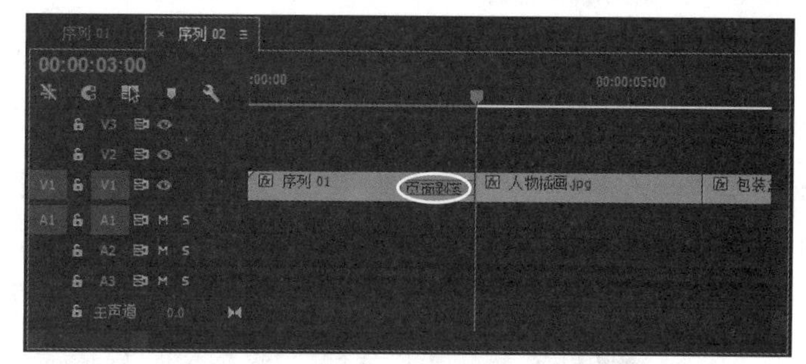

图2-126 将“页面剥落”卷页效果添加到“序列01”素材的结尾处

（5）此时在“节目”面板中单击按钮，即可看到“序列 01”与“人物插画 .jpg”素材之间的卷页效果，如图 2-127 所示。

图2-127 “序列01”与“人物插画.jpg”素材之间的卷页效果

（6）在“人物插画 .jpg”和“包装盒立体展示效果图 .jpg”之间添加“中心剥落”卷页效果。在“效果”面板中展开“视频过渡”文件夹，然后选择“页面剥落”中的“翻页”视频过渡，如图 2-128 所示。接着将其拖入“时间线”面板中的“V1”轨道中“人物插画 .jpg”和“包装盒立体展示效果图 .jpg”之间的位置，此时鼠标指针会变为形状，再松开鼠标，即可将“翻页”卷页效果添加到“人物插画 .jpg”和“包装盒立体展示效果图 .jpg”之间的位置，如图 2-129 所示。此时在“节目”面板中单击按钮，即可看到“人物插画 .jpg”与“包装盒立体展示效果图 .jpg”素材之间的翻页效果，如图 2-130 所示。

图2-128 选择“翻页”

图2-129 在“人物插画.jpg”和“包装盒立体展示效果图.jpg”之间添加“翻页”视频过渡

图2-130 “人物插画.jpg”与“包装盒立体展示效果图.jpg”素材之间的翻页效果

(7) 在“包装盒立体展示效果图 .jpg”和“面包纸盒包装设计 .jpg”素材之间按快捷键 Ctrl+D，此时软件会在“包装盒立体展示效果图 .jpg”和“面包纸盒包装设计 .jpg”素材之间自动添加一个默认的“交叉溶解”的视频过渡效果，如图 2-131 所示。然后在“节目”面板中单击▶按钮，即可看到“包装盒立体展示效果图 .jpg”与“面包纸盒包装设计 .jpg”素材之间的卷页效果，如图 2-132 所示。

图2-131 在“包装盒立体展示效果图.jpg”和“面包纸盒包装设计.jpg”之间添加“交叉溶解”视频过渡效果

图2-132 “包装盒立体展示效果图.jpg”与“面包纸盒包装设计.jpg”素材之间的“交叉溶解”视频过渡效果

(8) 至此，卷页效果制作完毕，执行“文件 | 导出 | 媒体” 命令， 将其输出为“卷页效果 .avi”文件。

课后练习

一、填空题

1. 使用________工具只会删除目标轨道中选定范围内的素材片断，对其前、后的素材以及其他轨道上的素材的位置不会产生影响；而使用________工具不但会删除目标轨道中指定的片断，还会将其后的素材前移，填补空缺。

2. 利用________命令，即可分离素材的视频和音频部分。

二、选择题

1. 下列（　　）是 Premiere Pro CC 2015 可以导入的素材类型。

A. AI　　B. SWF　　C. PSD　　D. MP3

2. 选择“工具”面板中的（　　）工具，可以在不改变素材内容长度的状态下，改变素材播放的时间长度，以达到改变片断播放速度的效果。

A.　　B.　　C.　　D.

三、问答题 / 上机题

1. 简述设置图像素材的时间长度的方法。

2. 简述打包项目素材的方法。

3. 简述设置素材的入点和出点的方法。

4. 利用资源素材中的“课后练习 \ 第 2 章 \ 练习 1”中的相关素材制作图 2–133 所示的多画面展示效果。

图2–133　多画面展示效果

5. 利用资源素材中的“课后练习 \ 第 2 章 \ 练习 2”中的相关素材制作图 2–134 所示的卷页效果。

图2–134　卷页效果

第3章 视频过渡的应用

本章重点

在电视节目及电影的制作过程中，视频过渡是连接素材常用的手法。通过本章的学习，读者应掌握以下内容：

- 视频过渡的设置方法；
- 常用视频过渡的应用。

3.1 视频过渡的设置

在制作影片的过程中，镜头与镜头之间的连接和切换可分为无技巧切换和有技巧切换两种类型。其中，无技巧切换是指在镜头与镜头之间的直接切换，这是最基本的组接方法之一；而有技巧切换是指在镜头组接时加入淡入／淡出、叠化等视频转场过渡手法，使镜头之间的过渡更加多样化。

3.1.1 视频过渡的基本功能

在制作一部电影作品时，往往要用到成百上千的镜头，这些镜头的画面和视角大都千差万别，因此，直接将这些镜头连接在一起会让整部影片显示时断断续续。为此，在编辑影片时便需要在镜头之间添加视频过渡，使镜头与镜头间的过渡更为自然、顺畅，使影片的视觉连续性更强。

3.1.2 添加视频过渡

给素材添加视频过渡效果的具体操作步骤如下：

(1) 执行“文件|导入”命令，导入资源素材中的“素材及结果\第3章视频过渡的应用\海豹.jpg”和“企鹅.jpg”图片，然后将它们依次拖入时间线中，并首尾相接，如图3-1所示。

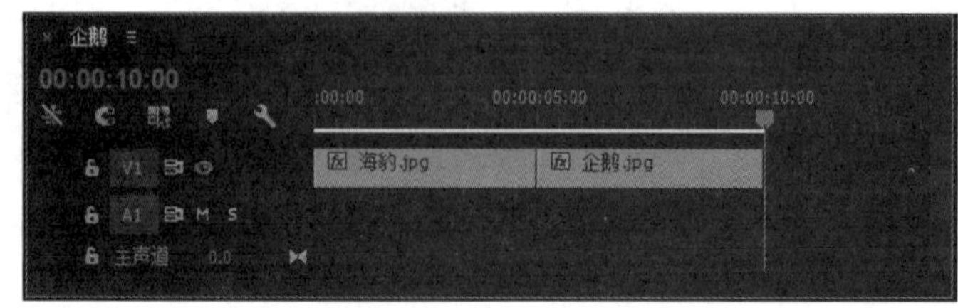

图3-1 将素材拖入“时间线”面板并首尾相接

(2) 执行“窗口 | 效果”命令，调出“效果”面板，然后展开“视频过渡”文件夹，从中选择所需的视频过渡（此时选择的是“3D 运动”中的“翻转”），如图 3-2 所示。接着将该切换效果拖到时间线“海豹 .jpg”素材的尾部，当出现标记后松开鼠标按键，即可完成切换效果的添加，此时“时间线”面板如图 3-3 所示。

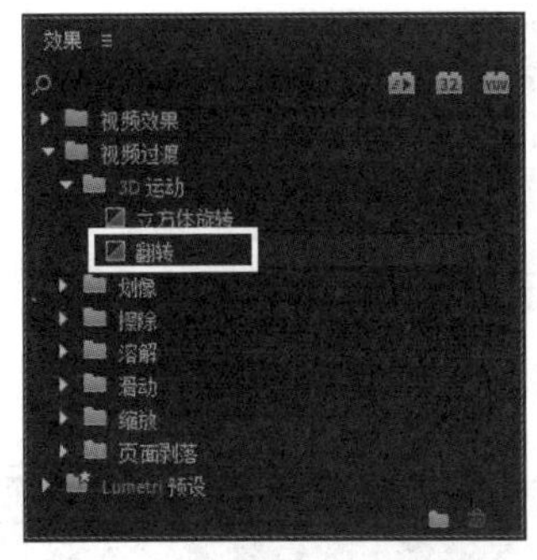

图3-2　选择“翻转”选项

图3-3　“时间线”面板

提示

当出现标记时，表示将在后面素材的起始处添加过渡效果；当出现标记时，表示将在两个素材之间添加过渡效果；当出现标记时，表示将在前面素材的结束处添加过渡效果。

提示

将时间滑块定位在要添加视频过渡的两个素材的相交处，按快捷键Ctrl+D，可在素材之间添加一个系统默认的“交叉溶解”视频过渡。

3.1.3　改变视频过渡的设置

在 Premiere Pro CC 2015 中，可以对添加到剪辑上的切换效果进行设置，以满足不同特效的需要。在“时间线”面板中选择添加到素材的切换（此时选择的是“翻转”），此时在“效果控件”面板中便会显示出该视频转场的各项参数，如图 3-4 所示。

- （播放过渡）：单击该按钮，可以在下面的预览窗口中对效果进行预览。
- （显示 / 隐藏时间线视图）：如果要增大切换控制面板空间，可以单击此按钮，将“效果控件”右侧进行隐藏，如图 3-5 所示；如果要取消隐藏，可以单击按钮，即可恢复时间线显示。

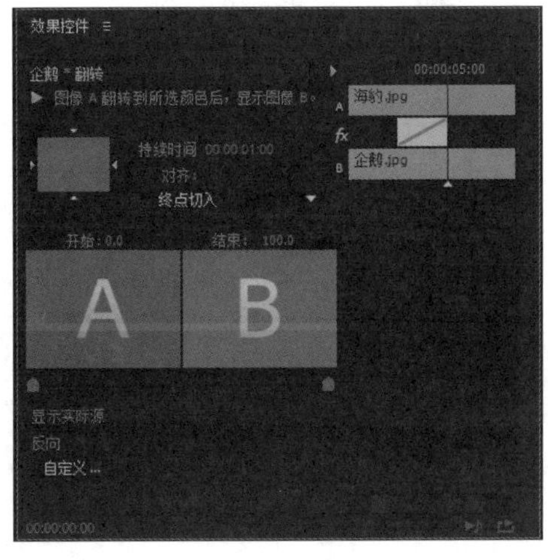

图3-4　“效果控件”面板

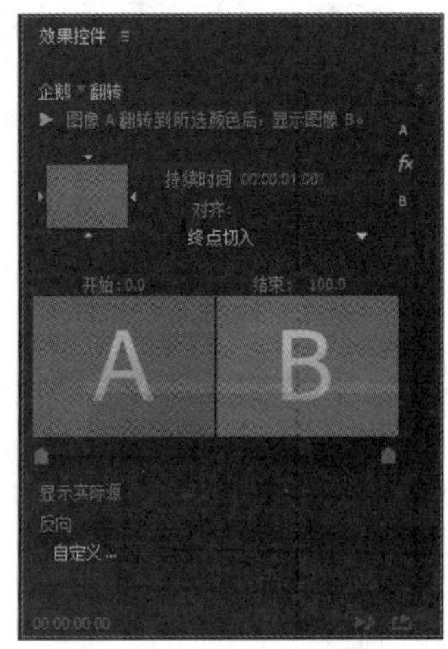

图3-5　隐藏面板右侧的效果

- 持续时间：用于设定切换的持续时间。

- 对齐：用于设置切换的添加位置。其下拉列表如图 3–6 所示。选择“中心切入”选项，则会在两段影片之间加入切换效果，如图 3–7 所示；选择“起点切入”选项，则会以片段 B 的入点为准建立切点，如图 3–8 所示；选择“终点切入”选项，则会以片段 A 的出点位置为准建立切换，如图 3–9 所示。

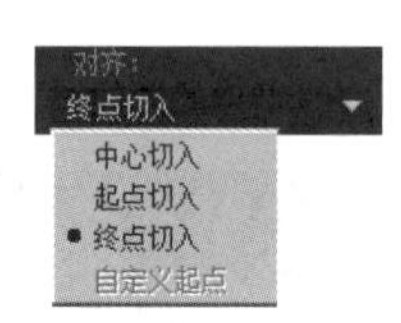

图3–6 “对齐”下拉列表

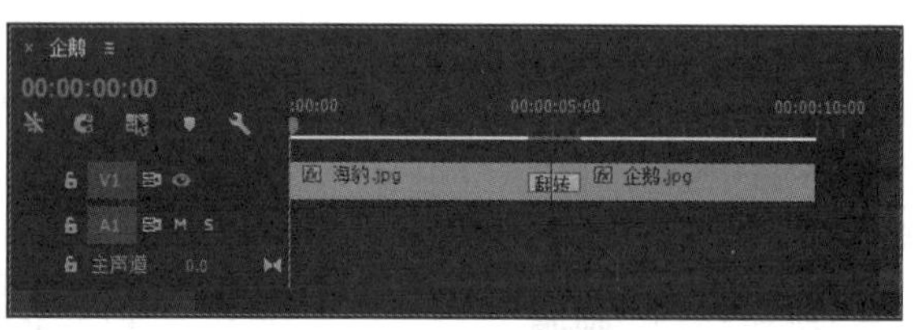

图3–7 “中心切入”的效果

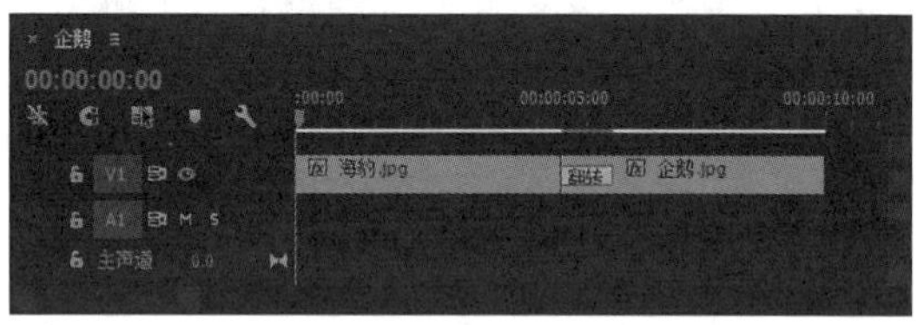

图3–8 “起点切入”的效果

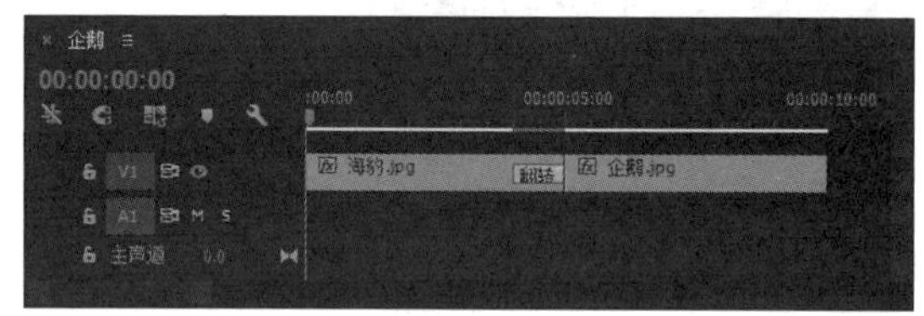

图3–9 “终点切入”的效果

- 开始：用于调整转场的开始效果。
- 结束：用于调整转场的结束效果。
- A 和 B：表示剪辑的切换画面，通常第一个剪辑的切换画面用 A 表示，第二个剪辑的切换画面用 B 表示。
- 显示实际源：勾选该复选框，将以实际的画面替代 A 和 B，如图 3–10 所示。
- 反向：勾选该复选框后，将反向播放切换效果。图 3–11 所示为勾选“反向”复选框的效果。

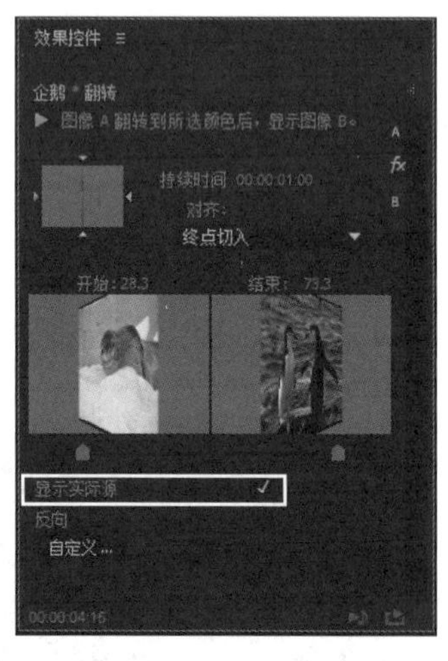

图3–10 勾选“显示实际源”复选框的效果

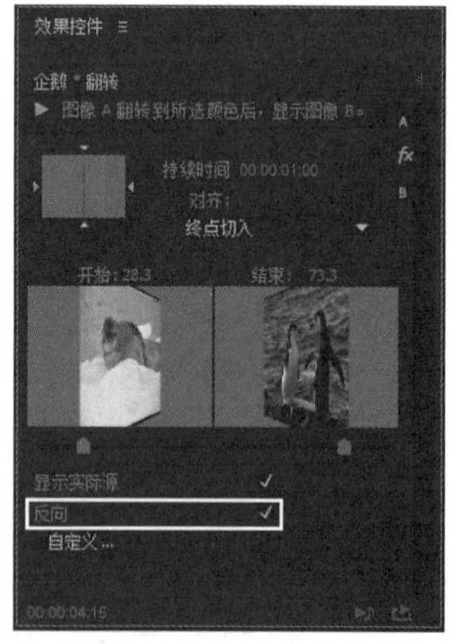

图3–11 勾选“反向”复选框的效果

3.1.4 清除和替换视频过渡

在编排镜头的过程中，有时很难预料镜头在添加视频过渡后产生怎样的效果，此时往往需要通过清除、替换视频过渡的方法，尝试应用不同的视频过渡，并从中选择最为合适的效果。

1. 清除视频过渡

清除视频过渡的具体步骤为：在“时间线”面板中选择要清除的视频过渡，然后按 Delete 键即可。

2. 替换视频过渡

替换视频过渡的具体步骤为：在“效果”面板“视频过渡”文件夹中选择新的视频过渡，然后将其拖到要替换的视频过渡上即可。

3.2　视频过渡的分类

在 Premiere Pro CC 2015 中，系统提供了 30 多种视频过渡效果。这些视频过渡被分类后放置在“效果”面板“视频过渡”文件夹中的 7 个文件夹中，如图 3−12 所示。每种视频过渡都有其适合的应用范围，而了解这些视频过渡的不同效果与作用，则有利于制作出效果更好的影片。

3.2.1　3D 运动

“3D 运动”类视频过渡主要体现镜头之间的层次变化，从而给观众带来一种从二维空间到三维空间的立体视觉效果。“3D 运动”类视频过渡包括“立方体旋转”和“翻转”2 种视频过渡，如图 3−13 所示。

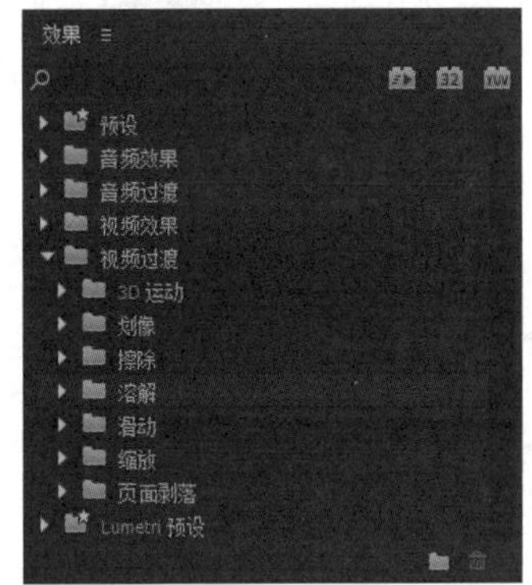

图3−12　“视频过渡”文件夹

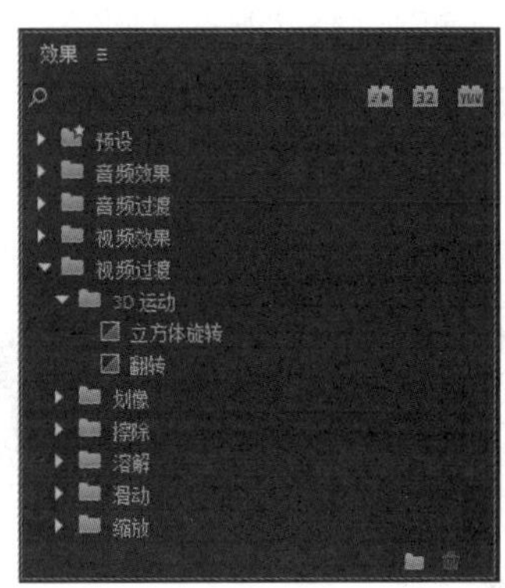

图3−13　“3D运动”类视频过渡

1. 立方体旋转

在“立方体旋转”视频过渡中，镜头 1 与镜头 2 画面都只是某个立方体的一个面，而整个视频过渡所展现的是在立方体旋转过程中，画面从一个面（镜头 1 画面）切换至另一个面（镜头 2 画面）的效果，如图 3−14 所示。

图3−14　“立方体旋转”视频过渡的效果

2. 翻转

“翻转”视频过渡可以使镜头 1 翻转到镜头 2。其中的镜头 1 和镜头 2 更像是平面物体的两个面，而该物体翻转结束后，朝向屏幕的画面由原来的镜头 1 画面变为镜头 2 画面，效果如图 3−15 所示。

 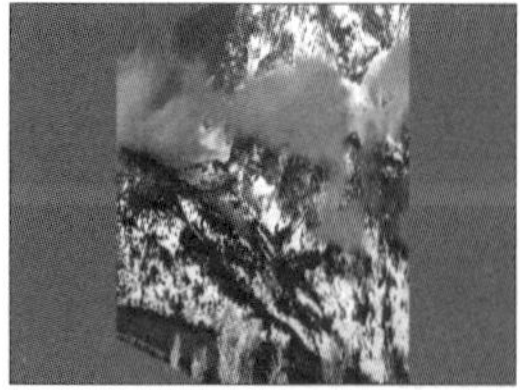 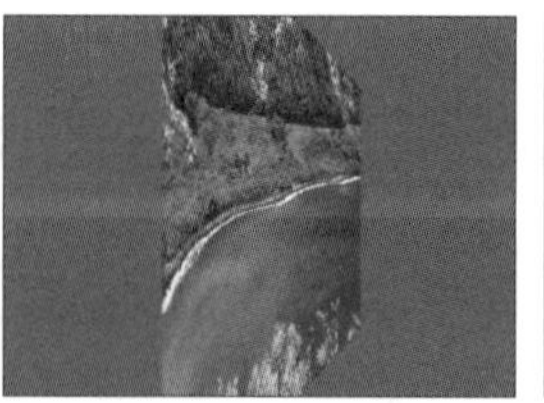 

图3-15 "翻转"视频过渡的效果

3.2.2 划像

"划像"类视频过渡主要是将镜头 2 画面按照不同的形状（如圆形、方形、菱形等）在镜头 1 画面上展开，并最终覆盖镜头 1 画面。"划像"类视频过渡包括"交叉划像"、"圆划像"、"盒形划像"和"菱形划像"4 种视频过渡，如图 3-16 所示。

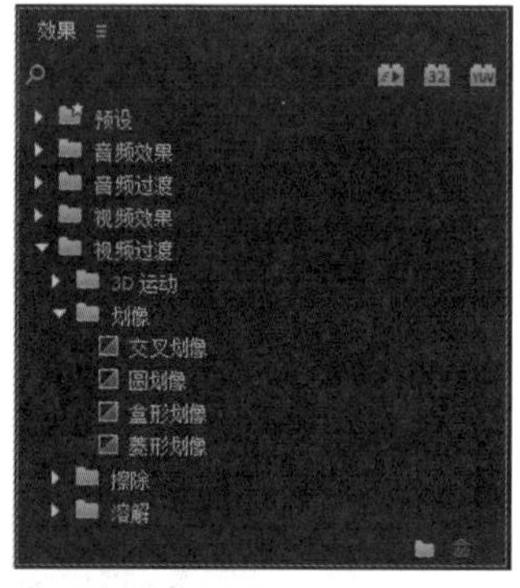

图3-16 "划像"类视频过渡

1. 交叉划像

"交叉划像"视频过渡可以使镜头 2 画面以十字状的形态出现在镜头 1 画面中，然后随着"十字"的逐渐变大，镜头 2 画面会完全覆盖镜头 1 画面，效果如图 3-17 所示。

图3-17 "交叉划像"视频过渡的效果

2. 圆划像

"圆划像"视频过渡可以使镜头 2 画面以圆形的形状出现，然后随着圆形形状的逐渐变大，镜头 2 画面会完全覆盖镜头 1 画面，效果如图 3-18 所示。

图3-18 "圆划像"视频过渡的效果

3. 盒形划像

"盒形划像"视频过渡可以使镜头 2 画面以矩形的形状出现，然后随着矩形形状的逐渐变大，镜头 2 画面会完全覆盖镜头 1 画面，效果如图 3-19 所示。

4. 菱形划像

"菱形划像"视频过渡可以使镜头 2 画面以菱形的形状出现，然后随着菱形形状的逐渐变大，镜头 2 画面会完全覆盖镜头 1 画面，效果如图 3-20 所示。

图3–19　“盒形划像”视频过渡的效果

图3–20　“菱形划像”视频过渡的效果

3.2.3　溶解

“溶解”类视频过渡主要以淡入／淡出的形式来完成不同镜头间的转场过渡，从而使前一个镜头中的画面以柔和的方式过渡到后一个镜头的画面中。“溶解”类视频过渡包括“MorphCut”、“交叉溶解”、“叠加溶解”、“渐隐为白色”、“渐隐为黑色”、“胶片溶解”和“非叠加溶解”7 种视频过渡，如图 3–21 所示。

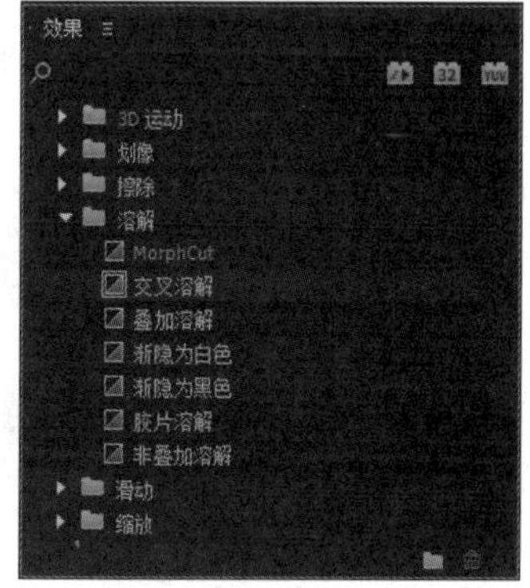

图3–21　“叠化”类视频过渡

1. MorphCut

“Morph Cut”视频过渡采用脸部跟踪和可选流插值的高级组合，在剪辑之间形成无缝过渡。如果处理得当，“Morph Cut”视频过渡可以实现无缝效果，从而使画面看起来就像拍摄视频一样自然。

2. 交叉溶解

“交叉溶解”是系统默认的视频过渡，该视频过渡随着镜头 1 画面逐渐淡出的同时，镜头 2 画面逐渐淡入，直到完全显现，效果如图 3–22 所示。

图3–22　“交叉溶解”视频过渡的效果

3. 渐隐为白色

“渐隐为白色”视频过渡是指镜头 1 画面在逐渐变为白色后，屏幕内容再从白色逐渐变为镜头 2 画面，效果如图 3–23 所示。

4. 胶片溶解

“胶片溶解”视频过渡与“交叉溶解”视频过渡类似，都是随着镜头 1 画面逐渐淡出的同时，镜头 2 画面逐渐淡入，直到完全显现，如图 3–24 所示。但与“交叉溶解”视频过渡相比，“胶片溶解”视频过渡中镜头

1 和镜头 2 之间的过渡会更加自然。

图3–23 “渐隐为白色”视频过渡的效果

图3–24 “胶片溶解”视频过渡的效果

5. 叠加溶解

“叠加溶解”视频过渡是在镜头 1 画面淡出和镜头 2 画面淡入的同时，附加一种屏幕内容逐渐过曝并消隐的效果，如图 3–25 所示。

图3–25 “叠加溶解”视频过渡的效果

6. 非叠加溶解

“非叠加溶解”视频过渡会比较镜头 1 和镜头 2 画面的亮度，然后从镜头 2 画面较亮的区域逐渐显示，效果如图 3–26 所示。

图3–26 “非叠加溶解”视频过渡的效果

7. 渐隐为黑色

“渐隐为黑色”视频过渡是指镜头 1 画面在逐渐变为黑色后，屏幕内容再从黑色逐渐变为镜头 2 画面，效果如图 3–27 所示。

图3–27 “渐隐为黑色”视频过渡的效果

3.2.4　擦除

“擦除”类视频过渡是在画面的不同位置，以多种不同形式来抹除镜头 1 画面，然后显现出镜头 2 中的画面。“擦除”类视频过渡包括“划出”、“双侧平推门”、“带状擦除”、“径向擦除”、“插入”、“时钟式擦除”、“棋盘”、“棋盘擦除”、“楔形擦除”、“水波块”、“油漆飞溅”、“渐变擦除”、“百叶窗”、“螺旋框”、“随机块”、“随机擦除”和“风车”17 种视频过渡，如图 3–28 所示。

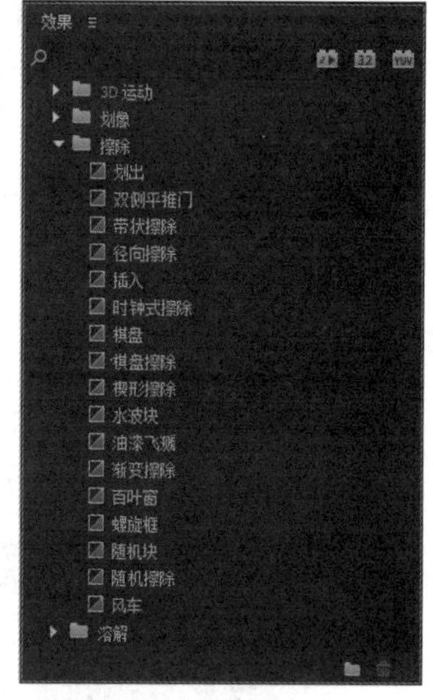

图3–28　“擦除”类视频过渡

1. 划出

“划出”视频过渡可以使镜头 2 画面默认从屏幕左侧显现出来，然后逐渐推向右侧，直到镜头 2 画面完全占据屏幕为止，效果如图 3–29 所示。

2. 双侧平推门

“双侧平推门”视频过渡可以使镜头 2 画面以极小的宽度，但长度与屏幕相同的尺寸显现在屏幕中央，然后镜头 2 画面会向左右两边同时伸展，直到完全覆盖镜头 1 画面，效果如图 3–30 所示。

图3–29　“划出”视频过渡的效果

图3–30　“双侧平推门”视频过渡的效果

3. 带状擦除

“带状擦除”视频过渡可以使镜头 2 画面从水平方向以条状进入并覆盖镜头 1 画面，效果如图 3–31 所示。

图3–31　“带状擦除”视频过渡的效果

4. 径向擦除

“径向擦除”视频过渡默认是以屏幕左上角为圆心，以顺时针方向擦除镜头 1 画面，从而显现出后面的镜头 2 画面，效果如图 3–32 所示。

图3–32 “径向擦除”视频过渡的效果

5. 插入

“插入”视频过渡是通过一个逐渐放大的镜头框，将镜头 1 画面默认从屏幕的左上角开始擦除，直到完全显现出镜头 2 画面为止，效果如图 3–33 所示。

图3–33 “插入”视频过渡的效果

6. 时钟式擦除

“时钟式擦除”视频过渡是以屏幕中心为圆心，采用时钟转动的方式擦除镜头 1 画面，效果如图 3–34 所示。

图3–34 “时钟式擦除”视频过渡的效果

7. 棋盘

“棋盘”视频过渡可以使镜头 1 画面以棋盘方式默认从上往下消失而过渡到镜头 2 画面，效果如图 3–35 所示。

图3–35 “棋盘”视频过渡的效果

8. 棋盘擦除

“棋盘擦除”视频过渡可以棋盘划出的方式来显现镜头 2 画面，效果如图 3–36 所示。

图3-36 “棋盘擦除”视频过渡的效果

9. 楔形擦除

“楔形擦除”视频过渡是以屏幕中心为圆心，将镜头2画面呈扇形打开，直到完全覆盖镜头1画面，效果如图3-37所示。

图3-37 “楔形擦除”视频过渡的效果

10. 水波块

“水波块”视频过渡可以将镜头2中的画面分成若干方块后，按水平顺序逐个覆盖镜头1画面，直到完全显现出镜头2画面为止，效果如图3-38所示。

图3-38 “水波块”视频过渡的效果

11. 油漆飞溅

“油漆飞溅”视频过渡可以使镜头2画面以墨点喷溅的方式覆盖镜头1画面，效果如图3-39所示。

图3-39 “油漆飞溅”视频过渡的效果

12. 渐变擦除

“渐变擦除”视频过渡是以溶解图像的方式，从屏幕左上角往右下角将镜头1画面逐渐转换为镜头2画面，效果如图3-40所示。

13. 百叶窗

“百叶窗”视频过渡是将镜头2画面分割成若干个贯穿整个屏幕的横条，然后随着这些横条逐渐加粗，镜头 2 画面便会被镜头 1 画面所取代，效果如图 3–41 所示。

图3–40 “渐变擦除”视频过渡的效果

图3–41 “百叶窗”视频过渡的效果

14. 螺旋框

“螺旋框”视频过渡可以使镜头 2 画面以螺旋状逐渐旋转擦除镜头 1 画面，直至完全显现出镜头 2 画面，效果如图 3–42 所示。

图3–42 “螺旋框”视频过渡的效果

15. 随机块

“随机块”视频过渡可以使镜头 2 画面以方块状随机出现的方式覆盖镜头 1 画面，效果如图 3–43 所示。

图3–43 “随机块”视频过渡的效果

16. 随机擦除

“随机擦除”视频过渡可以使镜头 2 画面以随机块的方式默认屏幕顶部开始从上往下逐渐擦除镜头 2 画面，效果如图 3–44 所示。

图3–44 “随机擦除”视频过渡的效果

17. 风车

“风车”视频过渡可以使镜头 2 画面以风轮状覆盖镜头 1 画面，效果如图 3–45 所示。

图3–45　“风车”视频过渡的效果

3.2.5　滑动

“滑动”类视频过渡主要通过画面的平移变化来实现镜头画面间的切换。“滑动”类视频过渡包括“中心拆分”、“带状滑动”、“拆分”、“推”和“滑动”5 种视频过渡，如图 3–46 所示。

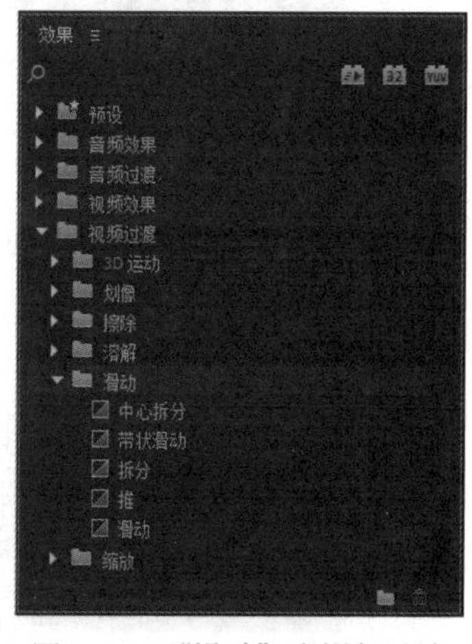

图3–46　“滑动”类视频过渡

1. 中心拆分

“中心拆分”视频过渡是将镜头 1 画面均分为 4 部分后，让这 4 部分镜头 1 画面同时向屏幕四角移动，直到移出屏幕，从而显现出镜头 2 画面，效果如图 3–47 所示。

2. 带状滑动

“带状滑动”视频过渡可以使镜头 2 画面以条状从屏幕左右两侧滑入，并逐渐覆盖镜头 1 画面，效果如图 3–48 所示。

图3–47　“中心拆分”视频过渡的效果

图3–48　“带状滑动”视频过渡的效果

3. 拆分

“拆分”视频过渡可以使镜头 1 画面像自动门一样从屏幕中央打开，从而显现出镜头 2 画面，效果如图 3–49 所示。

4. 推

“推”视频过渡可以产生镜头 2 画面将镜头 1 画面推出屏幕的效果，效果如图 3–50 所示。

图3-49 “拆分”视频过渡的效果

图3-50 “推”视频过渡的效果

5. 滑动

“滑动”视频过渡可以使镜头 2 画面默认从屏幕左侧滑入，然后覆盖镜头 1 画面，效果如图 3-51 所示。该视频过渡与“推”视频过渡的区别在于镜头 2 的位置始终没有改变。

图3-51 “滑动”视频过渡的效果

3.2.6 缩放

“缩放”类视频过渡只有“交叉缩放”一种视频过渡，如图 3-52 所示。“交叉缩放”视频过渡可以使镜头 1 画面放大冲出屏幕，然后镜头 2 画面缩小进入，效果如图 3-53 所示。

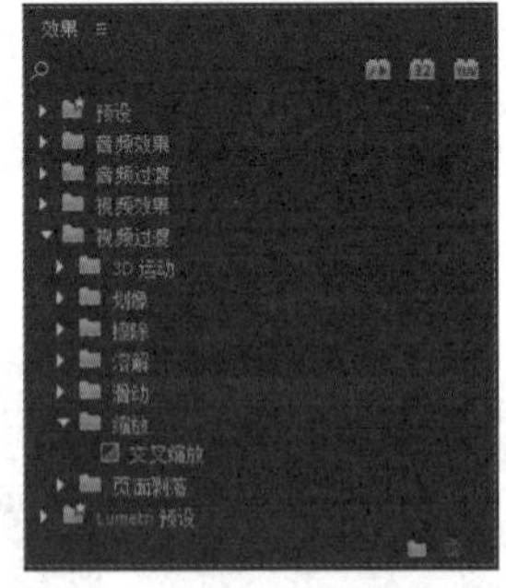

图3-52 “缩放”类视频过渡

图3-53 “交叉缩放”视频过渡的效果

3.2.7　页面剥落

“页面剥落”类视频过渡主要利用视频显卡提供的附加视频处理功能来实现视频过渡，该类视频过渡中的第 2 个镜头往往会采用翻转或滚动等方式出现。“卷页”类视频过渡包括“翻页”和“页面剥落”2 种视频过渡，如图 3–54 所示。

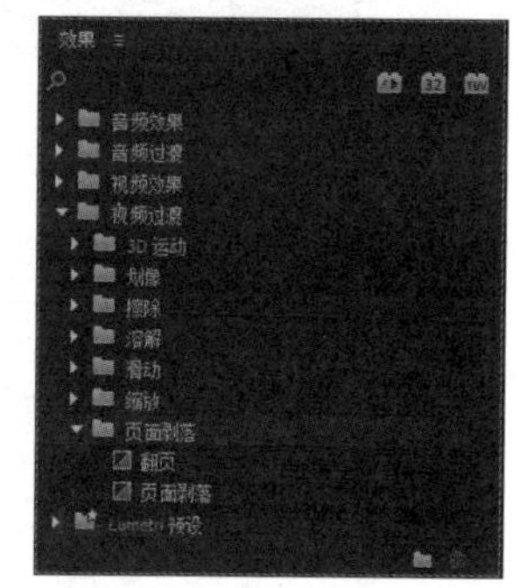

图3–54　“页面剥落”类视频过渡

1. 翻页

使用“翻页”视频过渡页面将翻转，但不发生卷曲，在翻转显示镜头 2 时，可以看见镜头 1 颠倒出现在页面的背面，效果如图 3–55 所示。

图3–55　“翻页”视频过渡的效果

2. 页面剥落

“页面剥落”视频过渡可以从屏幕的一角卷起镜头 1 画面，并将镜头 1 画面卷至对角后，完全显示下面的镜头 2 画面，效果如图 3–56 所示。

图3–56　“页面剥落”视频过渡的效果

3.3　实 例 讲 解

本节将通过“制作四季过渡效果”、“制作画中画的广告效果”、“制作自定义视频过渡效果”和“制作多层切换效果”4 个实例来讲解 Premiere Pro CC 2015 的视频过渡在实践中的应用。

3.3.1　制作四季过渡效果

要点

本例将制作 4 幅图片逐渐过渡的效果，如图 3–57 所示。通过本例的学习，读者应掌握设置视频过渡效果的持续时间以及添加默认“交叉溶解”视频过渡效果的方法。

图3-57　四季过渡效果

操作步骤

1. 编辑图片素材

（1）启动 Premiere Pro CC 2015，然后单击“新建项目”按钮，新建一个名称为“四季过渡效果”的项目文件。接着新建一个 DV-PAL 制标准 48 kHz 的“序列 01”序列文件。

（2）将要导入的素材的视频过渡默认持续时间设置为 1 s、静止图片默认持续时间设置为 3 s。执行“编辑 | 首选项 | 常规”命令，在弹出的对话框中设置“视频过渡默认持续时间”为 25 帧，设置“静止图像默认持续时间”为 3 s，如图 3-58 所示。然后在左侧选择“媒体”，再在右侧将“不确定的媒体时基”设置为 25 帧 /s，单击“确定”按钮。

（3）导入图片素材。执行“文件 | 导入”命令，导入资源素材中的“素材及结果 \ 第 3 章　视频过渡的应用 \3.3.1 制作四季过渡效果 \ 春 .jpg”、“夏 .jpg”、“秋 .jpg”和“冬 .jpg”文件，如图 3-59 所示。

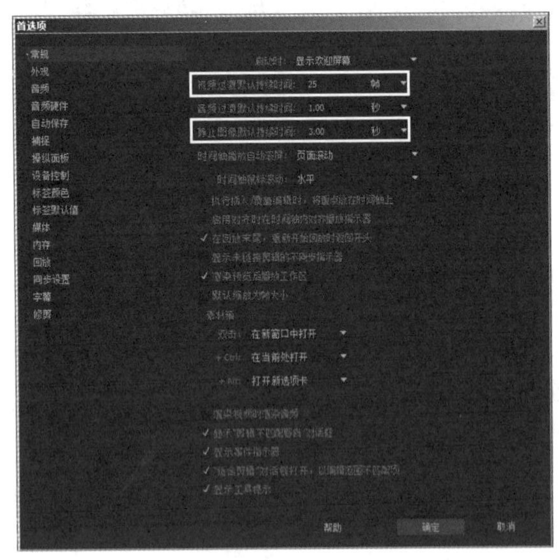

图3-58　设置“静止图像默认持续时间”为3 s

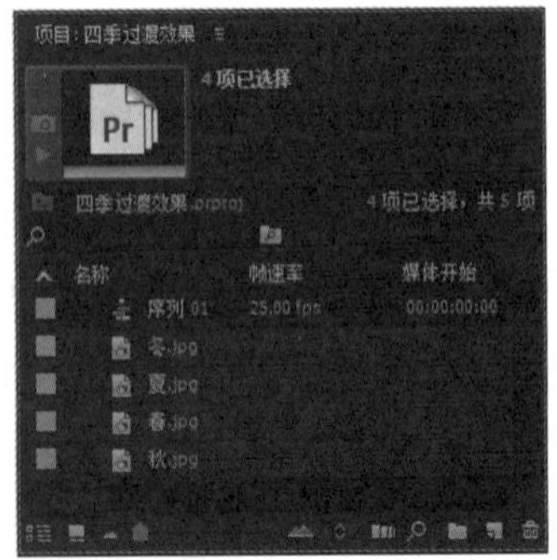

图3-59　“项目”面板

（4）在“项目”面板中按住 Ctrl 键，依次选择“春 .jpg”、“夏 .jpg”、“秋 .jpg”和“冬 .jpg”素材，然后将它们拖入“时间线”面板的“V1”轨道中，入点为 00：00：00：00。此时“时间线”面板会按照素材选择的先后顺序将素材依次排列，如图 3-60 所示。

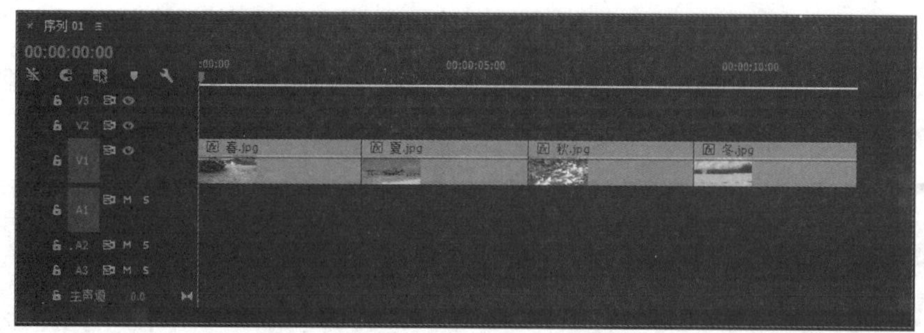

图3-60　“时间线”面板

2. 添加默认视频过渡效果

(1) 将时间线滑块移动到 00：00：03：00 的位置，然后按 Ctrl+D 组合键，此时软件会在第 1 段素材“春 .jpg”和第 2 段素材“夏 .jpg”之间自动添加一个默认的“交叉溶解”的视频过渡效果，如图 3-61 所示。

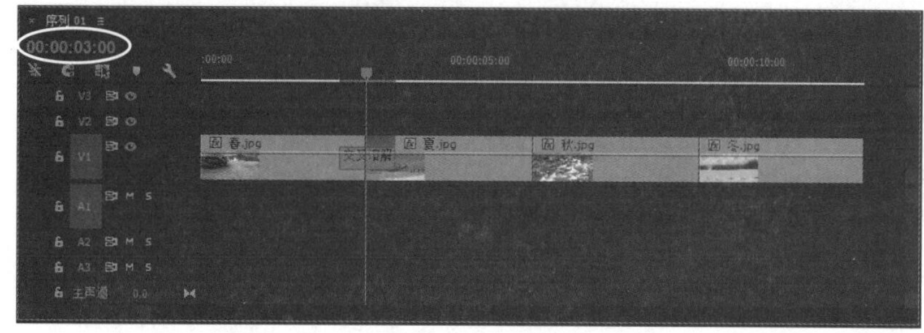

图3-61　在“春.jpg”和”夏.jpg”素材之间自动添加一个默认的“交叉溶解”的视频过渡效果

(2) 在“节目”面板中单击▶按钮，即可看到“春 .jpg”和“夏 .jpg”之间的视频过渡效果，如图 3-62 所示。

图3-62　春.jpg”和“夏.jpg”之间的视频过渡效果

(3) 按↓键，此时时间线滑块会自动跳转到 00 ： 00 ： 06：00 的位置（“夏 .jpg”和“秋 .jpg”素材的相交处），然后按 Ctrl+D 组合键，此时软件会在“夏 .jpg”和“秋 .jpg”素材之间自动添加一个默认的“交叉溶解（标准）”的视频过渡效果，如图 3-63 所示。

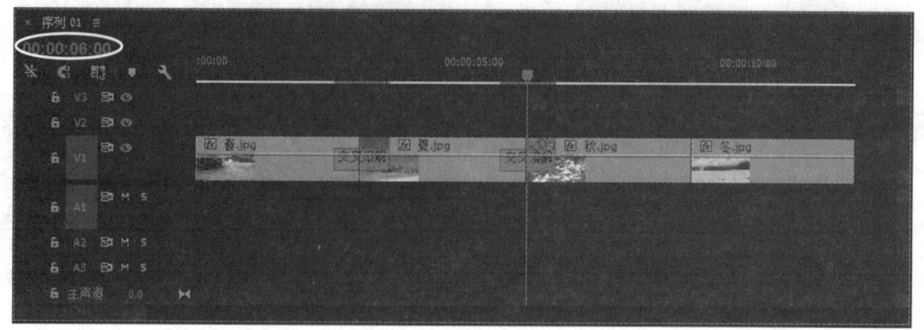

图3-63　在“夏.jpg”和“秋.jpg”素材之间自动添加一个默认的“交叉溶解”的视频过渡效果

（4）同理，按键↓键，将时间线滑块定位到 00 ： 00 ： 09：00 的位置（“秋 .jpg”和“冬 .jpg”素材的相交处），然后按 Ctrl+D 组合键，在“秋 .jpg”和“冬 .jpg”素材之间自动添加一个默认的“交叉溶解”的视频过渡效果，如图 3-64 所示。

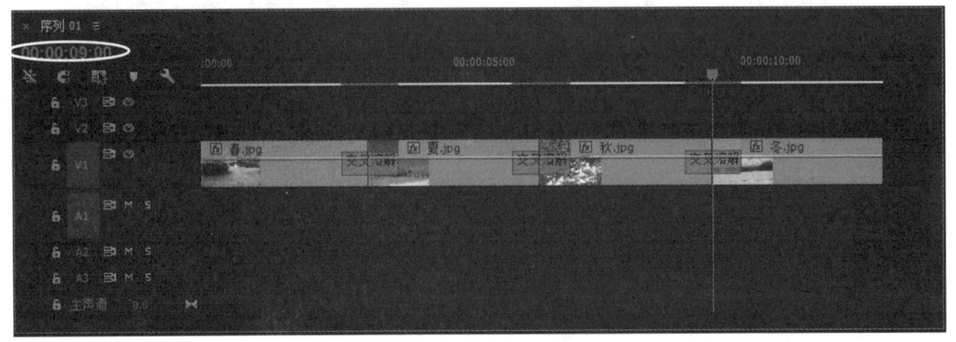

图3-64 在“秋.jpg”和“冬.jpg”素材之间自动添加一个默认的“交叉溶解”的视频过渡效果

（5）至此，四季过渡效果制作完毕，执行“文件 | 导出 | 媒体” 命令， 将其输出为“四季过渡效果 .avi”文件。

3.3.2 制作画中画的广告效果

要点

本例将制作电视中经常见到的穿插在节目片尾的广告效果，如图 3-65 所示。通过本例的学习，读者应掌握以文件夹的方式导入素材和多种常用视频过渡效果的综合应用。

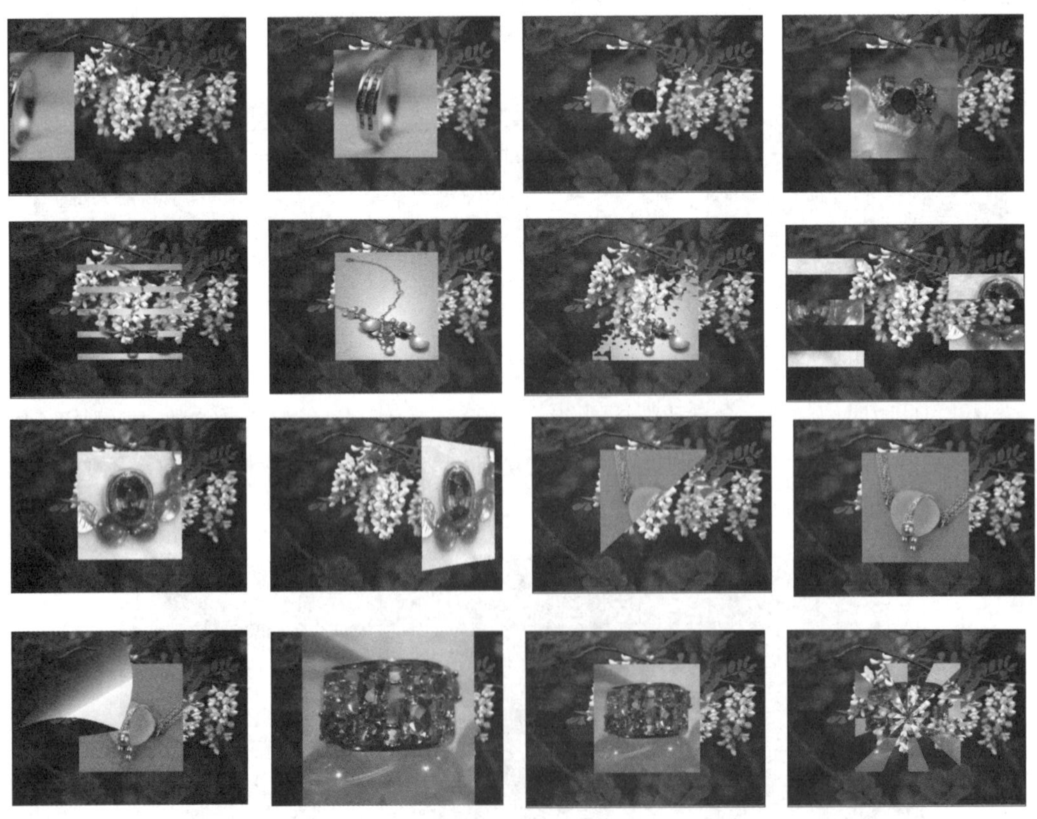

图3-65 画中画的广告效果

操作步骤

1. 制作背景

（1）启动 Premiere Pro CC 2015，然后单击“新建项目”按钮，新建一个名称为“画中画的广告效果”的项目文件。接着新建一个 DV-PAL 制标准 48 kHz 的“序列 01”序列文件。

（2）导入背景素材。执行“文件 | 导入”命令，然后在弹出的“导入”对话框中选择资源素材中的“素材及结果 \ 第 3 章 视频过渡的应用 \ 3.3.2 制作画中画的广告效果 \ 风景 001. jpg”文件，如图 3-66 所示，单击“打开”按钮，此时该素材会被导入“项目”面板，如图 3-67 所示。

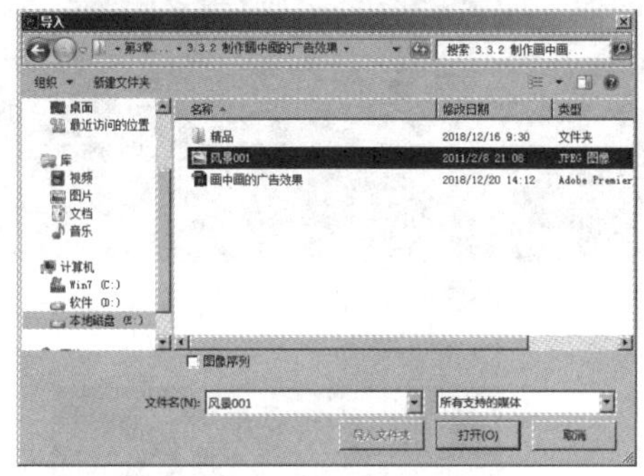

图3-66　选择“风景001. jpg”素材

图3-67　“项目”面板

（3）将“风景 001.jpg”素材插入“时间线”面板中，并设置时间长度为 12 s。从“项目”面板中将“风景 01. jpg”素材拖入“时间线”面板的“V1”轨道中，入点为 00：00：00：00，然后右击“V1”轨道中的“风景 001. jpg”素材，从弹出的快捷菜单中选择“速度 / 持续时间”命令，接着在弹出的“剪辑速度 / 持续时间”对话框中设置“持续时间”为 00：　00：12：00，如图 3-68 所示，单击“确定”按钮，此时“时间线”面板如图 3-69 所示。

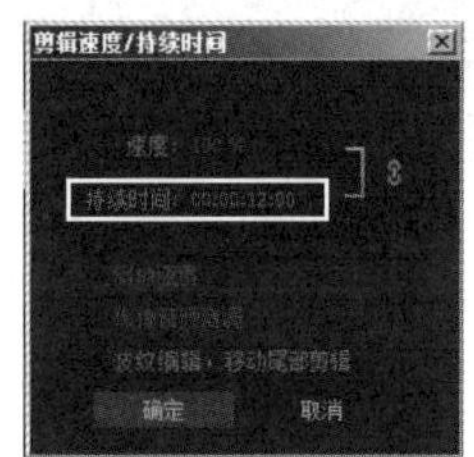

图3-68　“剪辑速度/持续时间”对话框

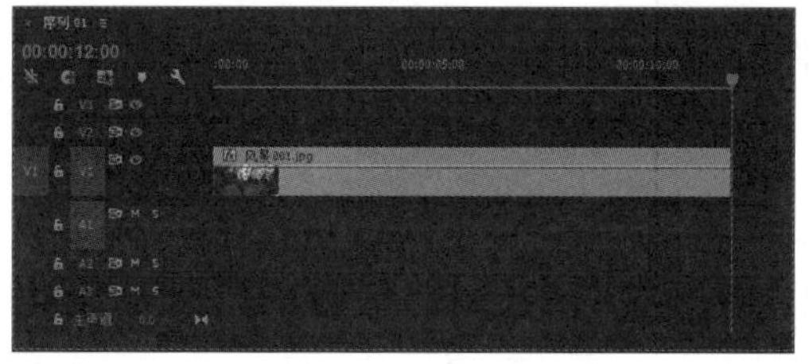

图3-69　“时间线”面板

（4）此时“风景 001. jpg”素材画面尺寸过大，如图 3-70 所示，需要调整该素材的大小。选择“V1”轨道上的“风景 001. jpg”素材，然后在“效果控件”面板中展开“运动”参数，将“缩放”设置为 80.0，如图 3-71 所示，效果如图 3-72 所示。

图3-70　“风景001. jpg”的源大小

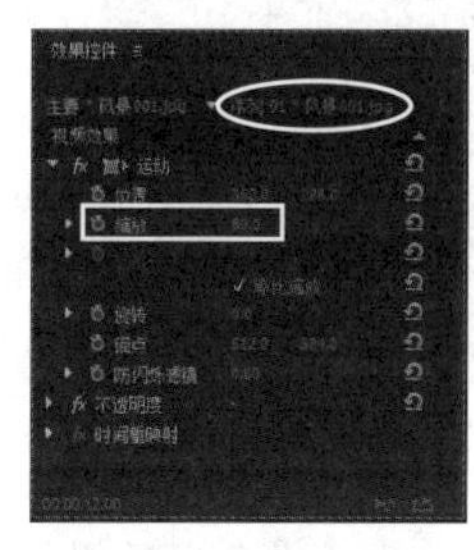

图3-71　调整“缩放”值

图3-72　调整“缩放”后的效果

2. 制作视频广告图片的视频过渡效果

（1）将要导入的素材的视频过渡默认持续时间设置为 20 帧、静止图片默认持续时间设置为 2 s。执行“编辑|首选项|常规”命令，在弹出的对话框中设置“视频过渡默认持续时间”为 20 帧，设置“静止图像默认持续时间”为 2 s，如图 3-73 所示。然后在左侧选择“媒体”，再在右侧将“不确定的媒体时基”设置为 25 帧 /s，单击“确定”按钮。

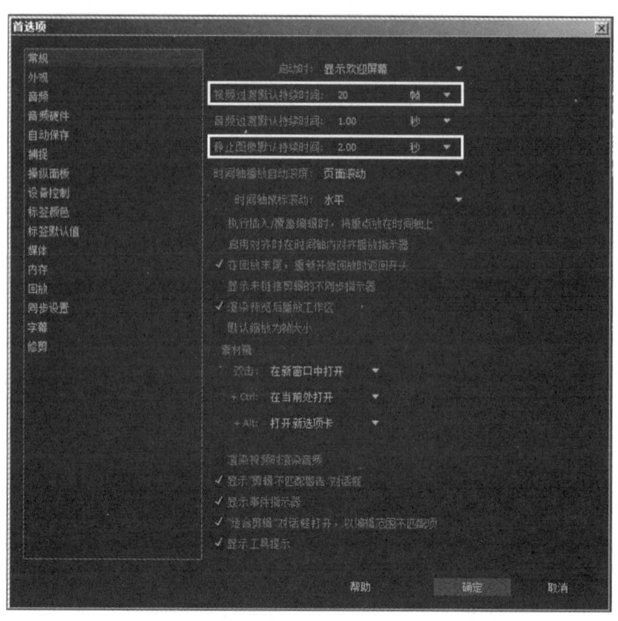

图3-73　设置首选项参数

（2）导入广告素材。执行“文件|导入”命令，然后在弹出的“导入”对话框中选择资源素材中的“素材及结果\第 3 章　视频过渡的应用\3.3.2 制作画中画的广告效果\精品”文件夹，如图 3-74 所示，单击“导入文件夹”按钮，此时整个文件夹的素材都会被导入“项目”面板，如图 3-75 所示。

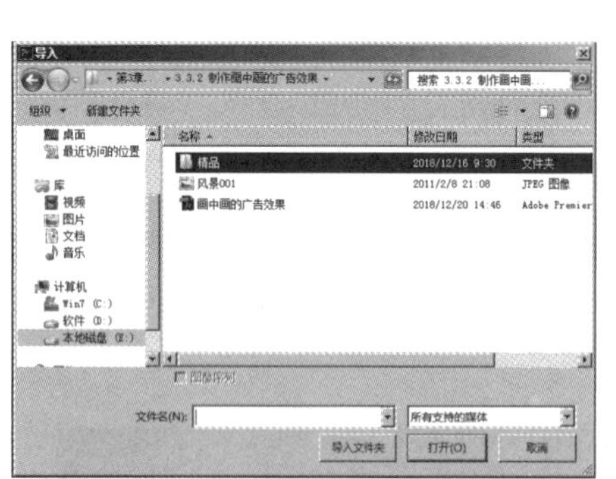

图3-74　选择“精品”文件夹

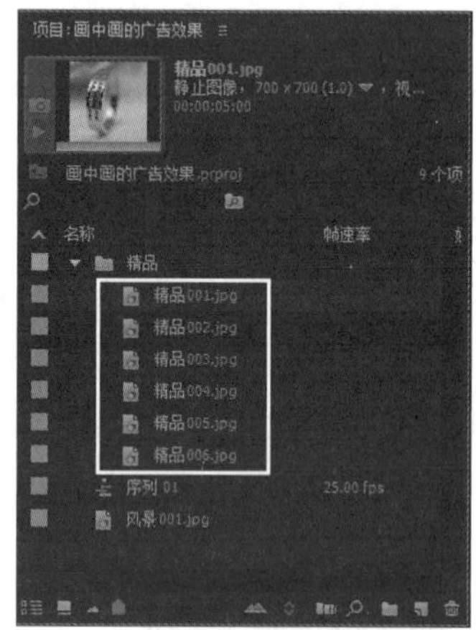

图3-75　“项目”面板

（3）从“项目”面板中将“精品 001.jpg”素材拖入“时间线”面板的“V2”轨道中，入点为 00：00：00：00，此时“时间线”面板如图 3-76 所示，效果如图 3-77 所示。

图3-76　将“精品001. jpg”素材拖入“V2”轨道中

图3-77　画面效果

（4）此时“精品 001．jpg”素材的尺寸过大，调整其大小。方选择“V2”轨道上的“精品 001.jpg”素材，然后在“效果控件”面板中展开“运动”参数，将“缩放”设置为 50.0，如图 3–78 所示，效果如图 3–79 所示。

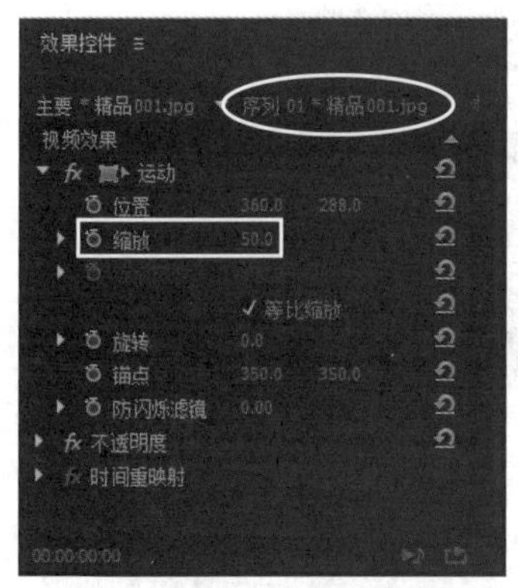

图3–78　调整“精品001.jpg”素材的缩放

图3–79　调整“精品001.jpg”素材的缩放后的效果

（5）制作“精品 010.jpg”素材开头的视频过渡效果。在“效果”面板中展开“视频过渡”文件夹，然后选择“滑动”文件夹中的“滑动”视频过渡，如图 3–80 所示。接着将其拖入“时间线”面板中的“V2”轨道中的“精品 001.jpg”素材的开始处，如图 3–81 所示。此时在“节目”面板中单击▶按钮，效果如图 3–82 所示。

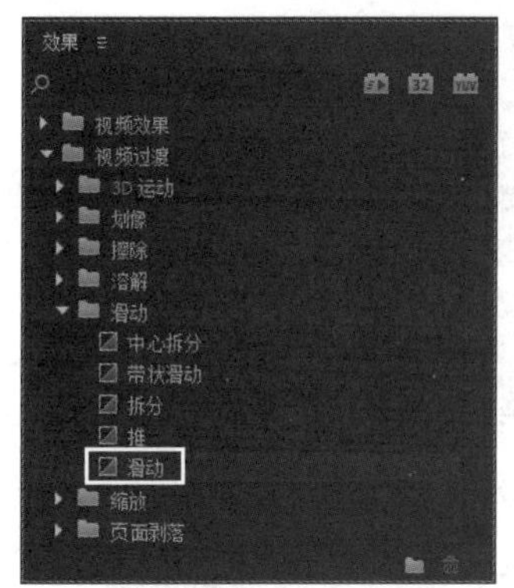

图3–80　选择“滑动”视频过渡

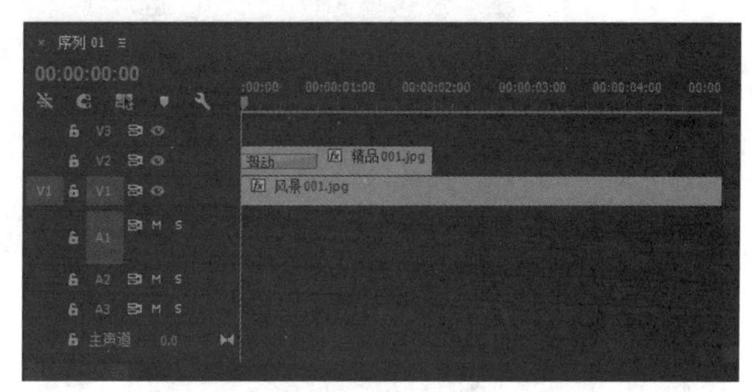

图3–81　将“滑动”视频添加到“010.jpg”素材的开始处

图3–82　“精品001.jpg”素材的开始处的视频过渡效果

（6）制作“精品 001.jpg”素材结尾处的视频过渡效果。在“效果”面板中展开“视频过渡”文件夹，然后将“擦除”文件夹中的“油漆飞溅”视频过渡拖入“时间线”面板中的“V2”轨道中的“精品 001.jpg”素材的结尾处，如图 3–83 所示。此时在“节目”面板中单击▶按钮，效果如图 3–84 所示。

（7）同理，制作“精品 002.jpg”素材的开头和结尾处的视频过渡效果。从“项目”面板中将“精品 002.jpg”素材拖入“时间线”面板的“V2”轨道中，入点为 00:00:04:00。然后将该素材的“缩放”设置为 50.0。接着将“效果”面板“视频过渡”文件夹“擦除”中的“百叶窗”和“渐变擦除”视频过渡分别添加到

“V2”轨道中的“精品 002.jpg”素材的开头和结尾处，此时“时间线”面板如图 3-85 所示。在“节目”面板中单击▶按钮，效果如图 3-86 所示。

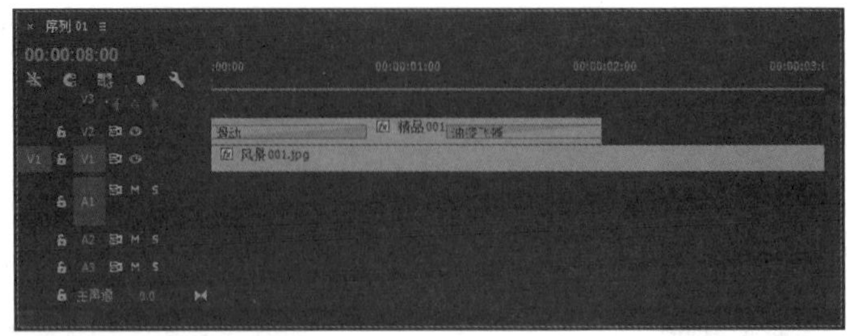

图3-83　将“油漆飞溅”视频过渡添加到“精品001.jpg”素材的结尾处

图3-84　“精品001.jpg”素材结尾处的视频过渡效果

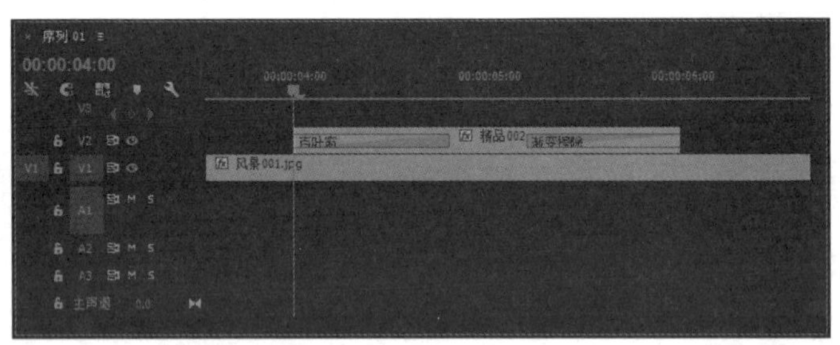

图3-85　给“精品002.jpg”素材的开头和结尾处添加视频过渡

图3-86　“精品002.jpg”素材的视频过渡效果

提示

将“渐变擦除”视频过渡添加到“V2”轨道中的“精品002.jpg”素材的结尾处时，会弹出“渐变擦除设置”对话框，此时将“柔和度”设置为0即可，如图3-87所示。

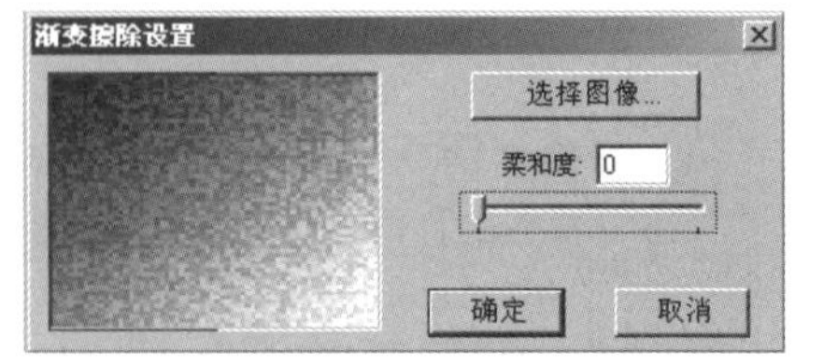

图3-87　“渐变擦除设置”对话框

（8）同理，从“项目”面板中将“精品 003.jpg”素材拖入“时间线”面板的“V2”轨道中，入点为 00:00:08:00，然后将该素材的“缩放”设置为 50.0。接着将“效果”面板“视频过渡”文件夹“页面剥落”

中的“翻页”和“页面剥落”视频过渡分别添加到 “V2”轨道中的“精品 003.jpg”素材的开头和结尾处，此时“时间线”面板如图 3–88 所示。在“节目”面板中单击▶按钮，效果如图 3–89 所示。

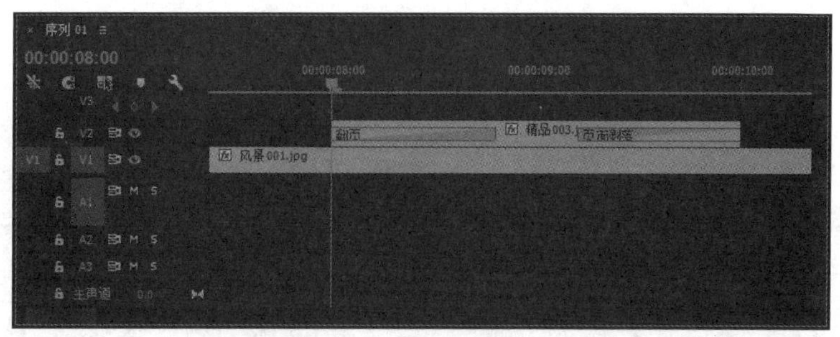

图3–88　给“精品003.jpg”素材的开头和结尾处添加视频过渡

图3–89　“精品003.jpg”素材的视频过渡效果

（9）同理，从“项目”面板中将“精品 004.jpg”素材拖入“时间线”面板的“V3”轨道中，入点为 00:00:02:00，然后将该素材的“缩放”设置为 50.0。接着将“效果”面板“视频过渡”文件夹“擦除”中的“插入”和“渐变擦除”视频过渡分别添加到“V3”轨道中的“精品 004.jpg”素材的开头和结尾处，此时“时间线”面板如图 3–90 所示。在“节目”面板中单击▶按钮，效果如图 3–91 所示。

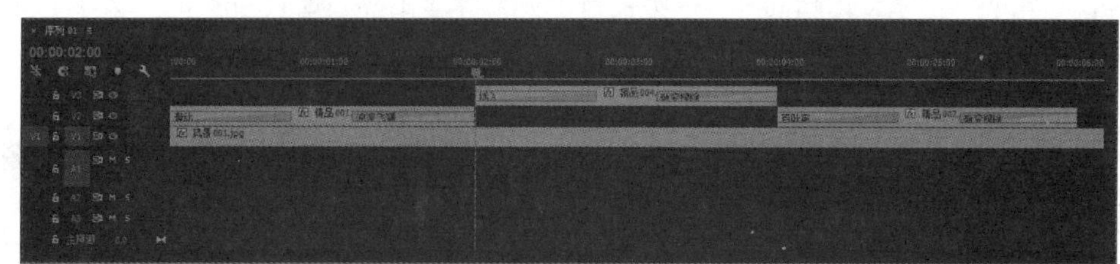

图3–90　给“精品004.jpg”素材的开头和结尾处添加视频过渡

图3–91　“精品004.jpg”素材的视频过渡效果

提示

将“渐变擦除”视频过渡添加到 “V2”轨道中的“精品004.jpg”素材的结尾处时，会弹出“渐变擦除设置”对话框，此时将“柔和度”设置为10即可，如图3–92所示。

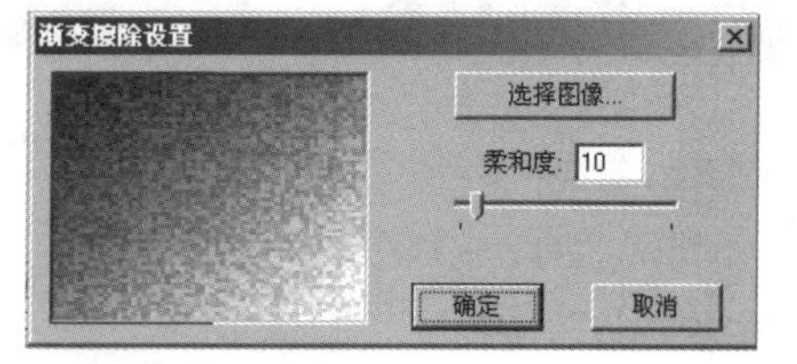

图3–92　“渐变擦除设置”对话框

（10）同理，从“项目”面板中将“精品 005.jpg”素材拖入“时间线”面板的“V3”轨道中，入点为 00:00:06:00，然后将该素材的“缩放”设置为 50.0。接着将“效果”面板“视频过渡”文件夹“滑动”中的“带状滑动”和“3D 运动”中的“立方体旋转”视频过渡分别添加到“V3”轨道中的“精品 005.jpg”素材的开头和结尾处，此时“时间线”面板如图 3-93 所示。在“节目”面板中单击▶按钮，效果如图 3-94 所示。

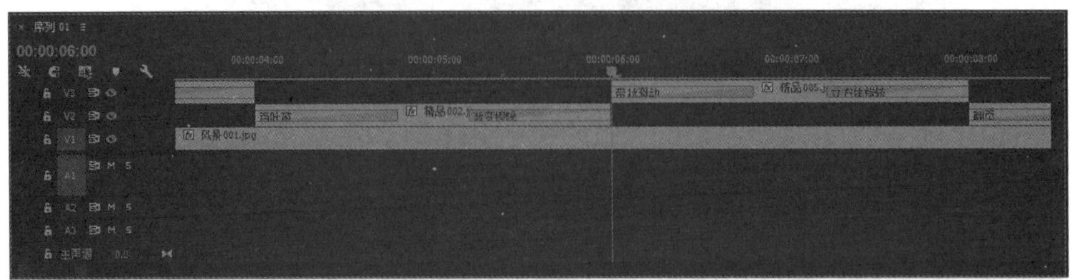

图3-93　给“精品005.jpg”素材的开头和结尾处添加视频过渡

图3-94　“精品005.jpg”素材的视频过渡效果

（11）同理，从“项目”面板中将“精品 006.jpg”素材拖入“时间线”面板的“V3”轨道中，入点为 00:00:10:00，然后将该素材的“缩放”设置为 50.0。接着将“效果”面板“视频过渡”文件夹“缩放”中的“交叉缩放”和“擦除”中的“风车”视频过渡分别添加到“V3”轨道中的“精品 006.jpg”素材的开头和结尾处，此时“时间线”面板如图 3-95 所示。在“节目”面板中单击▶按钮，效果如图 3-96 所示。

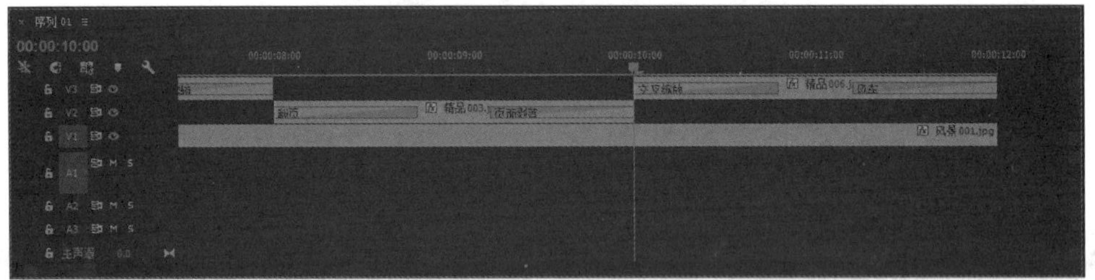

图3-95　给“精品006.jpg”素材的开头和结尾处添加视频过渡

图3-96　“精品006.jpg”素材的视频过渡效果

（12）至此，画中画的广告效果制作完毕，执行“文件 | 导出 | 媒体”命令，将其输出为“画中画的广告效果 .avi”文件。

3.3.3　制作自定义视频过渡效果

要点

本例将利用自定义的图像来制作视频过渡效果，如图3–97所示。通过本例的学习，应掌握设置“渐变擦除”视频过渡效果的方法。

图3–97　卷页效果

操作步骤

1. 编辑图片素材

（1）启动Premiere Pro CC 2015，然后单击“新建项目”按钮，新建一个名称为“自定义视频过渡效果”的项目文件。接着新建一个DV–PAL制标准48 kHz的“序列01”序列文件。

（2）将要导入的素材的视频过渡默认持续时间设置为25帧、静止图片默认持续时间设置为3 s。执行“编辑|首选项|常规”命令，在弹出的对话框中设置“视频过渡默认持续时间”为25帧，“静止图像默认持续时间”为3 s。然后在左侧选择“媒体”，再在右侧将“不确定的媒体时基”设置为25帧/s，单击“确定”按钮。

（3）导入图片素材。执行“文件|导入”命令，导入资源素材中的“素材及结果\第3章视频过渡的应用\3.3.3 制作自定义视频过渡效果\鲜花1.jpg”、“鲜花2.jpg”、“鲜花3.jpg”和“鲜花4.jpg”文件，如图3–98所示。

（4）在“项目”面板中按住Ctrl键，依次选择“鲜花1.jpg”、“鲜花2.jpg”、“鲜花3.jpg”和“鲜花4.jpg”素材，然后将它们拖入“时间线”面板的“V1”轨道中，入点为00:00:00:00。此时“时间线”面板会按照素材选择的先后顺序将素材依次排列，如图3–99所示。

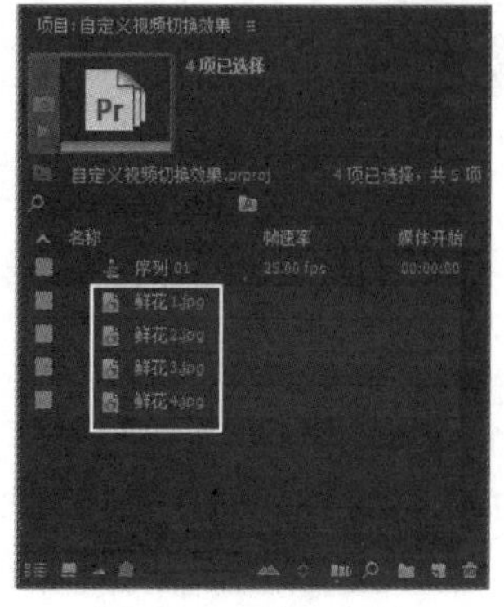

图3–98　导入素材

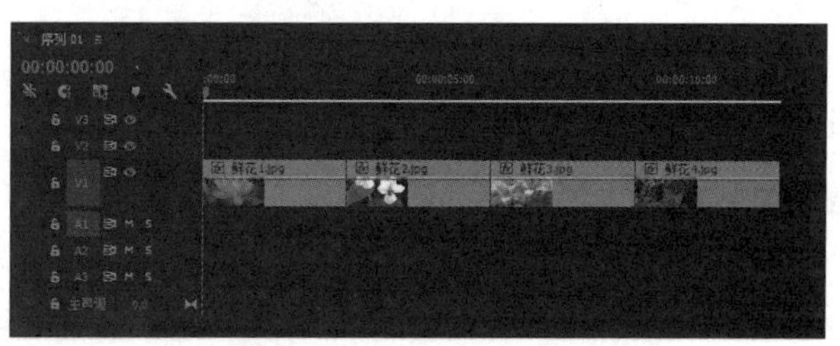

图3–99　“时间线”面板

2. 添加自定义转场效果

（1）在“鲜花 1.jpg”和“鲜花 2.jpg”之间添加“渐变擦除”视频过渡。方法：在“效果”面板中展开“视频特效”文件夹，然后选择“擦除”中的“渐变擦除”视频过渡，如图 3–100 所示。再将其拖入“时间线”面板中的“V1”轨道中“鲜花 1.jpg”和“鲜花 2.jpg”之间的位置，此时鼠标指针会变为形状，接着松开鼠标按钮。再在弹出的图 3–101 所示的“渐变擦除设置”对话框中单击“选择图像”按钮，在弹出的“打开”对话框中选择资源素材中的“素材及结果\制作自定义视频过渡效果\对称灰度图 .jpg”图片，如图 3–102 所示，单击“打开”按钮，回到“渐变擦除设置”对话框，如图 3–103 所示，再单击“确定”按钮，即可将“渐变擦除”视频过渡添加到“鲜花 1.jpg”和“鲜花 2.jpg”之间的位置，如图 3–104 所示。

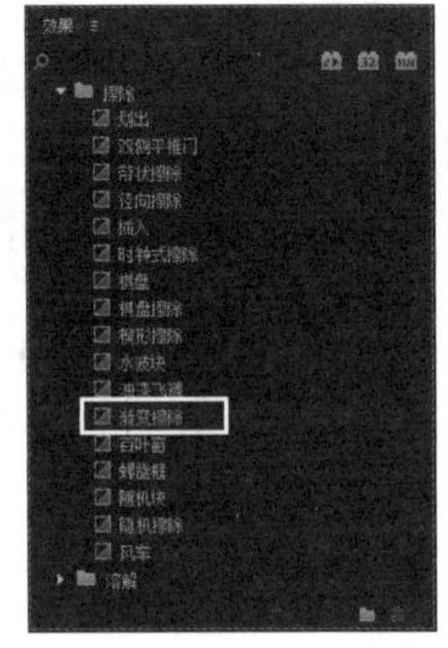

图3–100　选择“渐变擦除”

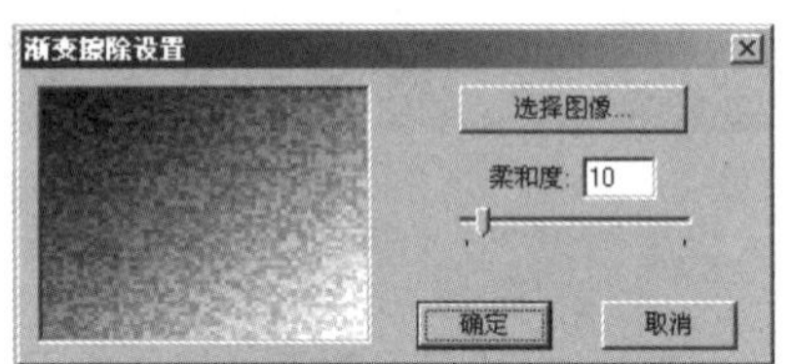

图3–101　“渐变擦除设置”对话框1

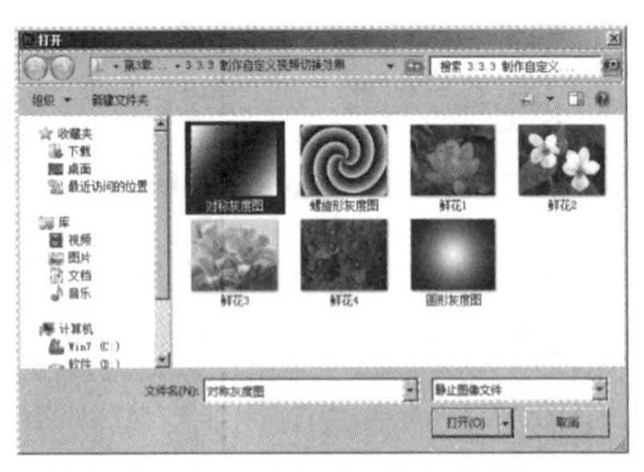

图3–102　选择“对称灰度图”图片

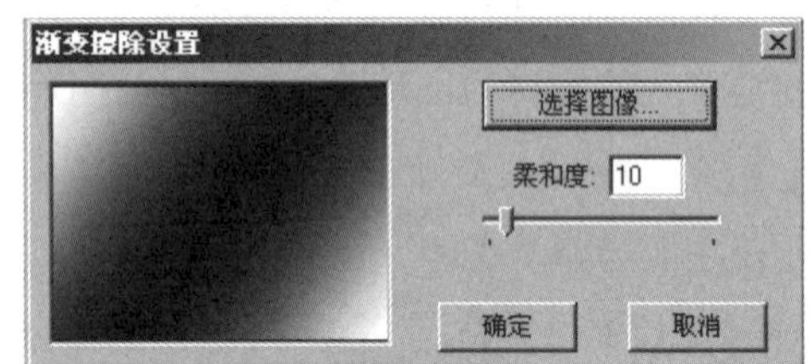

图3–103　回到“渐变擦除设置”对话框2

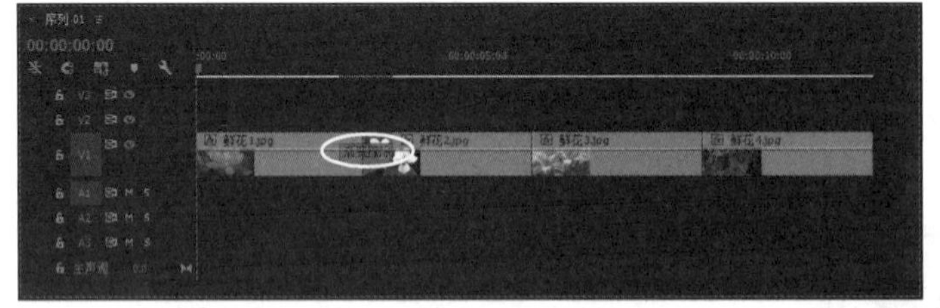

图3–104　在“鲜花1.jpg”和“鲜花2.jpg”之间添加“渐变擦除”视频过渡

（2）在“节目”面板中单击▶按钮，即可看到“鲜花 1.jpg”与“鲜花 2.jpg”素材之间的渐变擦除效果，如图 3–105 所示。

提示

如果要对“渐变擦除”的图像进行替换，可以在“时间线”面板中选择要替换的“渐变擦除”视频过渡，然后在“效果控件”面板中单击“自定义”按钮，如图3-106所示，在弹出的对话框中进行替换。

图3-105　鲜花1.jpg”与“鲜花2.jpg”素材之间的渐变擦除效果

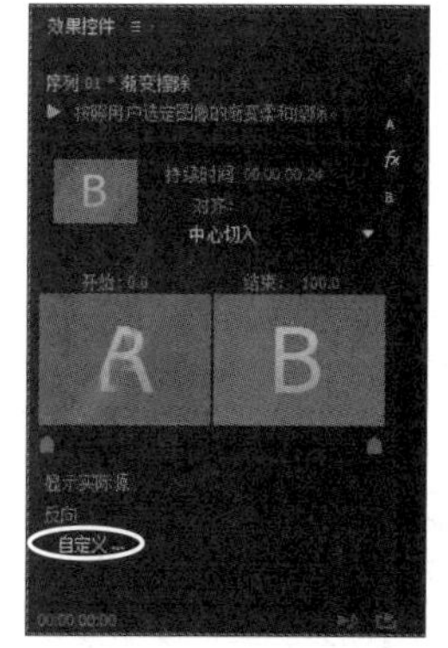

图3-106　单击“自定义”按钮

(3) 同理，在“鲜花 2”和“鲜花 3”之间添加“渐变擦除”视频过渡，并选择擦除图像选择资源素材中的“素材及结果 \ 制作自定义视频过渡效果 \ 螺旋形灰度图 .jpg”图片，如图 3-107 所示。然后在“节目”面板中单击▶按钮，即可看到“鲜花 2.jpg”与“鲜花 3.jpg”素材之间的渐变擦除效果，如图 3-108 所示。

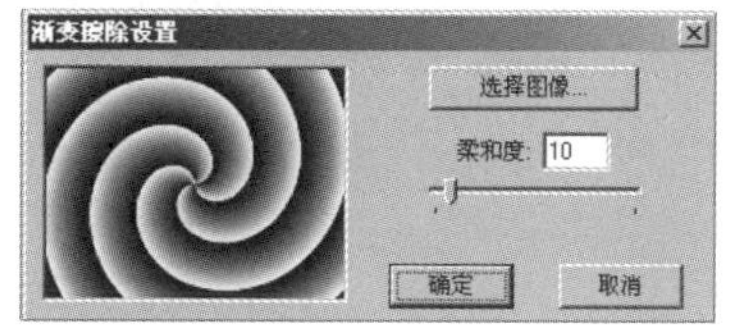

图3-107　选择“螺旋形灰度图.jpg”后的效果

图3-108　鲜花3.jpg”与“鲜花3.jpg”素材之间的渐变擦除效果

(4) 同理，在“鲜花 3”和“鲜花 4”之间添加“渐变擦除”视频过渡，并选择擦除图像选择资源素材中的“素材及结果 \ 制作自定义视频过渡效果 \ 圆形灰度图 .jpg”图片，如图 3-109 所示。此时“时间线”面板如图 3-110 所示。然后在“节目”面板中单击▶按钮，即可看到“鲜花 2.jpg”与“鲜花 3.jpg”素材之间的渐变擦除效果，如图 3-111 所示。

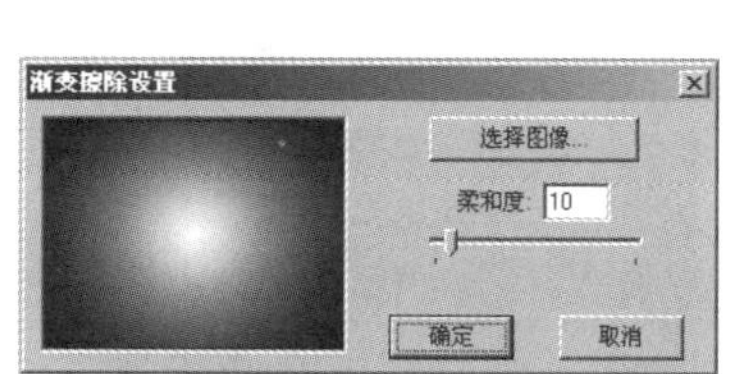

图3-109　选择“圆形灰度图.jpg”后的效果

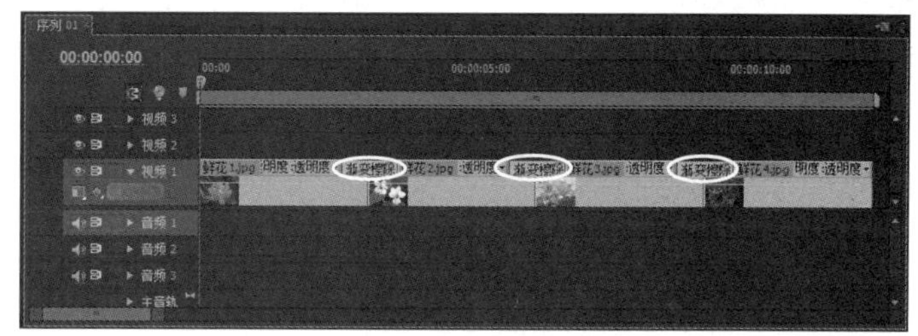

图3-110　“时间线”面板

图3-111　鲜花3.jpg”与“鲜花4.jpg”素材之间的渐变擦除效果

(5) 至此，自定义视频过渡效果制作完毕，执行“文件 | 导出 | 媒体”命令，将其输出为“自定义视频过渡效果 .avi”文件。

3.3.4 制作多层切换效果

要点

本例将制作多层上的多张图片一起进行转场的效果，如图 3–112 所示。通过本例的学习，读者应掌握制作字幕、调整图片的位置和大小、复制粘贴关键帧参数以及常用视频过渡效果的综合应用。

图3–112 多层切换效果

操作步骤

1. 制作蓝色背景

（1）启动 Premiere Pro CC 2015，然后单击“新建项目”按钮，新建一个名称为“多层切换效果”的项目文件。接着新建一个 DV–PAL 制标准 48kHz 的“序列 01”序列文件。

（2）制作背景。执行“文件 | 导入”命令，然后在弹出的“导入”对话框中选择配套光盘中的 “素材及结果 \ 第 3 章视频过渡的应用 \3.3.4 制作多层切换效果 \ 背景 010.jpg”图片，如图 3–113 所示，单击“打开”按钮，此时“项目”面板如图 3–114 所示。

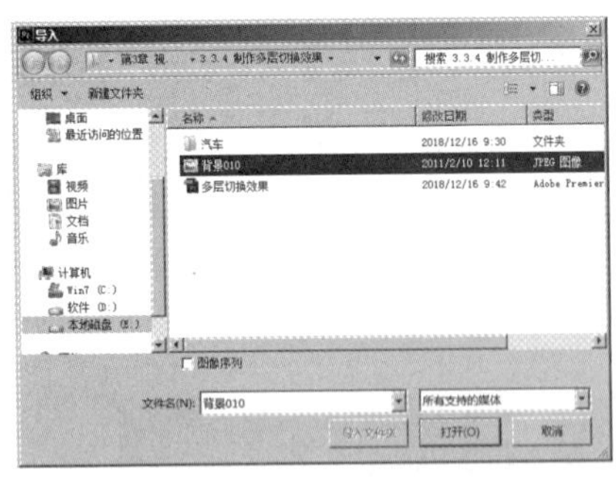

图3–113 选择“背景010.jpg”图片

图3–114 “项目”面板

（3）从“项目”面板中将“背景 010.jpg”拖入“时间线”面板的“V1”轨道中，入点为 00：00：00：00，然后设置该素材的持续时间设置为 8 s，此时“时间线”面板如图 3–115 所示。

2. 制作“汽车欣赏”字幕

（1）单击“项目”面板下方的 （新建项）按钮，从弹出的下拉菜单中选择“字幕”命令，然后在弹出的“新建字幕”对话框中输入“名称”为“汽车欣赏”，如图 3–116 所示，单击“确定”按钮，进入“汽车欣赏”字幕的设计窗口，如图 3–117 所示。

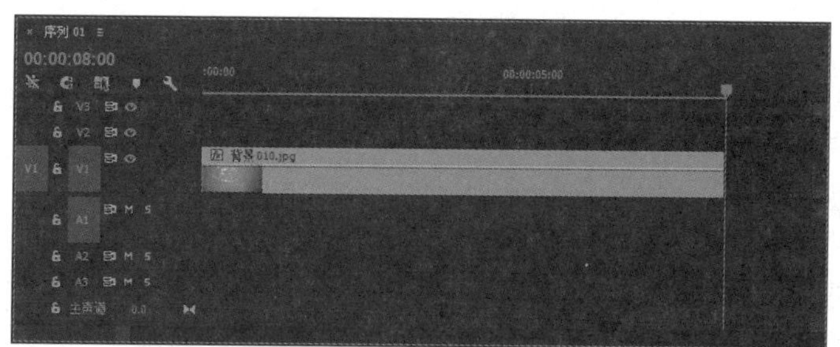

图3-115　“时间线”面板

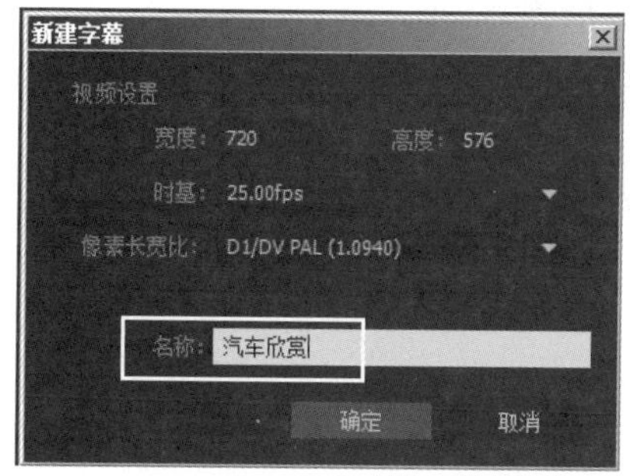

图3-116　输入“汽车欣赏”

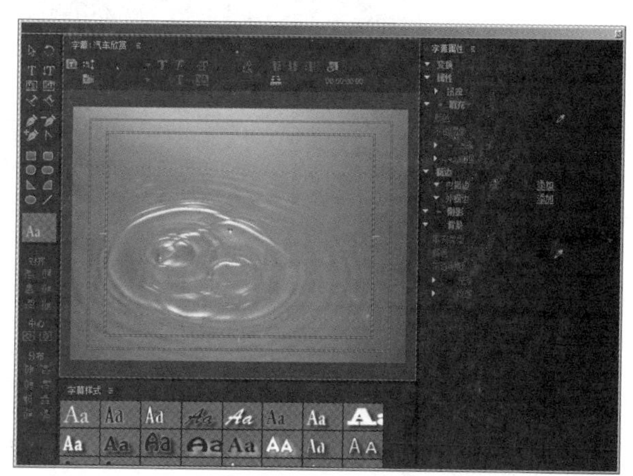

图3-117　“汽车欣赏”字幕设计窗口

（2）输入文字。选择“字幕工具”面板中的T（文字工具），然后在“字幕面板”编辑窗口中输入“汽车欣赏”4个字，接着在“字幕属性”面板中设置“字体”为“汉仪粗黑简”，“字体大小”为120.0。再分别单击“字幕动作”面板中的（垂直居中）和（水平居中）按钮，将文字居中对齐。最后将“填充”区域下的“色彩”设置为白色（RGB（255，255，255）），如图3-118所示。

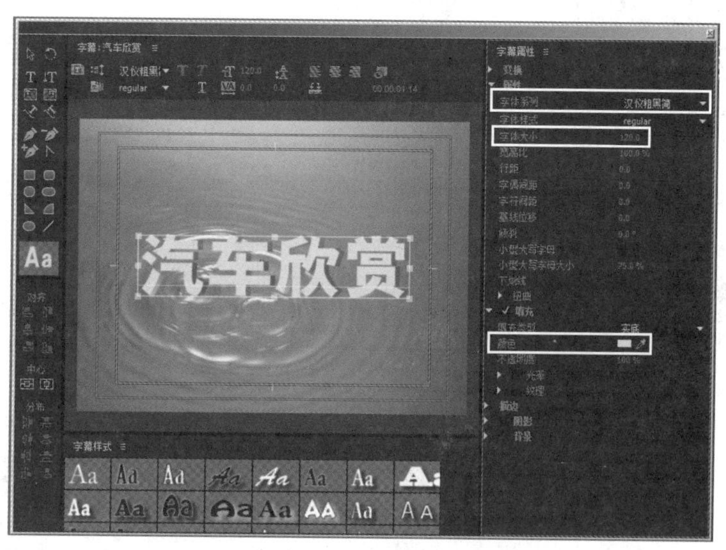

图3-118　输入文字

（3）对文字进行进一步设置。单击“描边”区域中“外侧边”右侧的“添加”命令，然后在添加的外侧边中将“类型”设置为“深度”，将“大小”设置为25.0，将“填充类型”设置为“四色渐变”。接着将“色彩”左上角的颜色数值设置为RGB（250，110，0），将右上角的颜色数值设置为RGB（250，70，100），将右下角的颜色数值设置为 RGB（0，120，200），将左下角的颜色数值设置为 RGB（50，240，20）。最后勾选“阴影”选项，效果如图 3-119 所示。

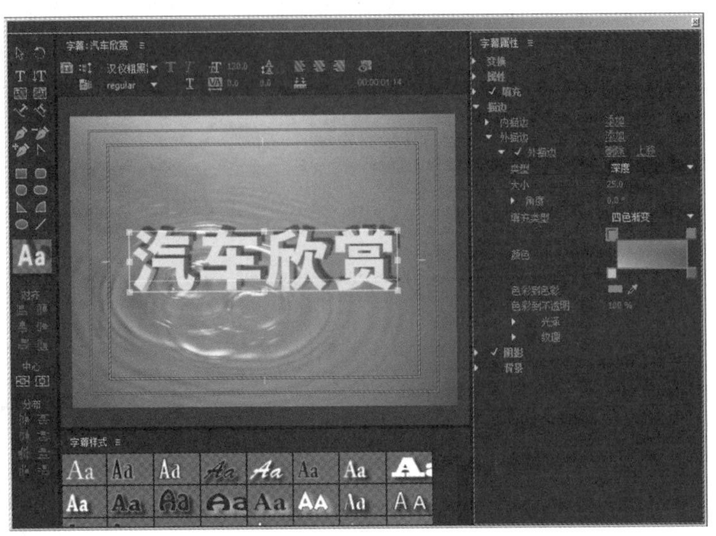

图3-119 设置“描边”和“阴影”参数

（4）单击“字幕设计窗口”右上角的☒按钮，关闭字幕设计窗口，此时创建的“汽车欣赏”字幕会自动添加到“项目”面板中，如图 3-120 所示。

3. 制作“汽车欣赏”字幕的视频过渡效果

（1）将“汽车欣赏”字幕素材拖入“时间线”面板。从“项目”面板中将 “汽车欣赏”字幕素材拖入“时间线”面板的“V2”轨道中，入点为 00 ：00 ：00：00，然后将该字幕的持续时间设置为 2 s，如图 3-121 所示。

图3-120 “项目”面板

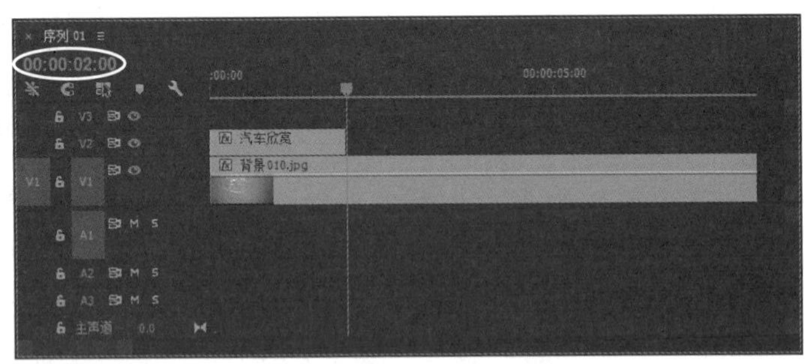

图3-121 “项目”面板

（2）制作“汽车欣赏”字幕素材开头的视频过渡效果。在“效果”面板中展开“视频过渡”文件夹，然后选择“溶解”文件夹中的“叠加溶解”视频过渡，如图 3-122 所示。接着将其拖入“时间线”面板“V2”轨道中的“汽车欣赏”字幕素材的开始处，如图 3-123 所示。最后选择添加给“汽车欣赏”字幕素材的“叠加溶解”视频过渡，进入“效果控件”面板，再将“持续时间”设置为 00:00:00:20，并勾选“显示实际源”选项，以便观察转场效果，如图 3-124 所示。此时在“节目”面板中单击▶按钮，效果如图 3-125 所示。

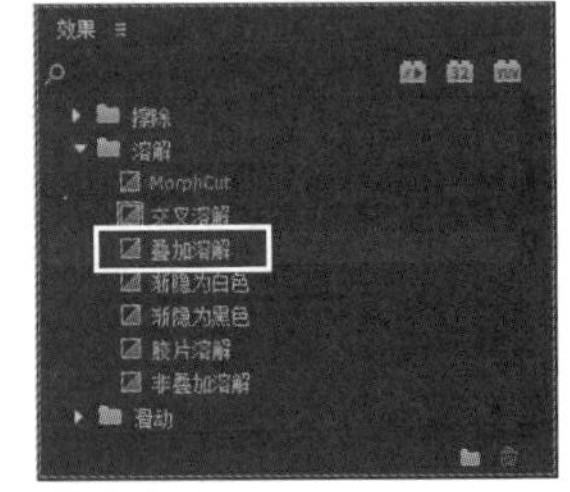

图3-122 选择“叠加溶解”

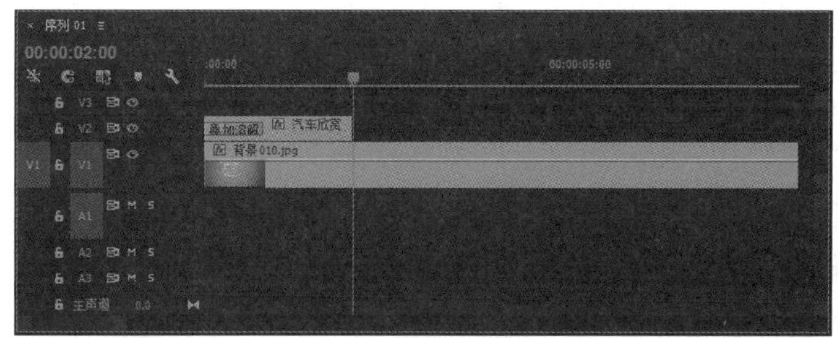

图3-123　将"叠加溶解"视频过渡添加给"汽车欣赏"字幕素材的开始处

图3-124　设置"叠加溶解"的参数

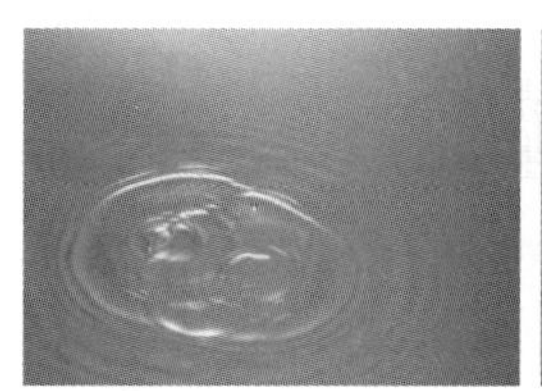

图3-125　"汽车欣赏"字幕素材的开始处的视频过渡效果

4. 制作图片的视频过渡效果

（1）将要导入的素材的视频过渡默认持续时间设置为 10 帧、静止图片默认持续时间设置为 2 s。执行"编辑 | 首选项 | 常规"命令，在弹出的对话框中设置"视频过渡默认持续时间"为 10 帧，"静止图像默认持续时间"为 2 s。然后在左侧选择"媒体"，再在右侧将"不确定的媒体时基"设置为 25 帧 /s，单击"确定"按钮。

（2）导入鲜花素材。执行"文件 | 导入"命令，然后在弹出的"导入"对话框中选择资源素材中的"素材及结果 \ 第 3 章视频过渡的应用 \3.3.4　制作多层切换效果 \　汽车"文件夹，如图 3-126 所示，单击"导入文件夹"按钮，此时整个文件夹的素材都会被导入"项目"面板，如图 3-127 所示。

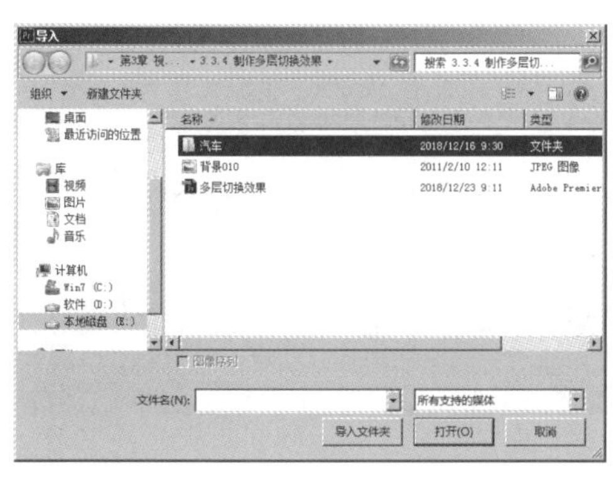

图3-126　选择"汽车"文件夹

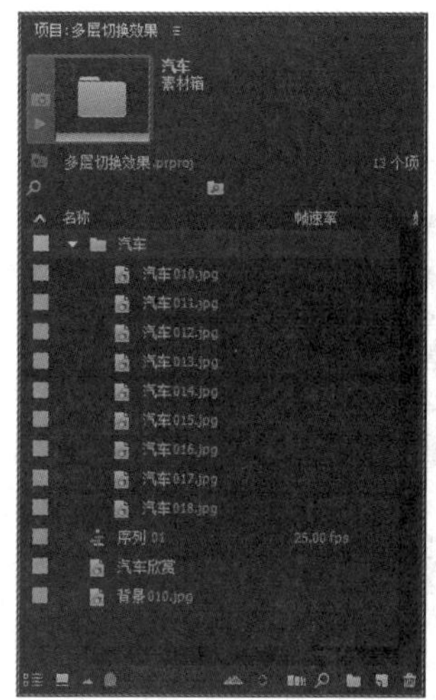

图3-127　"项目"面板

（3）从"项目"面板中将"汽车 010.jpg"素材拖入"时间线"面板的"V2"轨道中，入点为

00:00:02:00，此时“时间线”面板如图 3-128 所示，效果如图 3-129 所示。

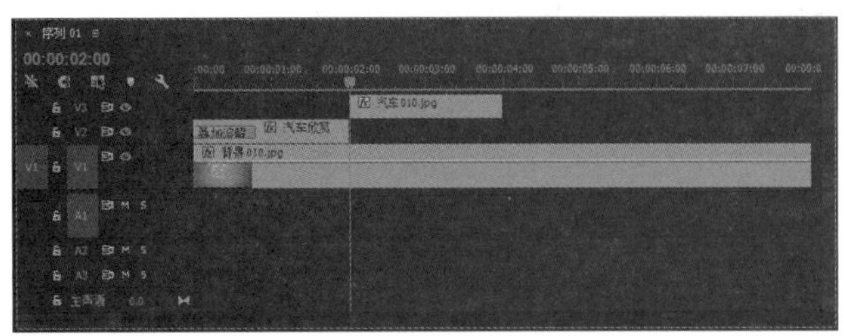

图3-128　将“汽车010. jpg”素材拖入“V2”轨道中

图3-129　画面效果

（4）调整“汽车 010.jpg”素材的尺寸和位置。选择“V2”轨道上的“汽车 010.jpg”素材，然后在“效果控件”面板中展开“运动”参数，将“缩放”设置为 25.0，将“位置”坐标设置为（120.0，288.0）如图 3-130 所示，效果如图 3-131 所示。

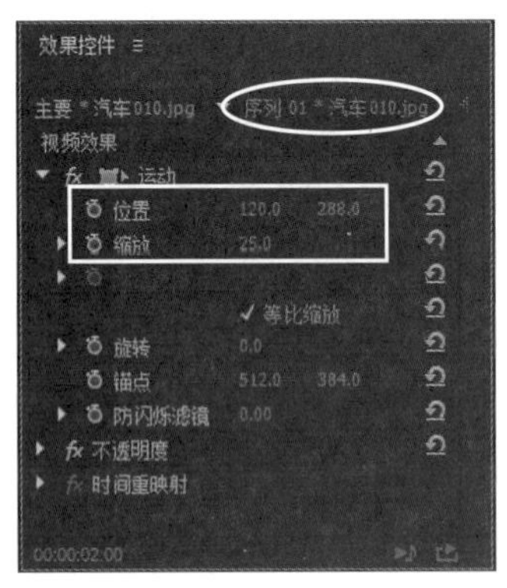

图3-130　调整“汽车010.jpg”素材的尺寸和位置

图3-131　调整“汽车010. jpg”素材的尺寸和位置后的画面效果

（5）制作 “汽车 010.jpg”素材开头的视频过渡效果。在“效果”面板中展开“视频过渡”文件夹， 然后选择“擦除”文件夹中的“棋盘”视频过渡，如图 3-132 所示。接着将其拖入“时间线”面板“V3”轨道中的“汽车 010.jpg”素材的开始处，如图 3-133 所示。此时在“节目”面板中单击▶按钮，效果如图 3-134 所示。

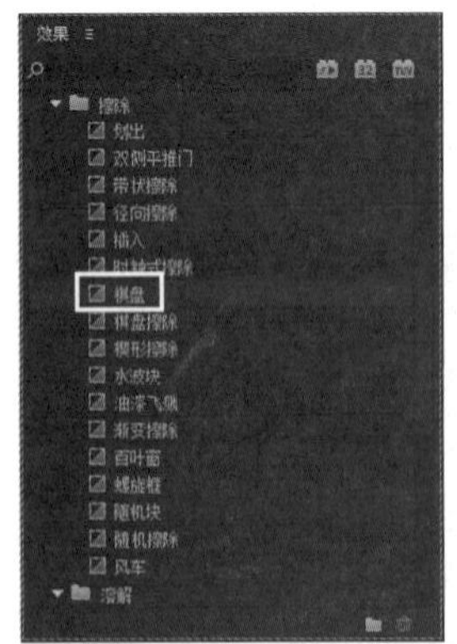

图3-132　选择“棋盘”视频过渡

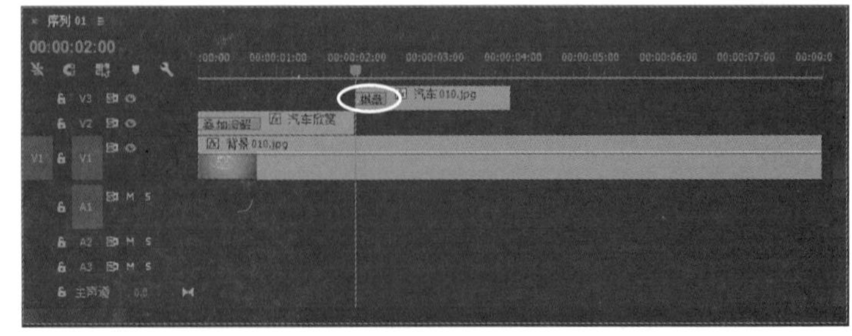

图3-133　将“棋盘”视频过渡添加给“汽车010.jpg”素材的开始处

（6）同理，制作“汽车 011.jpg”素材开头的视频过渡效果。从“项目”面板中将“汽车 011.jpg”素材拖入“时间线”面板的“V3”轨道上方，此时会自动产生一个“V4”轨道，然后将其入点设置为 00：00：

02：00。接着选择“V2”轨道上的“汽车 011.jpg”素材，在“效果控件”面板中展开“运动”参数，将“缩放”设置为 25.0，将“位置”坐标设置为（360.0，288.0），如图 3–135 所示，效果如图 3–136 所示。最后将“效果”面板“视频过渡”文件夹“划像”中的“盒状划像”视频过渡拖入“时间线”面板“V4”轨道中的“汽车 011.jpg”素材的开始处，如图 3–137 所示。此时在“节目”面板中单击▶按钮，效果如图 3–138 所示。

图3–134　“汽车010.jpg”素材的开始处的视频过渡效果

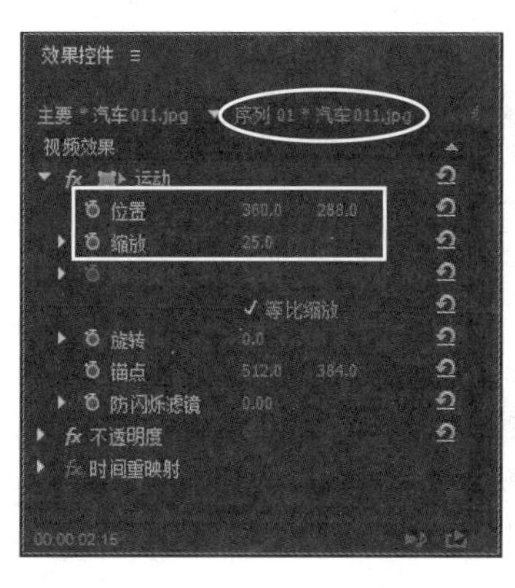

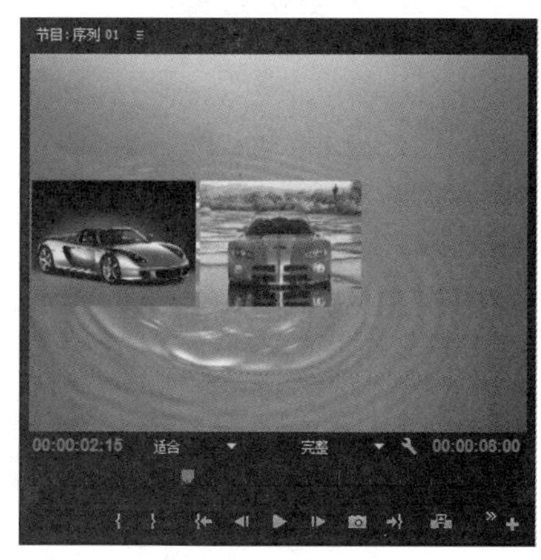

图3–135　调整“汽车011.jpg”素材的尺寸和位置　　图3–136　调整“汽车011.jpg”素材的尺寸和位置后的画面效果

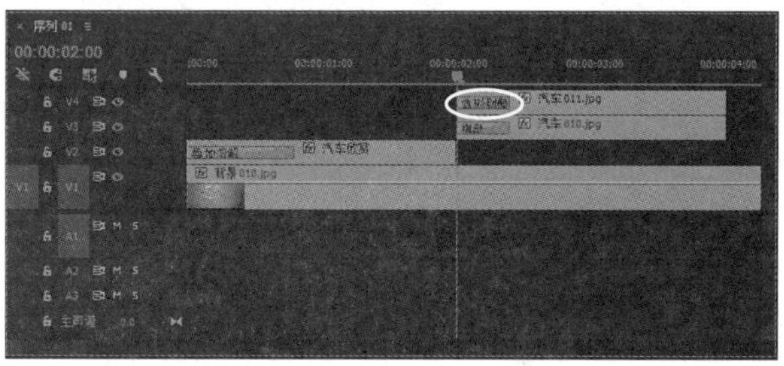

图3–137　将“盒状划像”视频过渡添加给“汽车011.jpg”素材的开始处

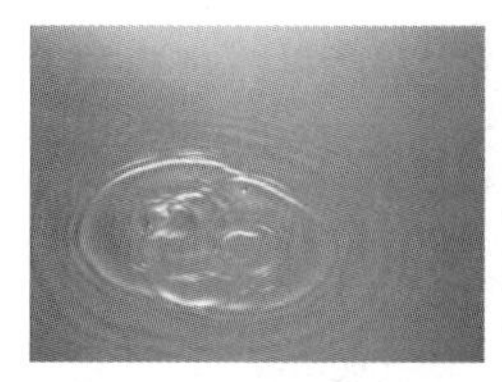
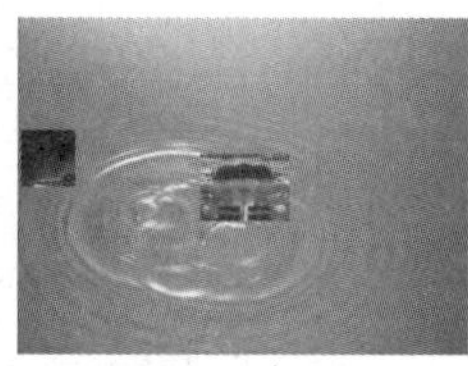

图3–138　视频过渡效果

（7）同理，制作　“汽车 012.jpg”素材开头的视频过渡效果。从“项目”面板中将“汽车 012.jpg”素材拖入“时间线”面板的“V4”轨道上方，此时会自动产生一个“V5”轨道，然后将其入点设置为 00：00：02：00。接着选择“V2”轨道上的“汽车 012.jpg”素材，在“效果控件”面板中展开“运动”参数，将“缩放”设置为 25.0，将“位置”坐标设置为（600.0，288.0）如图 3–139 所示，效果如图 3–140 所示。最后将

“效果”面板“视频过渡”文件夹“擦除”中的“水波块”视频过渡拖入“时间线”面板“V4”轨道中的“汽车 012.jpg”素材的开始处，如图 3–141 所示。此时在“节目”面板中单击▶按钮，观看 00：00：02：00 ~ 00：00：04：00 间的视频过渡效果，如图 3–142 所示。

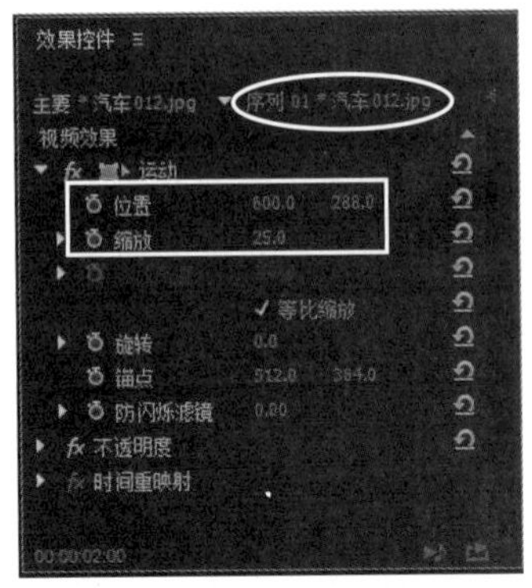

图3–139 调整“汽车012.jpg”素材的尺寸和位置

图3–140 调整“汽车012.jpg”素材的尺寸和位置后的画面效果

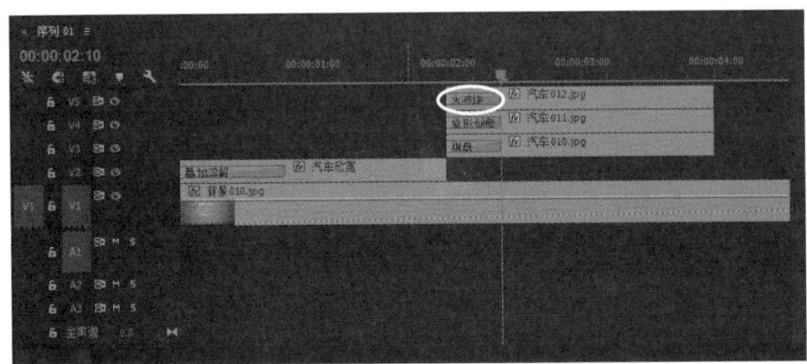

图3–141 将“水波块”视频过渡添加给“汽车012.jpg”素材的开始处

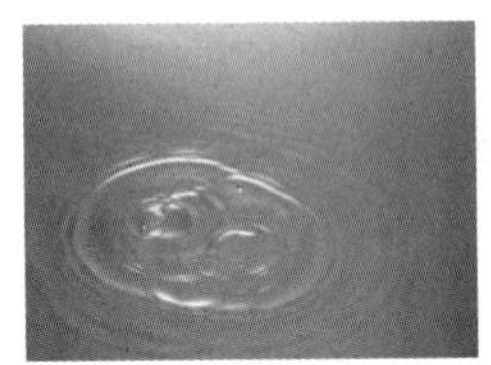

图3–142 00：00：02：00～00：00：04：00间的视频过渡效果

(8) 从“项目”面板中分别将“汽车 013.jpg”、“汽车 014.jpg”和“汽车 015.jpg”素材拖入“时间线”面板的“V3”、“V4”和“V5”轨道中，并将这些素材的入点均设置为 00：00：04：00，此时“时间线”面板如图 3–143 所示。

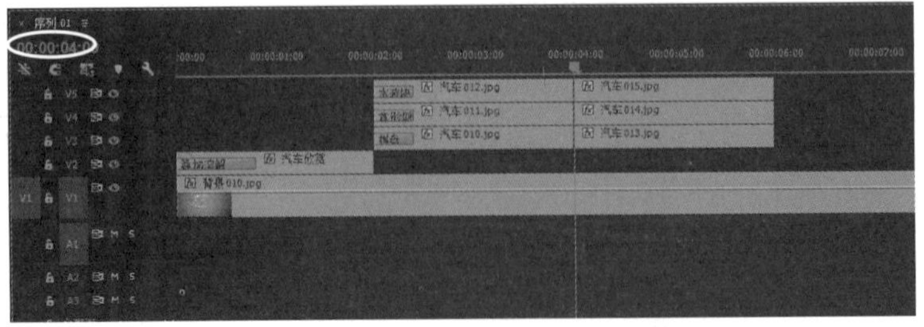

图3–143 “时间线”面板

(9) 将“汽车 010.jpg”素材的“位置”和“缩放”参数粘贴到“汽车 013.jpg”素材。选择“V3”轨道上的“汽车 010.jpg”素材，进入“效果控件”面板，然后右击“运动”参数，从弹出的快捷菜单中选择“复制”命令，如图 3-144 所示，复制“运动”参数。接着选择“V3”轨道中的“汽车 013.jpg”素材，进入“效果控件”面板，右击“运动”参数，从弹出的快捷菜单中选择“粘贴”参数，如图 3-145 所示，从而将“V3”轨道上的“运动”参数复制到“V3”轨道，如图 3-146 所示。

图3-144　选择“复制”命令

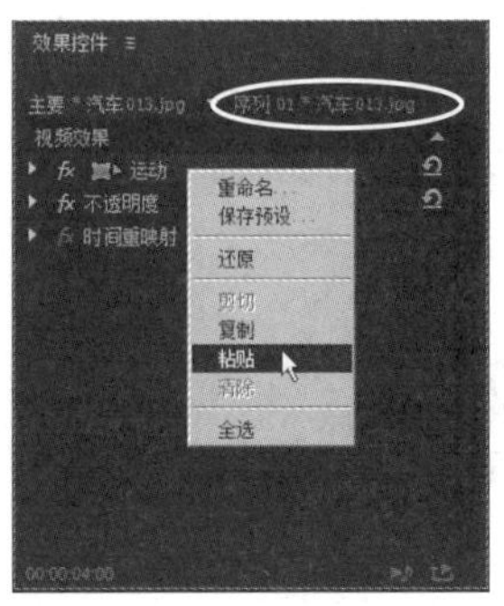

图3-145　选择“粘贴”命令

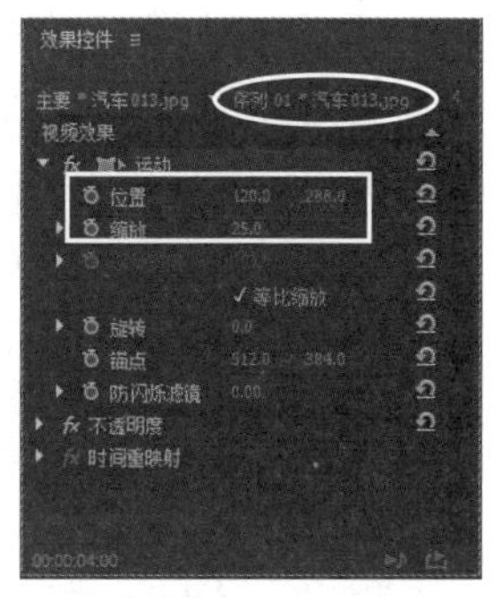

图3-146　粘贴“运动”属性

（10）同理，通过复制粘贴关键帧的方式，将“V4”轨道中“汽车 011.jpg”素材“运动”参数粘贴给“V4”轨道中“汽车 014.jpg”素材；将“V5”轨道中“汽车 012.jpg”素材“运动”参数粘贴给“V5”轨道中“汽车 015.jpg”素材。此时将时间滑块移动到 00：00：04：00 处，即可看到粘贴“运动”参数后的效果，如图 3-147 所示。

图3-147　粘贴“运动”参数后的效果

（11）制作 “汽车 013.jpg”、“汽车 014.jpg”和“汽车 015.jpg”素材开头的视频过渡效果。方法：将“效果”面板“视频过渡”文件夹“滑动”中的“拆分”视频过渡，拖入“时间线”面板“V3”轨道中的“汽车 013.jpg”素材的开始处。然后将“视频过渡”文件夹“滑动”中的“滑动”视频过渡，拖入“时间线”面板“V4”轨道中的“汽车 014.jpg”素材的开始处。接着将“视频过渡”文件夹“擦除”中的“径向擦除”视频过渡，拖入“时间线”面板“V5”轨道中的“汽车 015.jpg”素材的开始处，此时“时间线”面板如图 3-148 所示。此时在“节目”面板中单击▶按钮，观看 00：00：04：00 ~ 00：00：06：00 间的视频过渡效果，如图 3-149 所示。

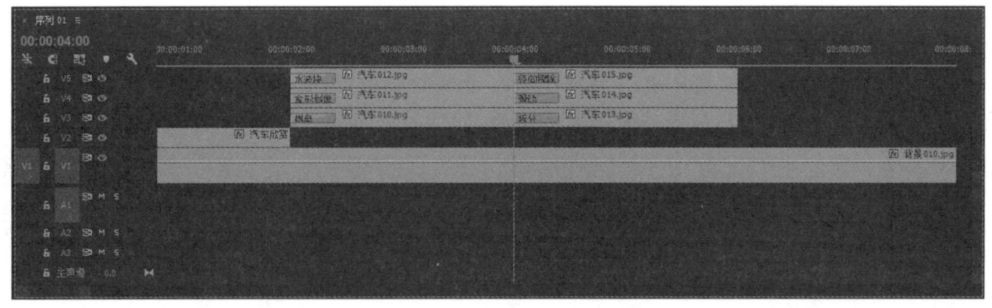

图3-148　“时间线”面板

图3-149　00：00：04：00～00：00：06：00间的视频过渡效果

（12）从“项目”面板中分别将“汽车 016.jpg”、“汽车 017.jpg”和“汽车 018.jpg”素材拖入“时间线”面板的“V3”、“V4”和“V5”轨道中，并将这些素材的入点均设置为 00：00：06：00，此时“时间线”面板如图 3–150 所示。

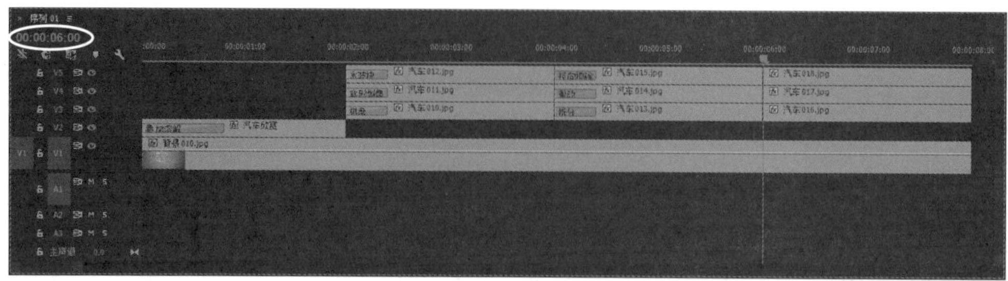

图3–150 “时间线”面板

（13）同理，通过复制粘贴关键帧的方式，将“V3”轨道中“汽车 010.jpg”素材“运动”参数粘贴给“V3”轨道中“汽车 016.jpg”素材；将“V4”轨道中“汽车 011.jpg”素材“运动”参数粘贴给“V4”轨道中“汽车 017.jpg”素材；将“V5”轨道中“汽车 012.jpg”素材“运动”参数粘贴给“V5”轨道中“汽车 018.jpg”素材。此时将时间滑块移动到 00：00：06：00 处，即可看到粘贴“运动”参数后的效果，如图 3–151 所示。

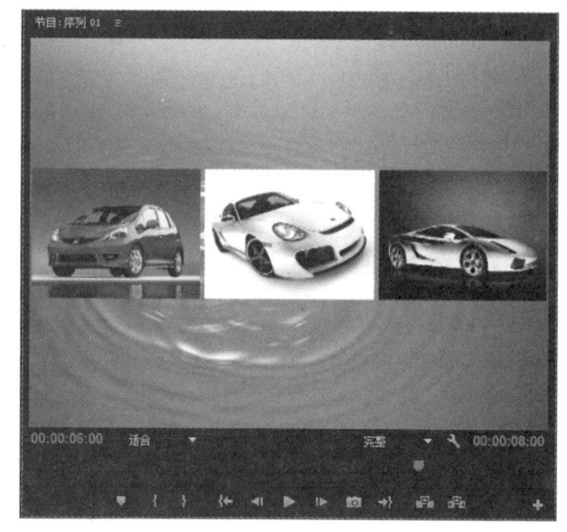

图3–151 粘贴“运动”参数后的效果

（14）制作“汽车 016.jpg”、“汽车 017.jpg”和“汽车 018.jpg”素材开头的视频过渡效果。将“效果”面板“视频过渡”文件夹“擦除”中的“时钟式擦除”视频过渡，拖入“时间线”面板“V3”轨道中的“汽车 016.jpg”素材的开始处。然后将“视频过渡”文件夹“滑动”中的“带状滑动”视频过渡，拖入“时间线”面板“V4”轨道中的“汽车 017.jpg”素材的开始处。接着将“视频过渡”文件夹“擦除”中的“百叶窗”视频过渡，拖入“时间线”面板“V5”轨道中的“汽车 018.jpg”素材的开始处，此时“时间线”面板如图 3–152 所示。此时在“节目”面板中单击▶按钮，观看 00：00：06：00 ~ 00：00：08：00 间的视频过渡效果，如图 3–153 所示。

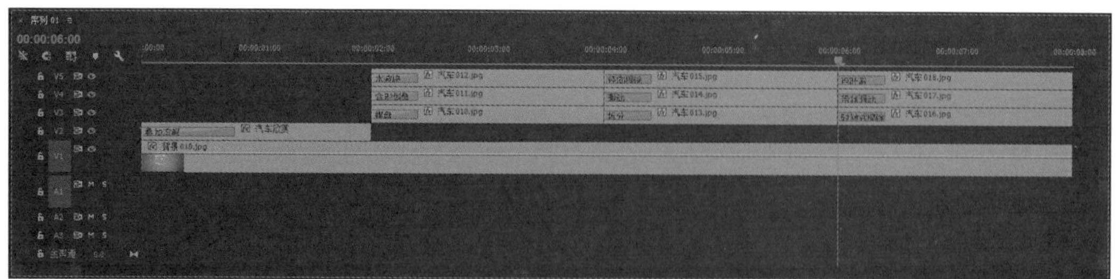

图3–152 “时间线”面板

图3–153 00：00：06：00~00：00：08：00间的视频过渡效果

（15）至此，多层切换效果制作完毕，执行“文件 | 导出 | 媒体”命令，将其输出为“多层切换效果 .avi”文件。

课后练习

一、填空题

1. 将时间滑块定位在要添加视频过渡的两个素材的相交处，按快捷键 Ctrl+D，可在素材之间添加一个系统默认的________视频过渡。

2. 在“时间线”面板中选择要清除的视频过渡，然后按________组合键即可将其清除。

二、选择题

1. 当出现________标记时，表示将在后面素材的起始处添加过渡效果；当出现________标记时，表示将在两个素材之间添加过渡效果；当出现________标记时，表示将在前面素材的结束处添加过渡效果。

A.　　　　B.　　　　C.　　　　D. 滑动

2. “效果”面板“视频过渡”文件夹中共有（　　）类视频过渡。

A. 9　　　　B. 10　　　　C. 11　　　　D. 12

三、问答题 / 上机题

1. 简述添加视频过渡的方法。

2. 利用资源素材中的“课后练习 \ 第 3 章 \ 练习 1”中的相关素材制作图 3-154 所示的自定义视频过渡效果。

图3-154　练习1的效果

3. 利用资源素材中的“课后练习 \ 第 3 章 \ 练习 2”中的相关素材制作图 3-155 所示的多层切换效果。

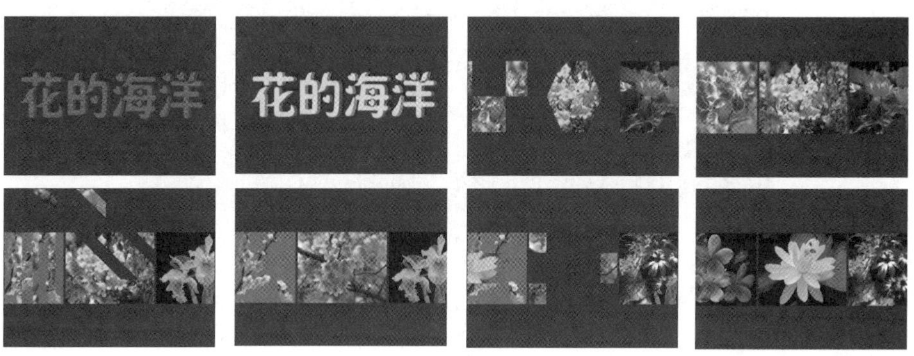

图3-155　练习2的效果

第4章 视频效果的应用

在影视节目的后期制作过程中，特效的应用既能够使影片在视觉上更为精彩，又能够帮助用户完成一些现实生活中无法完成的拍摄工作。也就是，视频效果技术不仅可以使枯燥无味的画面变得生动有趣，还可以弥补拍摄过程中造成的画面缺陷问题。Premiere Pro CC 2015 提供了多种类型的视频效果供用户使用，通过本章的学习，读者应掌握以下内容：

- 视频效果的设置方法；
- 常用视频效果的应用。

4.1 视频效果的设置

在 Premiere Pro CC 2015 中提供了大量的视频效果，它们可以应用在视频、图片和文字上，通过这些视频效果，用户可以随心所欲的创作出丰富多彩的视觉效果。这里所说的视频效果指的是 Premiere 封装好的程序，专门用于处理视频画面，并且按照指定的要求实现各种视觉效果。

4.1.1 添加视频效果

给素材添加视频效果的具体操作步骤如下：

（1）执行“文件 | 导入”命令，导入资源素材中的“素材及结果\第 4 章视频效果的应用\风景 .jpg”图片，然后将其拖入“时间线”面板，如图 4–1 所示。

图4–1 将“风景.jpg”拖入“时间线”面板

（2）执行“窗口 | 效果”命令，调出“效果”面板，然后展开“视频效果”文件夹，从中选择所需的视频切换（此时选择的是“风格化”中的“马赛克”），如图 4–2 所示。接着将该视频效果拖到时间线“风景 .jpg”素材上即可，如图 4–3 所示。

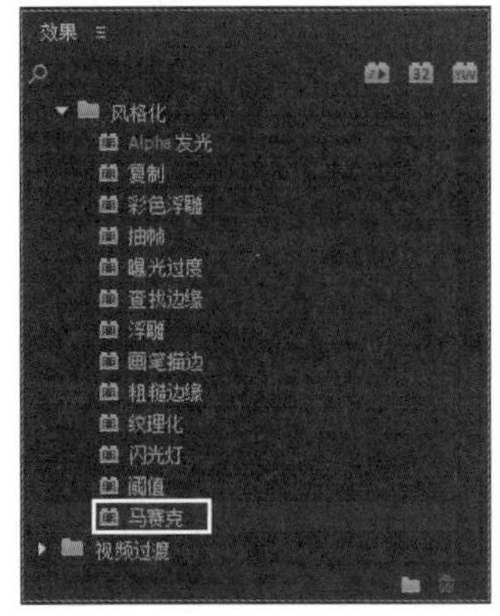

图4-2　选择“马赛克”选项

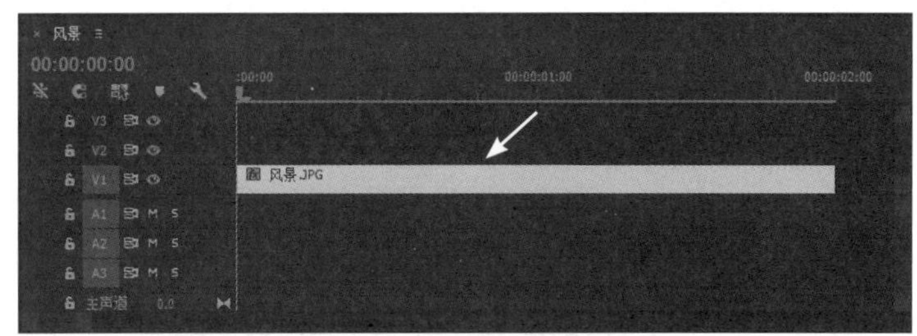

图4-3　将“马赛克”特效添加到“风景.jpg”上

4.1.2　编辑视频效果

1. 改变视频效果的设置

改变视频效果设置的具体操作步骤如下：

（1）在“时间线”面板中选择要调整视频效果参数的素材（此时选择的是“风景 .jpg”）。

（2）在“效果控件”面板中选择要调整参数的特效（此时选择的是前面添加的“马赛克”特效），将其展开，如图 4-4 所示。

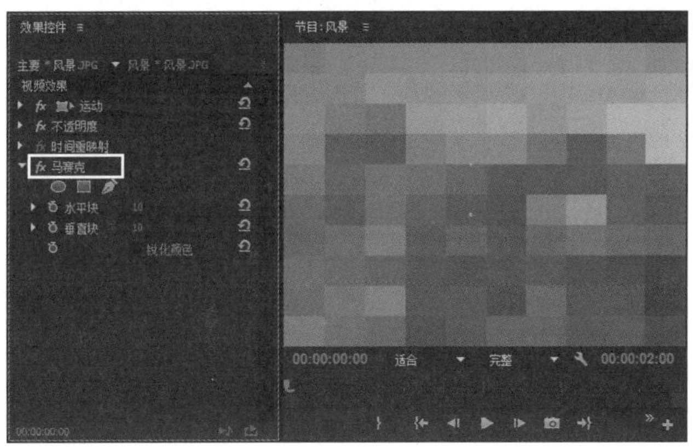

图4-4　展开“马赛克”特效

（3）对特效参数进行设置后即可看到效果，如图 4-5 所示。

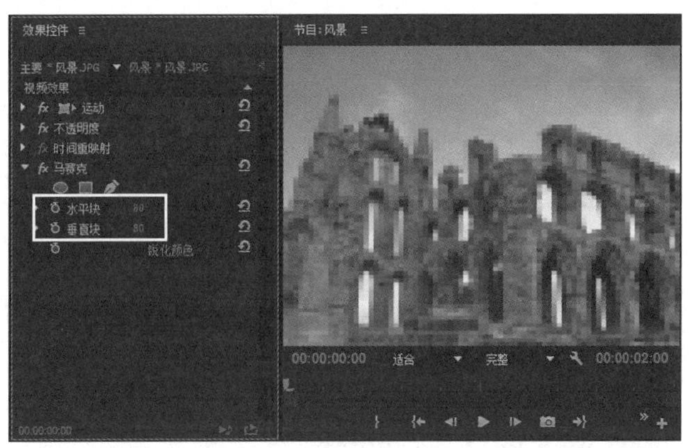

图4-5　“马赛克”特效

提示

如果要恢复默认的视频效果的设置，只要在“效果控件”面板中单击要恢复默认设置的视频效果后面的（重置）按钮即可。

（4）在编辑过程中有时需要取消某个视频效果的显示，此时单击要取消的视频效果前面的fx按钮，即可取消该视频效果的显示，如图4–6所示。

图4–6　取消“马赛克”特效的显示

2. 删除视频效果

当某段素材不再需要视频效果时，可以将其进行删除。删除视频效果的具体操作步骤如下。

（1）在“效果控件”面板中选择要删除的视频效果。

（2）按Delete键，即可将该视频效果进行删除。

3. 复制/粘贴视频效果

当多个素材要使用相同的视频效果时，复制、粘贴视频效果可以减少操作步骤，加快影片剪辑的速度。复制/粘贴视频效果的具体操作步骤如下：

（1）选择要复制视频效果的素材（此时选择的“风景.JPG”），然后在“效果控件”面板中右击要复制的视频效果（此时选择的是“马赛克”特效），从弹出的快捷菜单中选择“复制”命令，如图4–7所示。

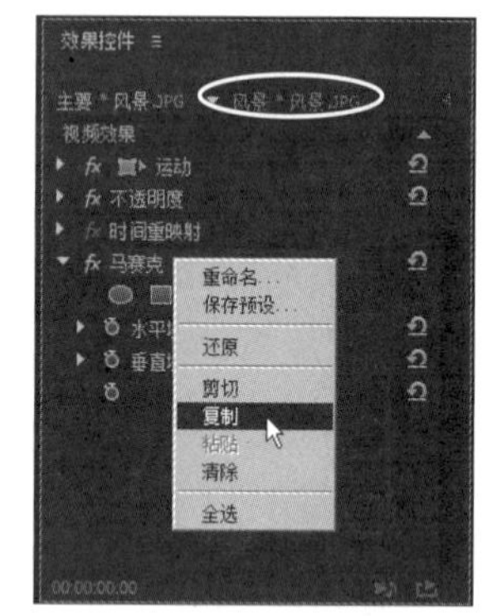

图4–7　选择“复制”命令

（2）选择要粘贴视频效果的素材（此时选择的“人物.jpg”），然后右击“效果控件”面板的空白区域，从弹出的快捷菜单中选择“粘贴”命令，如图4–8所示，即可将复制的视频效果（“马赛克”效果）粘贴到新的素材上，效果如图4–9所示。

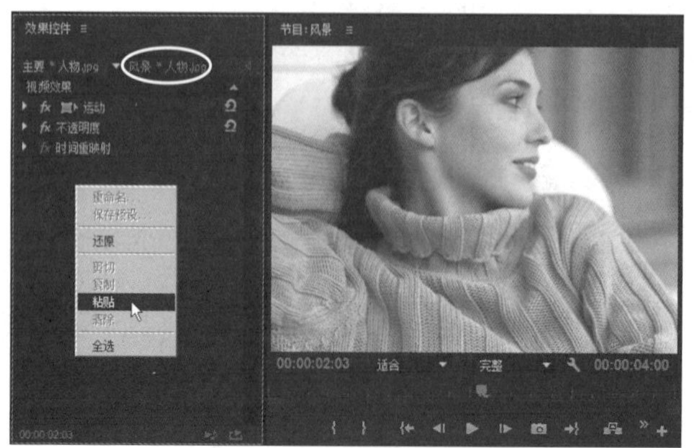

图4–8　选择“粘贴”命令

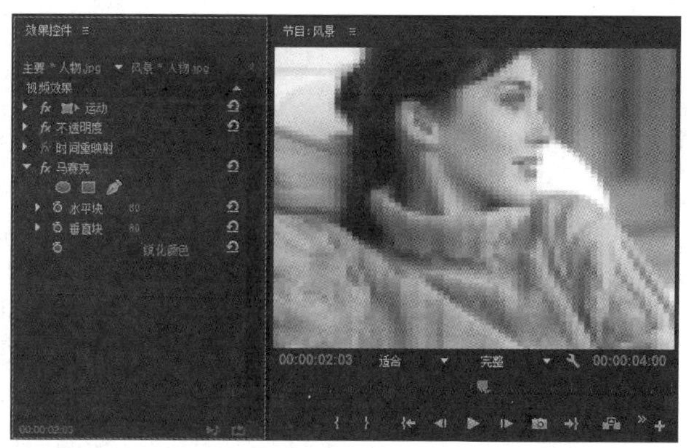

图4–9　在新素材上“粘贴”视频效果后的效果

4.2　视频效果的分类

在 Premiere Pro CC 2015 中，系统提供了多种视频效果。这些视频效果被分类后放置在“效果”面板“视频效果”文件夹中的 16 个文件夹中，如图 4–10 所示。每种视频效果都有其适合的应用范围，而了解这些视频效果的不同效果与作用，则有利于制作出效果更好的影片。

4.2.1　变换

“变换”类视频效果用于使素材产生二维或三维的变化。“变换”类视频效果包括“垂直翻转”、“水平翻转”、““羽化边缘”和“裁剪”4 种视频效果，如图 4–11 所示。

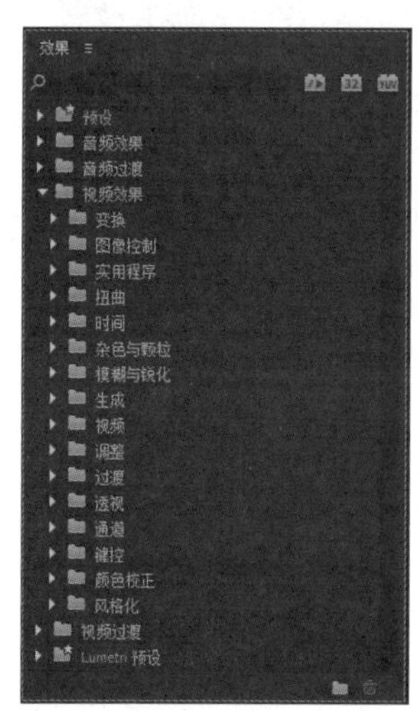

图4–10　“视频效果”文件夹

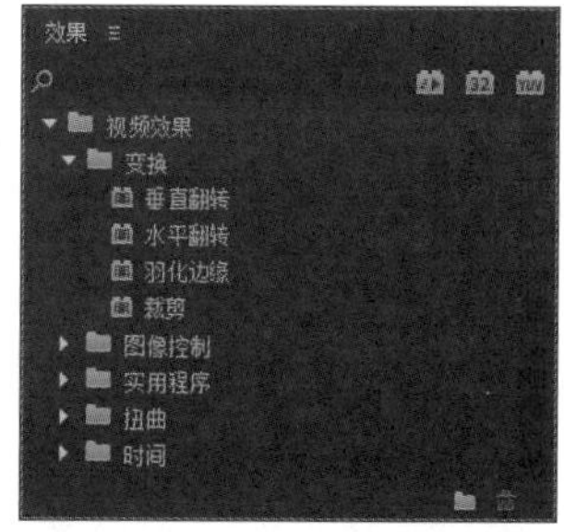

图4–11　“变换”类视频效果

1. 垂直翻转

“垂直翻转”视频效果可以使画面沿水平方向翻转 180°，类似于倒影效果。图 4–12 为源素材，图 4–13 为应用“垂直翻转”视频效果的效果。

2. 水平翻转

“水平翻转”视频效果可以使画面沿垂直方向翻转 180°。图 4–14 为源素材，图 4–15 为应用“水平翻转”视频效果的效果。

图4-12　源素材

图4-13　“垂直翻转”视频效果的效果

图4-14　源素材

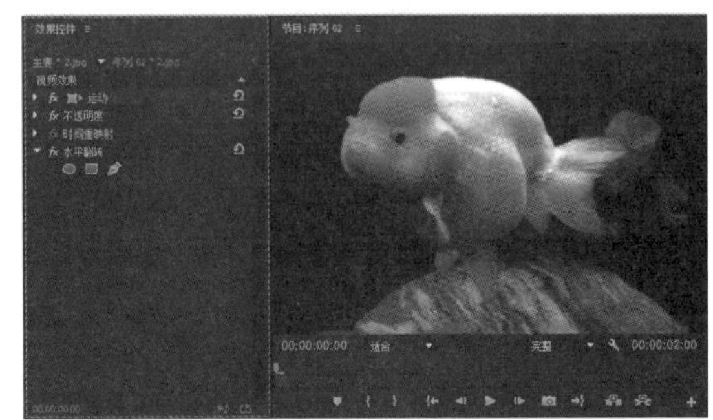
图4-15　应用“水平翻转”视频效果的效果

3. 羽化边缘

“羽化边缘”视频效果可以在画面周围产生羽化的效果。图 4-16 为源素材，图 4-17 为应用“羽化边缘”视频效果的效果。

图4-16　源素材

图4-17　应用　“羽化边缘”视频效果的效果

4. 裁剪

“裁剪”视频效果可以对画面进行切割处理，修改素材的尺寸。图 4-18 为源素材，图 4-19 为应用“裁剪”视频效果的效果。

图4-18　源素材

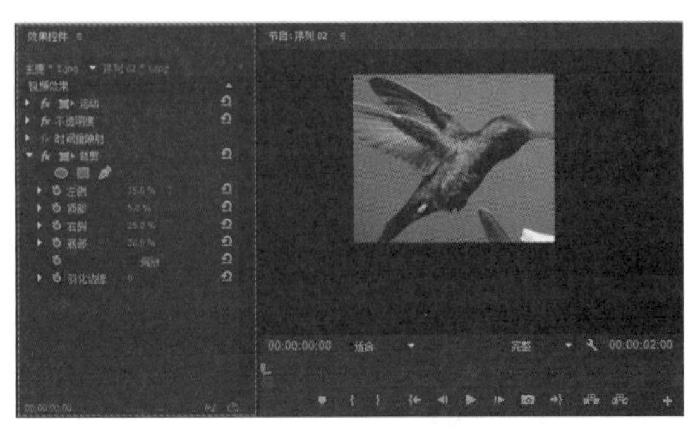
图4-19　应用“裁剪”视频效果的效果

4.2.2　图像控制

“图像控制”类视频效果的主要功能是更改或替换素材画面内的某些颜色，从而达到突出画面内容的目的。“图像控制”类视频效果包括“灰度系数校正”、“颜色平衡（RGB）”、“颜色替换”、“颜色过滤”和“黑白”5 种视频效果，如图 4-20 所示。

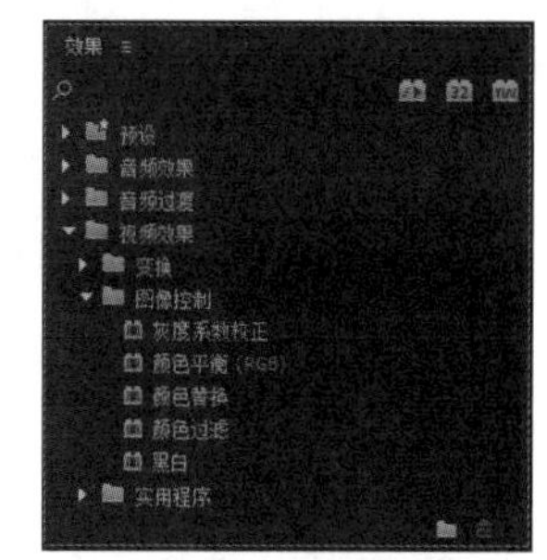

图4-20　“图像控制”类视频效果

1. 灰度系数校正

“灰度系数校正”可以在不改变画面高亮区域和低亮区域的情况下，使画面变亮或变暗。图 4-21 所示为源素材，图 4-22 所示为应用“灰度系数校正”视频效果的效果。

图4-21　源素材

图4-22　应用“灰度系数校正”视频效果的效果

2. 颜色平衡（RGB）

“颜色平衡（RGB）”视频效果可以按 RGB 颜色模式调节画面的颜色，从而达到校色的目的。图 4-23 所示为源素材，图 4-24 所示为应用“颜色平衡（RGB）”视频效果的效果。

图4-23　源素材

图4-24　应用“颜色平衡（RGB）”视频效果的效果

3. 颜色替换

“颜色替换”视频效果可以将画面中选择的颜色替换成一个新的颜色，且保持不变的灰度级。图 4-25 所示为源素材，图 4-26 所示为应用“颜色替换”视频效果的效果。

图4–25　源素材

图4–26　应用“颜色替换”视频效果的效果

4. 颜色过滤

“颜色过滤”视频效果可以将用户指定颜色及其相近色之外的彩色区域全部变为灰度图像。在实际应用中，通常用于过滤画面内除主人公以外的其他人物及景物色彩，从而达到突出主要人物的目的。图 4–27 所示为源素材，图 4–28 所示为应用“颜色过滤”视频效果的效果。

图4–27　源素材

图4–28　应用“颜色过滤”视频效果的效果

5. 黑白

“黑白”视频效果可以将任何彩色素材的画面变为灰度图。图 4–29 所示为源素材，图 4–30 所示为应用“黑白”视频效果的效果。

图4–29　源素材

图4–30　应用“黑白”视频效果的效果

4.2.3　实用程序

“实用程序”类视频效果只有“Cineon 转换”一种视频效果，如图 4−31 所示。

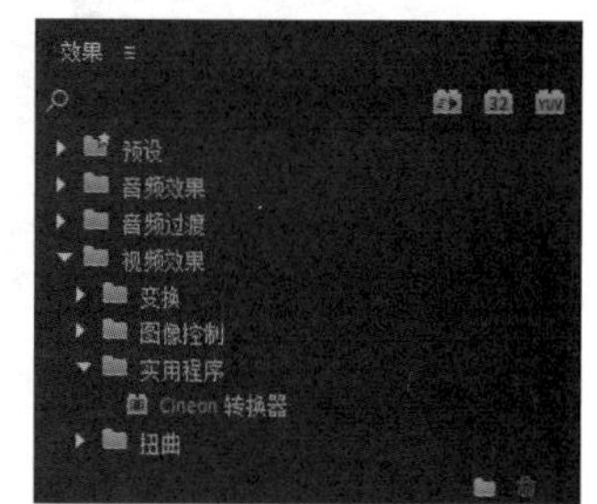

图4−31　“实用程序”类视频效果

“Cineon 转换”视频效果提供了一个高度数的 Cineon 图像的颜色转换器，利用该颜色转换器可以产生电影画面的转换效果。图 4−32 所示为源素材，图 4−33 所示为应用“Cineon 转换”视频效果的效果。

在“Cineon 转换”视频效果的参数面板中，其参数的具体含义如下：

- 转换类型：用于指定 Cineon 文件被转换的方式。
- 10 位黑场：为转换为 10 位对数的 Cineon 层指定黑点（最小密度）。
- 内部黑场：用于指定黑点在层中的使用量。
- 10 位白场：为转换为 10 位对数的 Cineon 层指定白点（最大密度）。

图4−32　源素材

图4−33　应用“Cineon转换”视频效果的效果

- 内部白场：用于指定白点在层中的使用量。
- 灰度系数：用于指定中间色调值。
- 高光滤除：用于指定输出值校正高亮区域的亮度。

4.2.4　扭曲

“扭曲”类视频效果的主要用于对图像进行几何变形。“扭曲”类视频效果包括“位移”、“变形稳定器”、“变换”、“旋转”、“放大”、“波形变形”、“果冻效应修复”、“球面化”、“紊乱置换”、“边角定位”、“镜像”和“镜头扭曲”12 种视频效果，如图 4−34 所示。

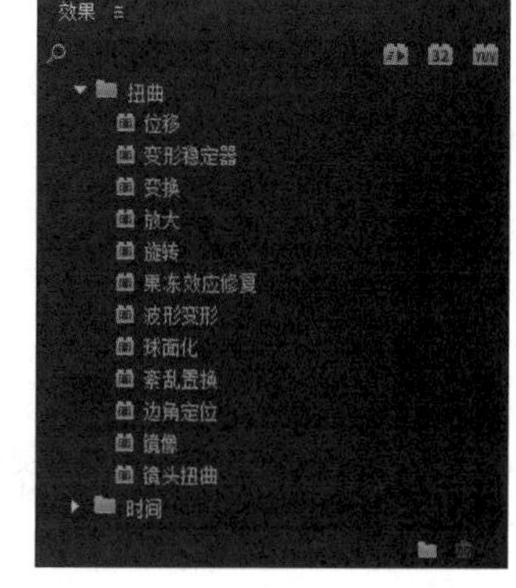

图4−34　“扭曲”类视频效果

1. 位移

“位移”视频效果可以将画面进行偏移复制，从而产生虚影效果。图 4−35 所示为源素材，图 4−36 所示为应用“位移”视频效果的效果。

2. 变形稳定器

“变形稳定器”视频效果可以稳定运动，消除录制的视频文件中因摄像机移动造成的抖动，从而可将摇晃的手持素材转变为稳定、流畅的拍摄内容。

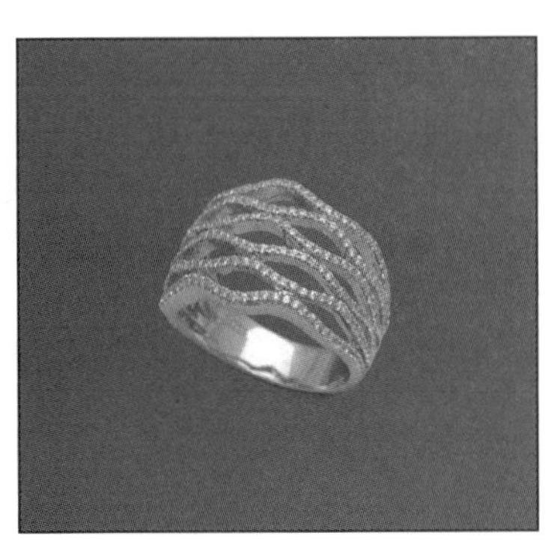

图4-35　源素材

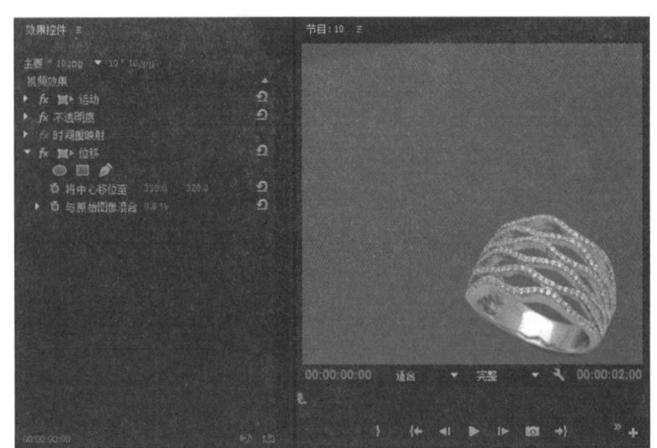

图4-36　应用“位移”视频效果的效果

3. 变换

“变换”视频效果可以对画面应用二维几何转换效果。用户通过“效果控件”面板可以调整画面的位置、尺寸、透明度、倾斜度等综合设置。图 4-37 所示为源素材，图 4-38 所示为应用“变换”视频效果的效果。

图4-37　源素材

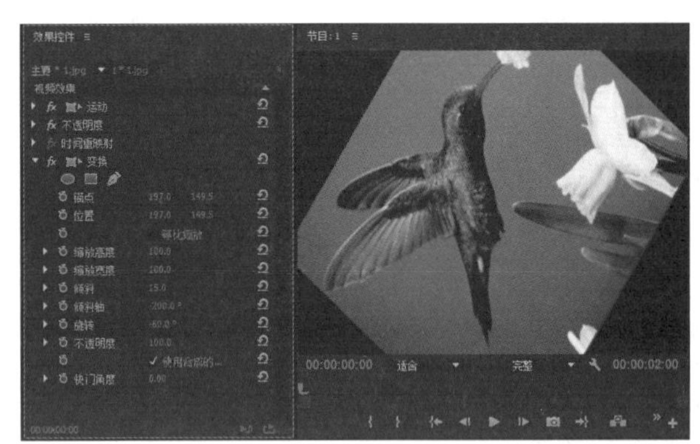

图4-38　应用“变换”视频效果的效果

4. 旋转

“旋转”视频效果能够使画面产生一种扭曲、变形，仿佛是照哈哈镜的效果。图 4-39 所示为源素材，图 4-40 所示为应用“旋转”视频效果的效果。

图4-39　源素材

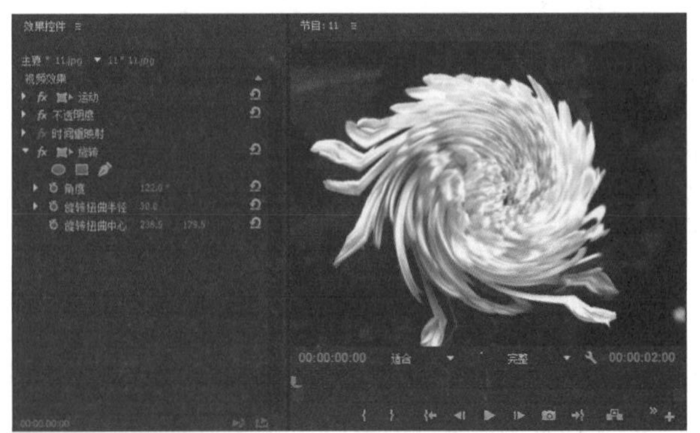

图4-40　应用 “旋转”视频效果的效果

5. 放大

“放大”视频效果可以放大显示素材画面中的指定位置，从而模拟人们使用放大镜观察物体的效果。

图 4–41 所示为源素材，图 4–42 所示为应用“放大”视频效果的效果。

图4–41　源素材

图4–42　应用“放大”视频效果的效果

6. 波形变形

“波形变形”视频效果可以使素材画面变形为波浪的形状。图 4–43 所示为源素材，图 4–44 所示为应用“波形变形”视频效果的效果。

图4–43　源素材

图4–44　应用“波形变形”视频效果的效果

7. 球面化

“球面化”视频效果可以使素材画面产生球面化的形状。图 4–45 所示为源素材，图 4–46 所示为应用“球面化”视频效果的效果。

图4–45　源素材

图4–46　应用“球面化”视频效果的效果

在“球面化”视频效果的参数面板中，其参数的具体含义如下：

- 半径：用于设置球形半径。
- 球面中心：用于设置球形中心的坐标。

8. 紊乱置换

“紊乱置换”视频效果能够在画面上产生随机的画面扭曲效果。图 4–47 所示为源素材，图 4–48 所示为应用“紊乱置换”视频效果的效果。

图4–47　源素材

图4–48　应用“紊乱置换”视频效果的效果

在“紊乱置换”视频效果的参数面板中，其主要参数的具体含义如下：

- 置换：用于指定旋转的角度。
- 数量：用于指定旋转区域的范围。
- 大小：用于设置旋转中心的坐标。
- 偏移（湍流）：用于设置扭曲的方向。
- 复杂度：用于设置扭曲的复杂程度。

9. 边角定位

“边角定位”视频效果可以改变素材画面 4 个边角的位置，从而使画面产生透视和弯曲效果。图 4–49 所示为源素材，图 4–50 所示为应用“边角定位”视频效果的效果。

图4–49　源素材

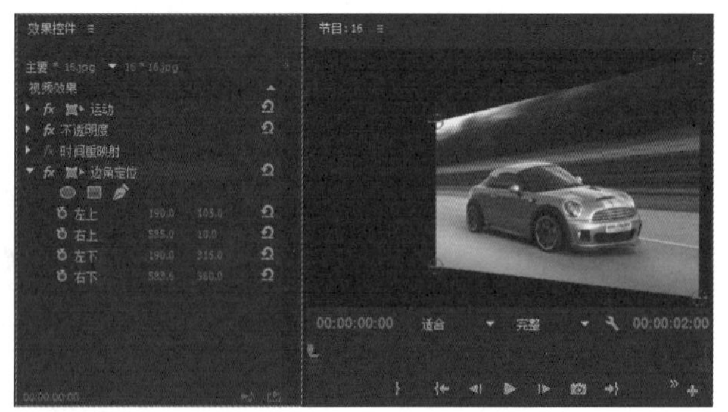

图4–50　应用“边角定位”视频效果的效果

10. 镜像

“镜像”视频效果可以使素材画面沿分割线进行任意角度的反射操作。图 4–51 所示为源素材，图 4–52 所示为应用“镜像”视频效果的效果。

图4-51　源素材

图4-52　应用“镜像”视频效果的效果

11. 镜头扭曲

“镜头扭曲”视频效果可以模拟从变形透镜观看画面的效果。图 4-53 为源素材，图 4-54 为应用“镜头扭曲”视频效果的效果。

图4-53　源素材

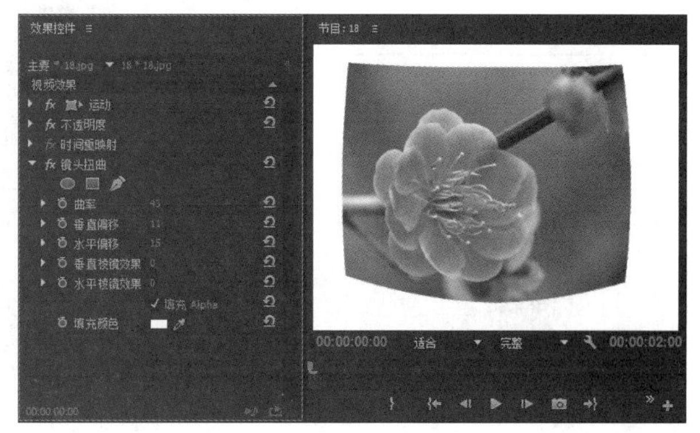

图4-54　应用“镜头扭曲”视频效果的效果

在“镜头扭曲”视频效果的参数面板中，其参数的具体含义如下：

- 曲率：用于设置四角的弯度。
- 垂直偏移：用于设置在垂直方向上的偏移度。
- 水平偏移：用于设置在水平方向上的偏移度。
- 垂直棱镜效果：用于设置在垂直方向上的棱镜效果。
- 水平棱镜效果：用于设置在水平方向上的棱镜效果。
- 填充颜色：用于设置扭曲后露出的空间填充颜色，默认为白色。

4.2.5　时间

“时间”类视频效果可以制作出因为时间变化而产生的变形效果。“时间类”类视频效果包括“抽帧时间”和“残影”两种视频效果，如图 4-55 所示。

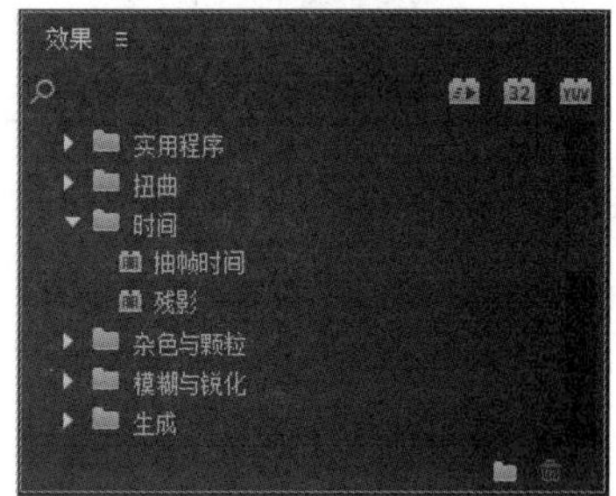

图4-55　“时间”类视频效果

1. 抽帧时间

“抽帧时间”视频效果可以将视频素材锁定到一个指定的帧率，以跳帧播放的方式产生动画效果。

2. 残影

“残影”视频效果可以混合一个视频素材中很多不同的时间帧，从而产生重影效果。

4.2.6 杂色与颗粒

“杂色与颗粒”类视频效果用于在画面中添加细小的杂点。根据视频效果原理的不同，“杂色与颗粒”类视频效果包括“中间值”、“杂色”、“杂色 Alpha”、“杂色 HLS”、“蒙尘与划痕”和“杂色 HLS 自动”6 种视频效果，如图 4–56 所示。

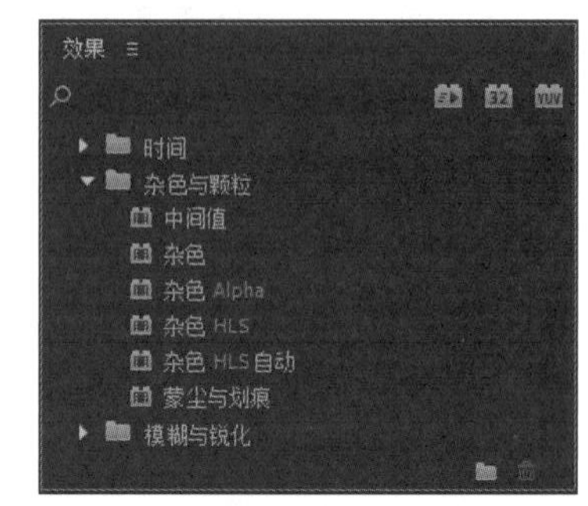

图4–56 “杂色与颗粒”类视频效果

1. 中间值

“中间值”视频效果可以将画面中每个像素的颜色值替换为该像素周边素材的 RGB 平均值，从而实现消除杂色或产生水彩画的效果。图 4–57 所示为源素材，图 4–58 所示为应用“中间值”视频效果的效果。

图4–57 源素材

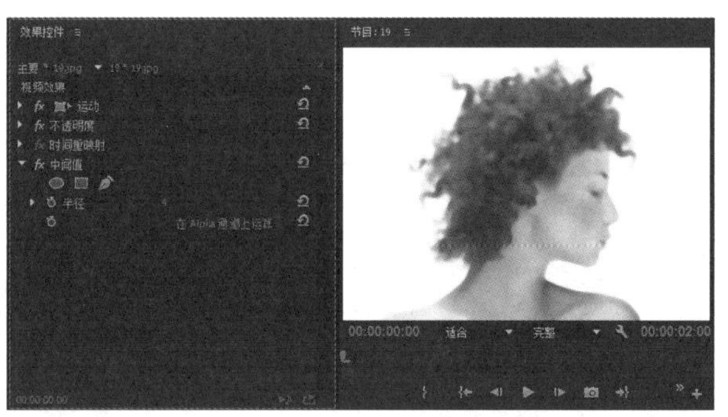

图4–58 应用“中间值”视频效果的效果

2. 杂色

“杂色”视频效果可以在画面中添加随机产生的彩色杂点效果。图 4–59 所示为源素材，图 4–60 所示为应用“杂色”视频效果的效果。

图4–59 源素材

图4–60 应用“杂色”视频效果的效果

在“杂色”视频效果的参数面板中，其参数的具体含义如下：

- 杂色数量：用于设置添加杂点的数目。
- 杂色类型：用于选择产生杂点的算术类型。选择或取消勾选“使用杂色”复选框会影响画面中的噪点分布情况。

- 剪切：用于决定是否将原始的素材画面与产生噪点的画面叠放在一起。勾选“剪切结果值”复选框，则会将素材画面与产生噪点的画面叠放在一起；取消勾选“剪切结果值”复选框，则仅会产生噪点后的画面。图 4-61 所示为勾选“剪切结果值”复选框前后的效果比较。

（a）未勾选“剪切结果值”复选框

（b）勾选“剪切结果值”复选框

图4-61　勾选“剪切结果值”选项前后的效果比较

3. 杂色 Alpha

“杂色 Alpha”视频效果可以将统一的或方形噪波添加到图像的 Alpha 通道中。图 4-62 所示为源素材，图 4-63 所示为应用“杂色 Alpha”视频效果的效果。

图4-62　源素材

图4-63　应用　“噪波Alpha”视频效果的效果

在“杂色 Alpha”视频效果的参数面板中，其参数的具体含义如下：

- 杂色：用于指定效果使用的噪波类型。
- 数量：用于指定添加到图像中的噪波的数量。
- 原始 Alpha：用于指定应用到图像的 Alpha 通道中的噪波方式。
- 溢出：用于指定效果重新绘制超出 0 ~ 255 灰度缩放范围的值。
- 随机植入：用于指定噪波的随机值。
- 杂色选项（动画）：用于指定噪波的动画效果。

4. 杂色 HLS

“杂色 HLS”视频效果可以通过调整画面色调、亮度和饱和度的方式来控制杂色效果。图 4-64 所示为源素材，图 4-65 所示为应用“杂色 HLS”视频效果的效果。

5. 蒙尘与划痕

“蒙尘与划痕”视频效果用于产生一种附有灰尘的、模糊的噪波效果。图 4-66 所示为源素材，图 4-67 所示为应用“蒙尘与划痕”视频效果的效果。

图4–64　源素材

图4–65　应用“杂色HLS”视频效果的效果

图4–66　源素材

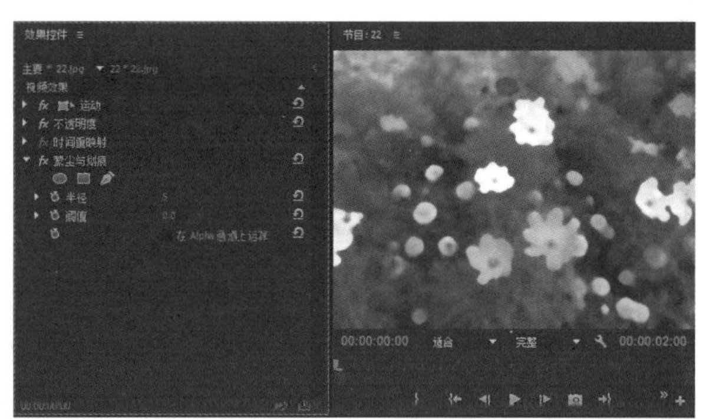

图4–67　应用“蒙尘与刮痕”视频效果的效果

在“蒙尘与划痕”视频效果的参数面板中，其参数的具体含义如下：

- 半径：用于设置噪波效果影响的半径范围。
- 阈值：用于设置噪波的开始位置，数值越小，噪波影响越大，图像越模糊。

6. 杂色 HLS 自动

“杂色 HLS 自动”视频效果与“杂色 HLS”视频效果基本相同，唯一的区别在于用户可以通过“杂色动画速度”选项来控制噪波动态效果的变化速度。图 4–68 所示为“杂色 HLS 自动”视频效果的参数面板。

4.2.7　模糊与锐化

“模糊与锐化”类视频效果的作用与其名称完全相同，这些视频效果有些能够使画面变得更加朦胧，而有些则能够让画面变得更为清晰。“模糊与锐化”类视频效果包括“快速模糊”、“相机模糊”、“方向模糊”、“复合模糊”、“通道模糊”、“锐化”、“钝化蒙版”和“高斯模糊”8 种视频切换，如图 4–69 所示。

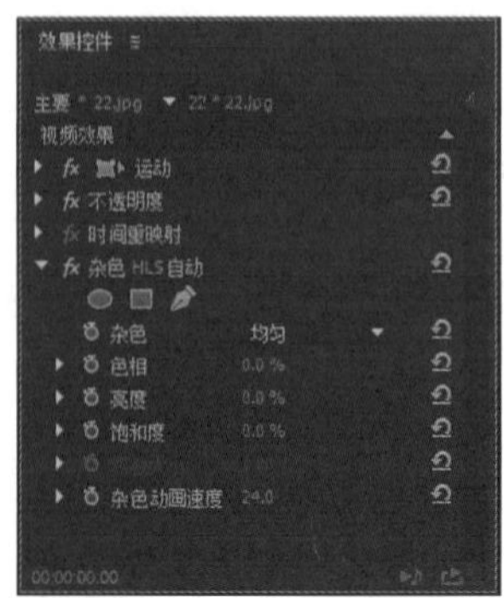

图4–68　“杂色HLS自动”视频效果的参数面板

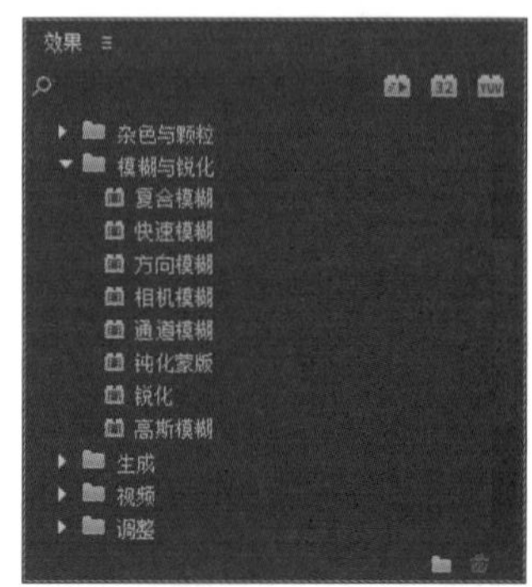

图4–69　“模糊与锐化”类视频文件

1. 快速模糊

“快速模糊”视频效果可以指定画面模糊的程度和方向，模糊速度比后面的高斯模糊更快。图 4–70 所示为源素材，图 4–71 所示为应用“快速模糊”视频效果的效果。

图4–70　源素材

图4–71　应用“快速模糊”视频效果的效果

2. 相机模糊

“相机模糊”视频效果可以产生离开相机焦点范围时所产生的“虚焦”效果。图 4–72 所示为源素材，图 4–73 所示为应用“相机模糊”视频效果的效果。

图4–72　源素材

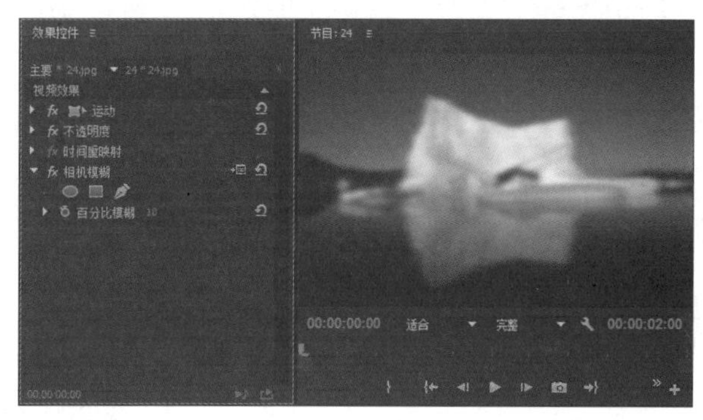

图4–73　应用“相机模糊”视频效果的效果

3. 方向模糊

“方向模糊”视频效果能够使素材画面向指定方向进行模糊处理，从而使画面产生动态效果。图 4–74 所示为源素材，图 4–75 所示为应用“方向模糊”视频效果的效果。

图4–74　源素材

图4–75　应用“定向模糊”视频效果的效果

4. 复合模糊

“复合模糊”视频效果可以为指定轨道上的素材画面添加全面的模糊效果。图 4–76 所示为源素材，图 4–77 所示为应用“复合模糊”视频效果的效果。

图4–76　源素材

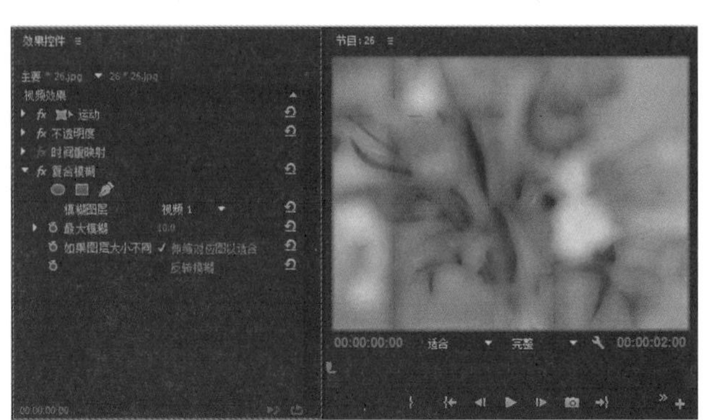

图4–77　应用“复合模糊”视频效果的效果

在“复合模糊”视频效果的参数面板中，其参数的具体含义如下：

- 模糊图层：用于指定需要进行模糊的素材画面所在的视频轨道。
- 最大模糊：用于指定模糊的最大程度，数值越大，模糊效果越明显。
- 如果图层大小不同：如果图层的尺寸不一致，勾选“伸缩对应图以适合”复选框，将自动使素材调整到合适的尺寸。
- 反转模糊：勾选该复选框后，将启用反向模糊。

5. 通道模糊

“通道模糊”视频效果可以对素材画面的不同颜色通道进行模糊处理。图 4–78 所示为源素材，图 4–79 所示为应用“通道模糊”视频效果的效果。

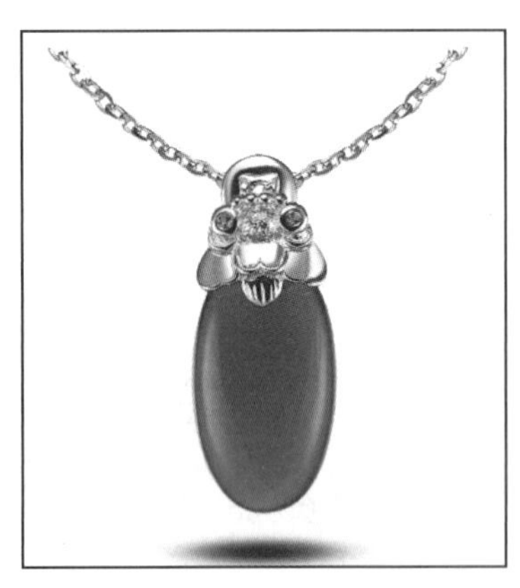

图4–78　源素材

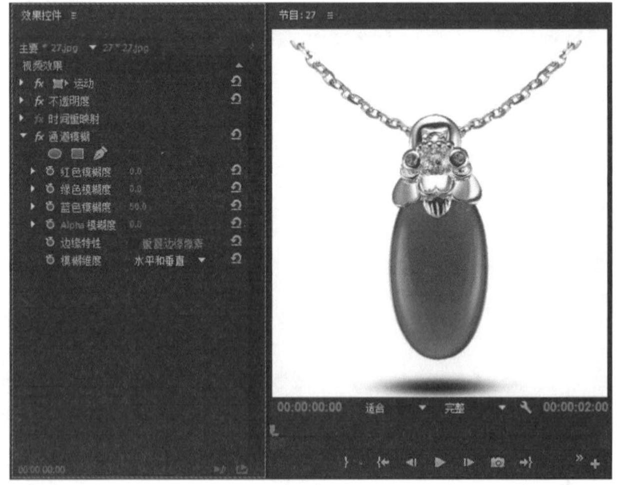

图4–79　应用“通道模糊”视频效果的效果

6. 锐化

“锐化”视频效果可以增加相邻像素间的对比度，从而使画面变得清晰。图 4–80 所示为源素材，图 4–81 所示为应用“锐化”视频效果的效果。

图4-80　源素材

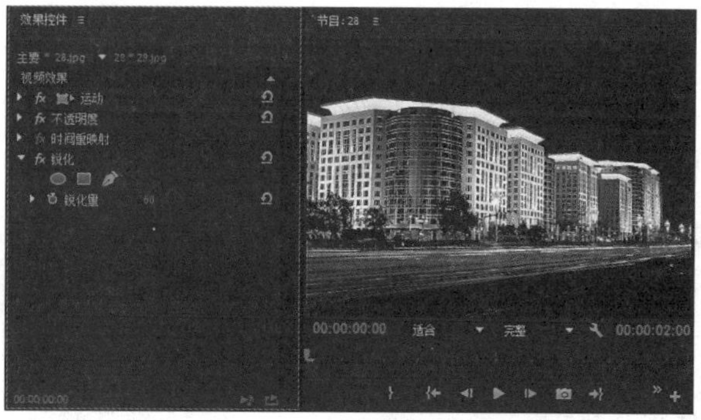

图4-81　应用“锐化”视频效果的效果

7. 钝化蒙版

“钝化蒙版”视频效果可以将画面中模糊的地方变亮。图 4-82 所示为源素材，图 4-83 所示为应用“钝化蒙版”视频效果的效果。

图4-82　源素材

图4-83　应用“钝化蒙版”视频效果的效果

8. 高斯模糊

“高斯模糊”视频效果是利用高斯运算的方法生成模糊效果，可以使画面中的部分区域表现效果更为细腻。图 4-84 所示为源素材，图 4-85 所示为应用“高斯模糊”视频效果的效果。

图4-84　源素材

图4-85　应用“高斯模糊”视频效果的效果

4.2.8　生成

“生成”类视频效果用于在素材画面中形成炫目的光效或者图案。“生成”类视频效果包括“书写”、“吸管填充”、“四色渐变”、“圆形”、“棋盘”、“椭圆”、“油漆桶”、“渐变”、“网格”、“单元格图案”、“镜头光晕”和“闪电”12 种视频效果，如图 4–86 所示。

1. 书写

“书写”视频效果可以在画面中产生书写的效果。图 4–87 所示为应用“书写”视频效果的效果。

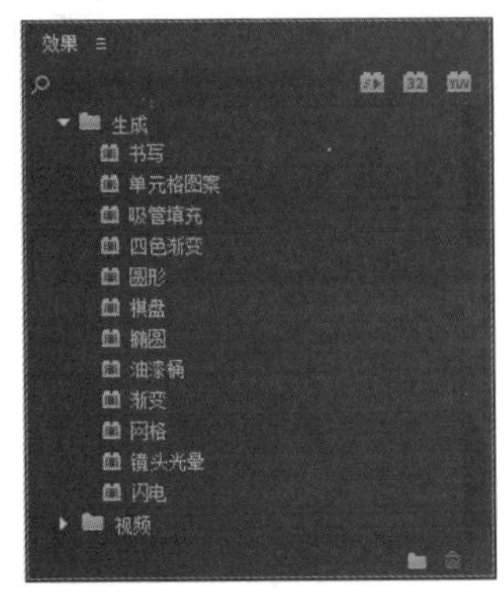

图4–86 “生成”类视频效果

图4–87 应用“书写”视频效果的效果

2. 吸管填充

“吸管填充”视频效果可以通过调节采样点的位置，将采样点所在位置的颜色覆盖于整个图像上。该特效便于在最初的素材画面的一个点上采集一个纯色或从一个素材画面上采集一个颜色并利用混合模式应用到第 2 个素材画面上。图 4–88 所示为源素材，图 4–89 所示为应用“吸管填充”视频效果的效果。

图4–88 源素材

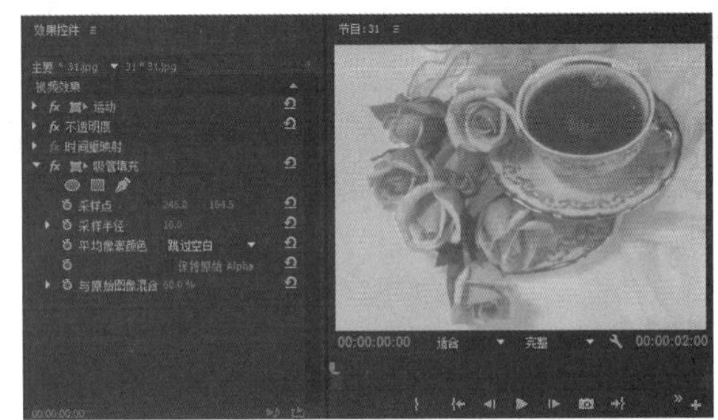

图4–89 应用“吸管填充”视频效果的效果

3. 四色渐变

“四色渐变”视频效果可以使画面产生 4 种混合渐变颜色。图 4–90 所示为源素材，图 4–91 所示为应用“四色渐变”视频效果的效果。

图4–90 源素材

图4–91 应用“四色渐变”视频效果的效果

4. 圆形

“圆形”视频效果可以任意创造一个实心圆，通过设置该特效的混合模式可以形成区域混合效果。图 4–92 所示为源素材，图 4–93 所示为应用“圆形”视频效果的效果。

图4–92　源素材

图4–93　应用“圆形”视频效果的效果

5. 棋盘

“棋盘”视频效果可以创造出国际象棋式的方形图案，其中方形图案中有一半是透明的。图 4–94 所示为源素材，图 4–95 所示为应用“棋盘”视频效果的效果。

图4–94　源素材

图4–95　应用 “棋盘”视频效果的效果

6. 椭圆

“椭圆”视频效果可以创造出圆环效果。图 4–96 所示为源素材，图 4–97 所示为应用“椭圆”视频效果的效果。

图4–96　源素材

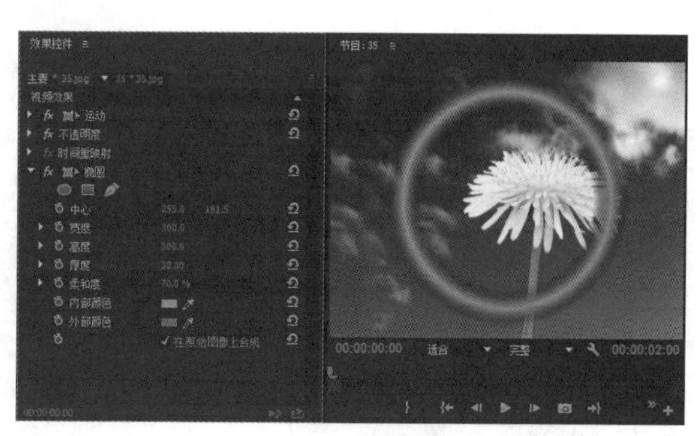

图4–97　应用“椭圆”视频效果的效果

7. 油漆桶

“油漆桶”视频效果可以将一种纯色填充到一个区域，并可以设置其与画面的混合模式。图 4–98 所示为源素材，图 4–99 所示为应用“油漆桶”视频效果的效果。

图4–98　源素材

图4–99　应用“油漆桶”视频效果的效果

8. 渐变

“渐变”视频效果可以在画面上创建彩色渐变，并使其与源素材画面融合在一起。图 4–100 所示为源素材，图 4–101 所示为应用“渐变”视频效果的效果。

图4–100　源素材

图4–101　应用“渐变”视频效果的效果

9. 网格

“网格”视频效果可以创造一组栅格效果。用户可以任意调节栅格的大小和羽化，或将其作为一个可调节透明度的蒙版用于素材上。图 4–102 所示为源素材，图 4–103 所示为应用“网格”视频效果的效果。

图4–102　源素材

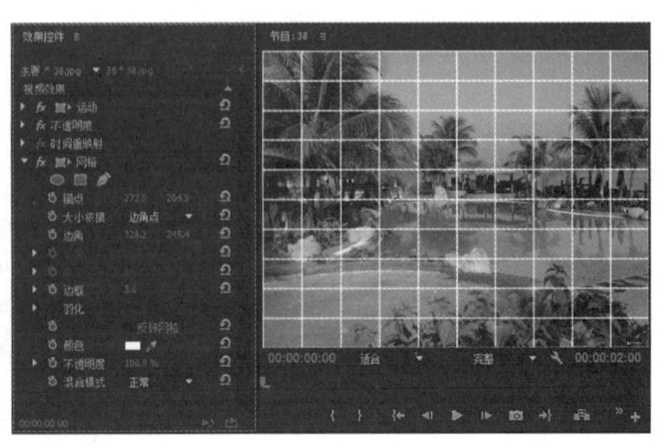

图4–103　应用“网格”视频效果的效果

10. 单元格图案

“单元格图案”视频效果可以在噪波的基础上产生静态或移动的类似于蜂巢的背景纹理和图案效果。图 4-104 所示为源素材，图 4-105 所示为应用“单元格图案”视频效果的效果。

图4-104　源素材

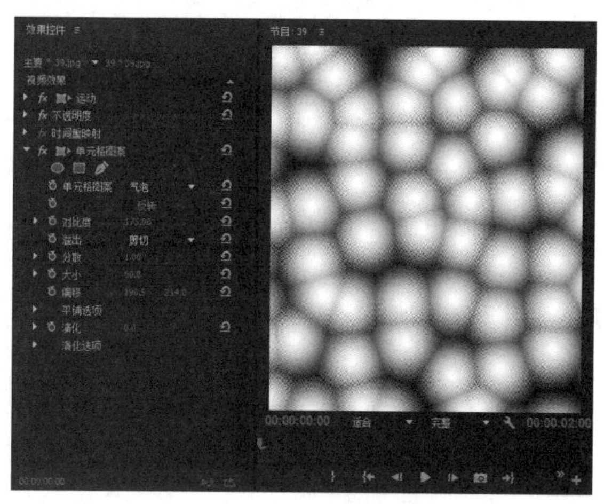

图4-105　应用“单元格图案”视频效果的效果

11. 镜头光晕

“镜头光晕”视频效果可以模拟出镜头光斑的效果。图 4-106 所示为源素材，图 4-107 所示为应用“镜头光晕”视频效果的效果。

图4-106　源素材

图4-107　应用“镜头光晕”视频效果的效果

12. 闪电

“闪电”视频效果可以在画面上产生类似闪电或电火花的光电效果。图 4-108 所示为源素材，图 4-109 所示为应用“闪电”视频效果的效果。

图4-108　源素材

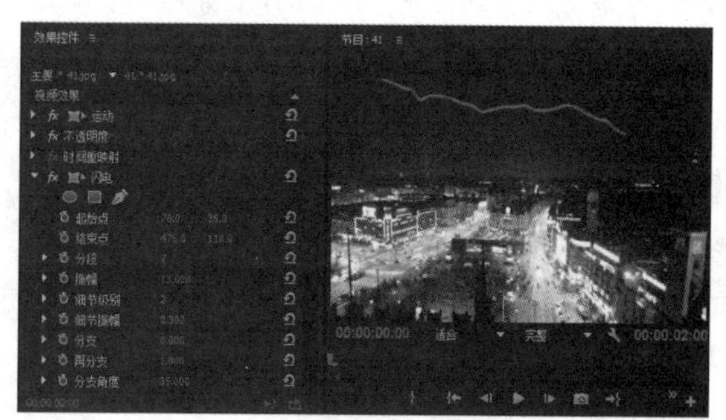

图4-109　应用“闪电”视频效果的效果

4.2.9 颜色校正

“颜色校正”类视频效果的主要作用是调节素材画面的色彩，从而修正受损的素材。其他类型的视频效果虽然也能在一定程度上完成上述工作，但颜色校正类特效在色彩调整方面的选项更为详尽，因此对画面色彩的校正效果也更为专业，可控性也更强。“颜色校正”类视频效果包括“RGB 曲线”、“RGB 颜色校正器”、“三向颜色校正器”、“亮度与对比度”、“亮度曲线”、“亮度校正器”、“分色”、“Lumetri Color”、“快速颜色校正器”、“更改为颜色”、“色彩”、“颜色平衡”、“颜色平衡（HLS）”、“均衡”、“视频限幅器”、“更改颜色”和“通道混合器”17 种视频效果，如图 4–110 所示。

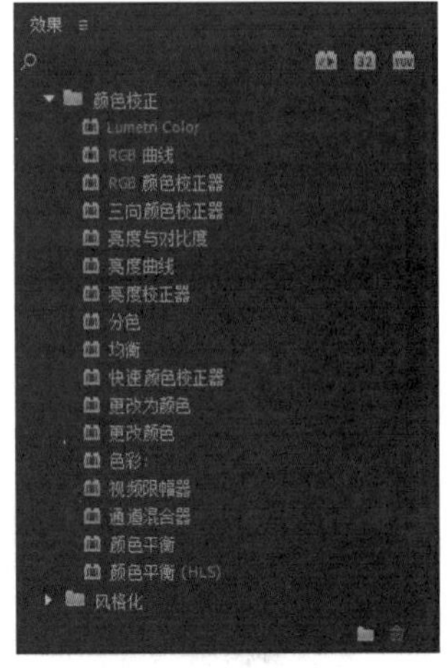

图4–110　“颜色校正”类视频效果

1. RGB 曲线

“RGB 曲线”视频效果和“调整”类中的“色阶”视频效果的功能相同，均能够调整素材画面中的明暗关系和色彩变化。所不同的是，“色阶”视频效果只能够调整画面内的阴影、高光和中间调 3 个区域，而“RGB 曲线”视频效果则能够平滑调整素材画面内的 256 级灰度，从而获得更为细腻的画面调整效果。图 4–111 所示为源素材，图 4–112 所示为应用“RGB 曲线”视频效果的效果。

图4–111　源素材

图4–112　应用“RGB曲线”视频效果的效果

2. RGB 颜色校正器

“RGB 颜色校正器”视频效果可以通过色调调整画面，也可以通过通道调整画面。而且“RGB 颜色校正器”还将调整这些内容的参数拆分为“灰度系数”、“基值”和“增益”3 项，从而使用户能够更为精确、细致地调整画面色彩、亮度等内容。图 4–113 所示为源素材，图 4–114 所示为应用“RGB 颜色校正器”视频效果的效果。

图4–113　源素材

图4–114　应用“RGB颜色校正器”视频效果的效果

3. 三向颜色校正器

“三向颜色校正器”视频效果可以细致地调整画面颜色的色调、饱和度和亮度。图 4–115 所示为源素材，图 4–116 所示为应用“三向颜色校正器”视频效果的效果。

图4–115　源素材

图4–116　应用“三向颜色校正器”视频效果的效果

4. 亮度与对比度

“亮度与对比度”视频效果可以调节画面的亮度与对比度。该效果会同时调整所有像素的亮部区域、暗部区域和中间色区域，但不能对单一通道进行调节。图 4–117 所示为源素材，图 4–118 所示为应用“亮度与对比度”视频效果的效果。

图4–117　源素材

图4–118　应用“亮度与对比度”视频效果的效果

5. 亮度曲线

“亮度曲线”视频效果为用户提供的控制方式也是曲线调整图，这与“RGB 曲线”视频效果相同。不过，这里的调整对象只是亮度曲线，且只能对整个画面的亮度进行统一控制，而无法单独调整每个通道的亮度。图 4–119 所示为源素材，图 4–120 所示为应用“亮度曲线”视频效果的效果。

图4–119　源素材

图4–120　应用“亮度曲线”视频效果的效果

6. 亮度校正器

“亮度校正器”视频效果可以分别调整画面的色调范围在高光、中间值和阴影状态时的亮度。图 4–121 所示为源素材，图 4–122 所示为应用“亮度校正器”视频效果的效果。

图4–121　源素材

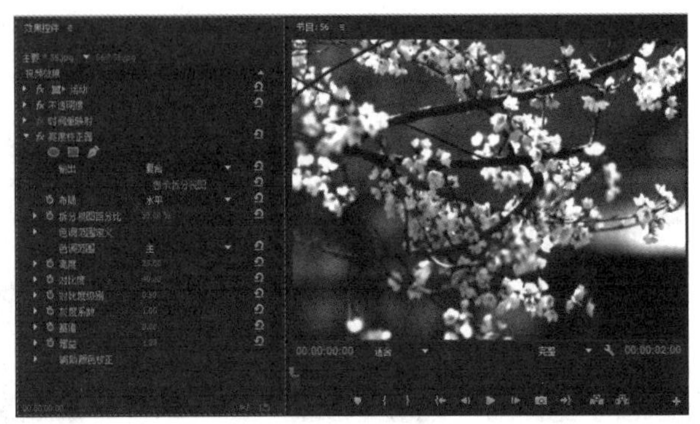

图4–122　应用“亮度校正器”视频效果的效果

7. 分色

“分色”视频效果可以去除画面中部分色彩信息。图 4–123 所示为源素材，图 4–124 所示为应用“分色”视频效果的效果。

图4–123　源素材

图4–124　应用“分色”视频效果的效果

8. Lumetri Color

“Lumetri Color”视频效果可以对画面进行基本色调、创意、曲线、色轮和晕影方面精细的调整。图 4–125 所示为源素材，图 4–126 所示为应用“Lumetri Color”视频效果的效果。

图4–125　源素材

图4–126　应用“Lumetri Color”视频效果的效果

9. 快速颜色校正器

“快速颜色校正器”视频效果可以通过色相平衡和角度控制器来调整素材的颜色，也可以通过调整输入和输出电平进行调节。图 4–127 所示为源素材，图 4–128 所示为应用“快速颜色校正器”视频效果的效果。

图4–127　源素材

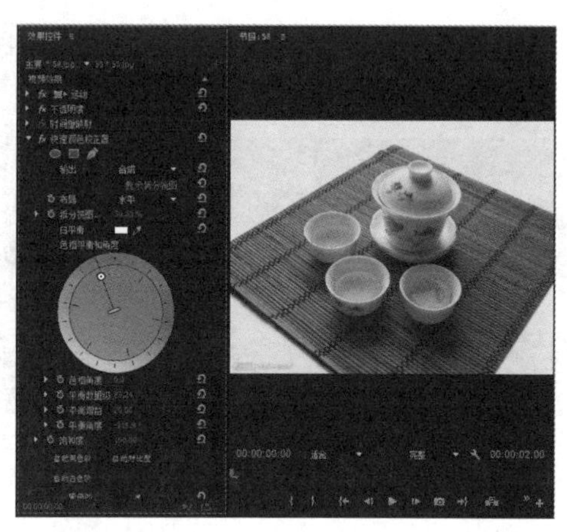

图4–128　应用“快速颜色校正器”视频效果的效果

10. 更改颜色

Premiere 为用户提供了多种将画面内的部分色彩更改为其他色彩的方法。而“更改颜色”视频效果特效是最为简单，且效果最佳的一种方法。该视频效果是通过在画面色彩范围内调整色相、亮度和饱和度来改变色彩范围内的颜色。图 4–129 所示为源素材，图 4–130 所示为应用“更改颜色”视频效果的效果。

图4–129　源素材

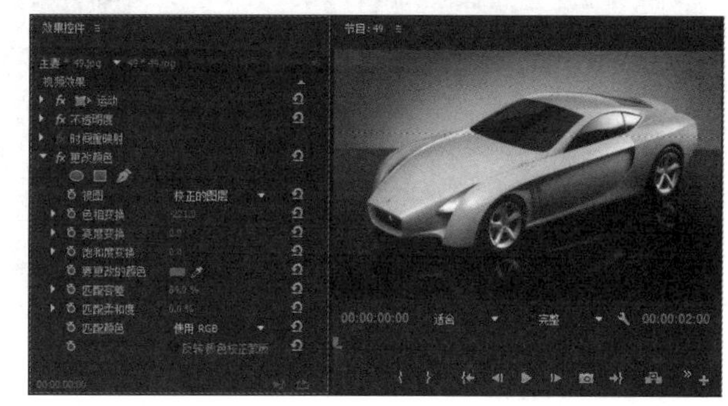

图4–130　应用“更改颜色”视频效果的效果

11. 色彩

“色彩”可以修改画面的颜色信息，并对每一个像素效果施加一种混合效果。图 4–131 所示为源素材，图 4–132 所示为应用“色彩”视频效果的效果。

图4–131　源素材

图4–132　应用“色彩”视频效果的效果

12. 均衡

“均衡”视频效果可以重新分布画面中像素的亮度值，以便它们更均匀地呈现所有范围的亮度级。图 4–133 所示为源素材，图 4–134 所示为应用“均衡”视频效果的效果。

图4–133　源素材

图4–134　应用“均衡”视频效果的效果

13. 颜色平衡

“颜色平衡”视频效果可以通过设置画面的阴影、中间调和高光下的红、绿、蓝三色的参数来改变画面的颜色。图 4–135 所示为源素材，图 4–136 所示为应用“颜色平衡”视频效果的效果。

图4–135　源素材

图4–136　应用“颜色平衡”视频效果的效果

14. 颜色平衡（HLS）

“颜色平衡（HLS）”视频效果可以通过设置画面的色相、饱和度和明度来改变画面的颜色。图 4–137 所示为源素材，图 4–138 所示为应用“颜色平衡（HLS）”视频效果的效果。

图4–137　源素材

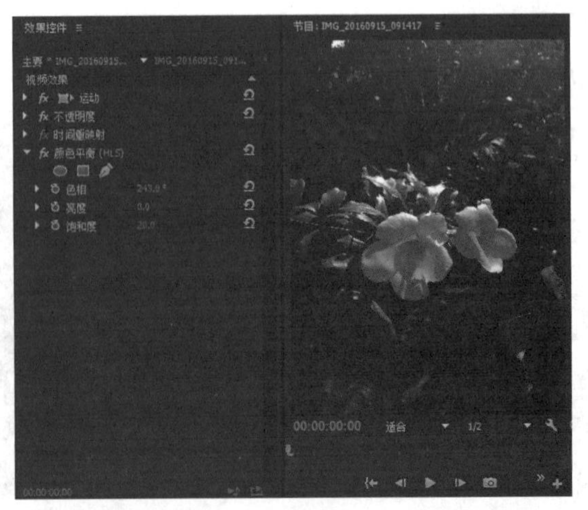

图4–138　应用“颜色平衡（HLS）”视频效果的效果

15. 视频限幅器

“视频限幅器”视频效果可以影响并限制画面的亮度和颜色。图 4−139 所示为源素材，图 4−140 所示为应用“视频限幅器”视频效果的效果。

图4−139　源素材

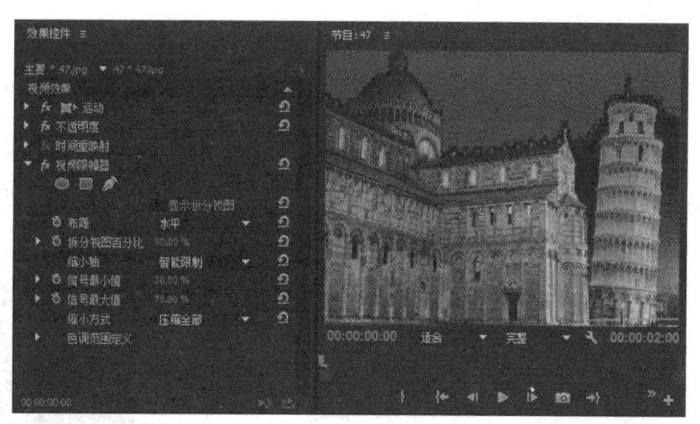

图4−140　应用“视频限幅器”视频效果的效果

16. 更改为颜色

“更改为颜色”视频效果可以指定某种颜色，然后使用一种新的颜色替换指定颜色。图 4−141 所示为源素材，图 4−142 所示为应用“更改为颜色”视频效果的效果。

图4−141　源素材

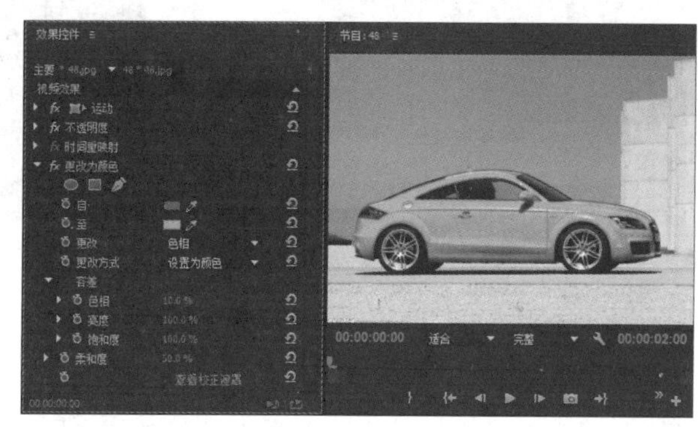

图4−142　应用“更改为颜色”视频效果的效果

17. 通道混合器

“通道混合器”视频效果可以通过为每个通道设置不同的偏移量来校正画面的色彩。图 4−143 所示为源素材，图 4−144 所示为应用“通道混合器”视频效果的效果。

图4−143　源素材

图4−144　应用“通道混合器”视频效果的效果

4.2.10 视频

“视频”类视频效果有“剪辑名称”和“时间码”两种视频效果，如图 4–145 所示。

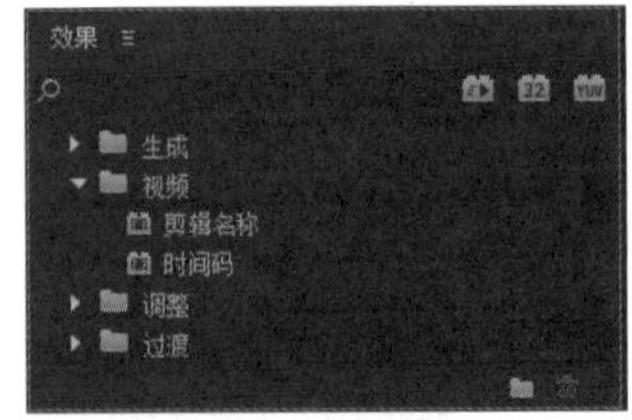

图4–145 “视频”类视频效果

1. 剪辑名称

“剪辑名称”视频效果可以在画面上添加一个显示剪辑名称的效果。图 4–146 所示为源素材，图 4–147 所示为应用“时间码”视频效果的效果。

图4–146 源素材

图4–147 应用“剪辑名称”视频效果的效果

2. 时间码

“时间码”视频效果可以在画面上添加一个播放时间的效果，时间数值会随着视频播放进度而变化。图 4–148 所示为源素材，图 4–149 所示为应用“时间码”视频效果的效果。

图4–148 源素材

图4–149 应用“时间码”视频效果的效果

4.2.11 调整

“调整”类视频效果主要通过调整图像的色阶、阴影和高光，以及亮度、对比度等方式来达到优化影像质量或实现某个特殊画面的目的。“调整”类视频效果包括“卷积内核”、“ProcAmp”、“提取”、“光照效果”、

“自动对比度”、“自动色阶”、“自动颜色”、“色阶”和“阴影 / 高光”9 种视频效果，如图 4-150 所示。

图4-150　“调整”类视频效果

1. 卷积内核

“卷积内核”视频效果可以根据数学卷积分的运算来改变画面中每个像素的亮度值，从而实现 特殊效果。图 4-151 所示为源素材，图 4-152 所示为应用“卷积内核”视频效果的效果。

2. ProcAmp

“ProcAmp”视频效果可以通过调整画面的亮度、对比度、以及色相、饱和度等基本属性来实现优化画面质量的目的。图 4-153 所示为源素材，图 4-154 所示为应用“ProcAmp”视频效果的效果。

图4-151　源素材

图4-152　应用“卷积内核”视频效果的效果

图4-153　源素材

图4-154　应用“ProcAmp”视频效果的效果

在“ ProcAmp”视频效果的参数面板中，其参数的具体含义如下：

- 亮度：用于调整画面的整体亮度。数值越小，画面越暗，反之则越亮。
- 对比度：用于调整画面亮部与暗部之间的反差。数值越小，反差越小，表现为色彩变得暗淡，且黑白色都开始发灰；数值越大，反差越大，表现为黑色更黑，而白色更白。
- 色相：用于调整画面的整体色调。
- 饱和度：用于调整画面色彩的鲜艳程度。数值越大，色彩越鲜艳，反之则越暗淡；当数值为 0 时，画面会变为灰度图像。

- 拆分百分比：用于调整添加“ ProcAmp”视频效果前后屏幕划分开的两个部分的百分比。该项在勾选“拆分屏幕”复选框后才会起作用。图 4–155 所示为将“拆分百分比”设置为 50% 的画面效果。

图4–155　将“拆分百分比”设置为50%的画面效果

3. 提取

“提取”视频效果可以去除素材画面内的彩色信息，从而将彩色画面处理为灰度画面。图 4–156 所示为源素材，图 4–157 所示为应用“提取”视频效果的效果。

图4–156　源素材

图4–157　应用“提取”视频效果的效果

在“提取”视频效果的参数面板中，其参数的具体含义如下：

- 输入黑色阶：用于设置画面中黑色像素的数量。数值越小，黑色像素越少。
- 输入白色阶：用于设置画面中白色像素的数量。数值越小，白色像素越少。
- 柔和度：用于设置画面中灰色像素的阶数和数量。数值越小，黑、白像素间的过渡就越为直接；反之，黑、白像素间的过渡就越柔和。
- 反转：勾选该复选框后，Premiere 将置换画面中的黑白像素，即黑像素变为白像素，白像素变为黑像素 。图 4–158 所示为勾选“反转”复选框前后的效果比较。

(a) 勾选“反转”复选框前

(b) 勾选“反转”复选框后

图4–158　勾选“反转”复选框前后的效果比较

4. 光照效果

“光照效果”视频效果是通过控制光源数量、光源类型及颜色来达到为画面中的场景添加真实光照效果的目的。图 4–159 所示为源素材，图 4–160 所示为应用“光照效果”视频效果的效果。

在“光照效果”视频效果的参数面板中，其主要参数的具体含义如下：

图4-159　源素材

图4-160　应用“光照效果”视频效果的效果

- 光照 1/2/3/4/5：用于设置投射到画面中的光源效果。
- 环境光照颜色：用于设置光源色彩。
- 环境光照强度：用于设置环境照明的亮度。数值越小，光源强度越小，反之则越大。
- 表面光泽：用于设置画面中高光部分的亮度与光泽度。
- 表面材质：用于设置光照范围内中性色部分的强度。
- 曝光：用于设置画面的曝光强度。图 4-161 所示为设置不同“曝光”数值的效果比较。

(a)“曝光”数值为10

(b)“曝光”数值为80

图4-161　设置不同“曝光”数值的效果比较

5. 自动对比度

“自动对比度”视频效果用于调整画面中总的色彩混合，除去偏色。图 4-162 所示为源素材，图 4-163 所示为应用“自动对比度”视频效果的效果。

图4-162　源素材

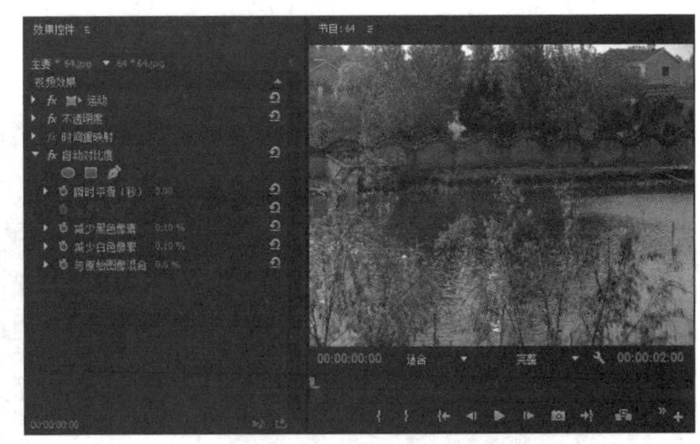

图4-163　应用“自动对比度”视频效果的效果

6. 自动色阶

“自动色阶”视频效果可以自动调节画面中的高光和阴影。图 4-164 所示为源素材，图 4-165 所示为应用“自动色阶”视频效果的效果。

图4-164　源素材

图4-165　应用“自动对比度”视频效果的效果

7. 自动颜色

“自动颜色”视频效果可以自动调节黑色和白色像素的对比度。图 4-166 所示为源素材，图 4-167 所示为应用“自动颜色”视频效果的效果。

图4-166　源素材

图4-167　应用“自动颜色”视频效果的效果

8. 色阶

“色阶”视频效果是 Premiere Pro CC 2015 图像效果调整特效中较为常用，且较为复杂的视频效果之一。“色阶”视频效果是通过调整画面中的亮度和对比度的强度级别，来达到校正素材画面的色调范围和颜色平衡的目的。图 4-168 所示为源素材，图 4-169 所示为应用“色阶”视频效果的效果。

图4-168　源素材

图4-169　应用“色阶”视频效果的效果

9. 阴影 / 高光

“阴影 / 高光”视频效果能够基于阴影或高光区域，使其局部相邻像素的亮度提高或降低，从而达到校正由强逆光而形成的剪影画面。图 4–170 所示为源素材，图 4–171 所示为应用“阴影 / 高光”视频效果的效果。

图4–170　源素材

图4–171　应用“阴影/高光”视频效果的效果

4.2.12　过渡

“过渡”类视频效果主要用于通过设置关键帧动画来实现两个画面之间的切换，其作用类似于Premiere中的视频转场。“过渡”类视频效果包括“块溶解”、“径向擦除”、“渐变擦除”、“百叶窗”和“线性擦除”5 种视频效果，如图 4–172 所示。

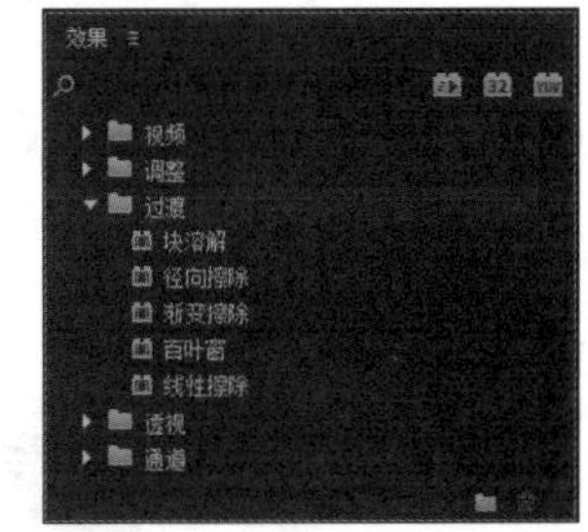

图4–172　“过渡”类视频效果

1. 块溶解

“块溶解”视频效果能够在素材画面中随机产生块状区域。通过设置关键帧动画可以实现不同轨道中素材画面的切换效果。图 4–173 所示为源素材，图 4–174 所示为应用“块溶解”视频效果的效果。

图4–173　源素材

图4–174　应用“块溶解”视频效果的效果

2. 径向擦除

“径向擦除”视频效果能够通过设置关键帧动画使素材画面以指定的一个点为中心进行旋转，从而显示出下面的素材画面。图 4–175 所示为源素材，图 4–176 所示为应用“径向擦除”视频效果的效果。

3. 渐变擦除

“渐变擦除”视频效果能够根据两个素材画面的颜色和亮度建立一个新的渐变层，通过设置关键帧动画可以在第 1 个素材画面逐渐消失的同时逐渐显现出第 2 个素材画面。图 4–177 所示为源素材，图 4–178 所示为应用“渐变擦除”视频效果的效果。

图4-175　源素材

图4-176　应用“径向擦除”视频效果的效果

图4-177　源素材

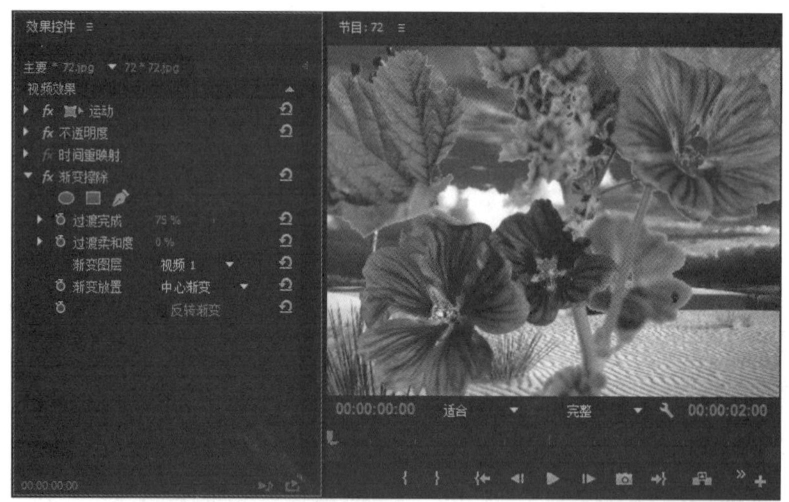

图4-178　应用“径向擦除”视频效果的效果

4. 百叶窗

“百叶窗”视频效果通过设置关键帧动画能够模拟百叶窗张开或闭合的效果。图 4-179 所示为源素材，图 4-180 所示为应用“百叶窗”视频效果的效果。

在“百叶窗”视频效果的参数面板中，其参数的具体含义如下：

- 过渡完成：用于设置百叶窗遮挡画面的百分比。图 4-181 所示为设置不同“过渡完成”数值的效果比较。
- 方向：用于设置百叶窗的旋转角度。图 4-182 所示为设置不同“方向”数值的效果比较。
- 宽度：用于设置每片百叶之间的距离。图 4-183 所示为设置不同“宽度”数值的效果比较。

- 羽化：用于设置百叶窗的柔和度。图 4-184 所示为设置不同“羽化”数值的效果比较。

图4-179　源素材

图4-180　应用“百叶窗”视频效果的效果

(a) “过渡完成”数值为10

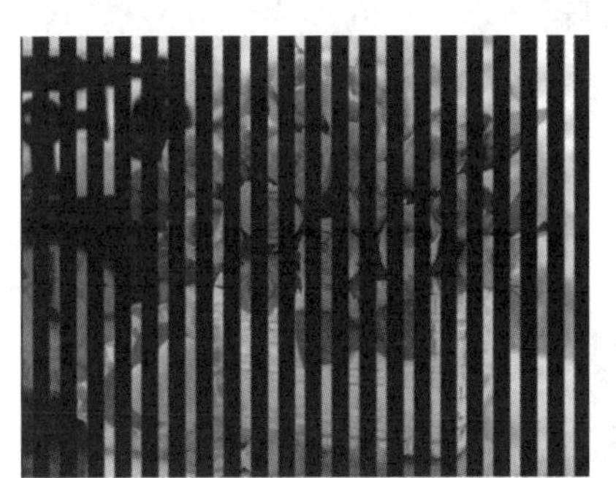

(b) “过渡完成”数值为60

图4-181　设置不同“过渡完成”数值的效果比较

(a) “方向”数值为10

(b) “方向”数值为30

图4-182　设置不同“方向”数值的效果比较

(a) “宽度”数值为10

(b) “宽度”数值为40

图4-183　设置不同“宽度”数值的效果比较

(a) “羽化”数值为0

(b) “羽化”数值为3

图4–184 设置不同“羽化”数值的效果比较

5. 线性擦除

“线性擦除”视频效果通过设置关键帧动画可以任意角度擦除画面。图 4–185 所示为源素材，图 4–186 所示为应用“线性擦除”视频效果的效果。

图4–185 源素材

图4–186 应用“线性擦除”视频效果的效果

在“线性擦除”视频效果的参数面板中，其参数的具体含义如下：

- 过渡完成：用于设置擦除画面的百分比。图 4–187 所示为设置不同“过渡完成”数值的效果比较。

(a) “过渡完成”数值为30

(b) “过渡完成”数值为60

图4–187 设置不同“过渡完成”数值的效果比较

- 擦除角度：用于设置擦除画面的角度。图 4–188 所示为设置不同“擦除角度”数值的效果比较。
- 羽化：用于设置擦除边缘的羽化值。图 4–189 所示为设置不同“羽化”数值的效果比较。

（a）“擦除角度”数值为90

（b）“擦除角度”数值为120

图4-188　设置不同“方向”数值的效果比较

（a）“羽化”数值为0

（b）“羽化”数值为30

图4-189　设置不同“羽化”数值的效果比较

4.2.13　透视

“透视”类视频效果可以使画面具有空间立体的效果。“透视”类视频效果包括“基本 3D”、“放射阴影”、“投影”、“斜角边”和“斜面 Alpha”5 种视频效果，如图 4-190 所示。

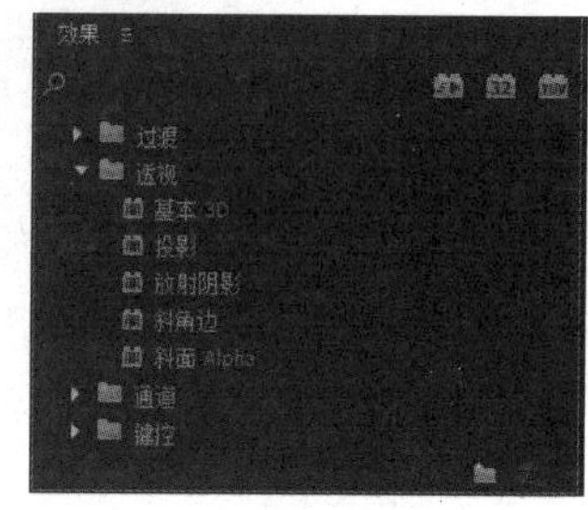

图4-190　“透视”类视频效果

1. 基本 3D

“基本 3D”视频效果可以在一个虚拟的三维空间中操作画面。在该虚拟空间中，素材画面可以绕水平和垂直的轴进行转动，还可以产生画面的移动效果。此外，用户还可以在画面上添加发光效果，从而产生更逼真的效果。图 4-191 所示为源素材，图 4-192 所示为应用“基本 3D”视频效果的效果。

图4-191　源素材

图4-192　应用“基本3D”视频效果的效果

在“基本 3D”视频效果的参数面板中，其参数的具体含义如下：

- 旋转：用于设置画面水平旋转的角度。
- 倾斜：用于设置画面垂直旋转的角度。
- 与图像的距离：用于设置画面移近或移远的距离。图 4-193 所示为设置不同“与图像的距离”数值的效果比较。

（a）“与图像的距离”数值为25

（b）“与图像的距离”数值为0

图4-193　设置不同“与图像的距离”数值的效果比较

- 显示镜面高光：用于给画面添加光线效果。图 4-194 所示为勾选“显示镜面高光”复选框前后的效果比较。

（a）勾选“显示镜面高光”复选框前

（b）勾选“显示镜面高光”复选框后

图4-194　勾选“显示镜面高光”复选框前后的效果比较

- 绘制预览线框：勾选该复选框后，在对画面进行操作时，画面会以线框的形式显示，从而加快设备运算速度。

2. 放射阴影

“放射阴影”视频效果可以利用画面上方的点光源来营造三维阴影效果。图 4-195 所示为源素材，图 4-196 所示为先应用“基本 3D”视频效果，再应用“放射阴影”视频效果的效果。

图4-195　源素材

图4-196　应用“放射阴影”视频效果的效果

在“放射阴影”视频效果的参数面板中，其主要参数的具体含义如下：

- 阴影颜色：用于设置画面阴影的颜色。
- 不透明度：用于设置画面阴影的不透明度。图 4-197 所示为设置不用“不透明度”数值的效果比较。

(a) “不透明度”数值为100

(b) “不透明度”数值为50

图4-197　设置不同“不透明度”数值的效果比较

- 光源：用于设置光源的位置。图 4-198 所示为设置不同“光源”数值的效果比较。

(a) “光源”数值为（80,70）

(b) “光源”数值为（200,300）

图4-198　设置不同“光源”数值的效果比较

- 投影距离：用于设置投影距离画面的距离。图 4-199 所示为设置不同“投影距离”数值的效果比较。

(a) “投影距离”数值为3

(b) “投影距离”数值10

图4-199　设置不同“投影距离”数值的效果比较

- 柔和度：用于透明的柔化程度。图 4-200 所示为设置不同“柔和度”数值的效果比较。
- 渲染：在右侧下拉列表框中有“常规”和“玻璃边缘”两个选项可供选择。图 4-201 所示为设置不同选项的效果比较。

(a) “柔和度”数值为20

(b) “柔和度”数值10

图4-200 设置不同“柔和度”数值的效果比较

(a) 设置“渲染”为“常规”

(b) 设置“渲染”为“玻璃边缘”

图4-201 设置不同“渲染”选项的效果比较

3. 投影

“投影”视频效果可以给画面添加一种阴影效果。图 4-202 所示为源素材，图 4-203 所示为应用“投影”视频效果的效果。

图4-202 源素材

图4-203 应用“投影”视频效果的效果

4. 斜角边

“斜角边”视频效果可以使画面产生一种棱角分明的高亮三维效果。边缘的位置由源图像的 Alpha 通道来决定。与“斜边 Alpha”视频效果不同的是该效果产生的边缘总是成直角的。图 4-204 所示为源素材，图 4-205 所示为应用“斜角边”视频效果的效果。

5. 斜面 Alpha

“斜面 Alpha”视频效果可以使画面四周产生圆滑的三维倒角效果。图 4-206 所示为源素材，图 4-207

所示为应用“斜面 Alpha”视频效果的效果。

图4–204　源素材

图4–205　应用“斜角边”视频效果的效果

图4–206　源素材

图4–207　应用“斜面Alpha”视频效果的效果

4.2.14　通道

“通道”类视频效果主要用于处理通道素材。“通道”类视频效果包括“反转”、“纯色合成”、“复合运算”、“混合”、“算术”、“计算”和“设置遮罩”7 种视频效果，如图 4–208 所示。

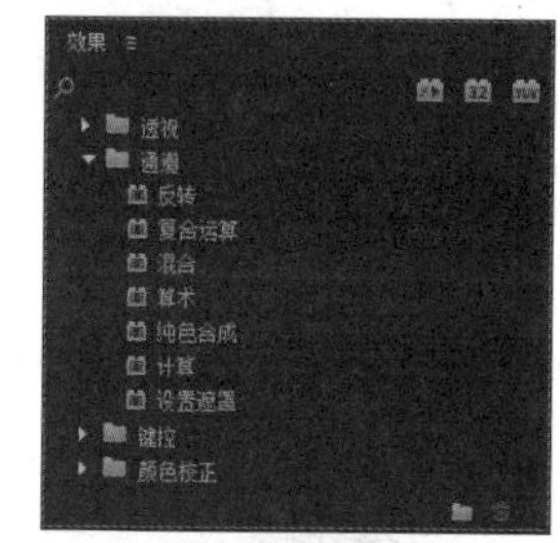

图4–208　“通道”类视频效果

1. 反转

“反转”视频效果用于将画面的颜色信息反转成相应的补色。图 4–209 所示为源素材，图 4–210 所示为应用“反转”视频效果的效果。

图4–209　源素材

图4–210　应用“反转”视频效果的效果

2. 纯色合成

“纯色合成”视频效果可以根据混合色对画面进行单色混合。图 4–211 所示为源素材，图 4–212 所示为应用“纯色合成”视频效果的效果。

图4–211　源素材

图4–212　应用“纯色合成”视频效果的效果

在“纯色合成”视频效果的参数面板中，其主要参数的具体含义如下：

- 源不透明度：用于设置在不同混合模式影响下图像的不透明度。数值为 100% 时，完全显示图像；数值为 0% 时，完全不显示图像，只显示在“颜色”右侧设置的颜色。图 4–213 所示为设置不同“源不透明度”数值的效果比较。

(a)“源不透明度”数值为100

(b)“源不透明度”数值为0

图4–213　设置不同“源不透明度”数值的效果比较

- 颜色：用于设置进行纯色混合的颜色。
- 不透明度：用于设置进行纯色混合的颜色的不透明度。图 4–214 所示为设置不同“不透明度”数值的效果比较。

(a)“不透明度”数值为100

(b)“不透明度”数值为50

图4–214　设置不同“不透明度”数值的效果比较

- 混合模式：用于设置图像与纯色进行混合的混合模式。Premiere Pro CC 2015 提供了 17 种不同的混合模式供选择。图 4–215 所示为设置不同“混合模式”的效果比较。

（a）“混合模式”为“强光”

（b）“混合模式”为“正常”

图4–215　设置不同“混合模式”数值的效果比较

3. 复合运算

“复合运算”视频效果可以根据二维源图层对画面进行“复制”、“相加”和“相减”等15种不同的运算操作。图 4–216 所示为源素材，图 4–217 所示为应用“复合运算”视频效果的效果。

图4–216　源素材

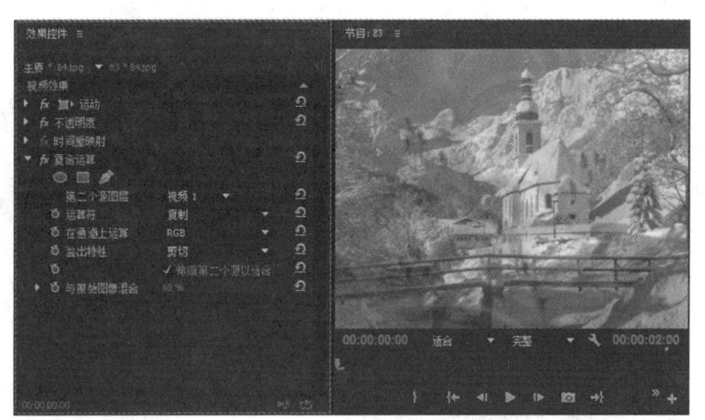

图4–217　应用“复合运算”视频效果的效果

4. 混合

“混合”视频效果用于将当前素材画面与指定轨道的画面进行混合。图 4–218 所示为源素材，图 4–219 所示为素材画面与自身轨道应用“混合”视频效果的效果。

图4–218　源素材

图4–219　应用“混合”视频效果的效果

5. 算术

“算术”视频效果用于将一个素材画面的红、绿、蓝通道进行不同的简单数学操作。图 4–220 所示为源素材，图 4–221 所示为应用“算术”视频效果的效果。

图4–220　源素材

图4–221　应用“算术”视频效果的效果

6. 计算

“计算”视频效果可以将一个素材画面的通道与另一个素材画面的通道结合在一起。图 4–222 所示为源素材，图 4–223 所示为应用“计算”视频效果的效果。

图4–222　源素材

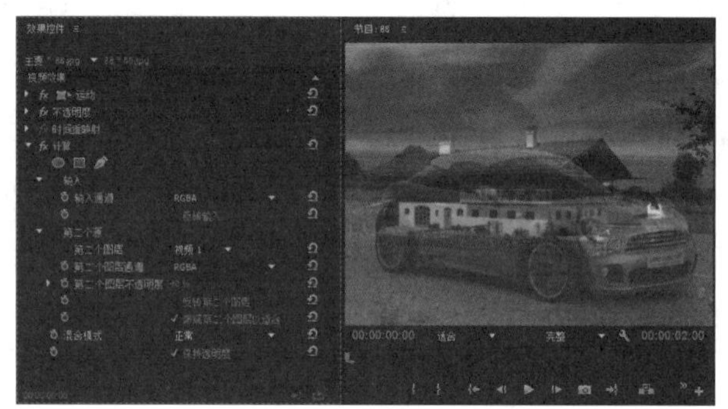

图4–223　应用“计算”视频效果的效果

7. 设置遮罩

“设置遮罩”视频效果可以将当前素材画面与指定轨道中的相关遮罩进行混合。图 4–224 所示为源素材，图 4–225 所示为应用“设置”视频效果的效果。

图4–224　源素材

图4–225　应用“计算”视频效果的效果

4.2.15　键控

“键控”类视频效果主要是在多个素材发生重叠时，隐藏顶层素材画面中的部分内容，从而在相应位置处显现出底层素材的画面，达到拼合素材的目的。“键控”类视频效果包括“Alpha 调整”、“亮度键”、“图像遮罩键”、“差值遮罩”、“超级键”、“移除遮罩”、“轨道遮罩键”、“非红色键”和“颜色键”9 种视频效果，如图 4–226 所示。

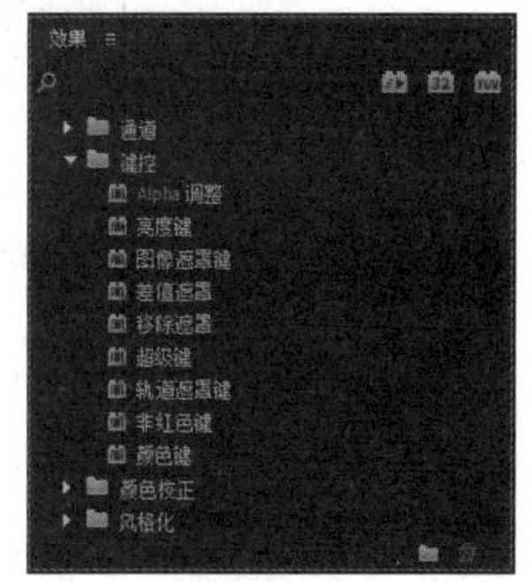

图4–226　“键控”类视频效果

1. Alpha 调整

“Alpha 调整”视频效果可以通过影响 Alpha 通道来改变画面的叠加效果。图 4–227 所示为源素材，图 4–228 所示为应用“Alpha 调整”视频效果的效果。

图4–227　源素材

图4–228　应用“Alpha调整”视频效果的效果

2. 亮度键

“亮度键”视频效果可以抠去画面中较暗的部分，使之变为透明，从而显现出底层画面效果。图 4–229 为源素材，图 4–230 所示为应用“亮度键”视频效果的效果。

图 4–229　源素材

图 4–230　应用“亮度键”视频效果的效果

3. 图像遮罩键

“图像遮罩键”视频效果是在画面的亮度值基础上通过遮罩图像屏蔽后的素材图像。图 4–231 所示为源素材，图 4–232 所示为遮罩图像，图 4–233 所示为应用“图像遮罩键”视频效果的效果。

图4–231　源素材

图4–232　遮罩图像

在“图像遮罩键”视频效果的参数面板中，其参数的具体含义如下：

- （设置）按钮：单击该按钮，用户可以从弹出的图 4–234 所示的对话框中选择要作为遮罩的图像。
- 合成使用：用于设置要作为合成的遮罩种类。右侧列表框中有“亮度遮罩”和“Alpha 遮罩”两个选项可供选择。

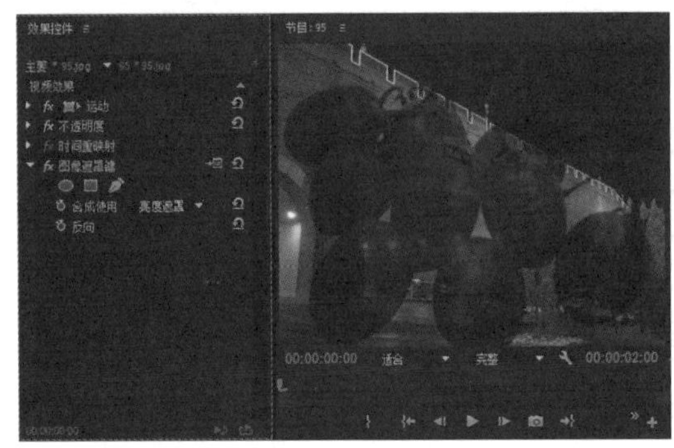

图4–233　应用“图像遮罩键”视频效果的效果

图4–234　选择要作为遮罩的图像

- 反向：勾选该复选框可以反向显示遮罩效果。图 4–235 所示为勾选“反向”复选框前后的效果比较。

(a) 勾选“反向”复选框前

(b) 勾选“反向”复选框后

图4–235　勾选“反向”复选框前后的效果比较

4. 差值遮罩

“差值遮罩”视频效果可以对比两个相似的画面素材，并在屏幕中去除两个画面的相似部分，而只留下有差异的画面内容。图 4–236 所示为源素材，图 4–237 所示为应用“差值遮罩”视频效果的效果。

5. 超级键

“超级键”视频效果可以根据指定颜色、“不透明度”、“高光”和“阴影”等参数精细抠去画面相应的区域。图 4–238 所示为源素材，图 4–239 所示为应用“超级键”视频效果的效果。

图4-236　源素材

图4-237　应用“差值遮罩”视频效果的效果

图4-238　源素材

图4-239　应用“超级键”视频效果的效果

6. 移除遮罩

“移除遮罩”视频效果用于去除从一个透明通道导入的影片或者用 After Effects 创建的透明通道的光晕效果。

7. 轨道遮罩键

“轨道遮罩键”视频效果与“图像遮罩键”视频效果的原理相同，都是将其他素材作为遮罩后隐藏或显示目标画面的部分内容。两者的区别在于前者是将画面素材添加到时间线后作为遮罩素材使用，而后者则是直接将遮罩素材附加到目标画面上。图 4-240 所示为源素材，图 4-241 所示为遮罩图像，图 4-242 所示为应用“轨道遮罩键”视频效果的效果。

图4-240　源素材

8. 非红色键

“非红色键”视频效果不仅能去除画面中的蓝色，而且还可以去除画面中的绿色背景。图 4-243 所示为源素材，图 4-244 所示为应用“非红色键”视频效果的效果。

9. 颜色键

“颜色键”视频效果用于去除画面中的指定色彩。图 4-245 所示为源素材，图 4-246 所示为应用“颜色键”视频效果的效果。

图4-241　遮罩图像

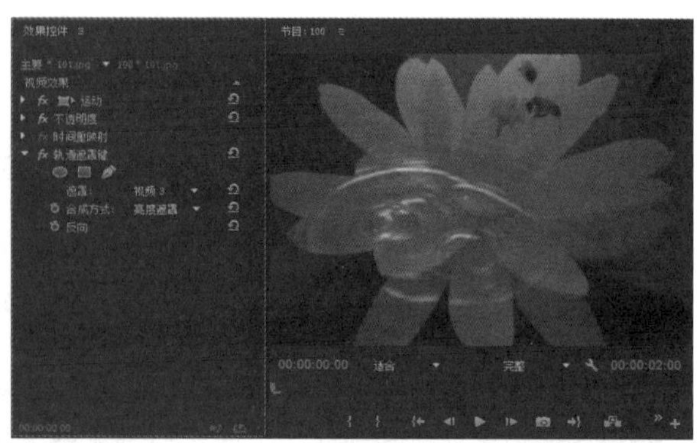

图4-242　应用“轨道遮罩键”视频效果的效果

图4-243　源素材

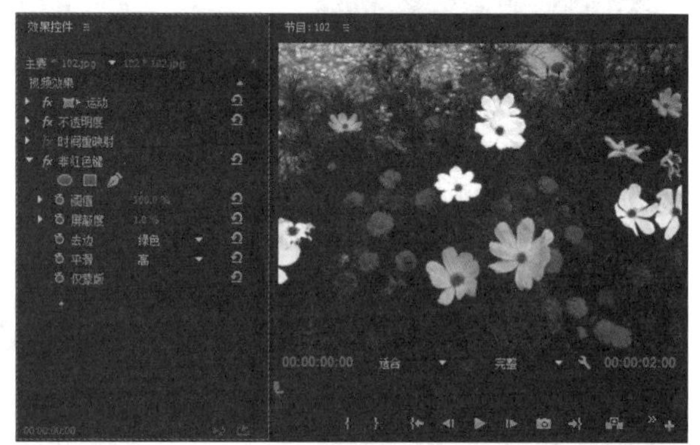

图4-244　应用“非红色键”视频效果的效果

图4-245　源素材

图4-246　应用“颜色键”视频效果的效果

4.2.16　风格化

“风格化”类视频效果是通过移动和置换图像像素，以及提高图像对比度的方式来产生各种特殊效果。“风格化”类视频效果包括“Alpha 发光”、“复制”、“彩色浮雕”、“曝光过度”、“抽帧”、“查找边缘”、“浮雕”、“画笔描边”、“纹理化”、“粗糙边缘”、“闪光灯”、“阈值”和“马赛克”13 种视频效果，如图 4-247 所示。

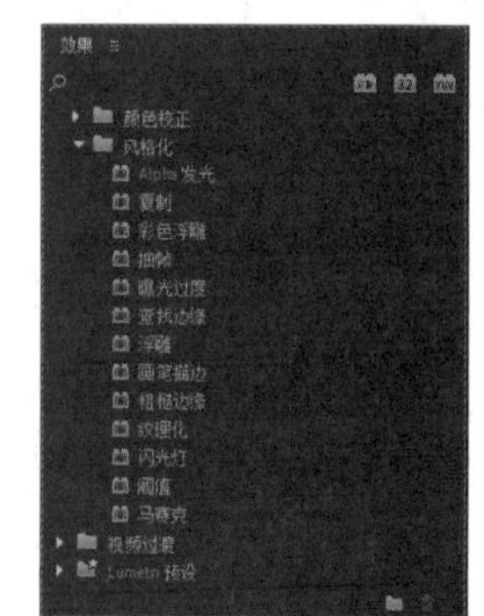

图4-247　“风格化”类视频效果

1. Alpha 发光

“Alpha 发光”视频效果仅对具有 Alpha 通道的素材起作用，而且仅对第 1 个 Alpha 通道起作用。该特效可以在 Alpha 通道指定的区域边缘产生一种颜色逐渐衰减或切换到另一种颜色的效果。图 4–248 所示为源素材，图 4–249 所示为应用“Alpha 发光”视频效果的效果。

图4–248　源素材

图4–249　应用“Alpha发光”视频效果的效果

2. 复制

“复制”视频效果可以将整个画面分成若干区域，其中每个区域都将显示完整的画面效果。图 4–250 所示为源素材，图 4–251 所示为应用“复制”视频效果的效果。

图4–250　源素材

图4–251　应用“复制”视频效果的效果

3. 彩色浮雕

“彩色浮雕”视频效果可以在画面中产生浮雕效果，但并不压抑画面的初始色彩。图 4–252 所示为源素材，图 4–253 所示为应用“彩色浮雕”视频效果的效果。

图4–252　源素材

图4–253　应用“纹理化”视频效果的效果

4. 曝光过度

“曝光过度”视频效果可以将画面处理成冲洗底片时的效果。图 4–254 所示为源素材，图 4–255 所示为应用“曝光过度”视频效果的效果。

图4–254　源素材

图4–255　应用“曝光过度”视频效果的效果

5. 纹理化

“纹理化”视频效果可以使画面看起来具有其他素材画面的纹理效果。图 4–256 所示为源素材，图 4–257 所示为应用“纹理化”视频效果的效果。

图4–256　源素材

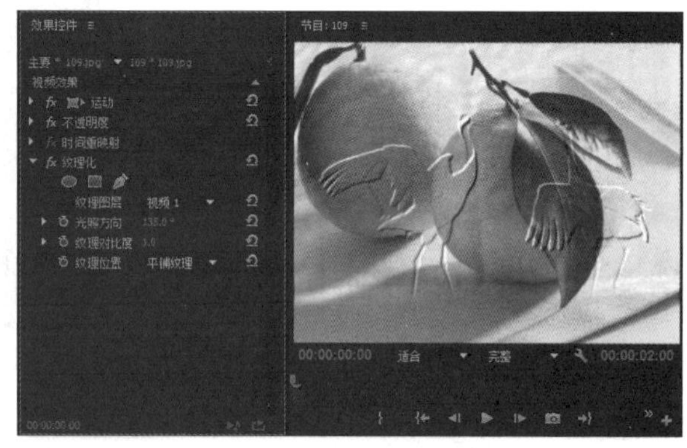

图4–257　应用“材质”视频效果的效果

6. 查找边缘

“查找边缘”视频效果会使素材图像呈现出黑白草图的效果。该特效会查找高对比度的图像区域，并将它们转换为白色背景中的黑色线条，或者黑色背景中的彩色线条。图 4–258 所示为源素材，图 4–259 所示为应用“查找边缘”视频效果的效果。

图4–258　源素材

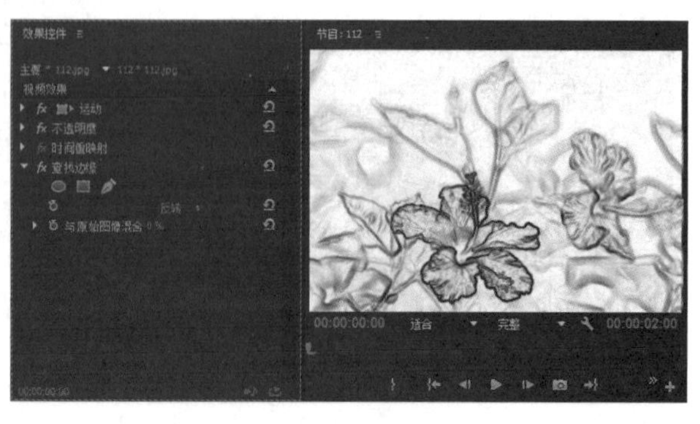

图4–259　应用“查找边缘”视频效果的效果

7. 浮雕

“浮雕”视频效果可以在画面中产生单色浮雕效果。图 4–260 所示为源素材，图 4–261 所示为应用“浮雕”视频效果的效果。

图4–260　源素材

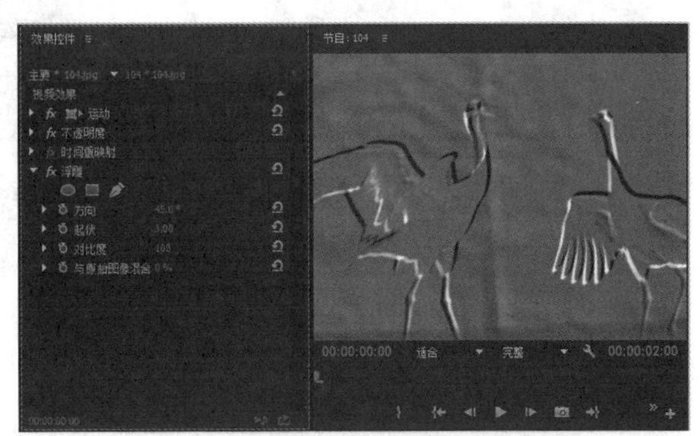

图4–261　应用“浮雕”视频效果的效果

8. 画笔描边

“画笔描边”视频效果可以为画面添加一个粗略的着色效果，另外通过设置该特效画笔描边的长短和密度还可以制作出油画风格的效果。图 4–262 所示为源素材，图 4–263 所示为应用“画笔描绘”视频效果的效果。

图4–262　源素材

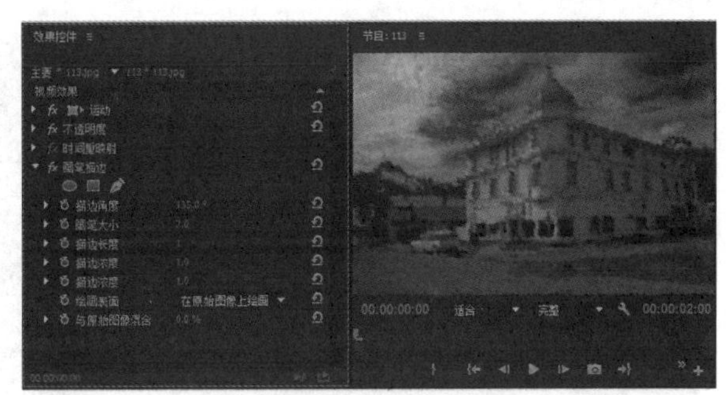

图4–263　应用“画笔描边”视频效果的效果

9. 抽帧

“抽帧”视频效果可以通过减少红色、绿色和蓝色通道上的色阶来创建特殊的颜色效果。图 4–264 所示为源素材，图 4–265 所示为应用“抽帧”视频效果的效果。

图4–264　源素材

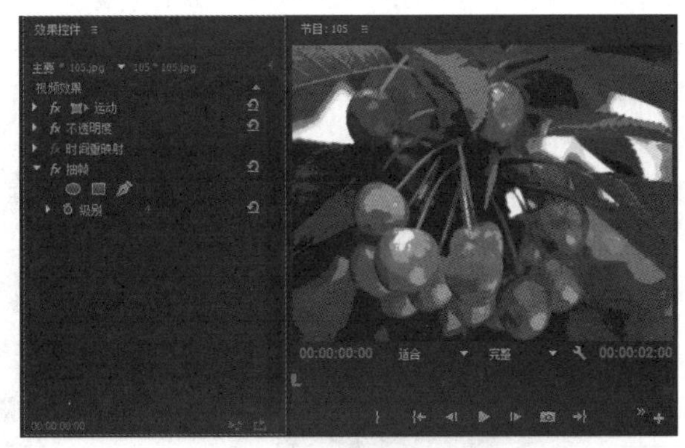

图4–265　应用“抽帧”视频效果的效果

10. 粗糙边缘

“粗糙边缘”视频效果可以使画面边缘呈现出一种粗糙化的效果，该效果类似于腐蚀而成的纹理或溶解效果。图 4-266 所示为源素材，图 4-267 所示为应用“粗糙边缘”视频效果的效果。

图4-266 源素材

图4-267 应用“粗糙边缘”视频效果的效果

11. 闪光灯

“闪光灯”视频效果可以使画面模拟出频闪或闪光灯的效果。

12. 阈值

“阈值”视频效果可以通过调整“色阶”数值将画面转换为黑、白两种色彩。当“色阶”数值为 0 时，画面为白色；当“色阶”数值为 255 时，画面为黑色，通常取中间值。图 4-268 为源素材，图 4-269 为应用“阈值”视频效果的效果。

图4-268 源素材

图4-269 应用“阈值”视频效果的效果

13. 马赛克

“马赛克”视频效果可以将画面分成若干个小方格，其中每一个方格都用本格内所有颜色的平均色进行填充。图 4-270 所示为源素材，图 4-271 所示为应用“马赛克”视频效果的效果。

图4-270 源素材

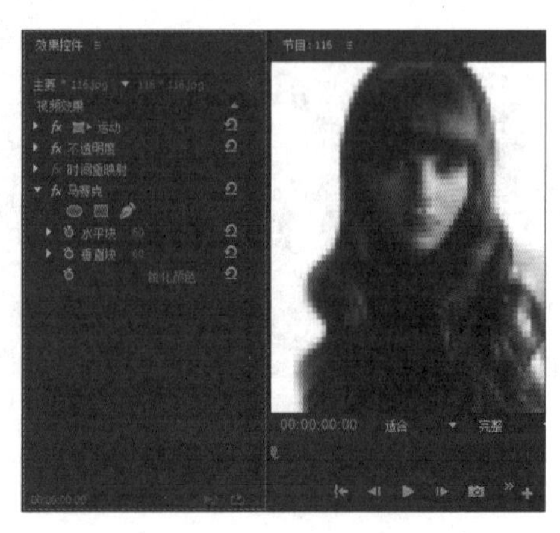

图4-271 应用“马赛克”视频效果的效果

4.3 实 例 讲 解

本节将通过“制作变色的汽车效果”、“制作水中倒影效果 1”、“制作水中倒影效果 2”、“制作水墨画效果”和“制作逐一翻开的画面效果”5 个实例来讲解 Premiere Pro CC 2015 的视频效果在实践中的应用。

4.3.1　制作变色的汽车效果

要点

本例将制作不断变色的汽车效果，如图 4–272 所示。通过本例的学习，读者应掌握利用“颜色平衡（HLS）”进行校色和添加默认“交叉溶解”视频过渡效果的方法。

图4–272　变色的汽车效果

操作步骤

1. 制作汽车的变色效果

（1）启动 Premiere Pro CC 2015，然后单击“新建项目”按钮，新建一个名称为“变色的汽车效果”的项目文件。接着新建一个 DV–PAL 制标准 48 kHz 的“序列 01”序列文件。

（2）导入素材。执行“文件 | 导入”命令，然后在弹出的“导入”对话框中选择资源素材中的“素材及结果 \ 第 4 章 视频效果的应用 \4.3.1 制作变色的汽车效果 \ 汽车 001.jpg”文件，如图 4–273 所示，单击“打开”按钮，即可将该素材导入到“项目”面板中，此时“项目”面板如图 4–274 所示。

图4–273　选择“汽车001.jpg”文件

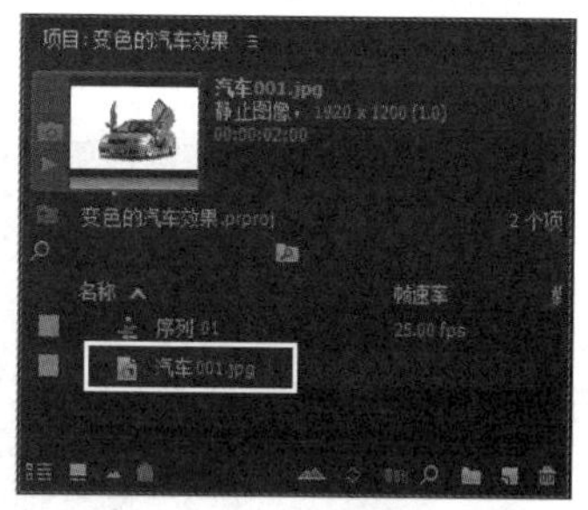

图4–274　“项目”面板

（3）设置“汽车 .jpg”图片的持续时间长度为 2 s。右击“项目”面板中的“汽车 .jpg”素材，从弹出的快捷菜单中选择“速度 / 持续时间”命令，在弹出的“剪辑速度 / 持续时间”对话框中设置“持续时间”为 00：00：02：00，如图 4–275 所示，单击“确定”按钮。

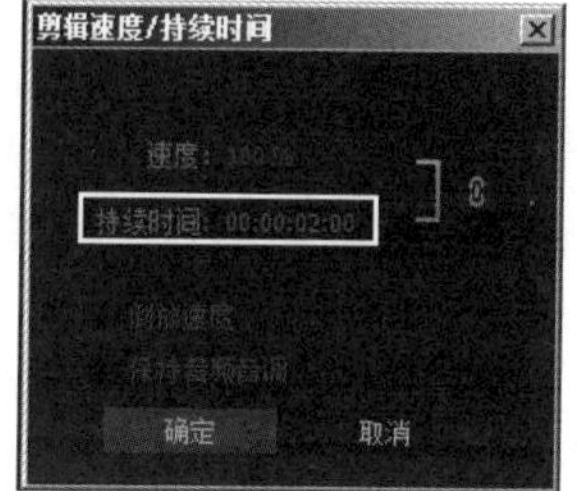

图4–275　设置持续时间

（4）将“项目”面板中的“汽车 .jpg”素材拖入“时间线”面板的“V1”轨道中，入点为 00：00：00：00，如图 4–276 所示，效果如图 4–277 所示。

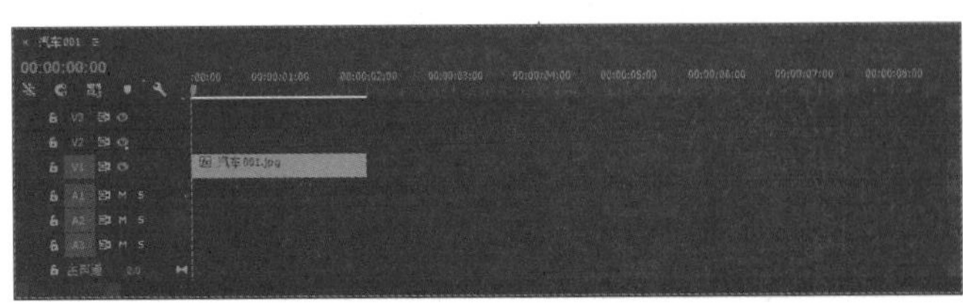

图4-276　将“汽车．jpg”素材拖入“V2”轨道中

图4-277　源素材的显示效果

（5）此时“汽车 .jpg”素材尺寸过大，调整该素材的大小。选择“V1”轨道上的“汽车．jpg”素材，然后在“效果控件”面板中展开“运动”参数，将“缩放”设置为 50.0，效果如图 4-278 所示。

图4-278　调整素材大小

（6）选中“V1”轨道，使其高亮显示，然后选中“时间线”面板中的“汽车 .jpg”素材，按快捷键 Ctrl+C 进行复制，接着按 End 键，切换到“汽车 .jpg”的结束处，再按快捷键 Ctrl+V 进行粘贴，此时“时间线”面板分布如图 4-279 所示。

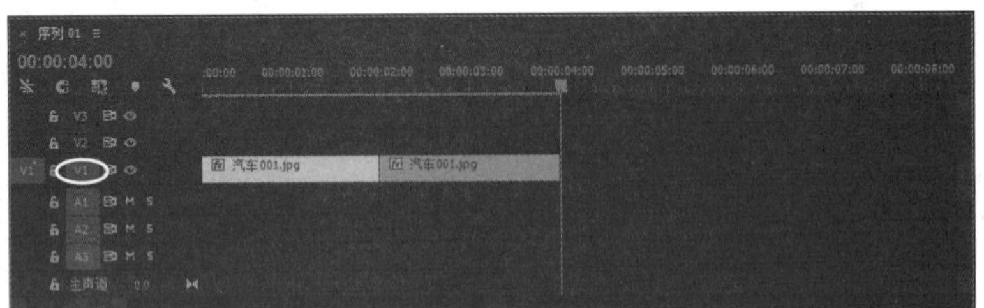

图4-279　粘贴素材后的“时间线”面板分布

（7）同理，再粘贴两次“汽车 .jpg”素材，此时“V1”轨道有 4 段素材，每段 2 s，时间总长度为 8 s，如图 4-280 所示。

提示

再次从“项目”面板中拖入素材，也能得到相同的结果。

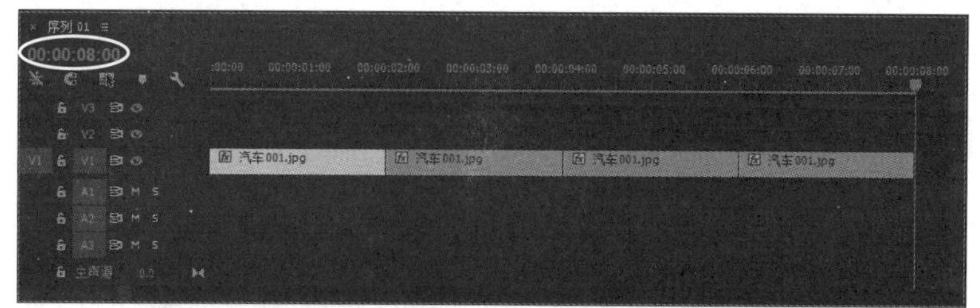

图4-280　“时间线”面板中的素材分布

（8）在“效果”面板中展开“视频效果”文件夹，然后选择“颜色校正”中的“颜色平衡 （HLS）”特效，如图 4-281 所示。接着将其分别拖入“时间线”面板中的“V1”轨道中的第 2 ~ 4 段素材上，如图 4-282 所示。

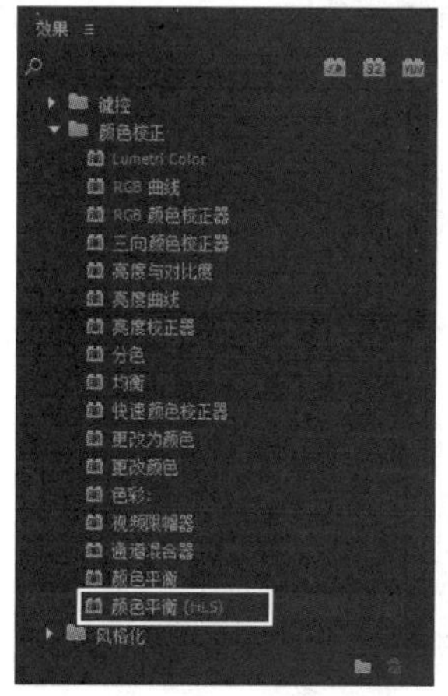

图4-281　选择“颜色平衡（HLS）”特效

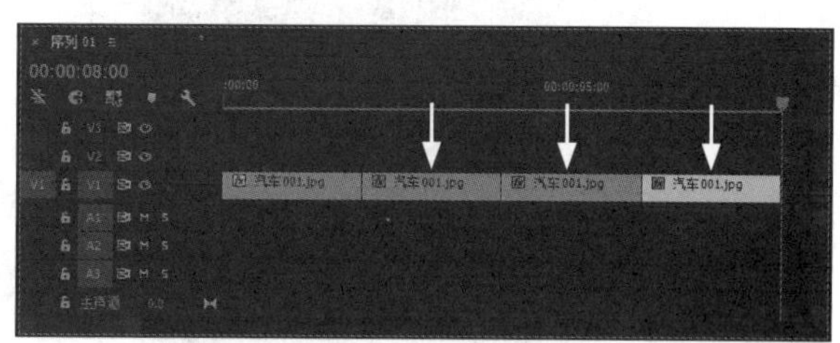

图4-282　分别给第2-4段素材添加“颜色平衡（HLS）”特效

（9）将“V1”中的第 2 段素材中的汽车颜色调整为蓝色。选中“V1”轨道中第 2 段“汽车 .jpg”素材，然后在“效果控件”面板中展开“颜色平衡（HLS）”特效的参数，将“色相”设置为 210.0°，效果如图 4-283 所示。

图4-283　将“色相”设置为210.0°

（10）将“V1”中的第 3 段素材中的汽车颜色调整为红色。选中“V1”轨道中第 3 段“汽车 .jpg”素材，然后在“效果控件”面板中展开“颜色平衡（HLS）”特效的参数，将“色相”设置为 330.0°，效果如图 4-284 所示。

（11）将“V1”中的第 4 段素材中的汽车颜色调整为黄色。选中“V1”轨道中第 4 段“汽车 .jpg”素材，然后在“效果控件”面板中展开“颜色平衡（HLS）”特效的参数，将“色相”设置为 30.0°，效果如

图 4–285 所示。

图4–284 将“色相”设置为330.0°

图4–285 将“色相”设置为30.0°

2. 在素材间添加视频过渡

(1) 选中“V1”轨道，使其高亮显示，然后按↑或↓键，将时间线分别定位在 3 段素材的相交处，接着按 Ctrl+D 组合键，添加默认的“交叉溶解”视频过渡，如图 4–286 所示。

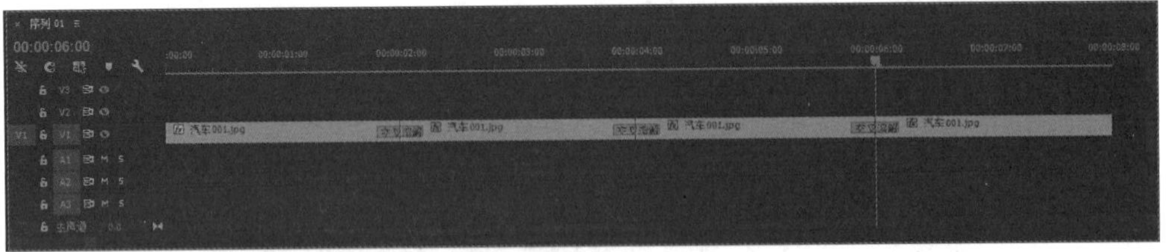

图4–286 添加默认的“交叉溶解”视频过渡

(2) 至此，变色的汽车效果制作完毕，执行“文件 | 导出 | 媒体”命令，将其输出为“变色的汽车效果 .avi”文件。

4.3.2 制作水中倒影效果 1

要点

本例将制作古建筑金字塔的水中倒影效果，如图 4–287 所示。通过本例的学习，应掌握“镜像”特效、“裁剪”特效、“光照效果”特效、“波形变形”特效和“相机模糊”特效的综合应用。

图4-287　水中倒影效果

操作步骤

1. 制作建筑的倒影效果

（1）启动 Premiere Pro CC 2015，然后单击“新建项目”按钮，新建一个名称为“制作水中倒影 1”的项目文件。接着新建一个 DV-PAL 制标准 48 kHz 的“序列 01”序列文件。

（2）导入图片素材。执行“文件 | 导入”命令，导入资源素材中的“素材及结果 \ 第 4 章　视频效果的应用 \ 4.3.2　制作水中倒影效果 1\ 建筑 .jpg”和“水面 .jpg”文件，如图 4-288 所示。

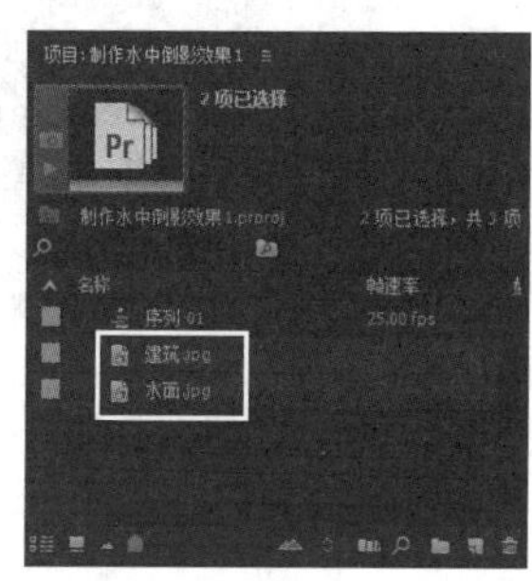

图4-288　“项目”面板

（3）将“项目”面板中的“建筑 .jpg”素材拖入“时间线”面板的“V1”轨道中，入点为 00：00：00：00，如图 4-289 所示，效果如图 4-290 所示。

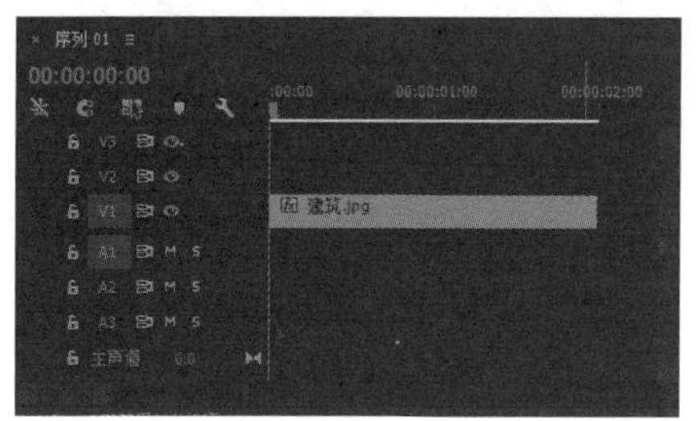

图4-289　将“建筑.jpg”素材拖入“V1”轨道中

图4-290　“建筑.jpg”素材的显示效果

（4）制作建筑的倒影效果。在“效果”面板中展开“视频效果”文件夹，然后选择“扭曲”中的“镜像”特效，　如图 4-291 所示。接着将其拖入“时间线”面板中的“V1”轨道中的“金字塔 .jpg”素材上。最后进入“效果控件”面板调整“镜像”特效的参数，如图 4-292 所示。

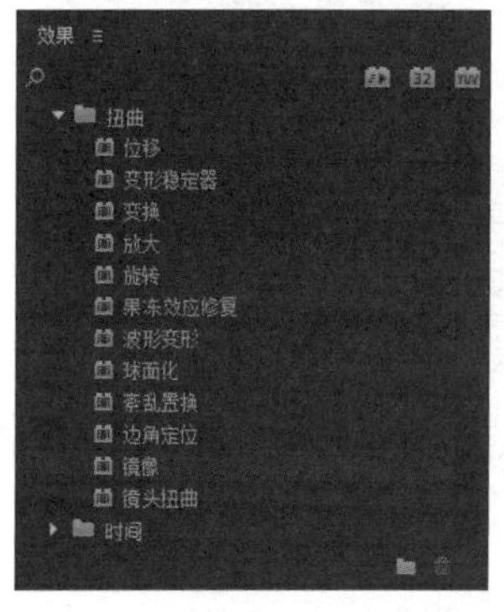

图4-291　选择“镜像”特效

图4-292　调整“镜像”特效参数后的显示效果

(5) 为了使建筑与后面的水面能够更好地融合在一起，对“建筑 .jpg”素材进行模糊处理。在“效果”面板中展开“视频效果”文件夹，然后选择“模糊与锐化”中的“相机模糊”特效，如图 4–293 所示。接着将其拖入“时间线”面板中的“V1”轨道中的“建筑 .jpg”素材上。最后进入“效果控件”面板调整“相机模糊”特效的参数，如图 4–294 所示。

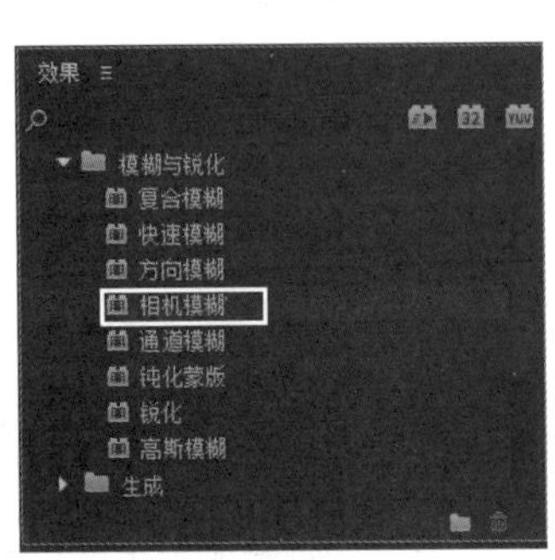

图4–293 选择“相机模糊”特效

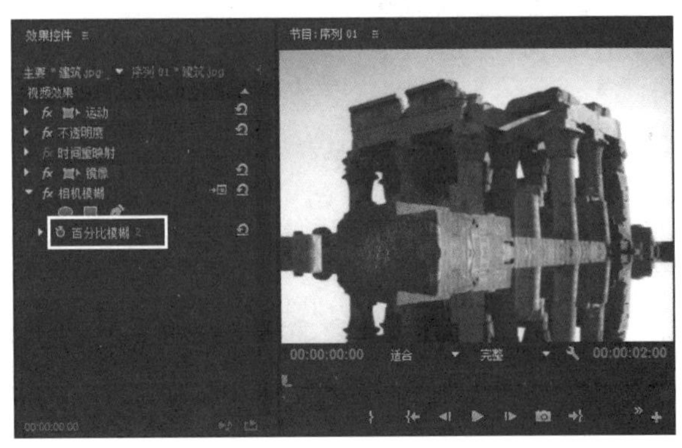

图4–294 调整“相机模糊”特效参数后的显示效果

2. 制作动态的水面效果

(1) 将“项目”面板中的“水面 .jpg”素材拖入“时间线”面板的“V2”轨道中，入点为 00：00：00：00，如图 4–295 所示，效果如图 4–296 所示。

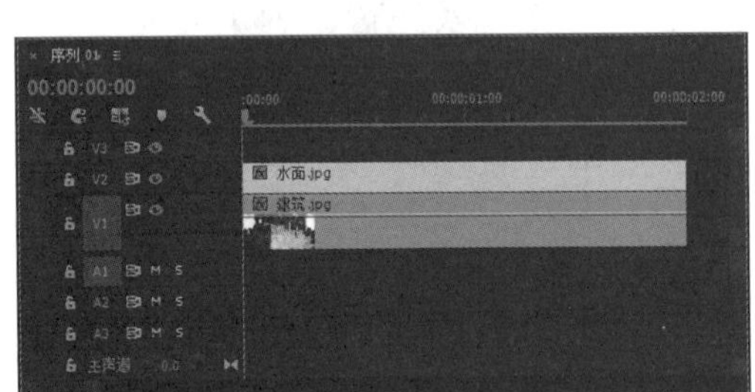

图4–295 将“水面 .jpg”素材拖入“V2”轨道中

图4–296 “水面 .jpg”素材的显示效果

(2) 裁剪出水面区域。在“效果”面板中展开“视频效果”文件夹，然后选择“变换”中的“裁剪”特效，如图 4–297 所示。接着将其拖入“时间线”面板中的“V2”轨道中的“水面 .jpg”素材上。最后进入“效果控件”面板调整“裁剪”特效的参数，如图 4–298 所示。

图4–297 选择“裁剪”特效

图4–298 调整“裁剪”特效参数后的显示效果

（3）制作水面半透明效果。展开“不透明度”选项，将“不透明度”的数值设置为 75%，如图 4–299 所示。

图4–299　将“不透明度”的数值设置为75%的效果

（4）制作水面上的光线反射效果。在“效果”面板中展开“视频效果”文件夹，然后选择“调整”中的“光照效果”特效，如图 4–300 所示。接着将其拖入“时间线”面板中的“V2”轨道中的“水面 .jpg”素材上。最后进入“效果控件”面板调整“光照效果”特效的参数，如图 4–301 所示。

图4–300　选择“光照效果”特效

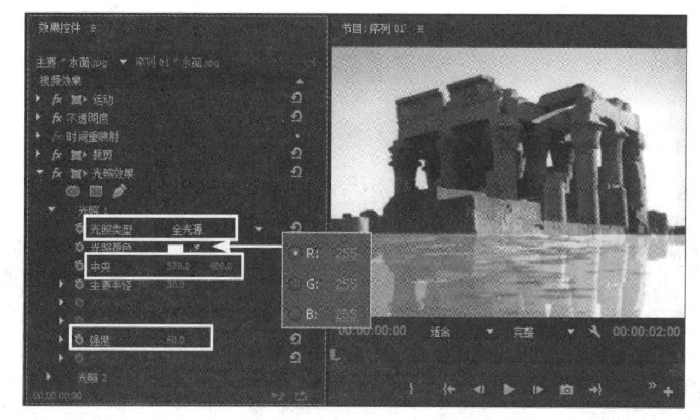

图4–301　调整“光照效果”特效参数后的显示效果

（5）制作水面上的动态波纹效果。在“效果”面板中展开“视频效果”文件夹，然后选择“扭曲”中的“波形变形”特效，如图 4–302 所示。接着将其拖入“时间线”面板中的“V2”轨道中的“水面 .jpg”素材上。最后进入“效果控件”面板，调整“波形变形”特效的参数如图 4–303 所示。

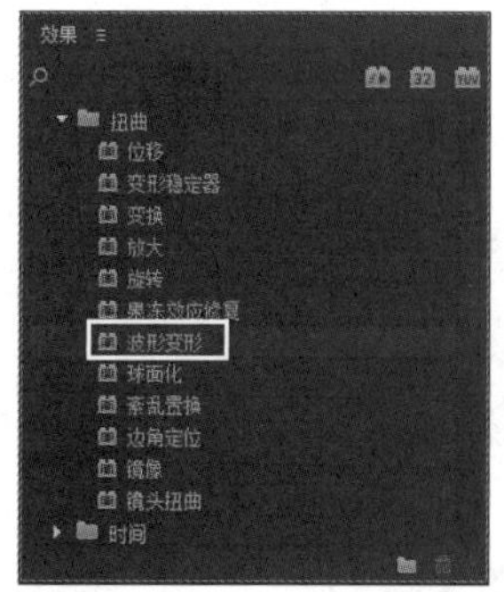

图4–302　选择“波形变形”特效

图4–303　调整“波形变形”特效参数后的显示效果

（6）此时水面的位置不是很准确，而且水面区域过小，在效果控件”面板中调整“水面 .jpg”素材的“位置”和“缩放”参数，如图 4–304 所示。

图4-304 调整“水面.jpg”素材的“位置”和“缩放”参数后的效果

（7）至此，水中倒影效果制作完毕，执行“文件|导出|媒体” 命令， 将其输出为“水中倒影效果1.avi”文件。

4.3.3 制作水中倒影效果 2

要点

本例将制作文字动态的水中倒影效果，如图 4-305 所示。通过本例的学习，读者应掌握 Photoshop 中的图层在 Premiere Pro CC 2015 中的应用，以及利用“波形变形”特效制作水波荡漾动画的方法。

图4-305 动态水中倒影效果

操作步骤

1. 编辑图片素材

（1）启动 Photoshop CS5 软件，执行“文件|打开”命令，打开资源素材中的“素材及结果\第 4 章 视频效果的应用\4.3.3 制作水中倒影效果 2\背景 .jpg”文件，如图 4-306 所示。

图4-306 “背景.jpg”图片

（2）输入文字。选择工具箱中的T（横排文字工具），然后在图片中输入文字“水中倒影”，字体为“隶书”，字号 100，结果如图 4–307 所示。

图4–307　输入文字“水中倒影”

（3）制作倒影文字效果。在“图层”面板中选择“水中倒影”层，然后将其拖到“图层”面板下方的（创建新图层）按钮上，从而产生一个名称为“水中倒影 副本”图层，如图 4–308 所示。接着选择复制后的图层，执行“编辑 | 变换 | 垂直翻转”命令，将其垂直翻转。最后利用工具箱中的（移动工具）将翻转后的文字向下移动，放置到图片中水的位置，如图 4–309 所示。

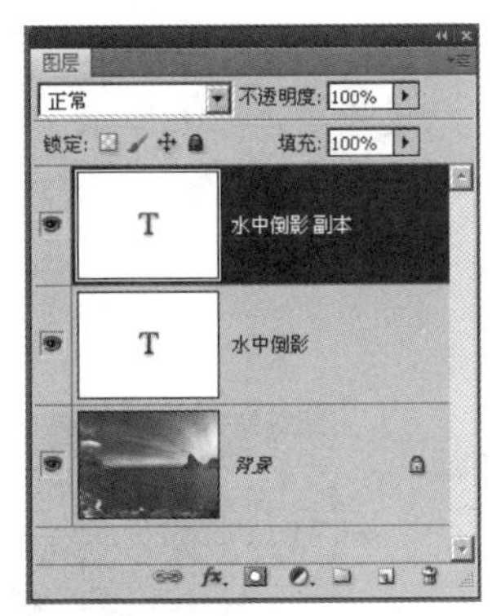

图4–308　复制出“水中倒影 副本”图层

图4–309　将文字垂直翻转并调整位置后的效果

（4）制作倒影文字的半透明效果。在“图层”面板中选择“水中倒影”层，然后单击“图层”面板下方的（添加图层蒙版）按钮，给该层添加一个蒙版，如图 4–310 所示。选择工具箱中的（渐变工具），设置渐变方式为“黑 – 白线性渐变”，再对蒙版从上到下进行填充，结果如图 4–311 所示。

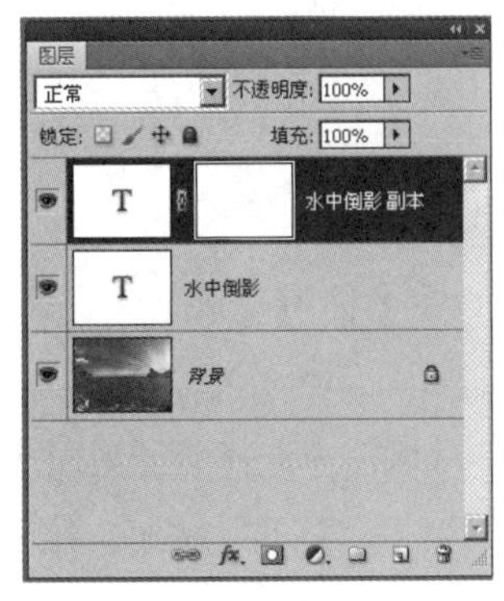

图4–310　给“水中倒影”层添加图层蒙版

图4–311　对蒙版进行处理后的效果

（5）将图片中水面单独分离出来。选择“背景”图层，然后利用工具箱中的（多边形套索工具）选取

图片中的水面部分，如图 4–312 所示。接着执行“编辑 | 复制”命令，进行复制，最后执行“编辑 | 粘贴”命令，进行粘贴，此时会产生一个名称为“图层 1”的图层，如图 4–313 所示。

图4–312　选取图片中的水面部分

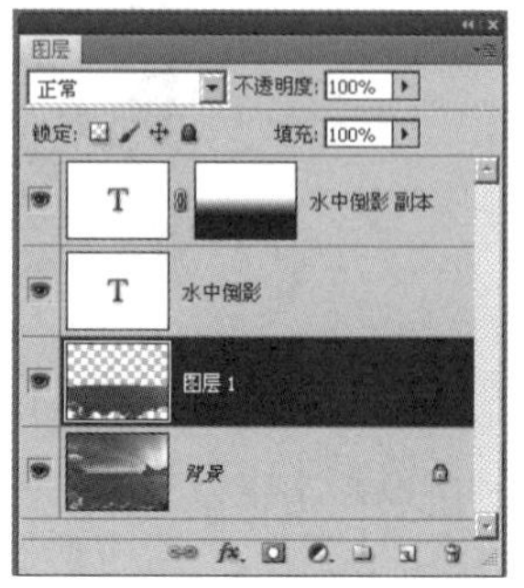

图4–313　将水面部分单独复制出来

（6）为了便于在 Premiere 中制作倒影文字和水面一起进行波动的效果，下面进行图层合并。将“图层 1”移动到“水中倒影”层的上方，如图 4–314 所示。然后选择“水中倒影　副本”层，单击“图层”面板右上角的按钮，从弹出的快捷菜单中选择“向下合并”命令，如图 4–315 所示，结果如图 4–316 所示。

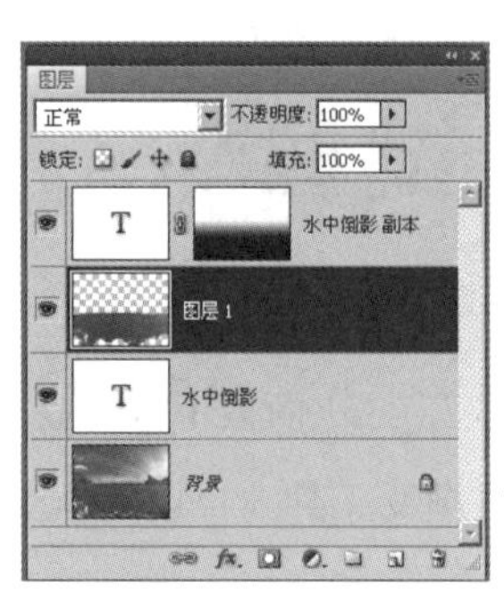

图4–314　调整图层顺序

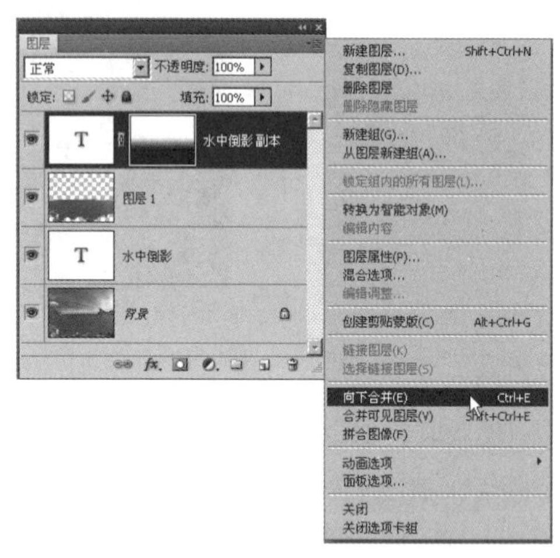

图4–315　选择“向下合并”命令

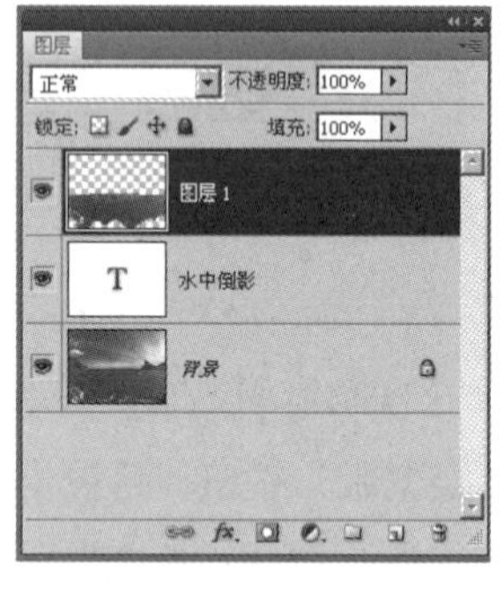

图4–316　图层分布

（7）执行“文件 | 存储为”命令，将文件保存为“背景 .psd”文件。

2. 制作动态水波效果

（1）启动 Premiere Pro CC 2015，然后单击“新建项目”按钮，新建一个名称为“制作水中倒影 2”的项目文件。接着新建一个 DV–PAL 制标准 48kHz 的“序列 01”序列文件。

（2）导入图片素材。执行“文件 | 导入”命令，然后在弹出的“导入”对话框中选择资源素材中的“素材及结果 \4.3.3 制作水中倒影效果 2\ 背景 .psd”文件，如图 4–317 所示，单击“打开”按钮。接着在弹出的“导入分层文件：背景”对话框中设置参数，如图 4–318 所示，单击“确定”按钮，即可将“背景 .psd”文件分层导入到“项目”面板中，如图 4–319 所示。

图4-317　选择“背景.psd”文件

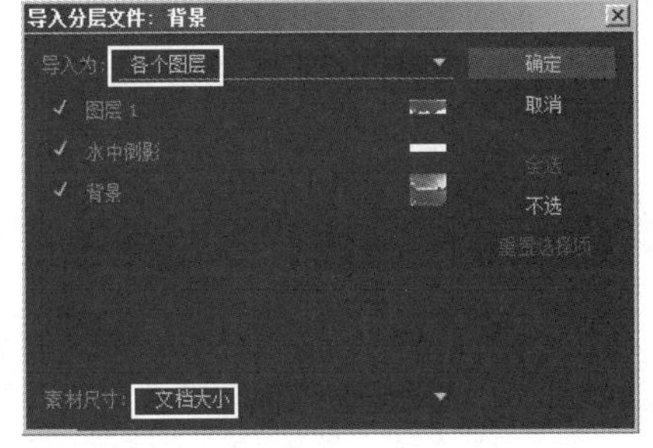

图4-318　“导入分层文件：背景”对话框

（3）将素材放入时间线。将“项目”面板中的“背景 / 背景 .psd”、“图层 1 / 背景 .psd”和“水中倒影 / 背景. psd”素材分别拖入“时间线”面板的“V1”、“V2”和“V3”轨道中，入点均为 00：00：00：00，此时“时间线”面板如图 4-320 所示。

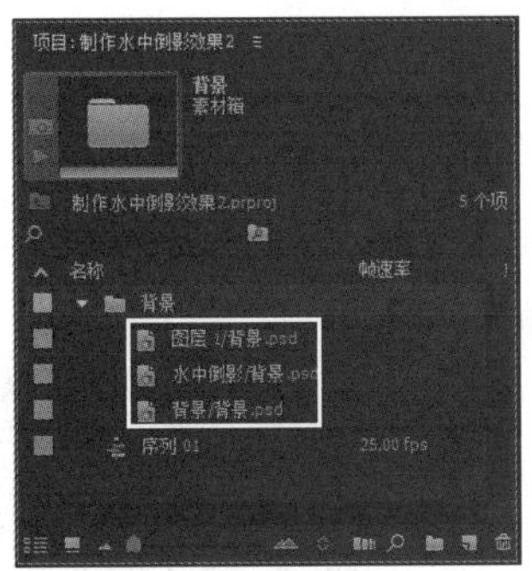

图4-319　“项目”面板

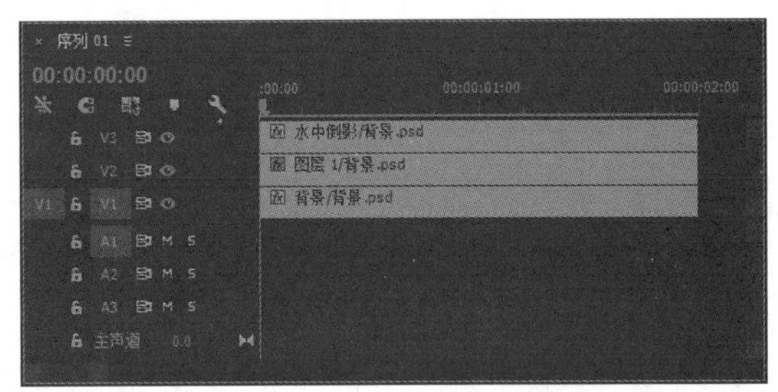

图4-320　将素材放入“时间线”面板

（4）制作动态水中倒影效果。在“效果”面板中展开“视频效果”文件夹，然后选择“扭曲”中的“波形弯曲”特效，如图 4-321 所示。接着将其拖入“时间线”面板中的“V2”轨道中的“图层 1/ 背景 .psd”素材上。最后进入“效果控件”面板设置“波形变形”特效的参数，如图 4-322 所示，效果如图 4-323 所示。

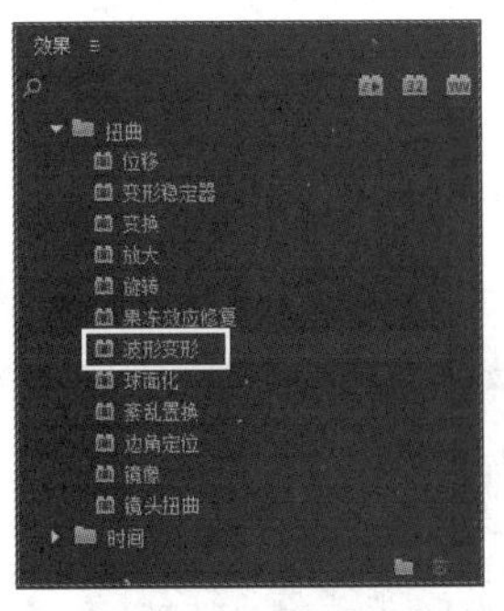

图4-321　选择“波形变形”特效

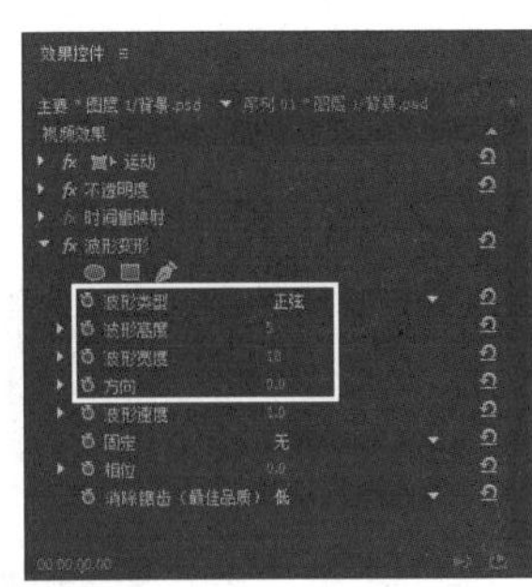

图4-322　设置“波形变形”的参数

图4-323　设置“波形变形”的参数后的效果

（5）至此，动态水中倒影效果制作完毕，执行“文件 | 导出 | 媒体”命令，将其输出为“水中倒影效果 2.avi”文件。

4.3.4 制作水墨画效果

要点

本例将制作水墨画效果，如图 4–324 所示。通过本例的学习，应掌握创建“彩色蒙版”，以及“黑白”特效、“查找边缘”特效、“自动对比度”特效、“高斯模糊”特效和“亮度键”特效的综合应用。

原图

结果图

图4–324 水墨画效果

操作步骤

1. 将画面处理为水墨效果

（1）启动 Premiere Pro CC 2015，然后单击“新建项目”按钮，新建一个名称为“制作水墨画效果”的项目文件。接着新建一个 DV–PAL 制标准 48 kHz 的“序列 01”序列文件。

（2）导入图片素材。执行“文件 | 导入”命令，导入资源素材中的“素材及结果\第 4 章 视频效果的应用\4.3.4 制作水墨画效果\风景图片 .tif”和“题词 .tif”文件，如图 4–325 所示。

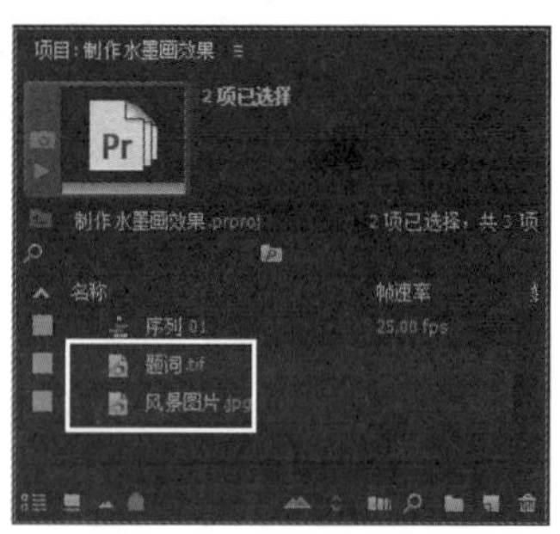

图4–325 “项目”面板

（3）将“项目”面板中的“风景图片 .tif”拖入“时间线”面板的“V2”轨道中，入点为 00：00：00：00，如图 4–326 所示，效果如图 4–327 所示。

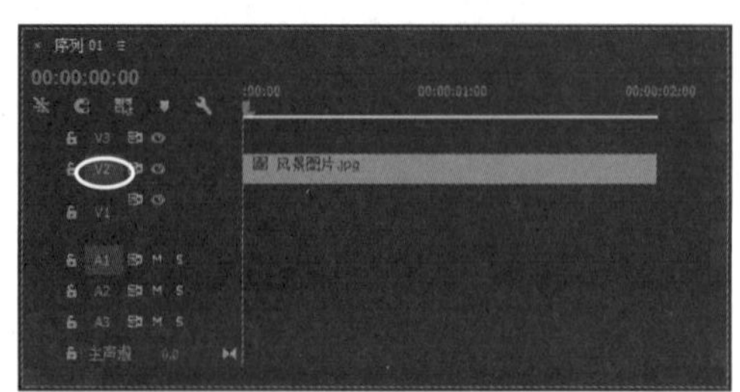

图4–326 “时间线”面板

图4–327 画面效果

（4）将彩色图片处理为黑白图片。在“效果”面板中展开“视频效果”文件夹，然后选择“图像控制”中的“黑白”特效，如图 4–328 所示。接着将其拖入“时间线”面板中的“V2”轨道中的“风景图片 .tif”素材上，效果如图 4–329 所示。

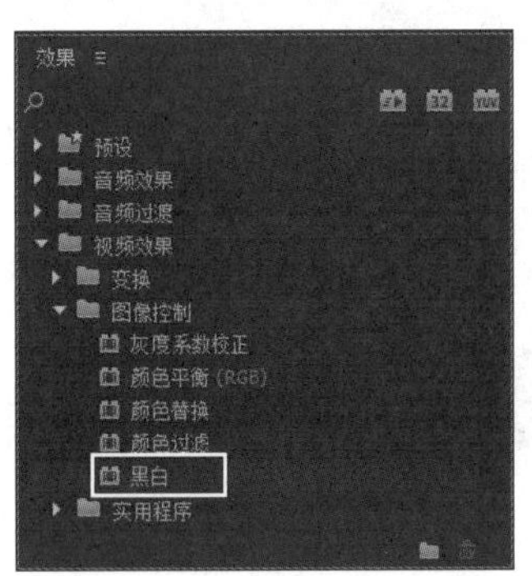

图4-328　选择“黑白”

图4-329　添加“黑白”特效后的显示效果

（5）制作边缘效果。在“效果”面板中展开“视频效果”文件夹，然后选择“风格化”中的“寻找边缘”特效，如图 4-330 所示。接着将其拖入“时间线”面板中的“V2”轨道中的“风景图片 .tif”素材上。最后在“效果控件”面板中设置参数如图 4-331 所示。

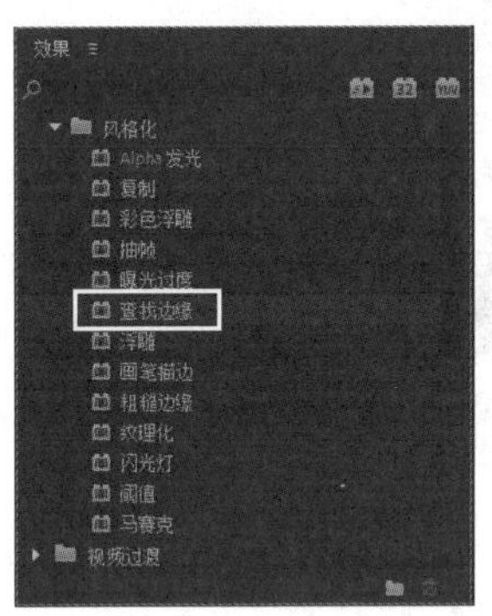

图4-330　选择“查找边缘”

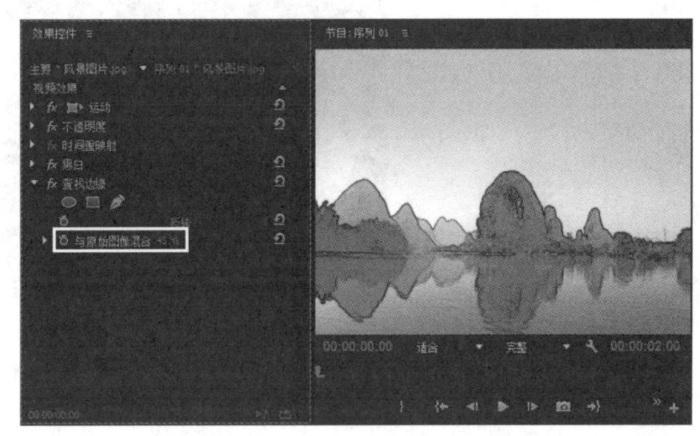

图4-331　设置“查找边缘”特效后的显示效果

（6）增加图像的对比度。在“效果”面板中展开“视频效果”文件夹， 然后选择“调整”中的“自动对比度”特效，如图 4-332 所示。接着将其拖入“时间线”面板中的“V2”轨道中的“风景图片 .tif”素材上。最后在“效果控件”面板中设置参数如图 4-333 所示。

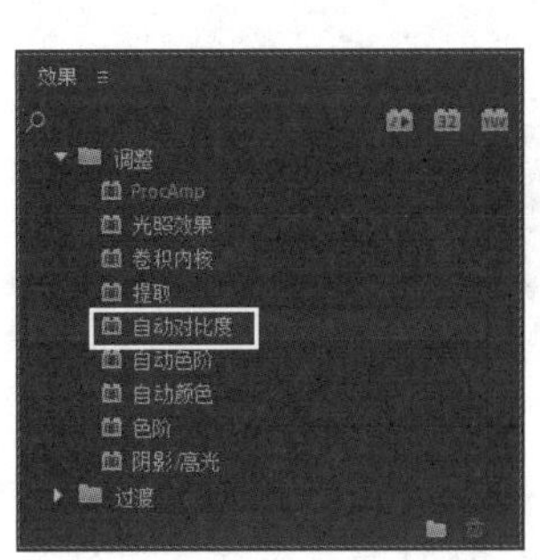

图4-332　选择“自动对比度”

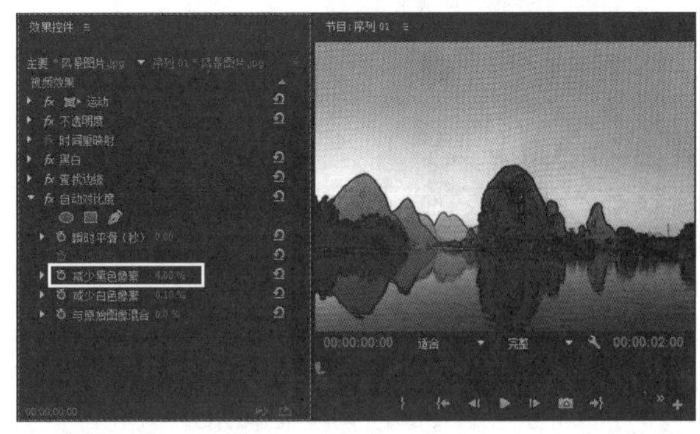

图4-333　设置“自动对比度”特效后的效果

（7）制作画面的模糊效果。在“效果”面板中展开“视频效果”文件夹， 然后选择“模糊与锐化”中的“高斯模糊”特效，如图 4-334 所示。接着将其拖入“时间线”面板中的“V2”轨道中的“风景图片 .tif”素材上。接着在“效果控件”面板中设置参数，如图 4–335 所示。

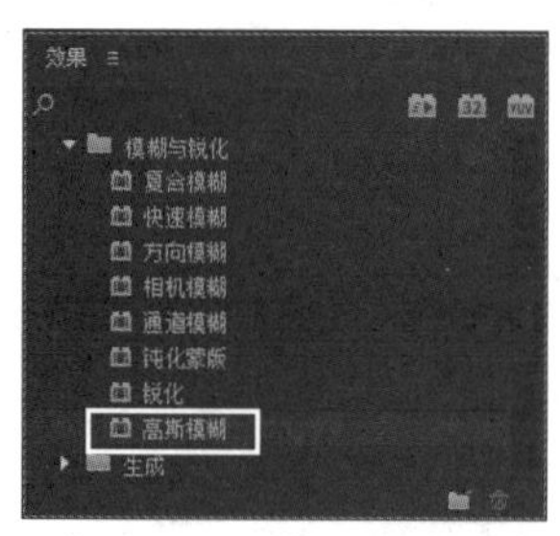

图4–334　选择“高斯模糊”

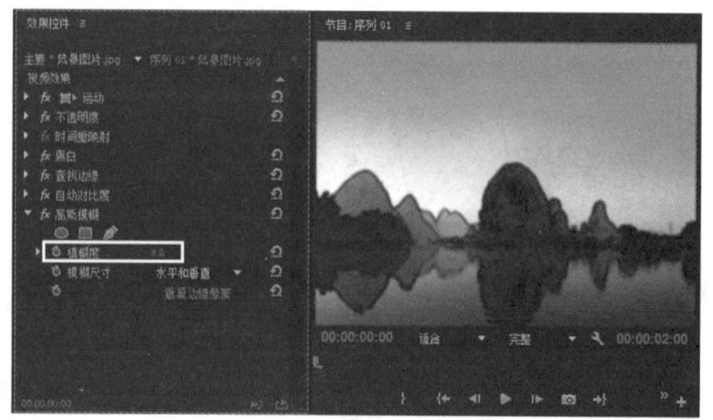

图4–335　设置“高斯模糊”特效后的效果

2. 添加题词

（1）将“项目”面板中的“题词 .tif”拖入“时间线”面板的“V3”轨道中，入点为 00：00：00：00，如图 4–336 所示。

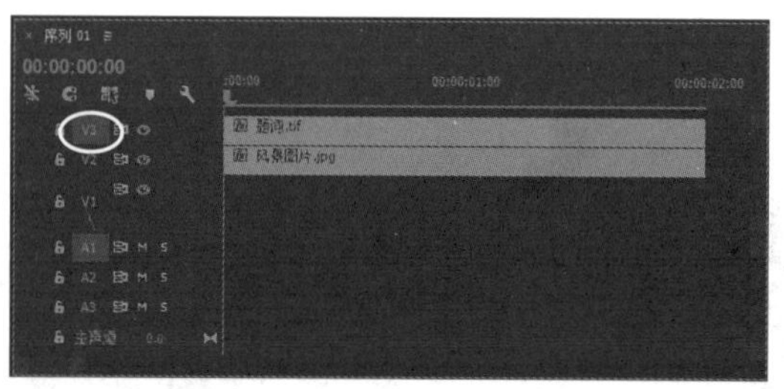

图4–336　将“题词.tif”拖入“时间线”面板的“V3”轨道中

（2）调整“题词 .tif”素材的位置。选择“V3”轨道中的“题词 .tif”素材，然后在“效果控件”面板中设置“位置”坐标为（580.0，120.0），如图 4–337 所示，效果如图 4–338 所示。

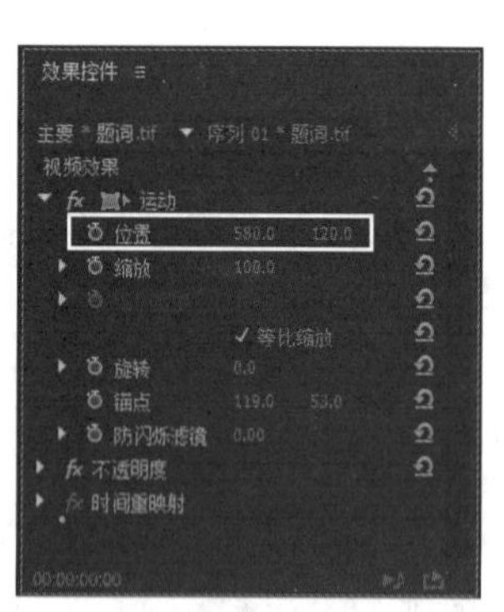

图4–337　设置“位置”坐标为（580.0，120.0）

图4–338　设置“位置”坐标后的效果

（3）此时题词的背景为白色，没有和水墨画进行很好的融合，需要去除白色背景。在“效果”面板中展开“视频效果”文件夹，然后选择“键控”中的“亮度键”特效，如图 4–339 所示。接着将其拖入“时间线”面板中的“V2”轨道中的“题词 .tif”素材上。最后在“效果控件”面板中设置“亮度键”特效的参数，如图 4–340 所示。

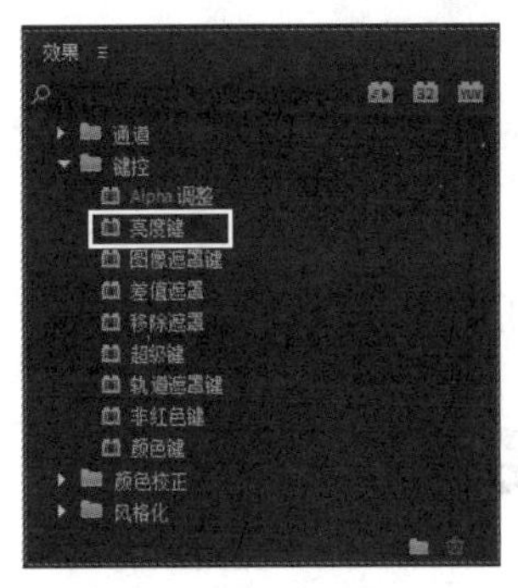

图4–339　选择“亮度键”

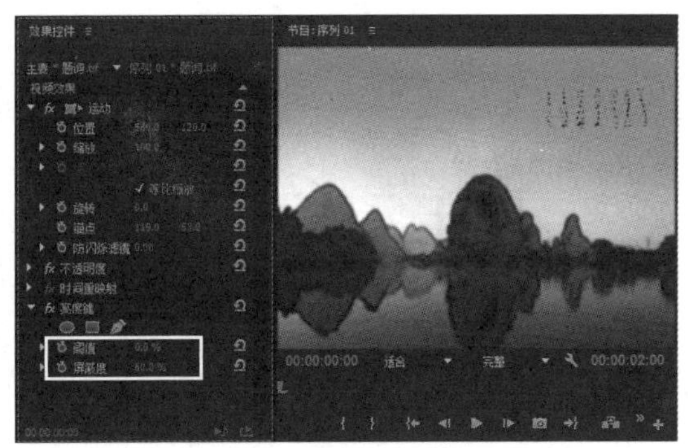

图4–340　设置“亮度键”特效参数后的效果

3. 添加装裱画面

（1）制作背景。单击“项目”面板下方的■（新建项）按钮，然后从弹出的下拉菜单中选择“颜色遮罩”命令，如图 4–341 所示。接着在弹出的“新建颜色遮罩”对话框中保持默认参数，如图 4–342 所示，单击“确定”按钮。再在弹出的“拾色器”对话框中设置一种蓝色（RGB 为（190，190，165）），如图 4–343 所示，单击“确定”按钮，最后在弹出的“选择名称”对话框中保持默认参数，如图 4–344 所示，单击“确定”按钮，即可完成蓝色背景的创建，此时“项目”面板如图 4–345 所示。

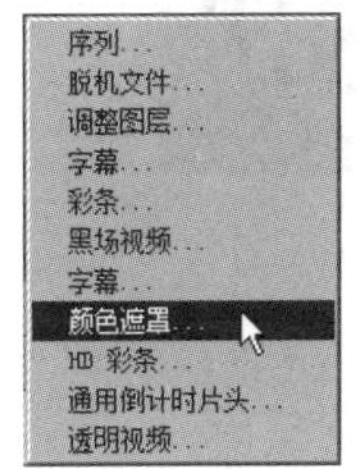

图4–341　选择“颜色遮罩”命令

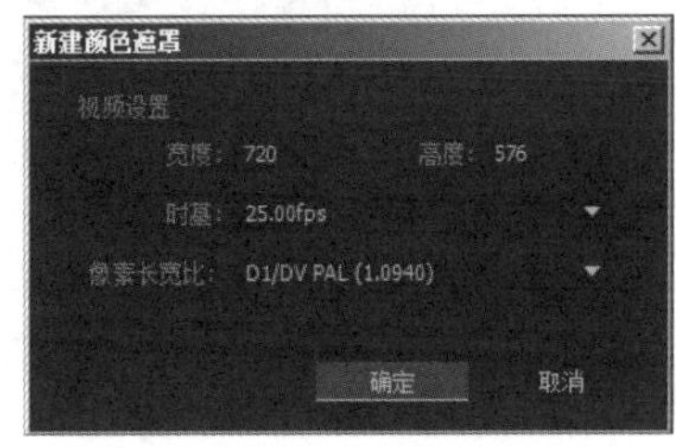

图4–342　“新建彩色蒙板”对话框

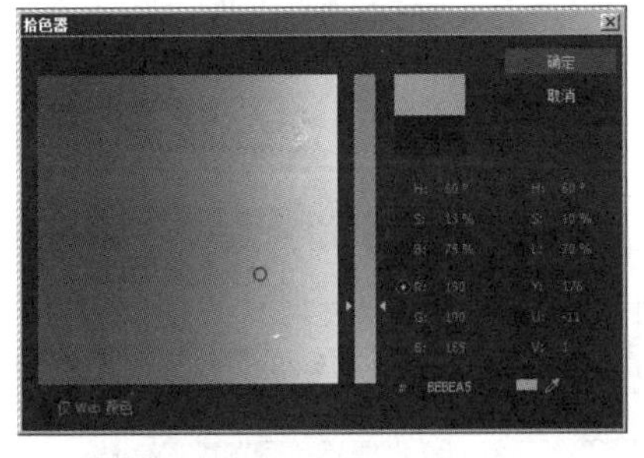

图4–343　设置颜色

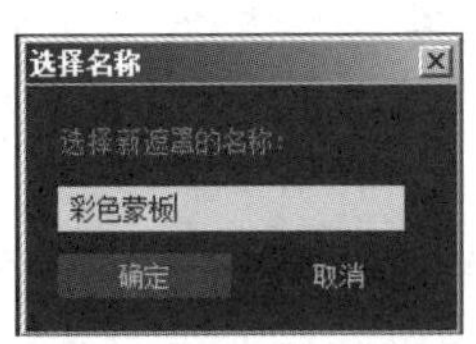

图4–344　保持默认参数

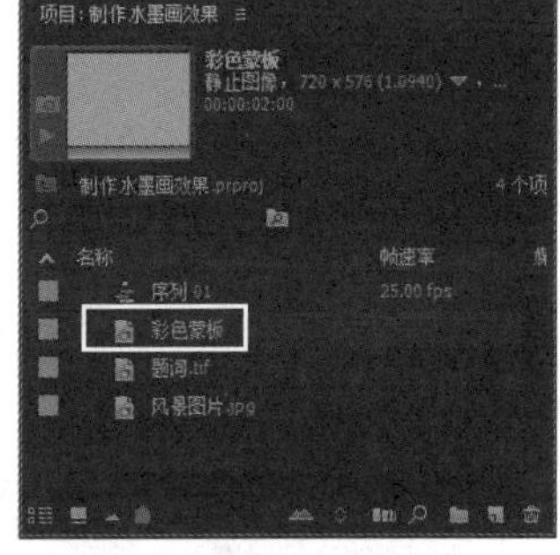

图4–345　“项目”面板

（2）将“项目”面板中的“彩色蒙版”素材拖入“时间线”面板的“V1”轨道中，入点为 00：00：00：00，如图 4–346 所示。

（3）此时看不到背景效果，这是因为“风景图片 .tif”素材将彩色蒙版遮挡住了。选中“V2”轨道上的“风景图片 .tif”素材，然后在“效果控件”面板中取消勾选“等比缩放”复选框，再将“缩放高度”设置为“80.0”，如图 4–347 所示。

（4）至此，水墨画效果制作完毕，执行“文件 | 导出 | 媒体”命令， 将其输出为“水墨画效果 .tga”文件。

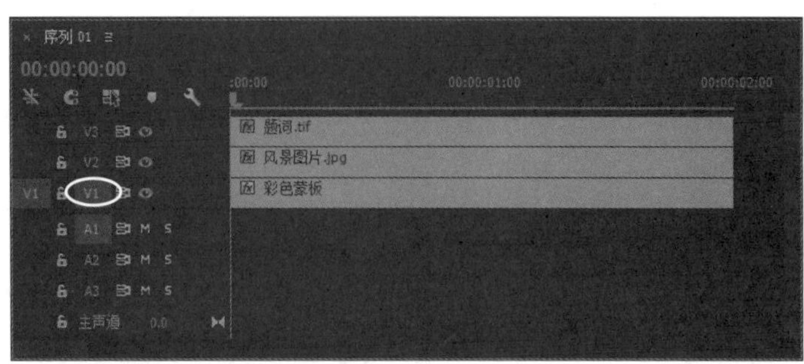

图4-346　将“彩色蒙版”拖入“时间线”面板的“V1”轨道中

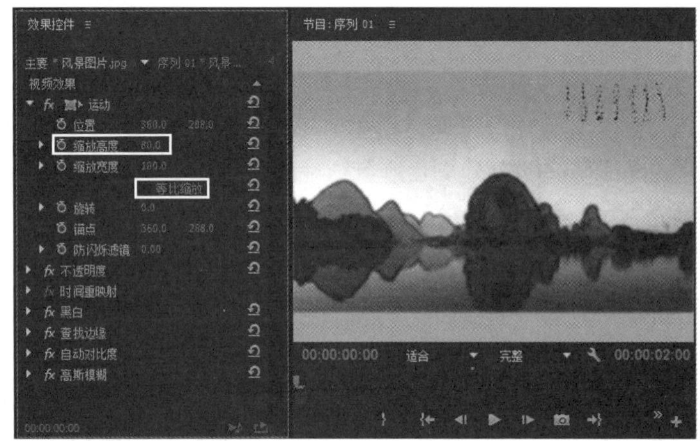

图4-347　将“风景图片.tif”素材“缩放高度”设置为“80.0”后的效果

4.3.5　制作逐一翻开的画面效果

要点

本例将制作多幅画面逐个出现，然后再逐一翻开效果，如图 4-348 所示。通过本例的学习，应掌握改变素材长度的方法，以及“边角定位”视频效果、添加字幕和透明度的综合应用。

图4-348　逐一翻开的画面效果

操作步骤

1. 编辑素材图片

（1）启动 Premiere Pro CC 2015，然后单击“新建项目”按钮，新建一个名称为“逐一翻开的画面效果”

的项目文件。接着新建一个 DV-PAL 制标准 48 kHz 的“序列 01”序列文件。

（2）导入图片素材。执行“文件 | 导入”命令，导入资源素材中的“素材及结果 \ 第 4 章　视频效果的应用 \4.3.5 制作逐一翻开的画面效果 \ 风景 1.jpg”、“风景 2.jpg”、“风景 3.jpg”、“风景 4.jpg”和“风景 5.jpg”文件，此时“项目”面板如图 4-349 所示。

（3）设置“风景 1.jpg”图片的持续时间长度为 18 s。右击“项目”面板中“风景 1.jpg”素材，从弹出的快捷菜单中选择“速度 / 持续时间”命令，接着在弹出的“剪辑速度 / 持续时间”对话框中设置“持续时间”为 00：00：18：00，如图 4-350 所示，单击“确定”按钮。

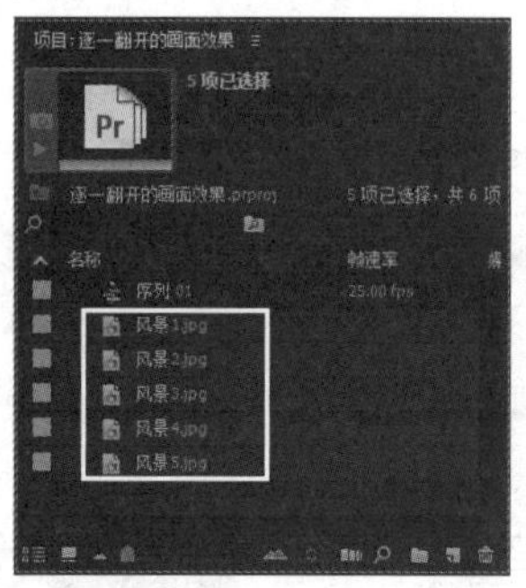

图4-349　“项目”面板

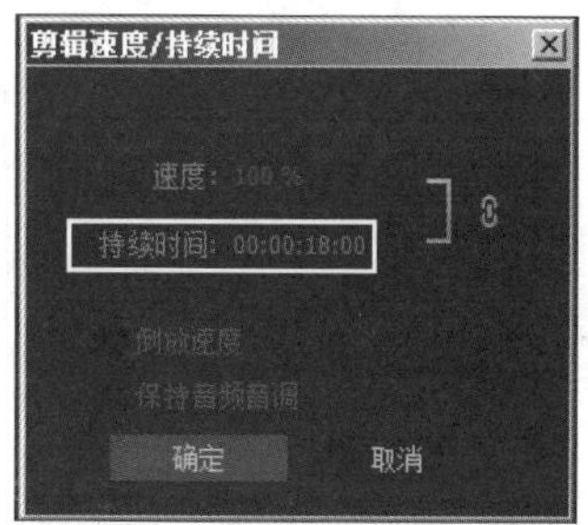

图4-350　设置“风景1.jpg”的持续时间

（4）同理，在“项目”面板中将“风景 2.jpg”素材的持续时间设置为 15 s，将“风景 3.jpg”素材的持续时间设置为 12 s，将“风景 4.jpg”素材的持续时间设置为 9 s，将“风景 5.jpg”素材的持续时间设置为 6 s。

（5）添加 3 条视频轨道。在“时间线”面板左侧的轨道中右击，从弹出的快捷菜单中选择“添加轨道”命令，如图 4-351 所示。然后在弹出的“添加轨道”对话框中设置参数，如图 4-352 所示，单击“确定”按钮，即可添加 3 条视频轨道，如图 4-353 所示。

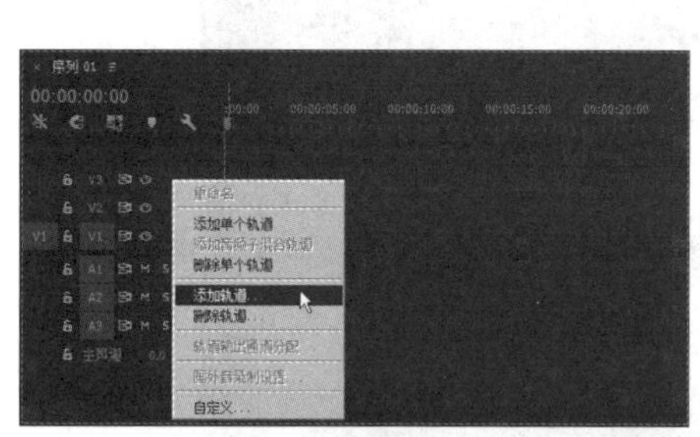

图4-351　选择“添加轨道”命令

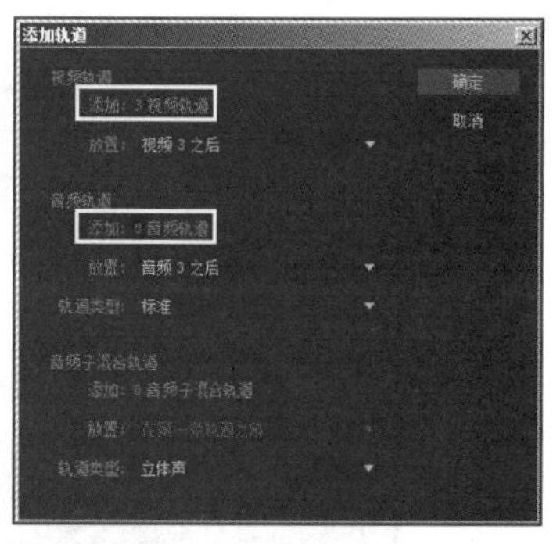

图4-352　“添加轨道”对话框

图4-353　添加3条视频轨道的“时间线”面板

（6）将“项目”面板中的“风景 1.jpg”素材拖入“时间线” 面板的“V1”轨道中，入点为 00：00：00：00。然后将“风景 2.jpg”素材拖入“V2”轨道中，使之出点为 00：00：18：00（即与“V1”轨道的“风景 1.jpg”素材结尾处对齐）。同理，依次将“风景 3.jpg”、“风景 4.jpg”和“风景 5.jpg”素材拖入“V3”、“V4”和“V5”轨道中，并将它们的出点均设置为 00：00：18：00，此时“时间线”面板如图 4–354 所示。

2. 制作画面翻开和缩放效果

（1）给“风景 1.jpg”～“风景 4.jpg”素材添加 “边角定位”特效。在 “效果”面板中展开 “视频效果”文件夹， 然后选择 “扭曲”中的 “边角定位”特效， 如图 4–355 所示。接着分别将其拖入 “时间线”面板中的“风景 1.jpg”～“风景 4.jpg”素材上。

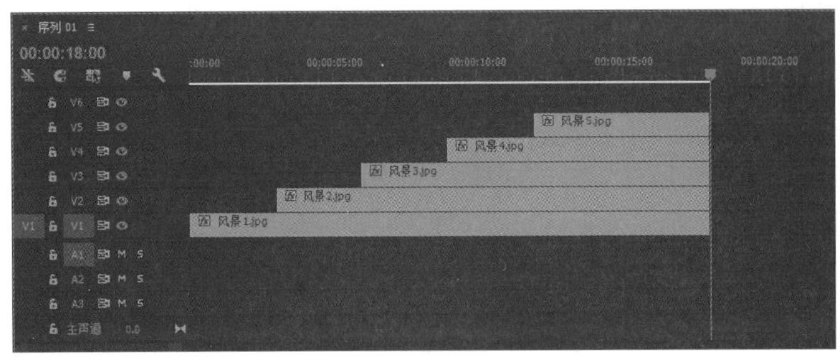

图4–354 “时间线”面板1

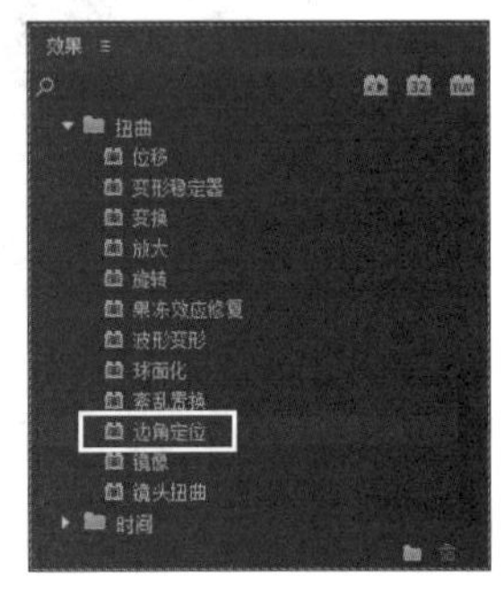

图4–355 “时间线”面板2

（2）制作“风景 1.jpg”素材的翻开动画。选择 “V1”轨道中的“风景 1.jpg”素材，然后在“效果控件”面板中单击右上角的 （显示／隐藏时间线）按钮（单击后变为 按钮），显示出时间线控制区。接着将时间滑块移动到 00：00：00：00 处，单击“右上”和“右下”前的 按钮，在此处添加关键帧，此时按钮变为 状态，如图 4–356 所示。接着将时间滑块移动到 00:00:02:00 的位置，将“右上”的坐标改为（180.0，142.0），将“右下”的坐标改为（180.0，432.0），如图 4–357 所示。

图4–356 在00:00:00:00处添加“右上”和“右下”的关键帧

（3）此时在“节目”面板中单击 按钮，即可看到在 00：00：00：00～00：00：02：00 间 “风景 1.jpg”的画面翻开效果，如图 4–358 所示。

（4）制作“风景 2.jpg”素材的翻开动画。选择“V2”轨道中的“风景 2.jpg”素材，然后在“效果控件”面板中将时间滑块移动到 00：00：03：00 处，单击“左上”和“左下”前的 按钮，在此处添加关键帧，如图 4–359 所示。接着将时间滑块移动到 00：00：05：00 的位置，将“左上”的坐标改为（540.0，142.0），将“左下”的坐标改为（540.0，432.0），如图 4–360 所示。

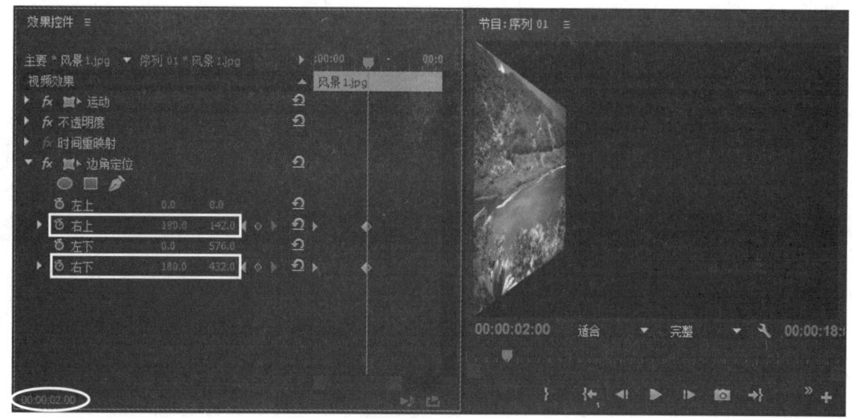

图4–357　在00:00:02:00处调整“右上”和“右下”的坐标

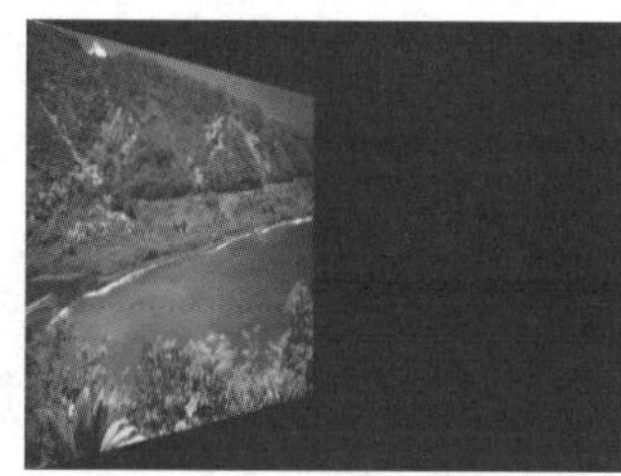
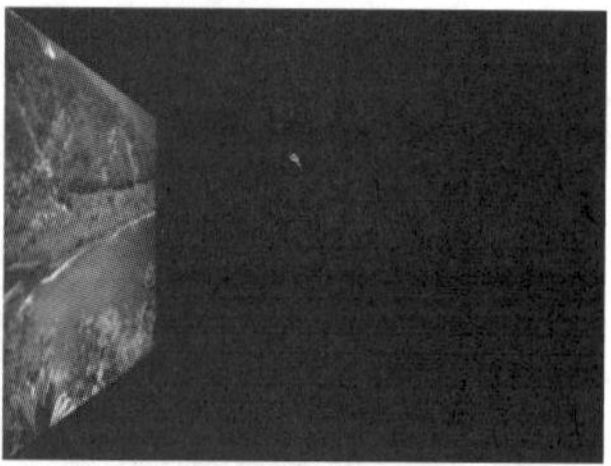

图4–358　“风景1.jpg”的画面翻开效果

图4–359　在00:00:03:00处添加“左上”和“左下”的关键帧

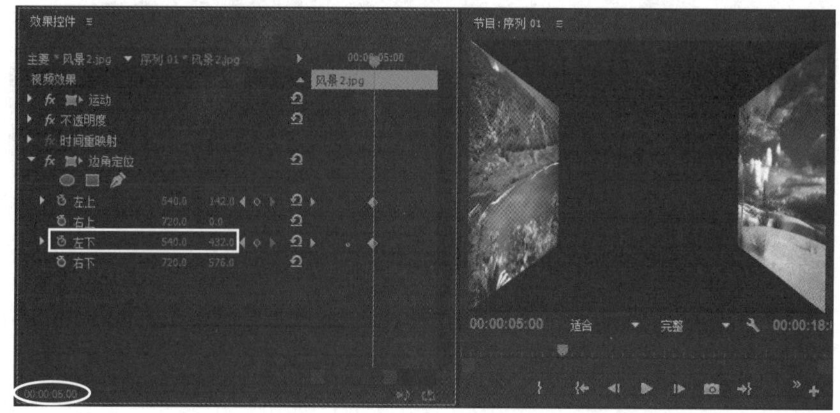

图4–360　在00:00:05:00处调整“右上”和“右下”的坐标

（5）此时在“节目”面板中单击▶按钮，即可看到在 00：00：03：00 ~ 00：00：05：00 间 “风景 2.jpg”的画面翻开效果，如图 4-361 所示。

图4-361 “风景2.jpg”的画面翻开效果

（6）制作“风景 3.jpg”素材的翻开动画。选择 “V3”轨道中的“风景 3.jpg”素材，然后在“效果控件”面板中将时间滑块移动到 00：00：06：00 处，单击“左下”和“右下”前的⏱按钮，在此处添加关键帧，如图 4-362 所示。接着将时间滑块移动到 00：00：08：00 的位置，将“左下”的坐标改为（180.0，142.0），将“右下”的坐标改为（540.0，142.0），如图 4-363 所示。

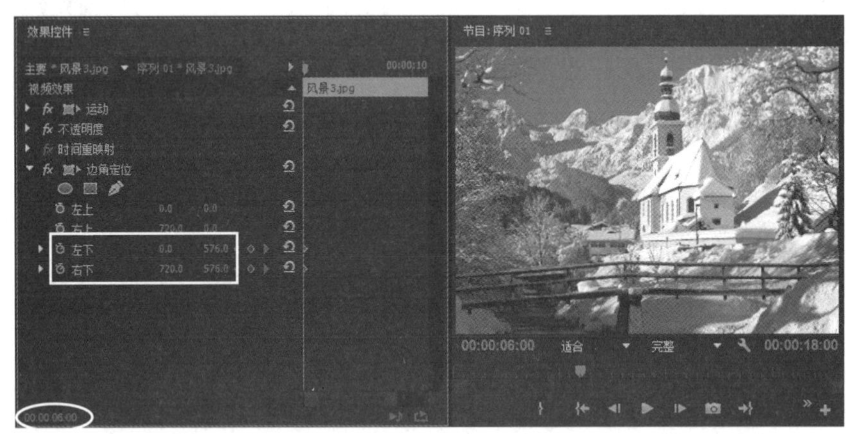

图4-362 在00:00:06:00处添加“左下”和“右下”的关键帧

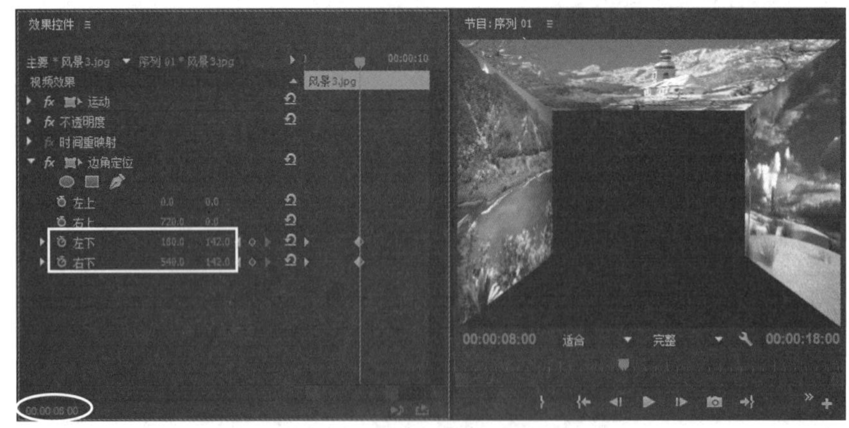

图4-363 在00:00:08:00处调整“左下”和“右下”的坐标

（7）此时在“节目”面板中单击▶按钮，即可看到在 00：00：06：00 ~ 00：00：08：00 间 “风景 3.jpg”的画面翻开效果，如图 4-364 所示。

（8）制作“风景 4.jpg”素材的翻开动画。选择 “V4”轨道中的“风景 4.jpg”素材，然后在“效果控件”面板中将时间滑块移动到 00：00：09：00 处，单击“左上”和“右上”前的⏱按钮，在此处添加关键帧，如

图 4-3651 所示。接着将时间滑块移动到 00：00：11：00 的位置，将“左上”的坐标改为（180.0，432.0），将“右上”的坐标改为（540.0，432.0），如图 4-366 所示。

图4-364　“风景3.jpg”的画面翻开效果

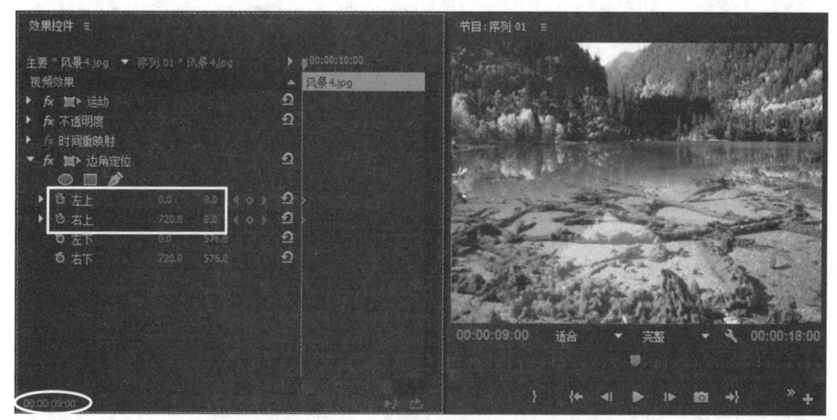

图4-365　在00:00:09:00处添加“左上”和“右上”的关键帧

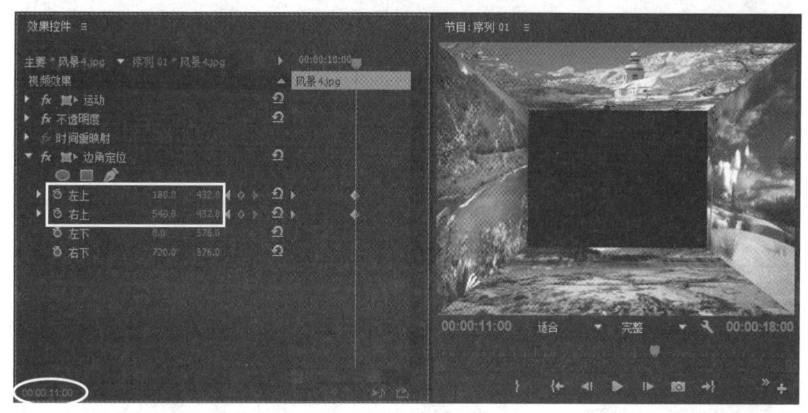

图4-366　在00:00:11:00处调整“左上”和“右上”的坐标

（9）此时在“节目”面板中单击▶按钮，即可看到在 00：00：09：00 ~ 00：00：11：00 间“风景 4.jpg”的画面翻开效果，如图 4-367 所示。

图4-367　“风景4.jpg”的画面翻开效果

（10）制作“风景 5.jpg”素材的缩放动画。选择“V5”轨道中的“风景 5.jpg”素材，然后在“效果控件”面板中将时间滑块移动到 00：00：12：00 处，单击“缩放”前的按钮，在此处添加关键帧，如图 4–368 所示。接着将时间滑块移动到 00：00：14：00 的位置，将“缩放”的数值设置为 50.0，如图 4–369 所示。

图4–368　在00:00:12:00处添加“缩放”的关键帧

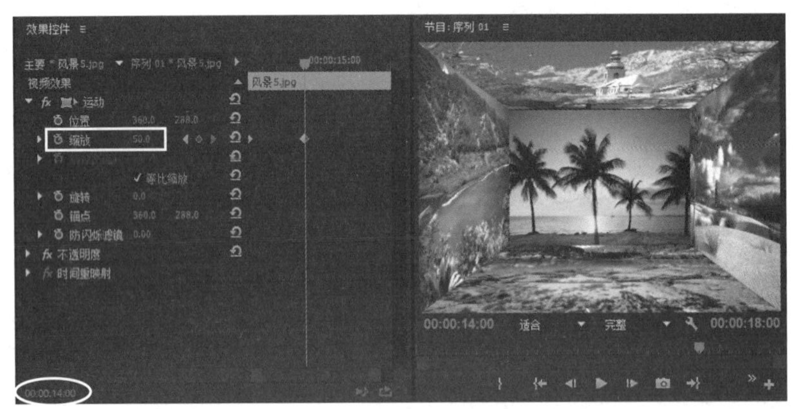

图4–369　在00:00:14:00处将“缩放”的数值设置为50.0

（11）此时在“节目”面板中单击按钮，即可看到在 00：00：12：00 ~ 00：00：14：00 间 “风景 4.jpg”的画面缩放效果，如图 4–370 所示。

图4–370　“风景4.jpg”的画面缩放效果

3. 添加字幕的动画效果

（1）单击“项目”面板下方的（新建项）按钮，从弹出的下拉菜单中选择“字幕”命令，然后在弹出的“新建字幕”对话框中设置参数，如图 4–371 所示，单击“确定”按钮，进入“文字”字幕的设计窗口，如图 4–372 所示 。

（2）输入文字。选择“字幕工具”面板中的（文字工具），然后在“字幕面板”编辑窗口中输入“自然风光”4 个字，接着在“字幕属性”面板中设置“字体”为 HYDaHeiJ，“字体大小”为 80.0。再将“填充”

区域下的“色彩”设置为白色，并设置相应的“内侧边”和“外侧边”。最后在“字幕动作”面板中单击▣和▣按钮，将文字居中对齐，效果如图 4–373 所示。

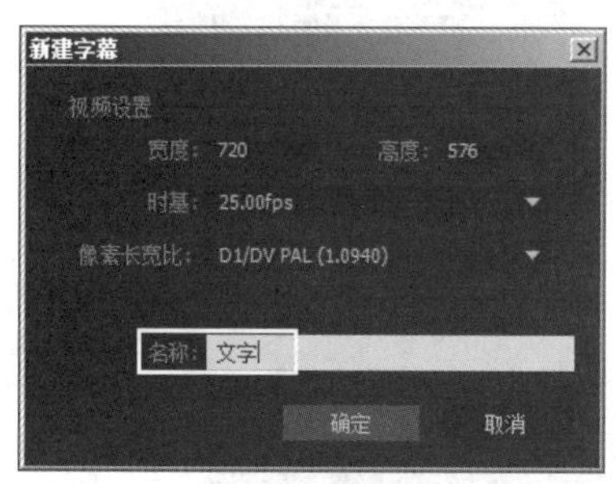

图4–371　“新建字幕”对话框

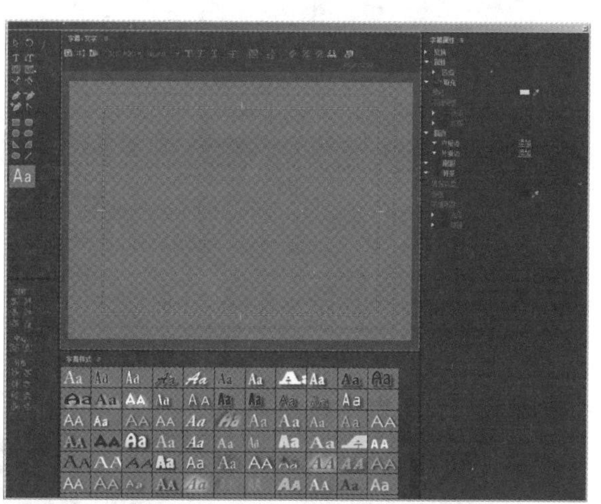

图4–372　“文字”字幕的设计窗口

图4–373　输入文字

(3) 单击“字幕设计窗口”右上角的▣按钮，关闭字幕设计窗口，此时创建的“文字”字幕会自动添加到“项目”面板中，如图 4–374 所示。

(4) 设置“文字”字幕的持续时间为 4 s。右击项目窗口中的“文字”，然后从弹出的快捷菜单中选择“速度 / 持续时间”命令，接着在弹出的“剪辑速度 / 持续时间 " 对话框中输入 00：00：04：00，如图 4–375 所示，单击“确定”按钮。

(5) 从“项目”面板中将制作好的“文字”字幕素材拖入“时间线”面板的“V6”中，并将出点设为与其他视频轨对齐，如图 4–376 所示。

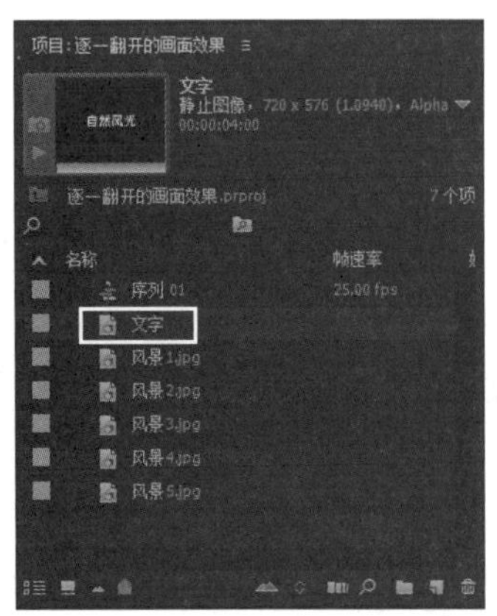

图4–374 “项目”面板

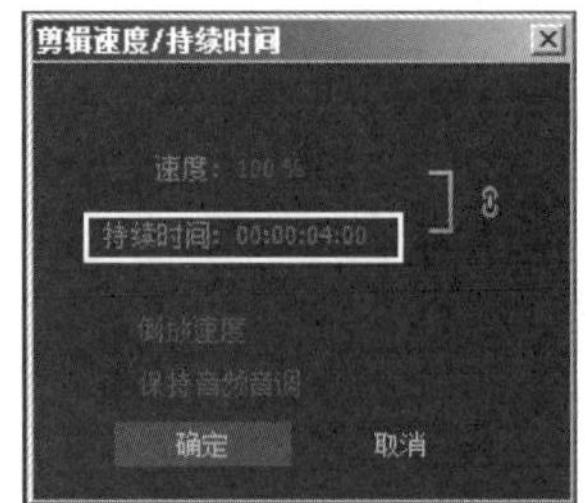

图4–375 设置“文字”字幕的持续时间

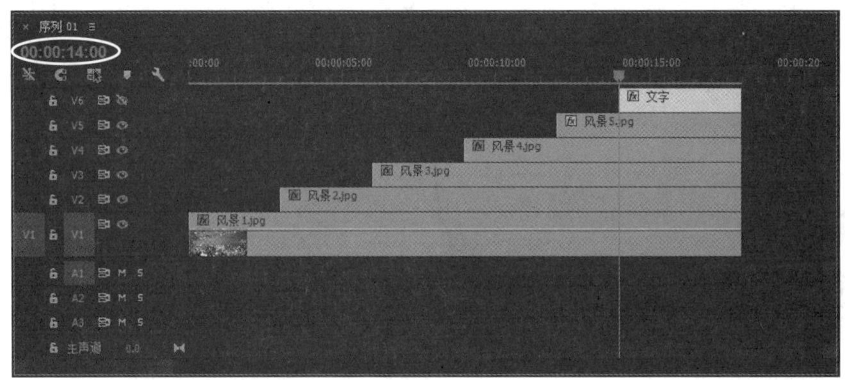

图4–376 “时间线”面板

（6）制作字幕的淡入和缩放效果。选择“时间线”面板中的“文字”字幕素材，然后进入“效果控件”面板，将时间线移动到 00:00:14:00 的位置，分别单击“缩放”和“不透明度”选项前面的按钮，添加关键帧，并将“缩放”的数值设置为 600.0，将“不透明度”的数值设置为 0.0%，如图 4–377 所示。接着将时间滑块移动到 00:00:17:00 位置，然后将“缩放”的数值设置 100.0，将“不透明度”的数值设置为 100.0%，如图 4–378 所示。

图4–377 在00:00:14:00的位置添加“缩放”和“不透明度”关键帧

（7）此时在“节目”面板中单击按钮，即可看到在 00：00：14：00 ~ 00：00：17：00 间文字的淡入和缩放效果，如图 4–379 所示。

图4–378　在00:00:17:00的位置添加“缩放”和“不透明度”关键帧

图4–379　文字的淡入和缩放效果

（8）至此，逐一翻开的画面效果制作完毕，执行“文件 | 导出 | 媒体”命令，　将其输出为“逐一翻开的画面效果 .avi”文件。

课 后 练 习

一、填空题

1. 利用________视频效果可以在画面上产生类似闪电或电火花的光电效果；利用________视频效果可以模拟出镜头光斑的效果。

2. 利用________视频效果可以去除画面中的蓝色部分；利用________视频效果可以同时去除画面中的蓝色和绿色背景。

二、选择题

1. 使用下列（　　）视频效果可以制作出图 4–380 所示的重影效果。

A. 偏移　　　　B. 变换

C. 弯曲　　　　D. 镜头扭曲

2. 使用下列（　　）视频效果可以制作出图 4–381 所示的倒角效果。

A. 基本 3D　　　　B. 投影

C. 斜角边　　　　D. 斜面 Alpha

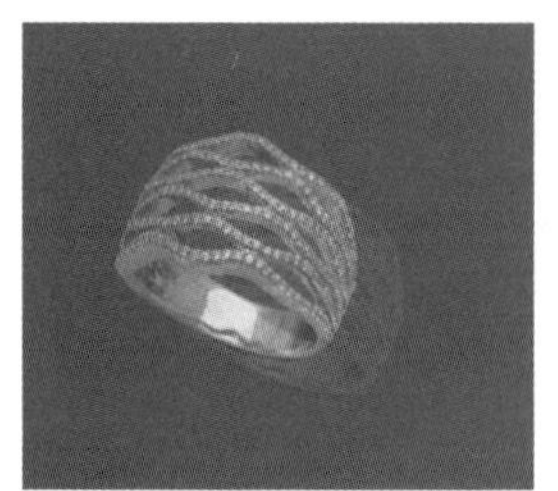

图4-380　重影效果

图4-381　倒角效果

三、问答题 / 上机题

1. 简述添加视频效果的方法。
2. 利用资源素材中的“课后练习 \ 第 4 章 \ 练习 1”中的相关素材制作图 4-382 所示的变色的汽车效果。

图4-382　练习2的效果

3. 利用资源素材中的“课后练习 \ 第 4 章 \ 练习 2”中的相关素材制作图 4-383 所示的多层切换效果。

图4-383　练习3的效果

运动效果的应用　第5章

本章重点

对素材进行运动和透明度的编辑设置，可以使编辑的画面看起来更加流畅，富有动感。通过本章的学习，读者应掌握以下内容：

- 掌握添加运动效果的方法；
- 掌握添加透明效果的方法。

5.1　添加运动效果

运动是多媒体设计的灵魂，灵活运用动画效果，可以使视频作品更加丰富多彩。利用Premiere Pro CC 2015 可以轻松地制作出位移、缩放、旋转等各种运动效果。将素材拖入“时间线”面板中，然后在“效果控件”面板中展开“运动”选项，此时可以看到“运动”项中的相关参数，如图 5–1 所示。

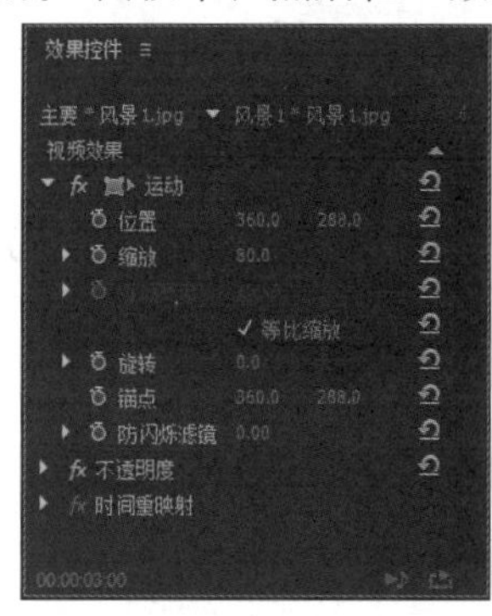

图5–1　“效果控件”面板

- 位置：用于设置对象在屏幕中的位置坐标。
- 缩放：用于调节对象的缩放度。
- 缩放宽度：在未勾选“等比缩放”复选框的情况下可以设置对象的宽度。
- 旋转：用于设置对象在屏幕中的旋转角度。
- 锚点：用于设置对象的旋转或移动控制点。
- 防闪烁滤镜：用于消除食品中闪烁的对象。

5.1.1　使用关键帧

运动效果的实现离不开关键帧的设置。所谓关键帧是指在时间上的一个特定点，在该点上可以运用不同的效果。当在关键帧上运用不同特效时，Premiere Pro CC 2015 会自动对关键帧之间的部分进行插补运算，使其平滑过渡。

1. 添加关键帧

如果要为影片剪辑的素材创建运动特效，便需要为其添加多个关键帧。添加关键帧的具体操作步骤如下：

（1）在“时间线”面板中选择要编辑的素材（此时选择的是“风景 1.jpg”），如图 5–2 所示。

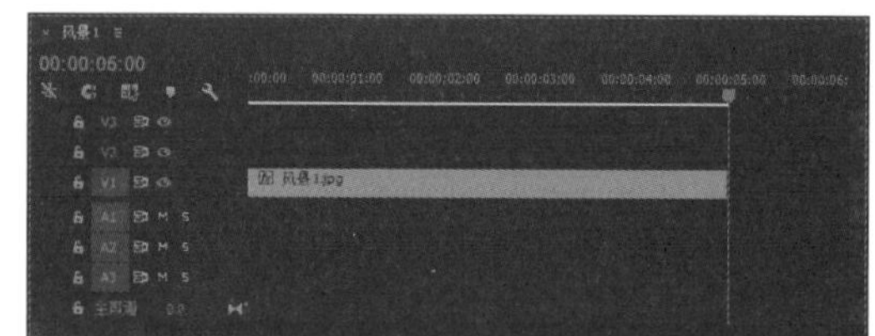
图5-2　选择要编辑的素材

（2）进入“效果控件”面板，然后在“效果控件”面板中单击右上角的（显示／隐藏时间线）按钮（单击后变为按钮），显示出时间线控制区。

（3）展开“运动”选项，再移动时间滑块到要添加关键帧的位置，单击相关特性左侧的按钮（这里选择的是“缩放”），此时相应的特性关键帧会被激活，显示为状态，且在当前时间编辑线处将添加一个关键帧，如图 5-3 所示。

（4）移动当前时间编辑线到下一个要添加关键帧的位置，然后调整参数，此时软件会在当前编辑线处自动添加一个关键帧，如图 5-4 所示。

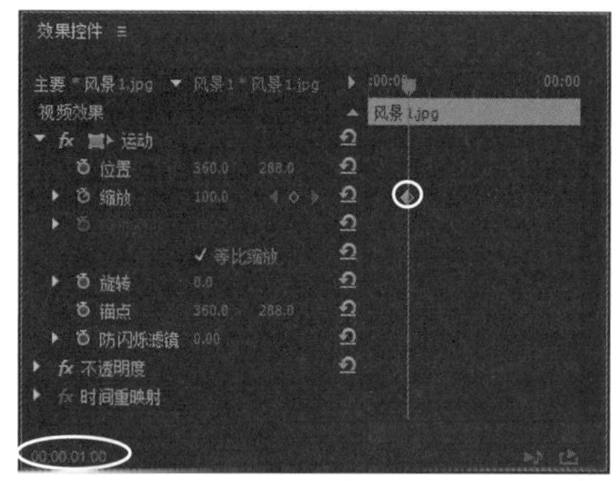

图5-3　添加一个关键帧

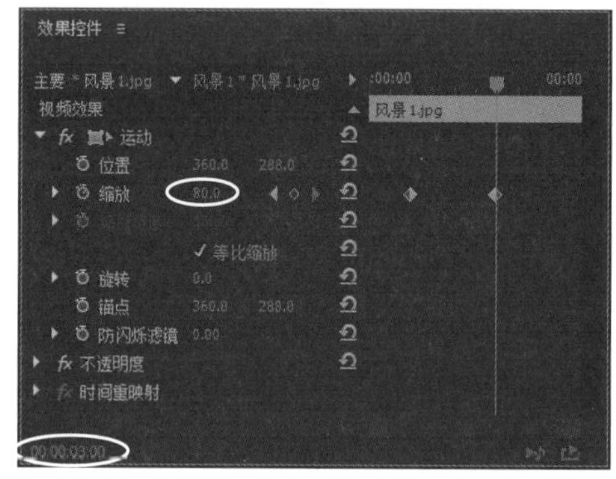

图5-4　自动添加一个关键帧

提示

在“效果控件”面板中单击（添加/移除关键帧）按钮，也可以手动添加一个关键帧。

2. 删除关键帧

删除关键帧的具体操作步骤如下：

（1）选择要删除的关键帧，按 Delete 键。

（2）如果要删除某一特性所有的关键帧，可以单击相关特性左侧的按钮，此时会弹出图 5-5 所示的对话框，单击“确定”按钮，该属性上的所有关键帧将被删除。

图5-5　“警告”对话框

3. 移动关键帧

移动关键帧的具体操作步骤如下：

（1）单击要选择的关键帧。

（2）按住鼠标左键将关键帧拖动到适当位置即可。

4. 剪切与粘贴关键帧

剪切与粘贴关键帧的具体操作步骤如下：

（1）选择要剪切的关键帧，右击，从弹出的快捷菜单中选择“剪切”命令，如图 5-6 所示。

（2）移动时间滑块到要粘贴关键帧的位置，如图 5-7 所示。然后右击，从弹出的菜单中选择“粘贴”命令（快捷键 Ctrl+V），如图 5-8 所示。则剪切的关键帧将被粘贴到指定位置，如图 5-9 所示。

5. 复制与粘贴关键帧

在创建运动特效的过程中，如果多个素材中的关键帧具有相同的参数，则可利用复制和粘贴关键帧的方法来提高操作效率。复制与粘贴关键帧的具体操作步骤如下：

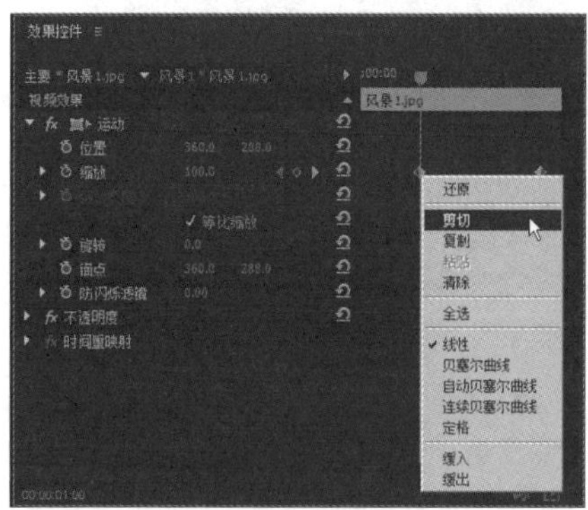

图5-6　选择“剪切”命令

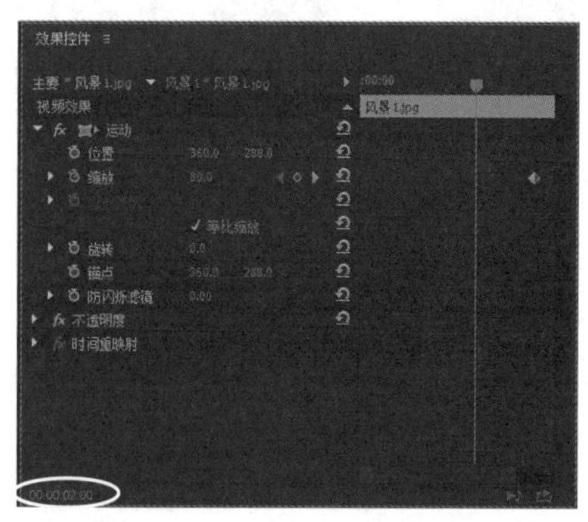

图5-7　移动时间滑块到要粘贴关键帧的位置

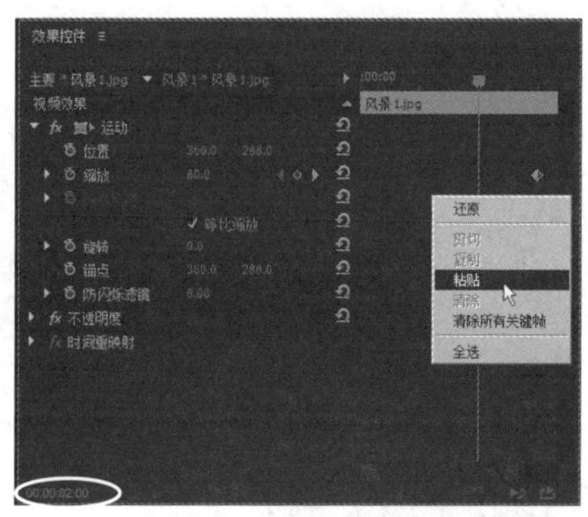

图5-8　选择“粘贴”命令

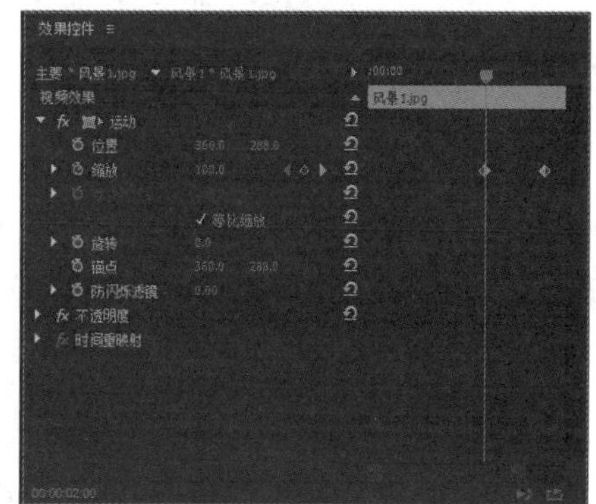

图5-9　粘贴关键帧的效果

（1）在“时间线”面板中选择要复制关键帧的素材（此时选择的是“风景 1.jpg”），然后在“效果控件”面板中选择要复制的关键帧（此时选择的是两个关键帧），接着右击，从弹出的快捷菜单中选择“复制”命令，如图 5-10 所示。

（2）在“时间线”面板中选择要粘贴关键帧的素材（此时选择的是“风景 2.jpg”），如图 5-11 所示。然后在“效果控件”面板中将时间滑块移动到要粘贴关键帧的位置，接着右击，从弹出的快捷菜单中选择“粘贴”命令，如图 5-12 所示。剪切的关键帧将被粘贴到指定位置，如图 5-13 所示。

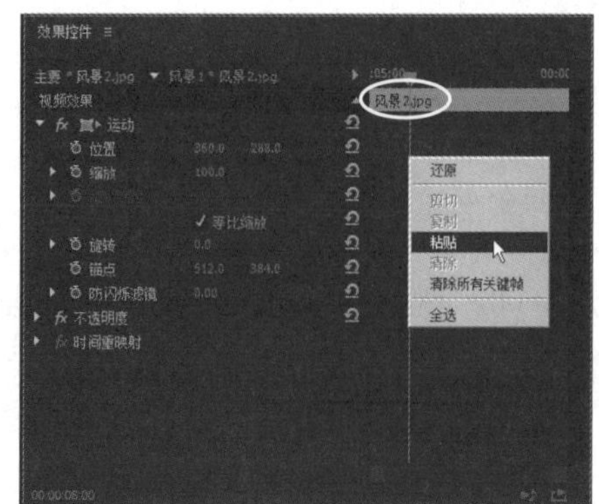

图5-10　选择“复制”命令

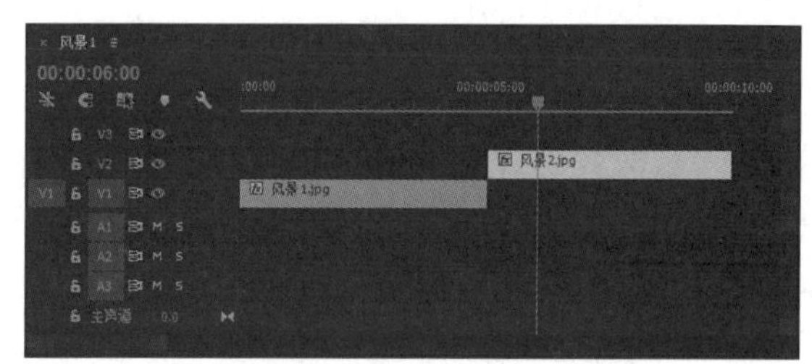

图5-11　选择要粘贴关键帧的素材

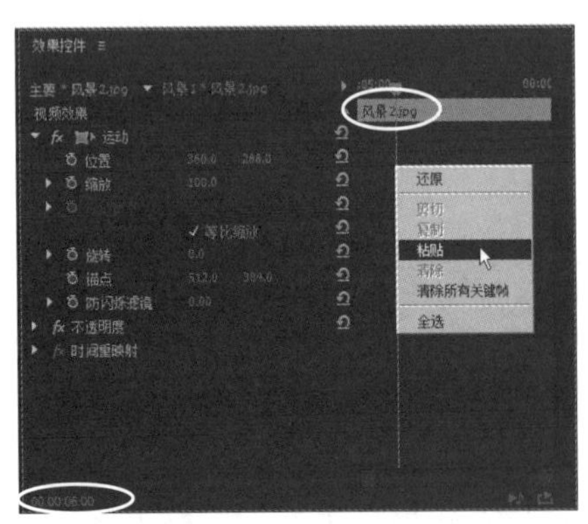

图5-12　选择“粘贴”命令

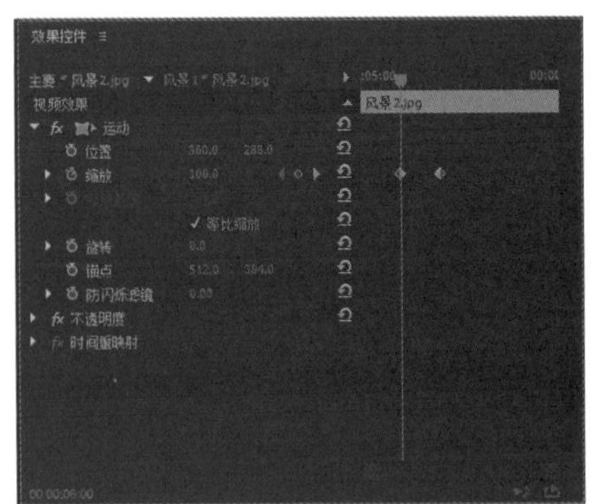

图5-13　粘贴关键帧的效果

5.1.2　运动效果的添加

运动是剪辑千变万化的灵魂所在，它可以实现多种特效，特别是对于静态图片，利用运动效果是其增色的有效途径。在 Premiere Pro CC 2015 中的运动效果可分为“位置”运动、“缩放”运动、“旋转”运动和“锚点”运动 4 种。

1. “位置”运动效果

添加“位置”运动效果的具体操作步骤如下：

（1）在“时间线”面板中选择要添加“位置”运动效果的素材（此时选择的是“风景 3.jpg”），如图 5-14 所示。

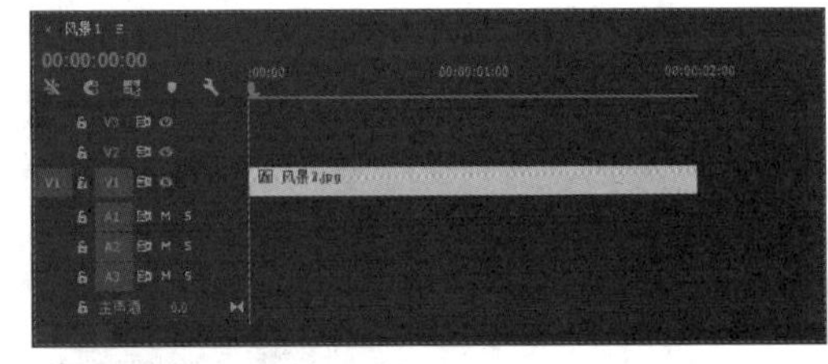

图5-14　选择要添加“位置”运动效果的素材

（2）在“效果控件”面板中展开“运动”选项，如图 5-15 所示。

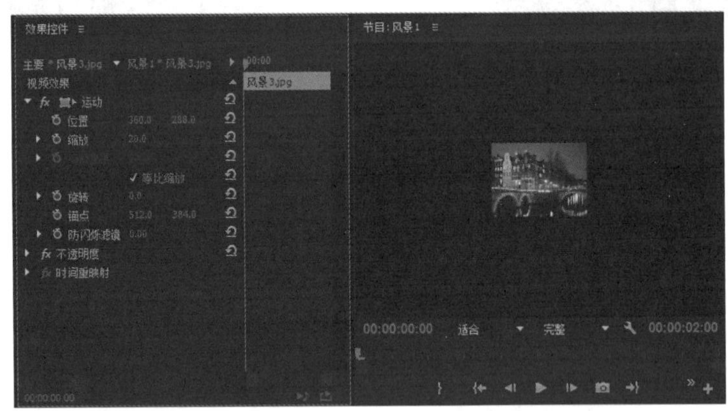

图5-15　在“效果控件”面板中展开“运动”选项

提示

如果“效果控件”面板隐藏，可以执行“窗口 | 效果控件”命令，调出该面板。

（3）将时间滑块移动到素材运动开始的位置（此时移动的位置为 00：00：00：00)，然后单击“位置”特性左侧的按钮，此时“位置”特性的关键帧会被激活，显示为状态，且在当前时间位置处添加一个关键帧。接着在“位置”右侧输入 X 和 Y 坐标数值，如图 5-16 所示。

（4）将时间滑块移动到下一个要添加“位置”关键帧的位置（此时移动的位置为 00：00：01：00)，然后对位置再次进行调整，此时软件会自动添加一个关键帧，如图 5-17 所示。

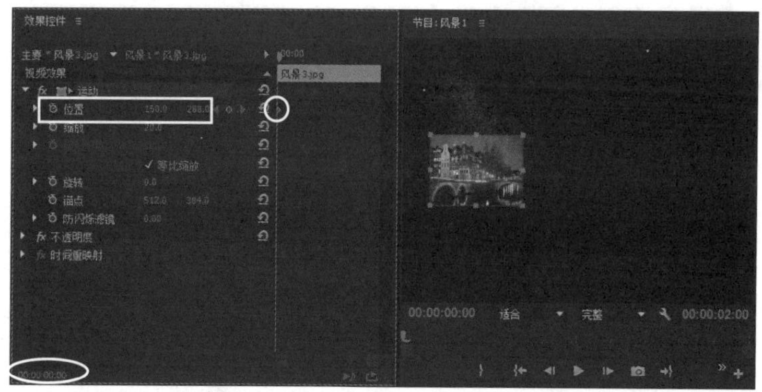

图5-16　在00：00：00：00处调整“位置”的参数

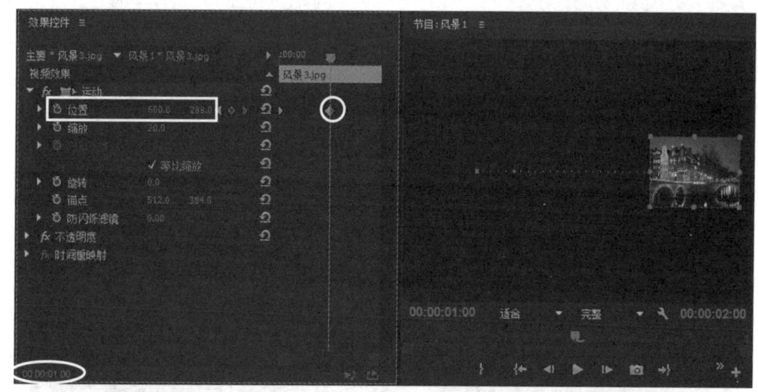

图5-17　在00：00：01：00处调整“位置”的参数

（5）单击“节目”面板中的▶按钮，即可看到素材从右往左运动的效果，如图 5-18 所示。

图5-18　素材从右往左运动的效果

2.“缩放”运动效果

利用“缩放”运动效果，可以制作出镜头推拉的效果。添加“缩放”运动效果的具体操作步骤如下：

（1）在“时间线”面板中选择要添加“缩放”运动的素材（此时选择的是“风景 4.jpg”），如图 5-19 所示。

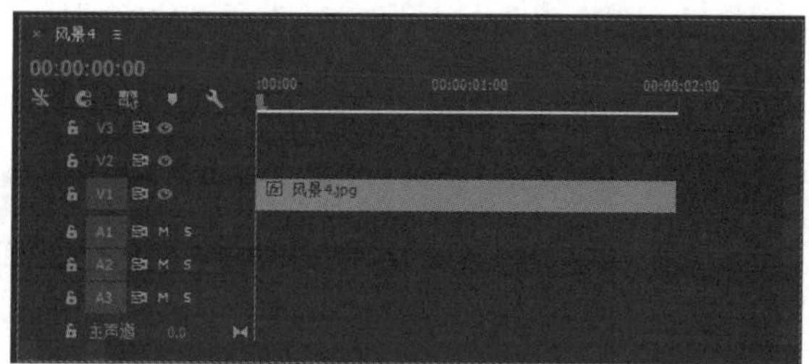

图5-19　选择要添加“缩放”运动效果的素材

（2）在“效果控件”面板中展开“运动”选项，如图 5-20 所示。

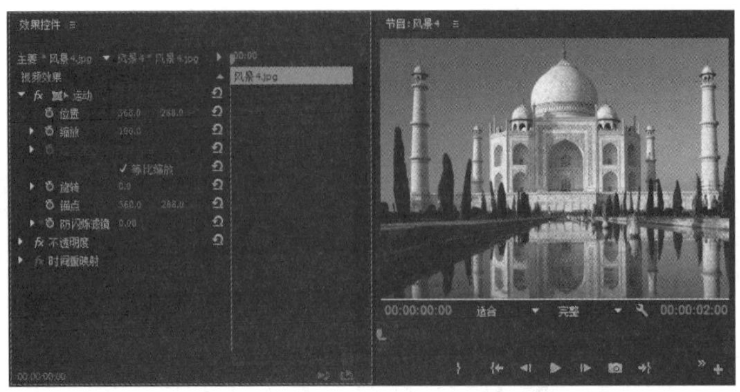

图5-20　在“效果控件”面板中展开“运动”选项

(3) 将时间滑块移动到要设置素材第 1 个“缩放”关键帧的位置，然后单击“缩放”特性左侧的按钮，添加一个关键帧。接着在“缩放”右侧输入数值，如图 5-21 所示。

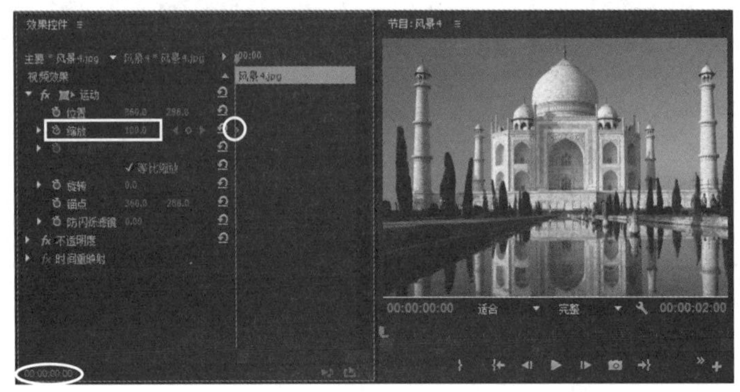

图5-21　在00：00：00：00处调整“缩放”的参数

(4) 将时间滑块移动到要设置第 2 个“缩放”关键帧的位置，然后在“缩放”右侧重新输入数值，此时软件会自动添加一个关键帧，如图 5-22 所示。

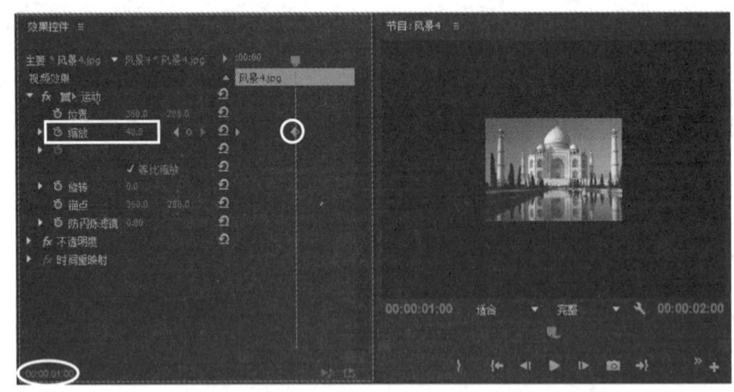

图5-22　在00：00：01：00处调整“缩放”的参数

(5) 单击“节目”面板中的按钮，即可看到素材从大变小的动画效果，如图 5-23 所示。

图5-23　素材从大变小的效果

3. “旋转”运动效果

利用“旋转”运动效果，可以制作出摇镜头的效果。添加“旋转”运动效果的具体操作步骤如下：

（1）在“时间线”面板中选择要添加“旋转”运动的素材（此时选择的是“风景 5.jpg”），如图 5–24 所示。

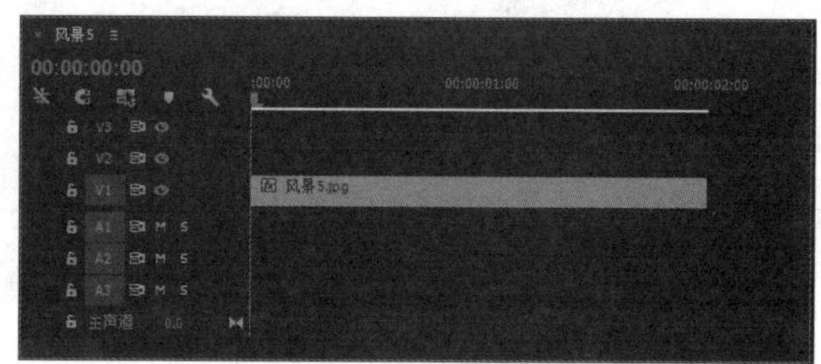

图5–24　选择要添加“旋转”运动的素材

（2）在“效果控件”面板中展开“运动”选项，如图 5–25 所示。

图5–25　展开“运动”选项

（3）将时间滑块移动到要设置素材第 1 个“旋转”关键帧的位置，然后单击“旋转”特性左侧的按钮，添加一个关键帧。接着在“旋转”右侧输入数值，如图 5–26 所示。

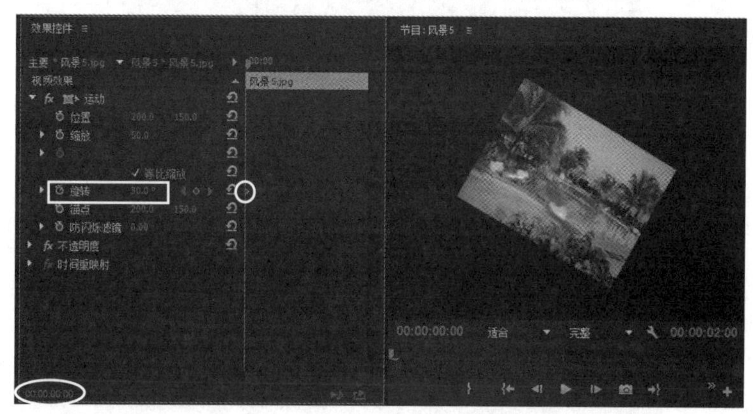

图5–26　在00：00：00：00处调整“旋转”的参数

（4）将时间滑块移动到要设置第 2 个旋转关键帧的位置，然后在“旋转”右侧重新输入数值，此时会自动添加一个关键帧，如图 5–27 所示。

（5）单击“节目”面板中的按钮，即可看到素材的旋转动画效果，如图 5–28 所示。

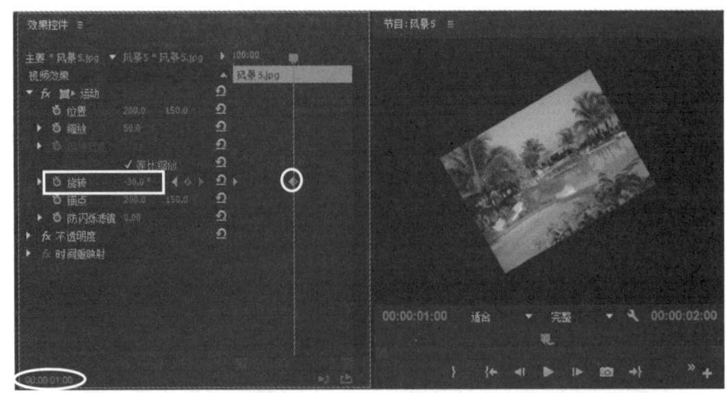

图5-27　在00：00：01：00处调整“旋转”的参数

图5-28　素材的旋转动画效果

4.“锚点”运动效果

“锚点”就是对象的中心点，“锚点”的位置不同，旋转等效果也就不同。添加“锚点”运动效果的具体操作步骤如下：

（1）在“时间线”面板中选择要添加“锚点”运动的素材（此时选择的是“风景6.jpg”），如图5-29所示。

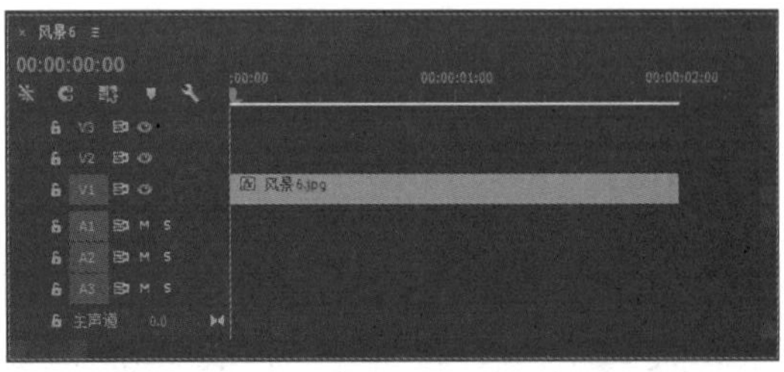

图5-29　选择要添加“锚点”运动的素材

（2）在“效果控件”面板中展开“运动”选项，如图5-30所示。

图5-30　展开“运动”选项

（3）将时间滑块移动到要设置素材第1个“锚点”关键帧的位置，然后单击“锚点”特性左侧的按钮，添加一个关键帧。然后在“锚点”右侧输入数值，如图5-31所示。

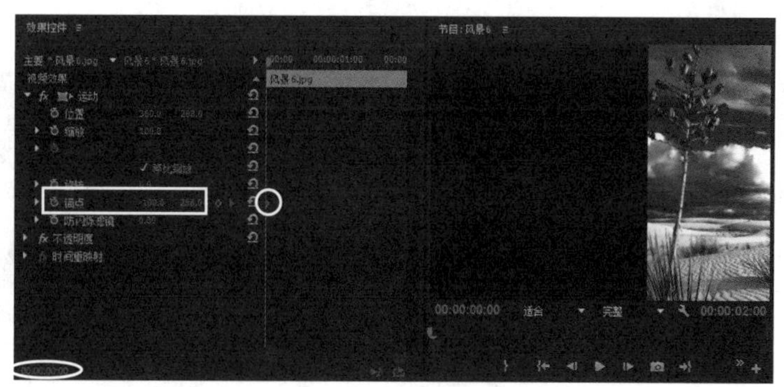

图5-31　在00：00：00：00处调整“旋转”的参数

（4）将时间滑块移动到要设置第 2 个“锚点”关键帧的位置，然后在“锚点”右侧重新输入数值，此时软件会自动添加一个关键帧，如图 5-32 所示。

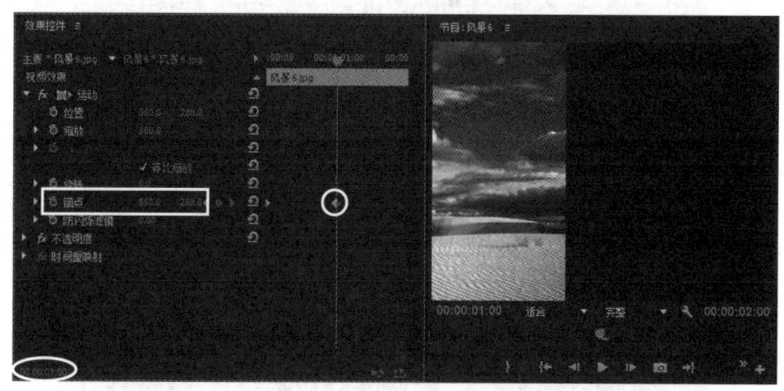

图5-32　在00：00：01：00处调整“旋转”的参数

（5）单击“节目”面板中的▶按钮，即可看到素材由于锚点的变化而产生的动画效果，如图 5-33 所示。

图5-33　素材的锚点动画效果

5.2　添加透明效果

制作影片时，降低素材的不透明度可以使素材画面呈现透明或半透明效果，从而利于各素材之间的混合处理。例如，在武侠影片中，大侠快速如飞的场面。实际上，演员只是在单色背景前做出类似动作，然后在实际的剪辑制作时将背景设置为透明，接着将这个片断叠加到天空背景片段上，以此来实现效果。此外还可以使用添加关键帧的方法，使素材产生淡入或淡出的效果。

在 Premiere Pro CC 2015 中可以通过“时间线”面板中的“显示透明控制”命令或者“效果控件”面板来实现透明效果。

1. 显示透明控制

使用“显示透明控制”实现透明效果的具体操作步骤如下：

（1）在“时间线”面板选择要设置透明效果的素材（此时选择的是“风景 7.jpg”），然后双击素材所在的轨道名称（此时双击的是“V1”轨道），从而展开该轨道，如图 5-34 所示。

图5-34 展开“V1”轨道

（2）选择 V1 轨道上的“风景 7.jpg”素材，分别在“时间线”面板中该素材的 00:00:00:05、00:00:01:00 和 00:00:01:20 位置单击 （添加－移除关键帧）按钮，各添加一个不透明度关键帧，如图 5-35 所示。

（3）利用“工具”面板中的 （选择工具）向下移动起点和终点的不透明度关键帧，如图 5-36 所示。

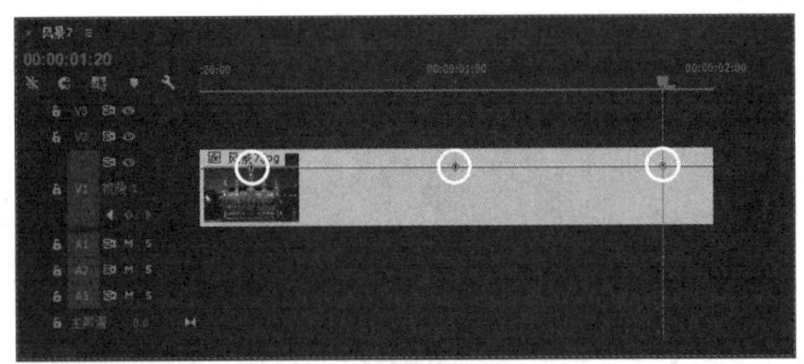

图5-35 添加不透明度关键帧

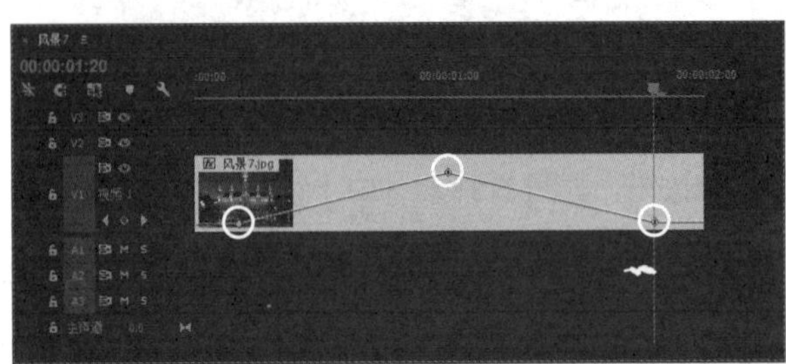

图5-36 调整不透明度关键帧的位置

（4）单击“节目”面板中的 按钮，即可看到素材的淡入／淡出效果，如图 5-37 所示。

图5-37 素材的淡入/淡出效果

2. 使用“效果控件”面板

使用“效果控件”面板实现透明效果的具体操作步骤如下：

（1）在“时间线”面板中选择要设置透明效果的素材（此时选择的是“风景 7.jpg”）。

（2）在“效果控件”面板中展开“不透明度”选项，然后将时间滑块移动到素材 00:00:00:05 的位置，单击 按钮，添加一个不透明度关键帧，然后设置输入数值，如图 5-38 所示。接着将时间滑块移动到素材

00:00:01:20 的位置，单击◇按钮，添加一个与起点不透明度相同的关键帧，如图 5–39 所示。

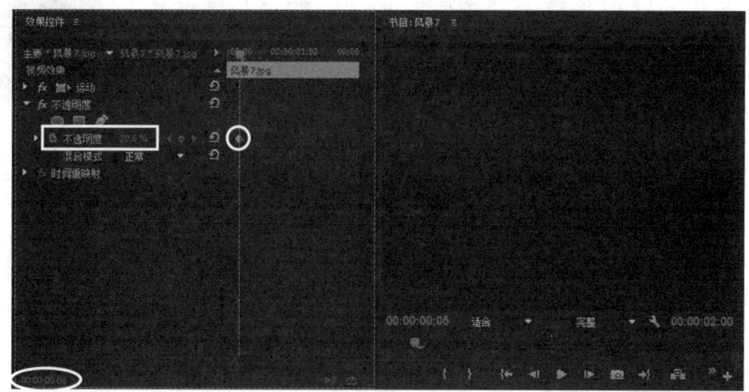

图5–38　在素材的起始添加一个不透明度关键帧

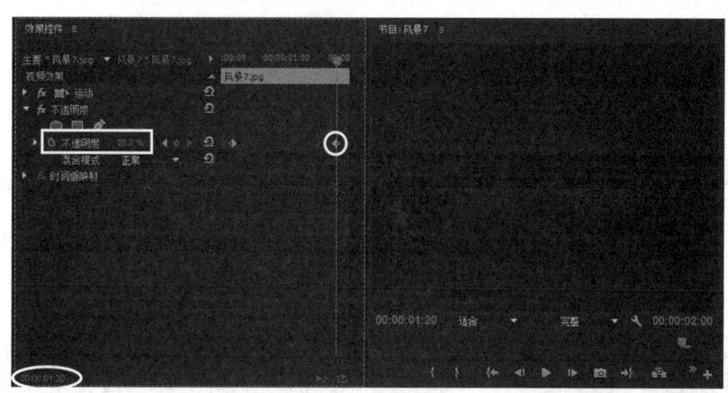

图5–39　添加一个与起点不透明度相同的关键帧

（3）将时间滑块移动到 00:00:01:00 的位置，然后调整不透明度的参数为 100%，此时软件会在该处自动添加一个透明度关键帧，如图 5–40 所示。

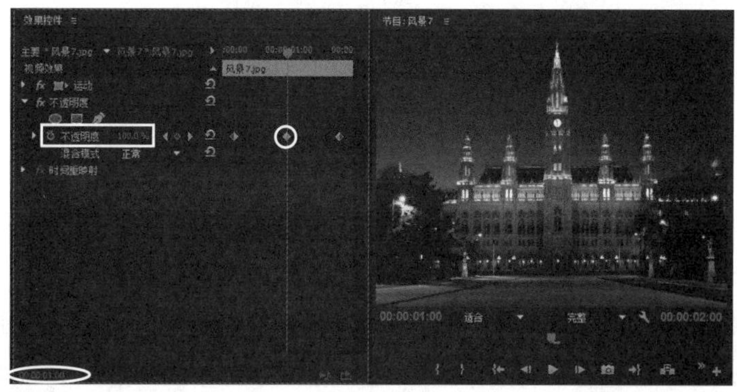

图5–40　设置 00：00：01:00处的透明度为100%

（4）单击“节目”面板中的▶按钮，即可看到素材的淡入／淡出效果，如图 5–41 所示。

图5–41　素材的淡入/淡出效果

（5）如果要取消透明效果，可以单击“不透明度”前的⏱按钮，此时会弹出图 5-42 所示的警告对话框，单击“确定”按钮，即可将透明度关键帧删除。

图5-42 “警告”对话框

（6）如果要重置参数，可以单击“透明度”后面的↺（重置）按钮，即可将当前关键帧的参数修改为默认参数。

5.3 实 例 讲 解

本节将通过“制作风景宣传动画效果”和“制作沿一定方向运动的图片效果”2 个实例来讲解 Premiere Pro CC 2015 中运动效果在实践中的应用。

5.3.1 制作风景宣传动画效果

要点

本例将制作 4 幅风景图片逐一进入画面，然后同时翻转充满整个画面的效果，如图 5-43 所示。通过本例的学习，读者应掌握设置 PAL 制式的静止图片持续时间、复制粘贴关键帧以及位置和旋转动画的制作方法。

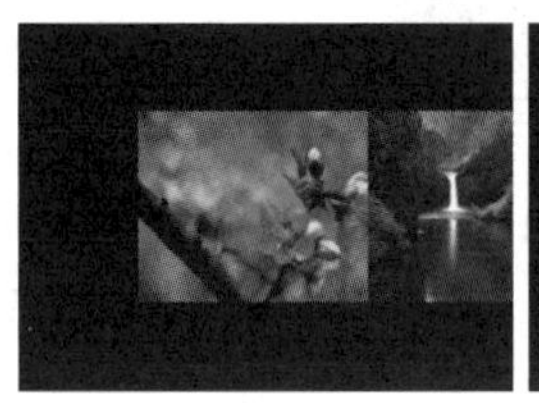   

图5-43 风景宣传动画效果

操作步骤

1. 编辑图片素材

（1）启动 Premiere Pro CC 2015，然后单击“新建项目”按钮。新建一个名称为“制作风景宣传动画”的项目文件。接着新建一个 DV-PAL 制标准 48 kHz 的“序列 01”序列文件。

（2）设置静止图片默认持续时间为 6 s。执行“编辑 | 首选项 | 常规”命令，在弹出的对话框中设置“静止图像默认持续时间”为 6 s，如图 5-44 所示，然后在对话框左侧选择“媒体”，再在右侧将“不确定的媒体时间基准”设置为 25 帧 /s，如图 5-45 所示，单击“确定”按钮。

（3）导入图片素材。执行“文件 | 导入”命令，在弹出的对话框中选择资源素材中的“素材及结果\第 5 章运动效果的应用\5.3.1 制作风景宣传动画\春天素材 .jpg”、“夏天素材 .jpg”、“秋天素材 .jpg”、“冬天素材 .jpg”文件，如图 5-46 所示。单击“打开”按钮。此时“项目”面板中会显示出导入的相关素材，并在选中相关素材后，“项目”面板上方会显示出其相关信息，如图 5-47 所示。

2. 制作图片水平移动动画

（1）将“项目”面板中的“春天素材 .jpg”拖入“时间线”面板的“V1”轨道中，入点为 00：00：00：00，如图 5-48 所示，效果如图 5-49 所示。

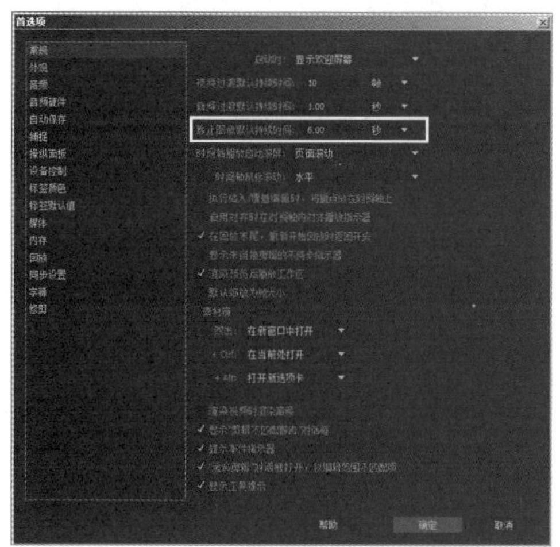

图5-44　设置“静止图像默认持续时间”为6 s

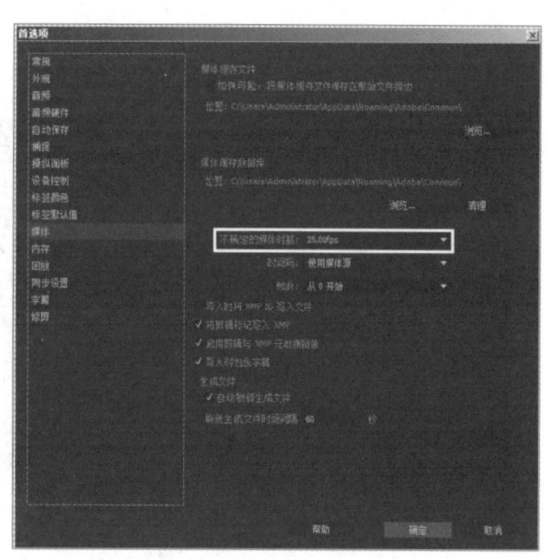

图5-45　将“不确定的媒体时间基准”设置为25帧/s

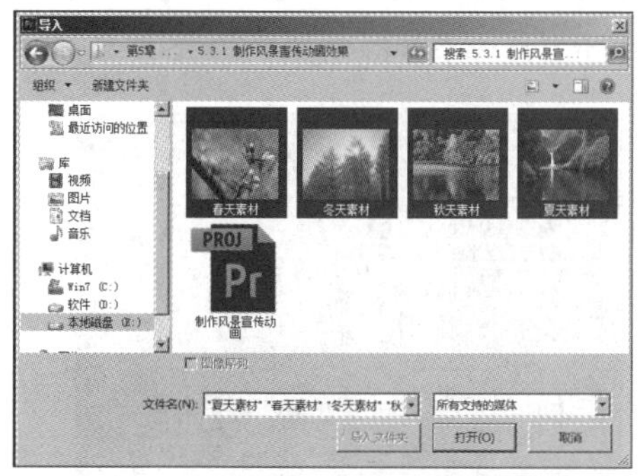

图5-46　选择导入的图片

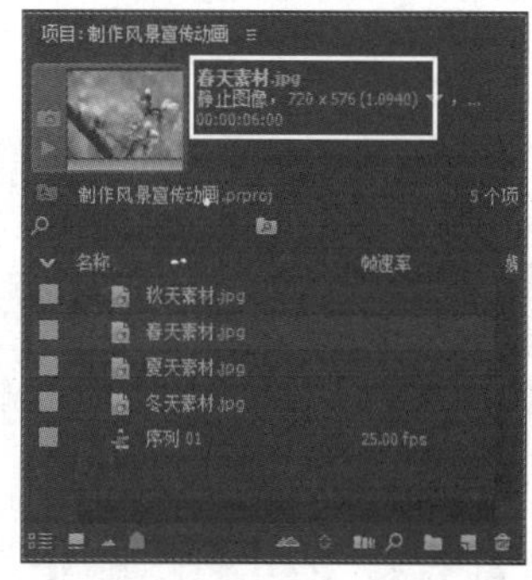

图5-47　“项目”面板

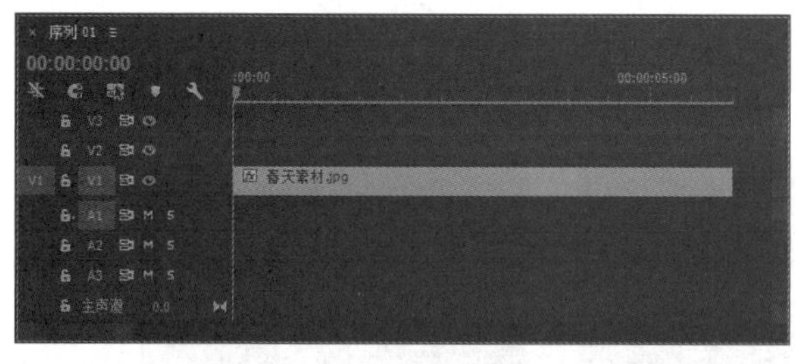

图5-48　将“春天素材.jpg”拖入“V1”轨道中

图5-49　画面效果

（2）将“春天素材 .jpg”图片的大小缩小一半。选择“时间线”面板中的“春天素材 .jpg”素材，然后在“效果控件”面板中单击“运动”左侧的小三角，展开“运动”参数，接着将“缩放”设为 50.0，如图 5-50 所示，效果如图 5-51 所示。

提示

单击按钮，按钮变为状态，此时可以显示出关键帧编辑线，以便查看关键帧相关信息；单击按钮，按钮变为状态，此时将隐藏关键帧编辑线。

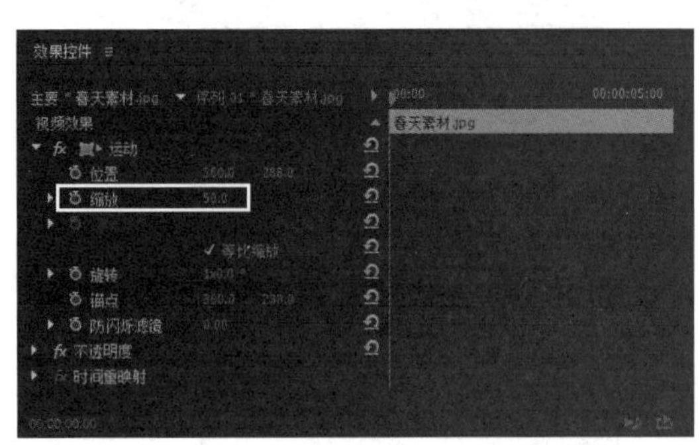

图5-50 将“缩放”设为50

图5-51 将“缩放”设为50后的效果

（3）制作“春天素材 .jpg”的水平移动动画。将时间滑块移动到 00：00：00：10 的位置，单击“位置”前的按钮，该按钮会变为，表示设置了关键帧，然后设置参数如图 5-52 所示。接着将时间滑块移动到 00：00：00：00 处，设置参数如图 5-53 所示，此时会在该处会自动添加一个关键帧。

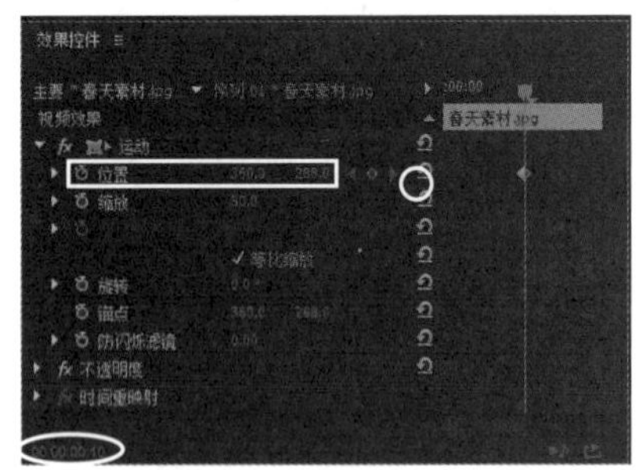

图5-52 在00：00：00：10设置“位置”参数

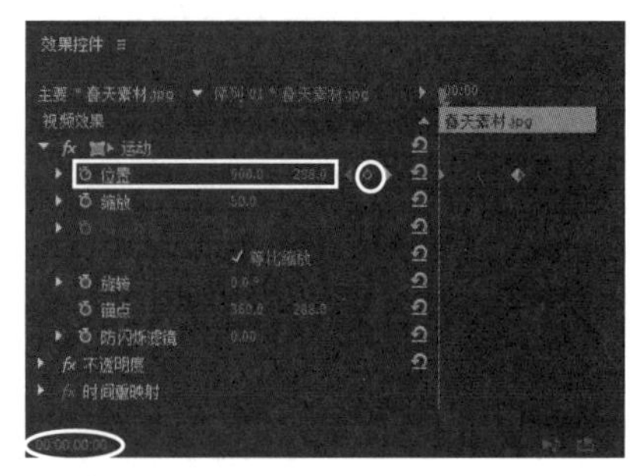

图5-53 在00：00：00：00设置“位置”参数

提示

按住“=”或“-”键，可以对“时间线”面板中的关键帧编辑线进行放大或缩小显示。

（4）按 Enter 键，预览动画，即可看到“春天素材 .jpg”图片由右往左运动到窗口中央的效果，如图 5-54 所示。

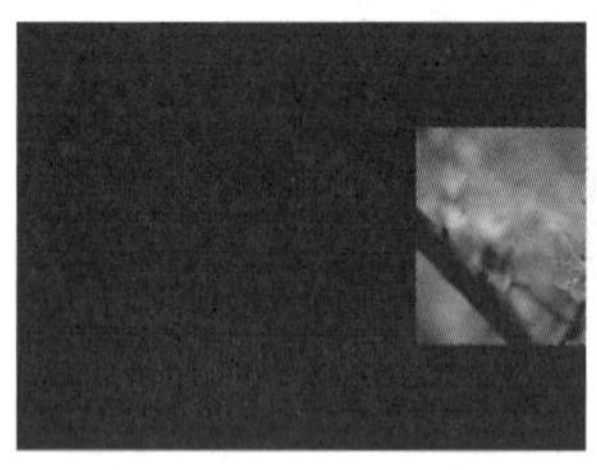

图5-54 “春天素材.jpg”图片从右运动到窗口中央的效果

（5）将其他图片素材拖入“时间线”面板。从“项目”面板中将“夏天素材 .jpg”拖入“V2”中，入点为 00：00：00：10。然后从“项目”面板中将“秋天素材 .jpg”拖入“V3”轨道中，入点为 00：00：00：20。接着将“冬天素材 .jpg”拖到“V3”轨道上方的空白处，此时会自动产生一个“V4”轨道，最后将“冬天素材 .jpg”的入点移动到 00：00：01：05 的位置，如图 5-55 所示。

（6）通过复制粘贴关键帧的方式，制作“V2”轨道中的“夏天素材 . jpg”素材从由右往左运动到窗口中央的效果。在“时间线”面板中选择“V1”轨道中的“春天素材 .jpg”素材，然后进入“效果控件”面板，将时间滑块移动到 00：00：00：00 处，右击“运动”参数，从弹出的快捷菜单中选择“复制”（快捷键为 Ctrl+C）命令，如图 5-56 所示，复制“运动”参数。再选择“V2”轨道中的“夏天素材 . jpg”素材，进入“效果控件”面板，最后将时间滑块定位在 00：00：00：10 处，右击“运动”参数，从弹出的快捷菜单中选择“粘贴”（快捷键为 Ctrl+V）命令，如图 5-57 所示，从而将“V1”轨道上的“运动”参数复制到“V2”轨道中，如图 5-58 所示。此时在“节目”面板中单击▶按钮，即可看到“夏天素材 .jpg”素材从由右往左运动到窗口中央的效果，如图 5-59 所示。

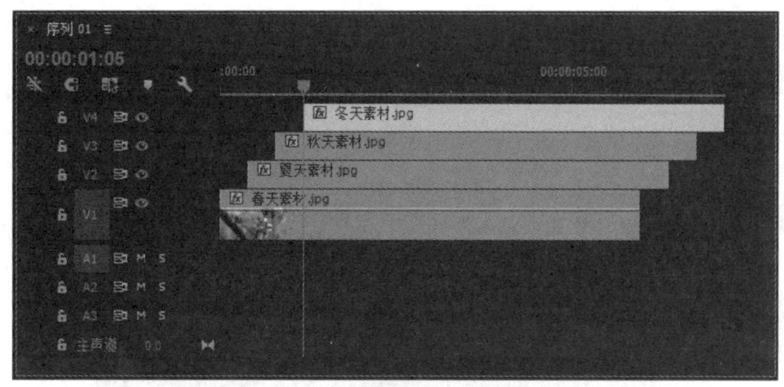

图5-55　“时间线”面板

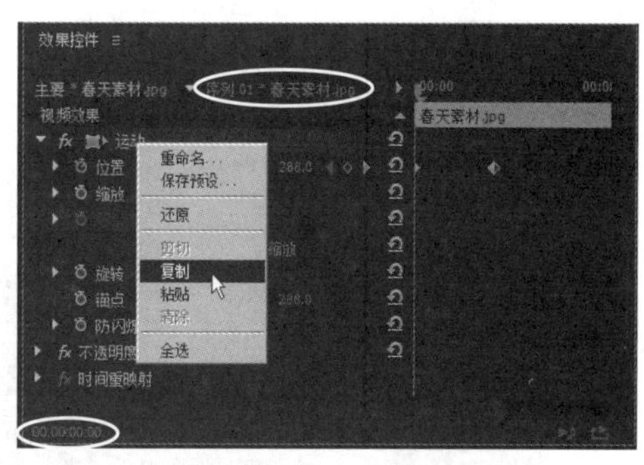

图5-56　选择“复制”命令

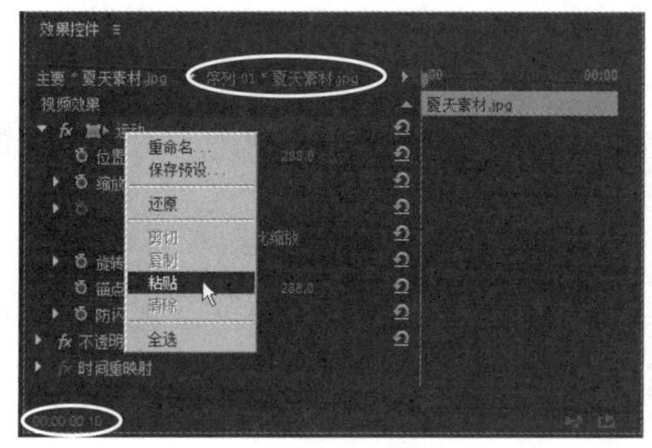

图5-57　选择“粘贴”命令

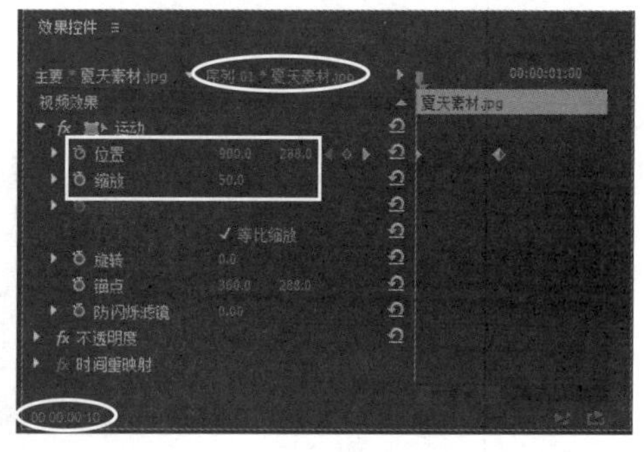

图5-58　“粘贴”关键帧后的效果

图5-59　“夏天素材.jpg”图片从右运动到窗口中央的效果

（7）同理，分别在“V2”的 00：00：00：20 处和“V3”的 00：00：01：05 处粘贴“V1”的“运动”关键帧，此时在“节目”面板中单击▶按钮，即可看到 4 幅图片逐一从右运动到窗口中央的效果，如图 5-60 所示。

图5-60　4幅图片从右逐一运动到窗口中央的效果

3. 制作多画面旋转动画

（1）制作“春天素材 .jpg”的旋转动画。为了便于观看效果，下面隐藏“V2”~“V4”，再选择“时间线”面板中的“春天素材 .jpg”素材，然后在“效果控件”面板中将时间滑块移动到 00：00：02：00 的位置，单击“位置”后的◇按钮，插入一个位置关键帧。再单击“旋转”前面的⏱按钮，添加一个旋转关键帧，如图 5–61 所示。接着将时间滑块移动到 00：00：02：10 的位置，将“位置”的数值设置为（180.0，144.0），再将“旋转”的数值设置为 360 并按 Enter 键，数值会自动变为“1×0.0。”，即一个圆周，如图 5–62 所示。最后在“节目”面板中单击▶按钮，即可看到“春天素材 .jpg”图片在 00：00：02：00 ~ 00：00：02：10 的位置从窗口中央旋转到屏幕的左上部的效果，如图 5–63 所示。

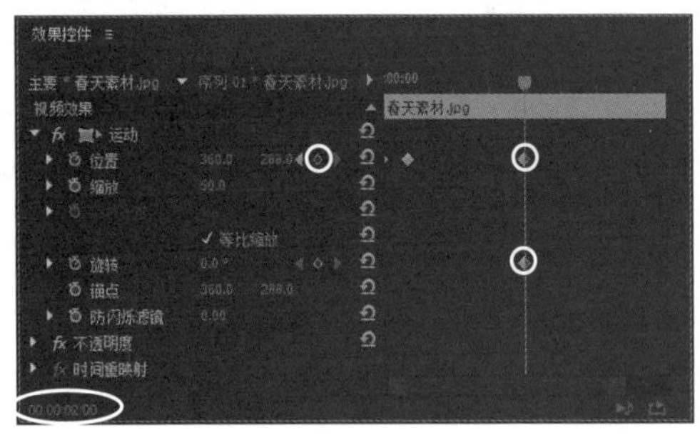
图5–61　在00：00：02：00处添加“位置”和“旋转”关键帧

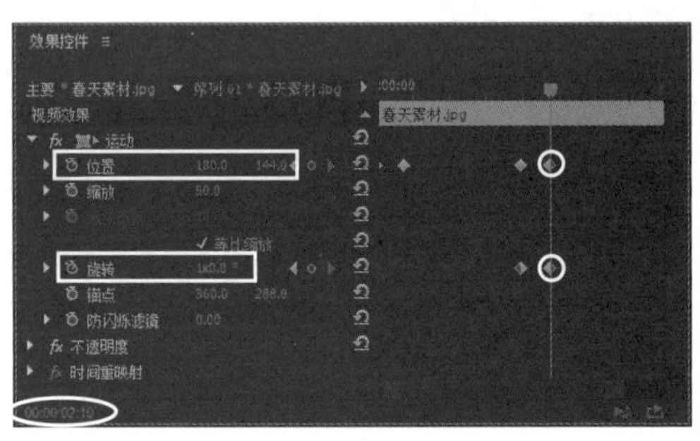
图5–62　在00：00：02：10处添加“位置”和“旋转”关键帧

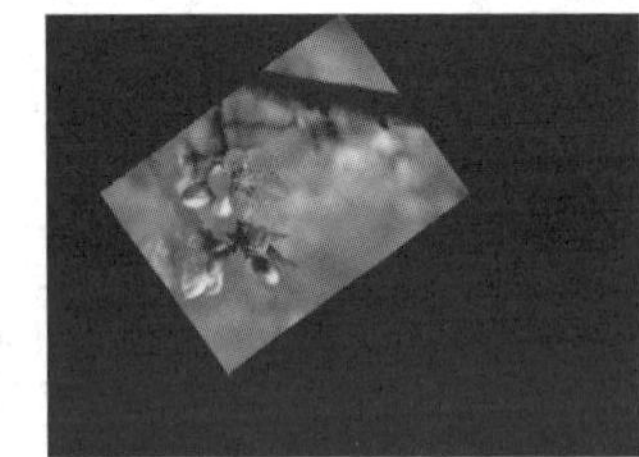

图5–63　“春天素材.jpg”图片从窗口中央旋转到屏幕的左上部的效果

（2）制作“夏天素材 .jpg”的旋转动画。恢复“V2”的显示，再选择“时间线”面板中的“夏天素材 .jpg”素材，然后在“效果控件”面板中将时间线滑块移动到 00：00：02：00 的位置，单击“位置”后的◇按钮，插入一个位置关键帧。再单击“旋转”前面的⏱按钮，添加一个旋转关键帧，如图 5–64 所示。接着将时间滑块移动到 00：00：02：10 的位置，将“位置”的数值设置为（540.0，144.0），再将“旋转”的数值设置为 –360 并按 Enter 键，数值会自动变为“–1×0.0。”，即一个圆周，如图 5–65 所示。最后在“节目”面板中单击▶按钮，即可看到“夏天素材 .jpg”图片在 00：00：02：00 ~ 00：00：02：10 的位置从窗口中央旋转到屏幕的左上部的效果，如图 5–66 所示。

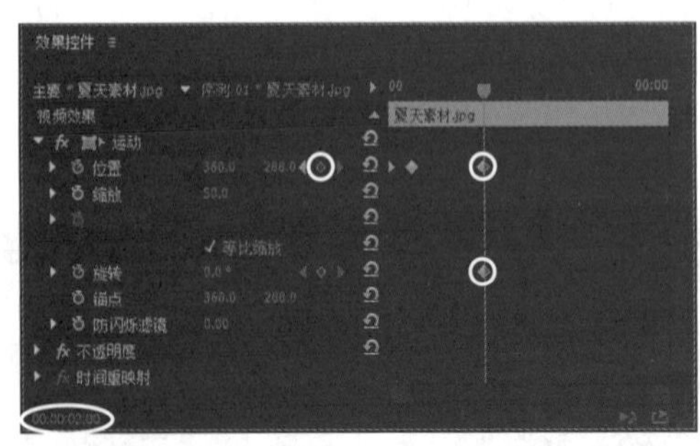
图5–64　在00：00：02：00处添加“位置”和“旋转”关键帧

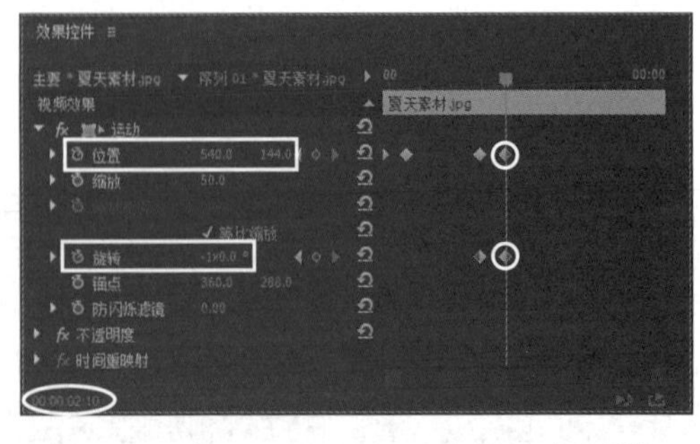
图5–65　在00：00：02：10处添加“位置”和“旋转”关键帧

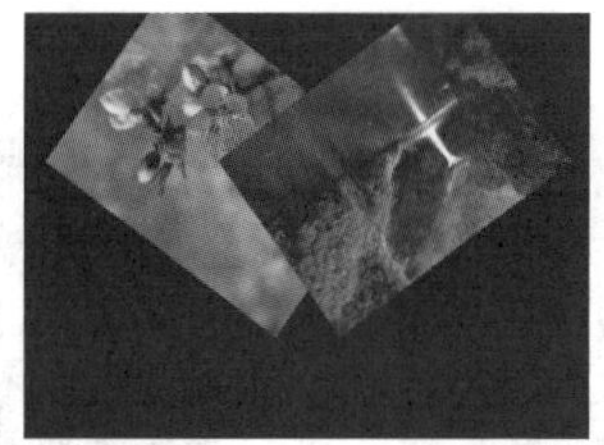

图5-66　“夏天素材.jpg”图片从窗口中央旋转到屏幕的左上部的效果

（3）制作“秋天素材 .jpg”的旋转动画。恢复“V3”的显示，再选择“时间线”面板中的“秋天素材 .jpg”素材，然后在“效果控件”面板中将时间滑块移动到 00：00：02：00 的位置，单击“位置”后的◎按钮，插入一个位置关键帧。再单击“旋转”前面的◎按钮，添加一个旋转关键帧，如图 5-67 所示。接着将时间滑块移动到 00：00：02：10 的位置，将“位置”的数值设置为（180.0，432.0），再将“旋转”的数值设置为 -360 并按 Enter 键，此时数值会自动变为“-1×0.0。”，如图 5-68 所示。最后在“节目”面板中单击▶按钮，即可看到“秋天素材 .jpg”图片在 00：00：02：00 ~ 00：00：02：10 的位置从窗口中央旋转到屏幕的左上部的效果，如图 5-69 所示。

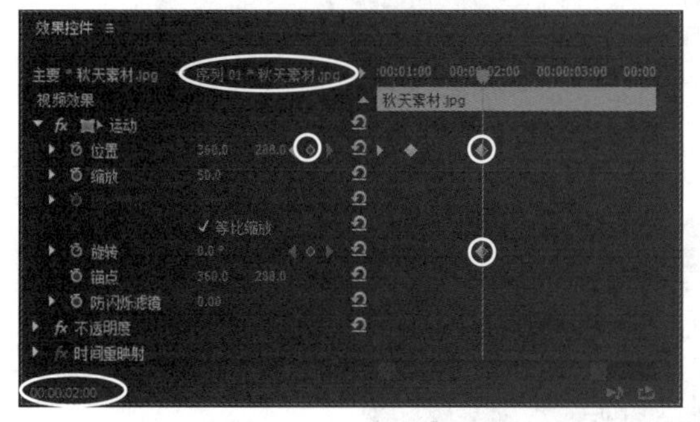

图5-67　在00：00：02：00处添加“位置”和“旋转”关键帧

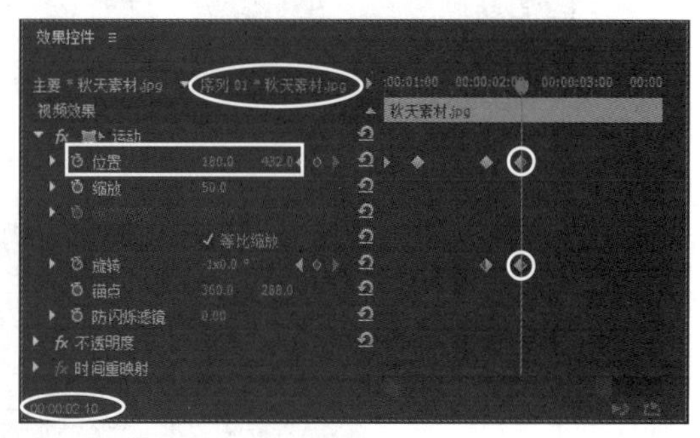

图5-68　在00：00：02：10处添加“位置”和“旋转”关键帧

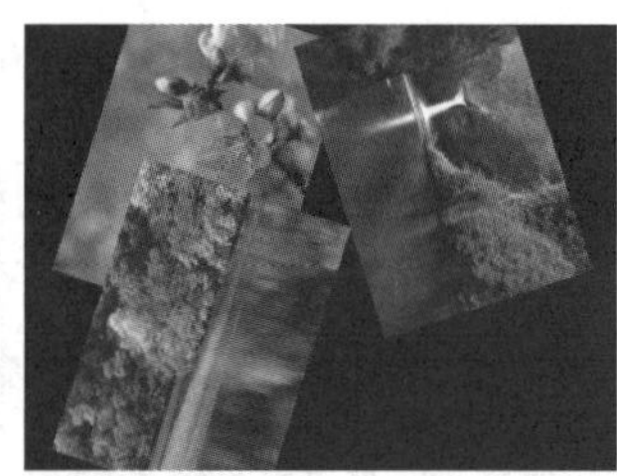

图5-69　“秋天素材 .jpg”图片从窗口中央旋转到屏幕的左上部的效果

（4）制作“冬天素材 .jpg”的旋转动画。恢复“V4”的显示，再选择“时间线”面板中的“冬天素材 .jpg”素材，然后在“效果控件”面板中将时间滑块移动到 00：00：02：00 的位置，单击“位置”后的◎按钮，插入一个位置关键帧。再单击“旋转”前面的◎按钮，添加一个旋转关键帧，如图 5-70 所示。接着将时间滑块移动到 00：00：02：10 的位置，将“位置”的数值设置为（540.0，432.0），再将“旋转”的数值设置为 -360 并按 Enter 键，此时数值会自动变为“-1×0.0。”，如图 5-71 所示。最后在“节目”面板中单击▶按钮，即可看到“冬天素材 .jpg”图片在 00：00：02：00 ~ 00：00：02：10 的位置从窗口中央旋转到屏幕的左上部的效果，如图 5-72 所示。

（5）将 5 s 以后的素材进行切除。将时间滑块移动到 00：00：05：00 的位置，然后选择工具箱中的◈（剃刀工具），按住 Shift 键的同时在该处单击，即可将所以视频轨道上第 5 秒前后的素材剪切开，如图 5-73 所示。

然后利用工具箱中的（选择工具）选中 5 s 以后的素材，按 Delete 键进行删除，结果如图 5–74 所示。

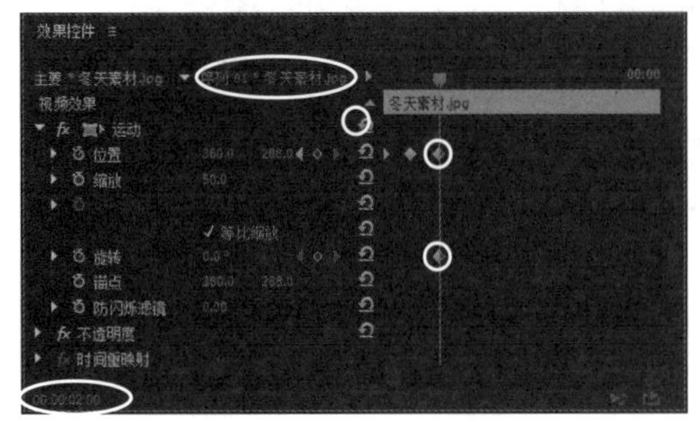

图5–70　在00：00：02：00处添加“位置”和“旋转”关键帧

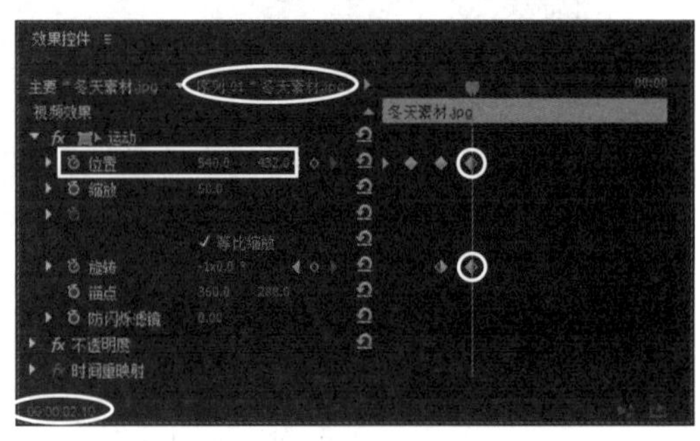

图5–71　在00：00：02：10处添加“位置”和“旋转”关键帧

图5–72　“冬天素材 .jpg”图片从窗口中央旋转到屏幕的左上部的效果

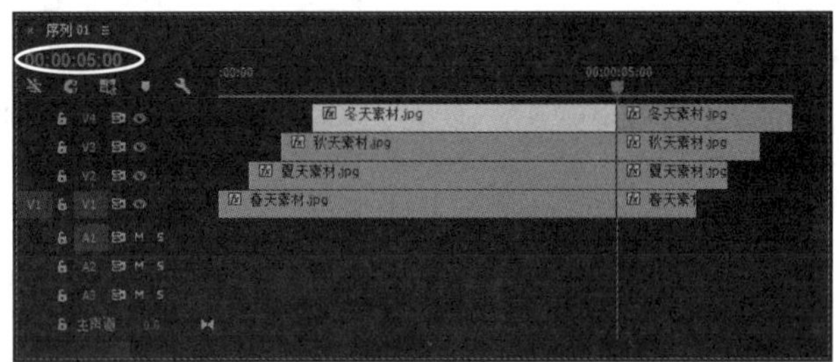

图5–73　裁剪素材

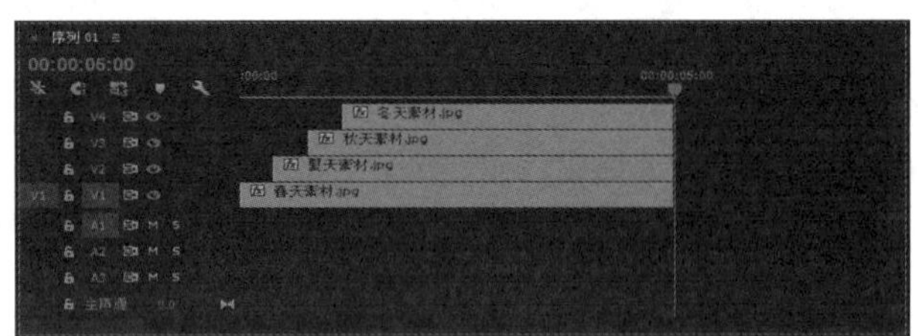

图5–74　删除多余素材后的效果

(6) 至此，风景宣传动画制作完毕，执行“文件 | 导出 | 媒体” 命令， 将其输出为“风景宣传动画效果 .avi”文件。

5.3.2　制作沿一定方向运动的图片效果

要点

本例将制作沿一定方向运动的图片效果，如图 5–75 所示。通过本例的学习，读者应掌握以文件夹的方式导入素材、制作彩色蒙版、通过拖动的方式快速设置“时间线”面板中素材的持续时间、制作字幕、利用关键帧制作图片的位置动画和复制 / 粘贴关键帧参数的方法。

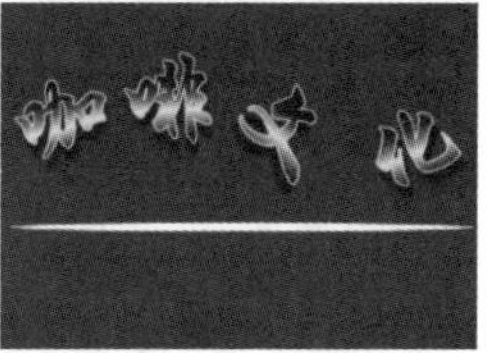

图5-75　沿一定方向运动的图片效果

操作步骤

1. 制作图片的运动效果

（1）启动 Premiere Pro CC 2015，然后单击"新建项目"按钮。新建一个名称为"制作沿一定方向运动的图片效果"的项目文件。接着新建一个 DV-PAL 制标准 48 kHz 的"序列 01"序列文件。

（2）导入素材。执行"文件 | 导入"命令，然后在弹出的"导入"对话框中选择资源素材中的"素材及结果 \ 第 5 章运动效果的应用 \5.3.2 制作沿一定方向运动的图片效果 \ 咖啡"文件夹，如图 5-76 所示，单击"导入文件夹"按钮，此时整个文件夹的素材都会被导入"项目"面板，如图 5-77 所示。

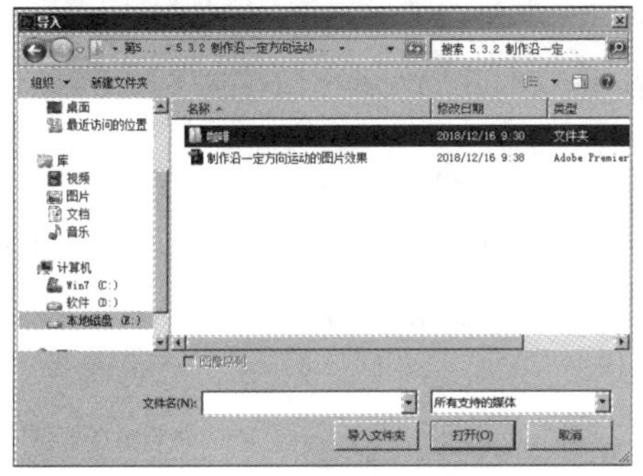

图5-76　选择"咖啡"文件夹

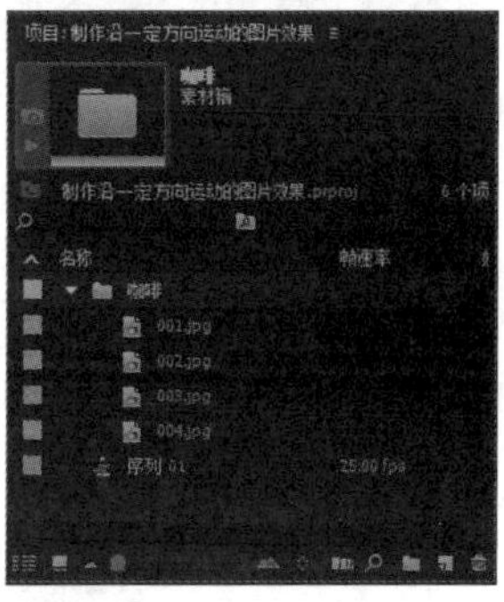

图5-77　"项目"面板

（3）制作绿色背景。单击"项目"面板下方的（新建项）按钮，然后从弹出的下拉菜单中选择"颜色遮罩"命令，如图 5-78 所示。接着在弹出的"新建颜色遮罩"对话框中保持默认参数，如图 5-79 所示，单击"确定"按钮。再在弹出的"拾色器"对话框中设置一种绿色（RGB 为（50，100，0）），如图 5-80 所示，单击"确定"按钮；最后在弹出的"选择名称"对话框中输入"绿色背景"，如图 5-81 所示；单击"确定"按钮，即可完成绿色背景的创建，此时"项目"面板如图 5-82 所示。

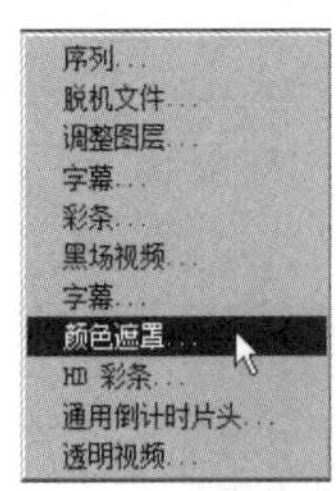

图5-78　选择"颜色遮罩"命令

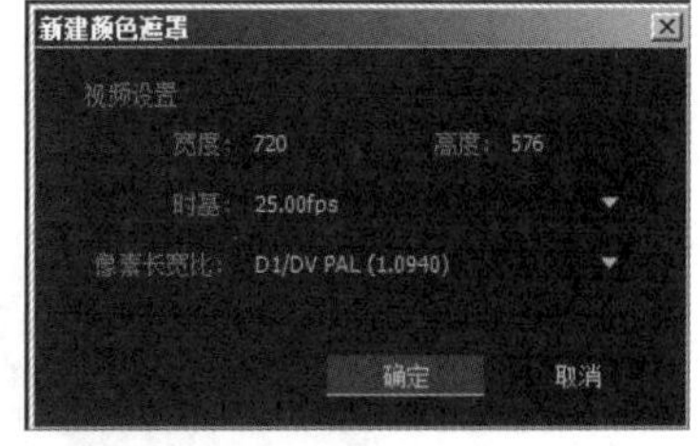

图5-79　"新建颜色遮罩"对话框

（4）从"项目"面板中将"绿色背景"拖入"时间线"面板的"V1"轨道中，入点为 00：00：00：00，然后设置该素材的持续时间为 18 s，此时"时间线"面板如图 5-83 所示。

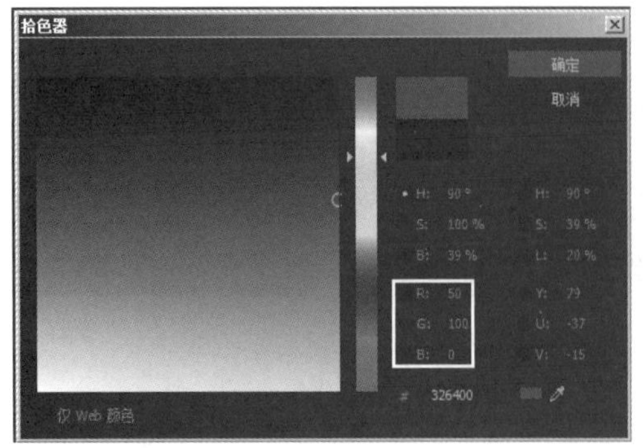

图5-80 设置一种绿色

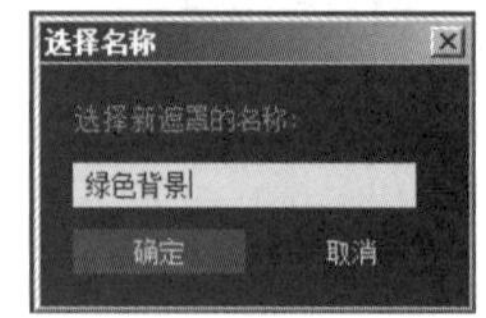

图5-81 输入“绿色背景”

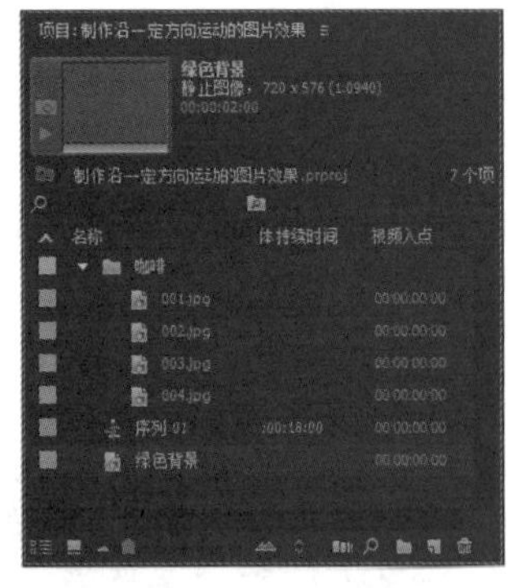

图5-82 “项目”面板

图5-83 “时间线”面板

（5）将“001.jpg”素材放入时间线。从“项目”面板中将“咖啡”文件夹中的“001.jpg”素材拖入“时间线”面板的“V2”轨道中，入点为00：00：00：00，然后设置该素材的持续时间为18 s，使其时间长度与“V1”轨道上的素材等长，此时“时间线”面板如图5-84所示。

图5-84 将“001. jpg”素材拖入“时间线”面板，并设置其时间长度与“V1”轨道上的素材等长

提示

将鼠标指针放在“V2”轨道的“001.jpg”素材结尾处，此时鼠标指针会变为形状，此时拖动鼠标可以快速将其时间长度设置为与“V1”轨道上的素材等长，如图5-85所示。

图5-85 通过拖动的方式将“V2”轨道上素材的时间长度设置为与“V1”上的素材等长

（6）此时“001.jpg”素材的尺寸过大，下面调整该素材的大小。选择“V2”轨道上的“001.jpg”素材，然后在“效果控件”面板中展开“运动”选项，将“缩放”设置为 42.0，如图 5-86 所示。

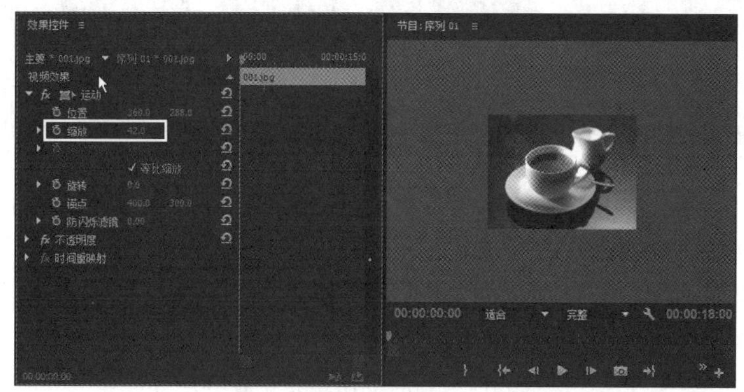

图5-86　将“001. jpg”素材的“缩放”设置为42.0

（7）制作“V2”轨道中的“001. jpg”素材从左往右运动的效果。选择“V2”轨道上的“001.jpg”素材，然后将时间滑块移动到 00：00：00：00 处，接着在“效果控件”面板中单击“位置”左边的按钮，添加一个关键帧，并将数值设置为（-200.0，288.0），如图 5-87 所示。最后将时间滑块移动到 00：00：06：20 处，将“位置”的数值设置为（900.0，288.0），此时软件会在 00：00：06：20 处自动添加一个关键帧，如图 5-88 所示。此时在“节目”面板中单击按钮，即可看到“001.jpg”素材从左往右运动的效果，如图 5-89 所示。

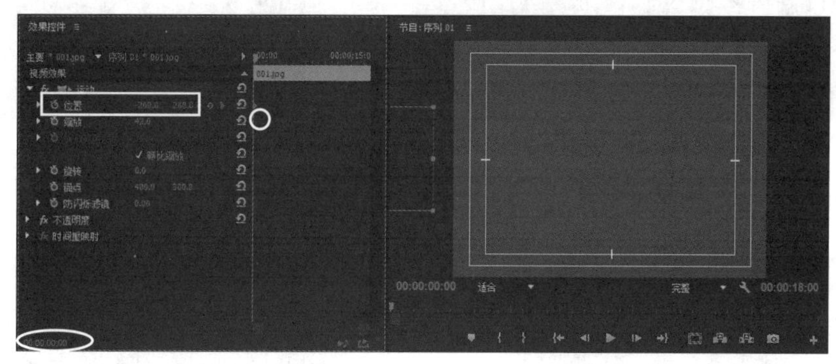

图5-87　在00：00：00：00处添加“位置”关键帧，并设置数值为（-200.0，288.0）

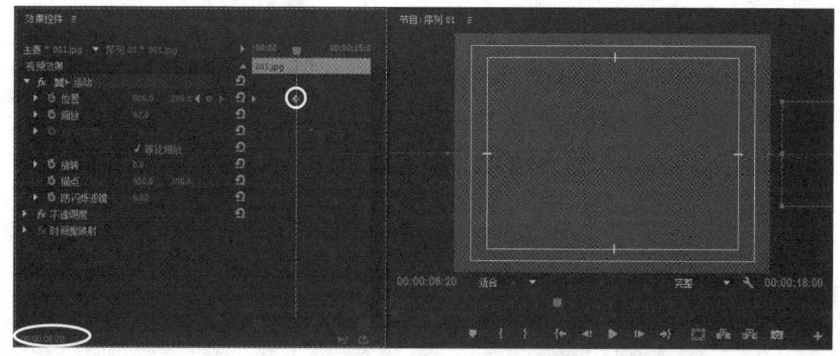

图5-88　在00：00：06：20处添加“位置”关键帧，并设置数值为（900.0，288.0）

（8）将“002. jpg”素材放入时间线。从“项目”面板中将“咖啡”文件夹中的“002.jpg”素材拖入“时间线”面板的“V3”轨道中，入点为 00：00：02：00，然后通过在“002.jpg”素材结尾处进行拖动的方式将其时间长度设置为与“V1”和“V2”轨道上的素材等长，此时“时间线”面板如图 5-90 所示。

图5-89 “001．jpg”素材从左往右运动的效果

(9) 通过复制粘贴关键帧的方式，制作“V3”轨道中的“002．jpg”素材从左往右运动的效果。选择“V2”轨道上的“001．jpg”素材，然后进入“效果控件”面板，将时间滑块移动到 00：00：00：00 处，右击“运动”参数，从弹出的快捷菜单中选择“复制”命令，如图 5-91 所示，复制“运动”参数。再选择“V3”轨道中的“002.jpg”素材，进入“效果控件”面板，最后将时间滑块定位在 00：00：02：00 处，右击“运动”参数，从弹出的快捷菜单中选择“粘贴”参数，如图 5-92 所示，从而将“V2”轨道上的“运动”参数复制到“V3”轨道中，如图 5-93 所示。此时在“节目”面板中单击▶按钮，即可看到“002．jpg”素材从左往右运动的效果，如图 5-94 所示。

图5-90 将“002.jpg”素材拖入“V3”轨道中，并设置其时间长度

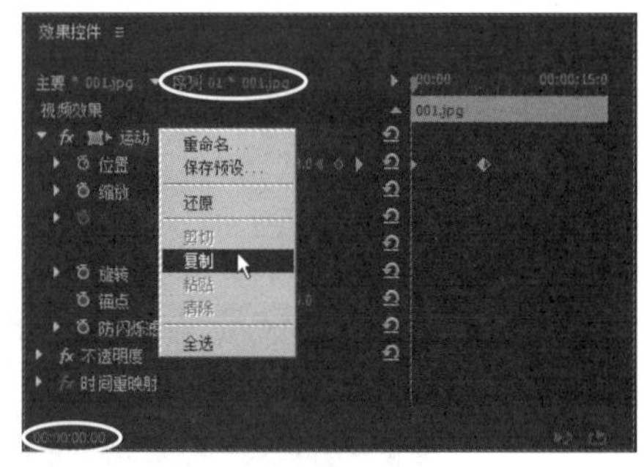

图5-91 选择“复制”命令

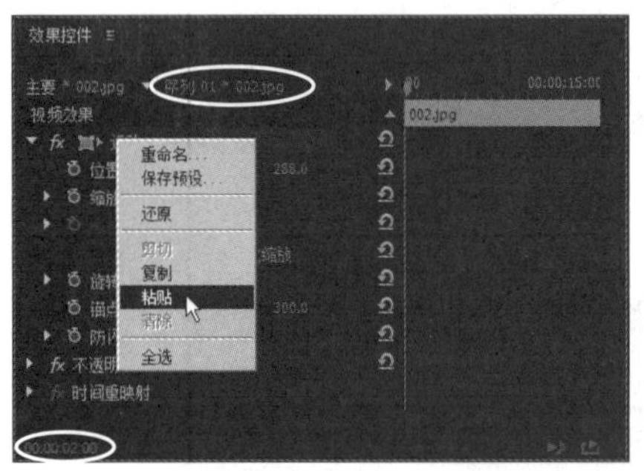

图5-92 选择“粘贴”命令

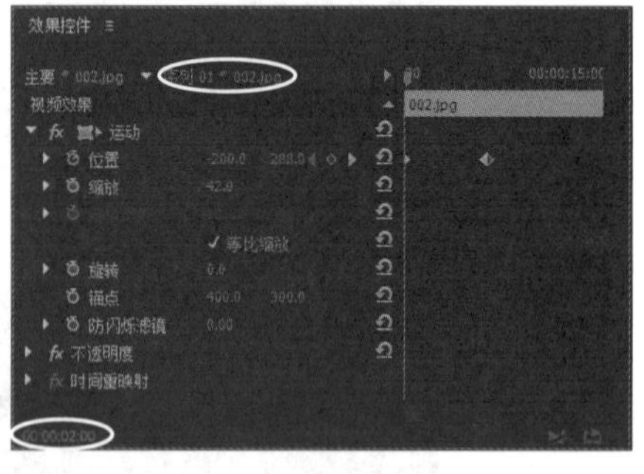

图5-93 粘贴“运动”参数后的效果

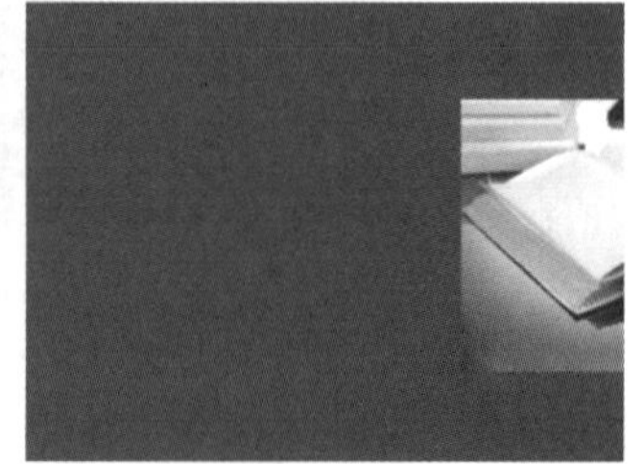

图5-94 “002.jpg”素材从左往右运动的效果

（10）同理，　从“项目”面板中将“咖啡”文件夹中的“003.jpg”素材拖入“时间线”面板的“V3”轨道的上方，此时会自动产生一个“V4”轨道，然后将其入点设置为 00：00：04：00，再通过在“003.jpg”素材结尾处进行拖动的方式将其时间长度设置为与其他轨道上的素材等长，此时“时间线”面板如图 5–95 所示。

（11）同理，通过复制粘贴关键帧的方式，将“V2”轨道中“001.jpg”素材 00：00：00：00 处的“运动”参数粘贴到“V4”轨道中“003.jpg”素材 00：00：04：00 处，如图 5–96 所示。此时在“节目”面板中单击▶按钮，即可看到“003.jpg”素材从左往右运动的效果，如图 5–97 所示。

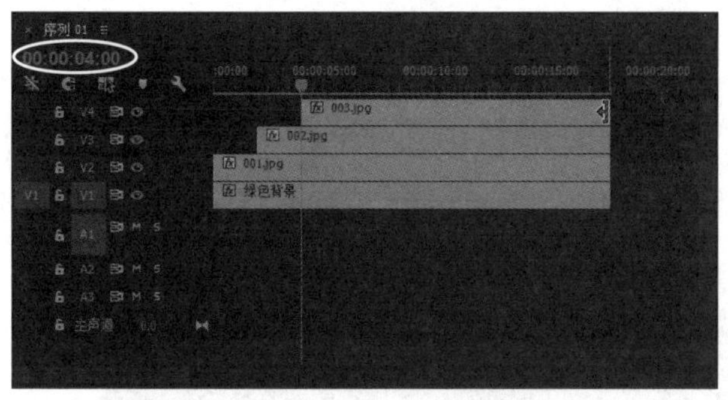

图5–95　将“003.jpg”素材拖入“V4”轨道中，并设置其时间长度

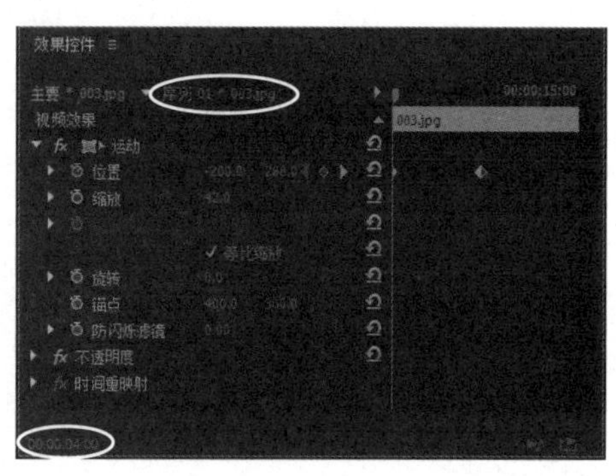

图5–96　将“001.jpg”素材00：00：00：00处的“运动”参数粘贴到“003.jpg”素材的00：00：04：00处

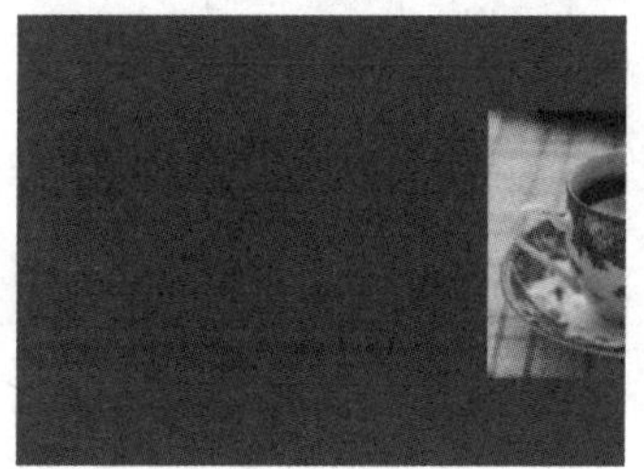

图5–97　“003.jpg”素材从左往右运动的效果

（12）同理，　从“项目”面板中将　“咖啡”文件夹中的“004．jpg”素材拖入“时间线”面板的“V4”轨道的上方，此时会自动产生一个“V5”轨道，然后将其入点设置为 00：00：06：00，再通过在“004.jpg”素材结尾处进行拖动的方式将其时间长度设置为与其他轨道上的素材等长，此时“时间线”面板如图 5–98 所示。

（13）通过复制粘贴关键帧的方式，将“V2”轨道中“001.jpg”素材 00：00：00：00 处的“运动”参数粘贴到“V5”轨道中“004.jpg”素材 00：00：06：00 处，如图 5–99 所示。此时在“节目”面板中单击▶按钮，即可看到“004．jpg”素材从左往右运动的效果，如图 5–100 所示。

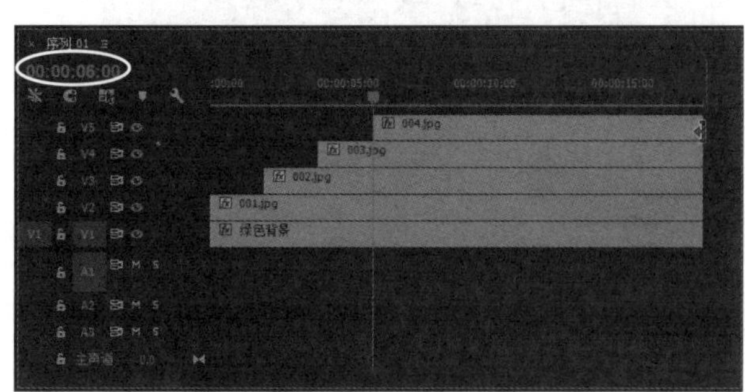

图5–98　将“004．jpg”素材拖入“V5”轨道中，并设置其时间长度

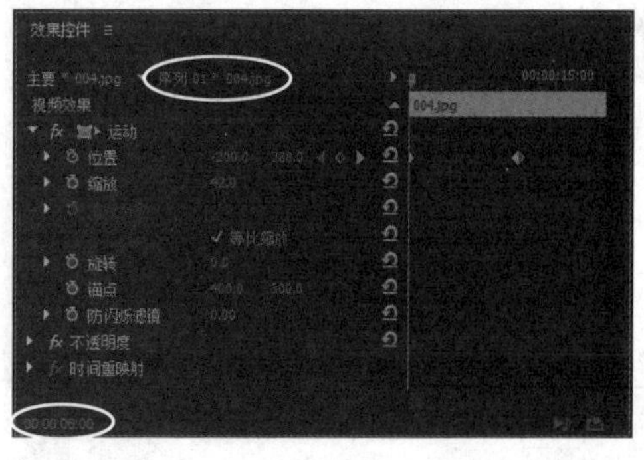

图5–99　将“001.jpg”素材00：00：00：00处的“运动”参数粘贴到“004.jpg”素材的00：00：06：00处

图5-100 "004.jpg"素材从左往右运动的效果

2. 制作"字幕 01"字幕

（1）单击"项目"面板下方的（新建项）按钮，从弹出的下拉菜单中选择"字幕"命令，然后在弹出的"新建字幕"对话框中保持默认参数，如图 5-101 所示，单击"确定"按钮，进入"字幕 01"字幕的设计窗口，如图 5-102 所示。

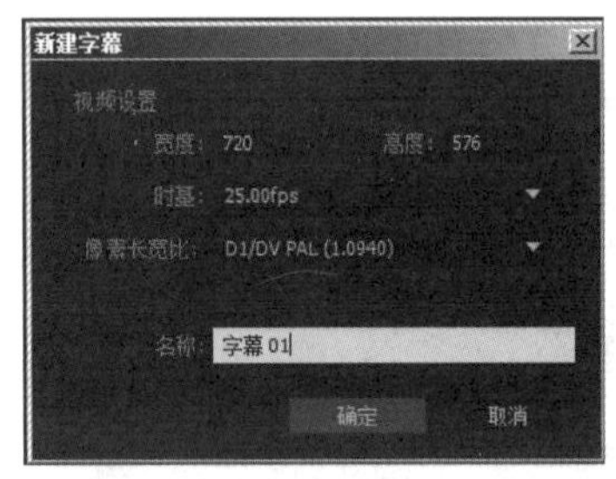

图5-101 新建"字幕01"字幕

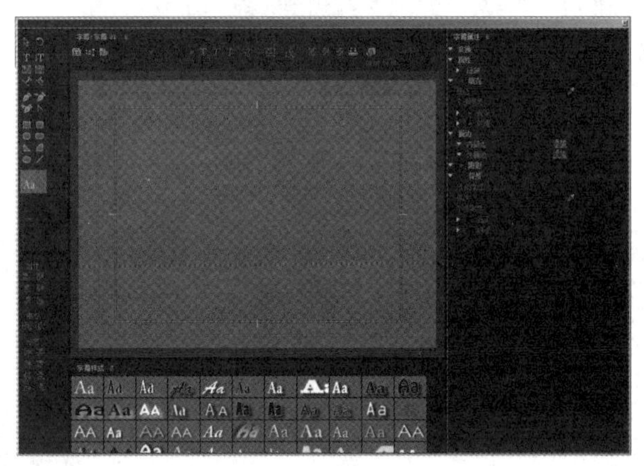

图5-102 "字幕01"的字幕设计窗口

（2）输入文字。选择"字幕工具"面板中的（路径文字工具），然后在"字幕面板"编辑窗口中绘制一条路径，如图 5-103 所示，接着再次选择（路径文字工具）后，在绘制的路径上单击。此时路径上会出现一个白色的光标，如图 5-104 所示，此时输入文字"咖啡文化"。最后在"字幕属性"面板中设置"字体系列"为"汉仪行楷简"，"字体大小"为 100.0。再将"填充"区域下的"颜色"设置为咖啡色（80，10，10），如图 5-105 所示。

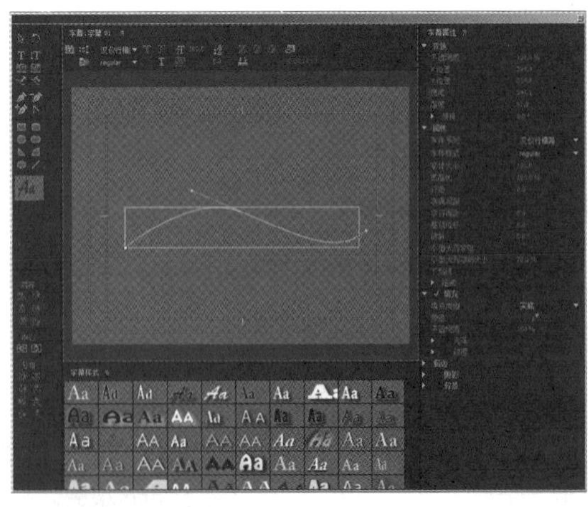

图5-103 绘制一条路径

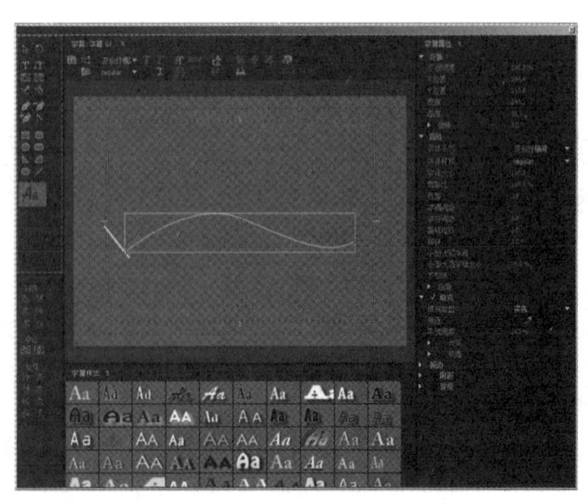

图5-104 路径上会出现一个白色的光标

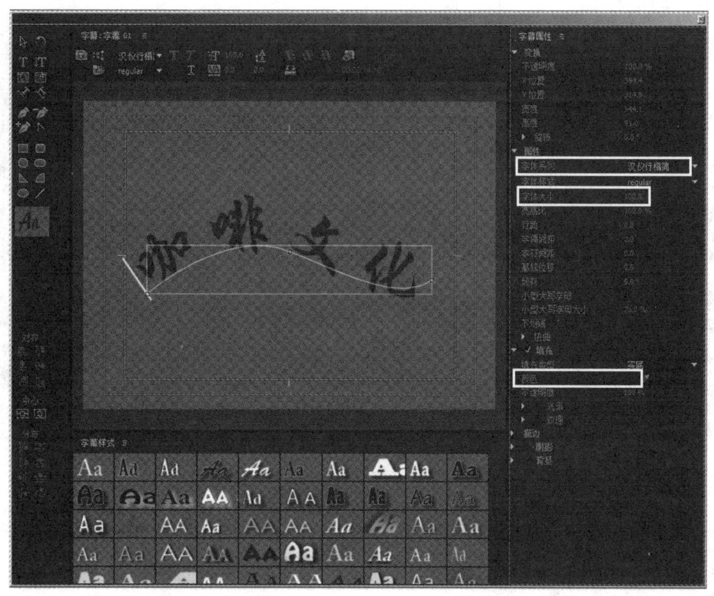

图5-105　输入文字

（3）将“填充”区域下勾选“光泽”复选框，然后将“颜色”设置为一种白色，“大小”设置为100.0。接着在“描边”区域中单击“内描边”右侧的“添加”命令，添加一个内描边，并将“大小”设置为10.0，“颜色”设置为一种淡绿色（220，250，200）。最后勾选“阴影”复选框，并将“阴影”区域下的“色彩”设置为黑色，将“不透明度”设置为 50%，“角度”设置为 100.0°，“距离”设置为 15.0，“大小”设置为“2.0”，“扩散”设置为 20.0，如图 5-106 所示。

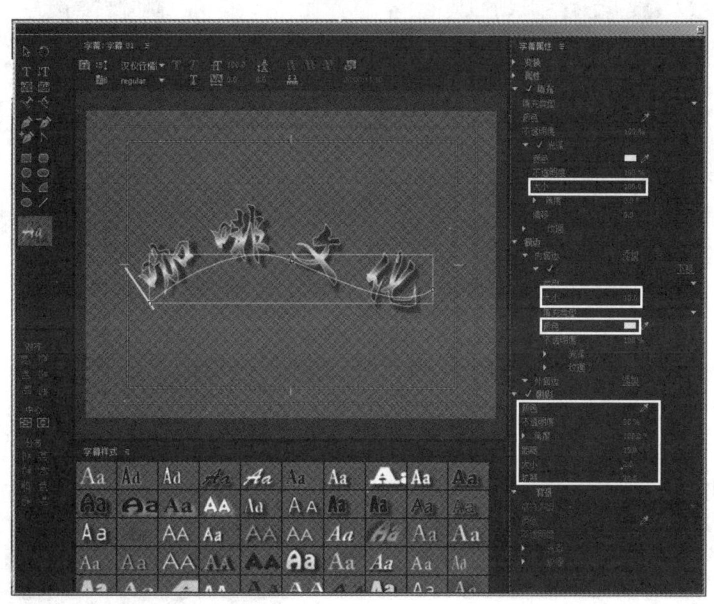

图5-106　设置文字参数

3. 制作“字幕 02”字幕

（1）单击“字幕工具”面板中属性栏中的▣（基于当前字幕新建字幕）按钮，然后在弹出的“新建字幕”对话框中保持默认参数，如图 5-107 所示，单击“确定”按钮，进入“字幕 02”字幕的设计窗口。

（2）选择“字幕工具”面板中的 ●（椭圆工具），在“字幕面板”编辑窗口中绘制一个白色椭圆，然后单击“字幕动作”面板中的▣按钮，将其水平居中对齐，如图 5-108 所示。

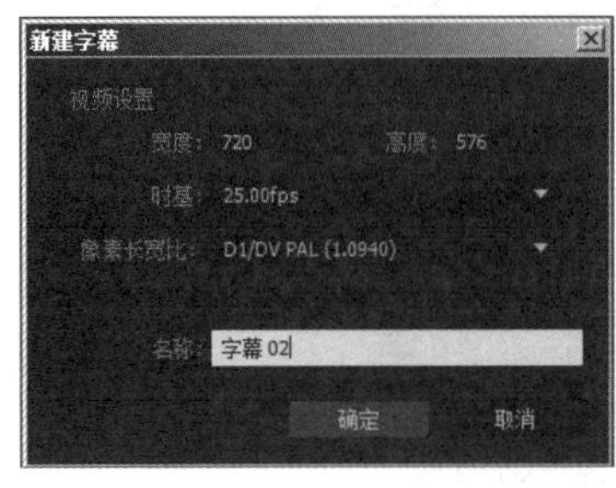

图5-107　新建“字幕02”字幕

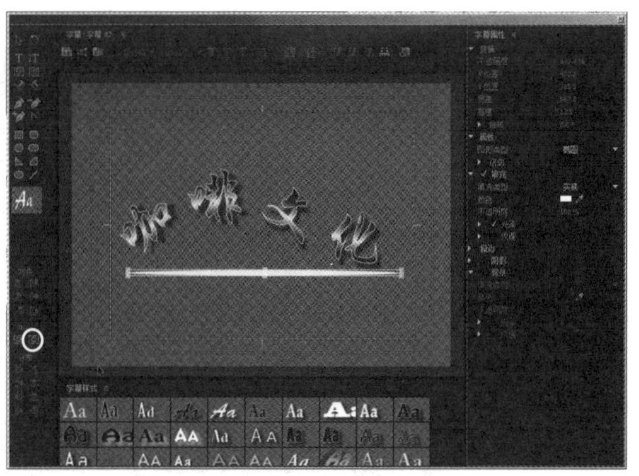

图5-108　绘制白色椭圆

（3）利用“字幕工具”面板中的中的（选择工具），选择“字幕面板”编辑窗口中的路径文字，然后按 Delete 键进行删除，效果如图 5-109 所示。

（4）单击“字幕设计窗口”右上角的按钮，关闭字幕设计窗口，此时创建的“字幕 01”和“字幕 02”字幕会自动添加到“项目”面板中，如图 5-110 所示。

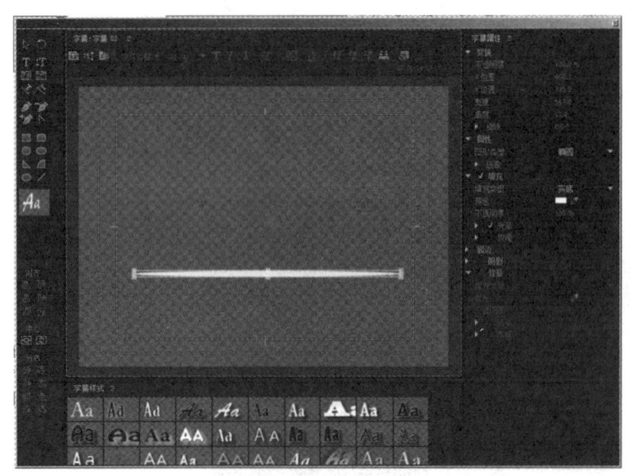

图5-109　删除文字的效果

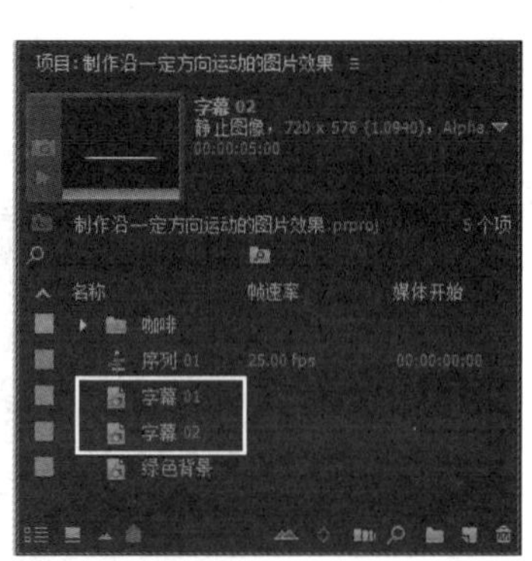

图5-110　“项目”面板

4. 制作字幕的运动效果

（1）将“字幕 01”字幕素材拖入“时间线”面板。从“项目”面板中将“字幕 01”字幕素材拖入“时间线”面板的“V5”轨道的上方，此时会自动产生一个“V6”轨道，然后将其入点设置为 00：00：08：00，再通过在“字幕 01”素材结尾处进行拖动的方式将其时间长度设置为与其他轨道上的素材等长，此时“时间线”面板如图 5-111 所示。

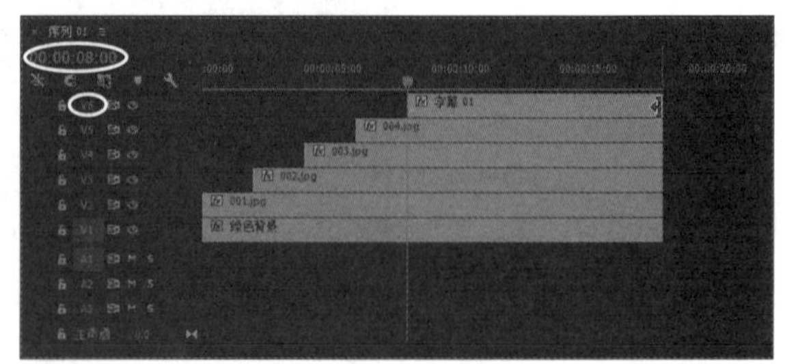

图5-111　将“字幕01”字幕素材拖入“V6”轨道中，并设置其时间长度

（2）设置“字幕 01”字幕素材从左往右运动的效果。选择“V6”轨道上的“字幕 01”字幕素材，然后将时间滑块移动到 00：00：08：00 处，接着在“效果控件”面板中单击“位置”左边的按钮，添加一个关键帧，并将数值设置为（-400.0，288.0），如图 5-112 所示。最后将时间滑块移动到 00：00：12：00 处，将“位置”的数值设置为（360.0，288.0），此时软件会在 00：00：12：00 处自动添加一个关键帧，如图 5-113 所示。

此时在“节目”面板中单击▶按钮，即可看到“字幕 01”字幕素材从左往右运动的效果，如图 5-114 所示。

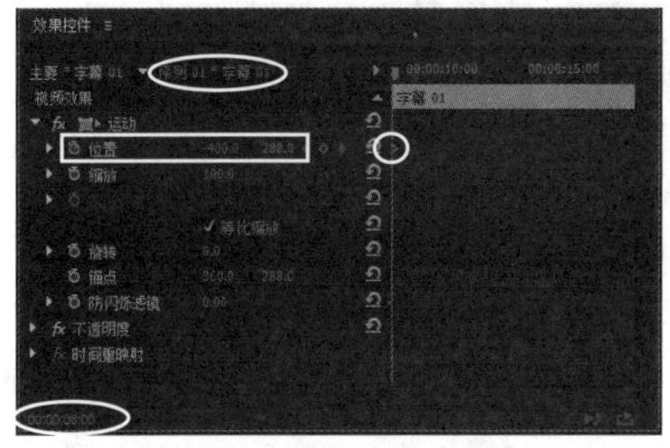

图5-112　在00：00：08：00处添加“位置”关键帧

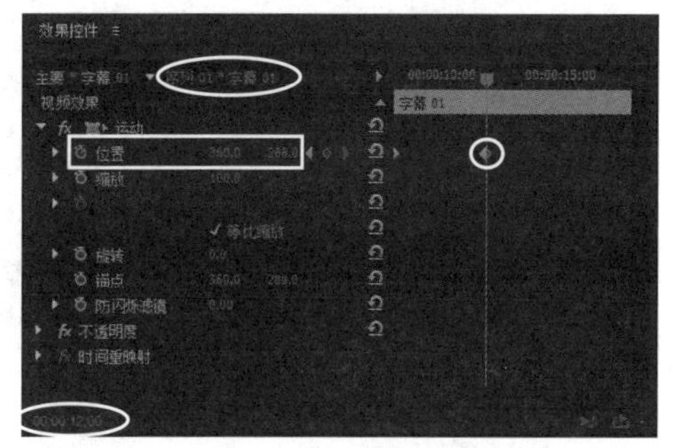

图5-113　在00：00：12：00处添加“位置”关键帧

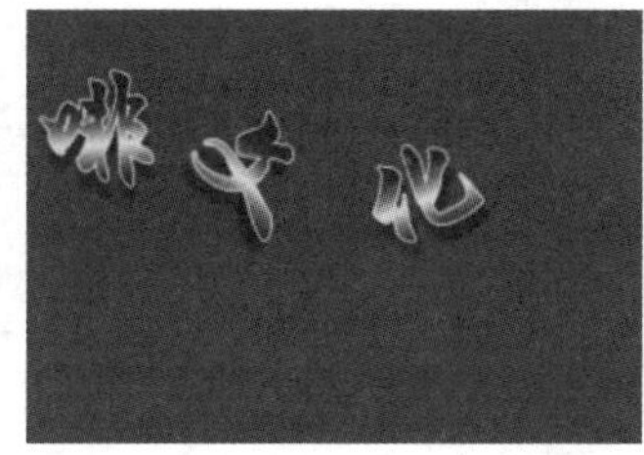
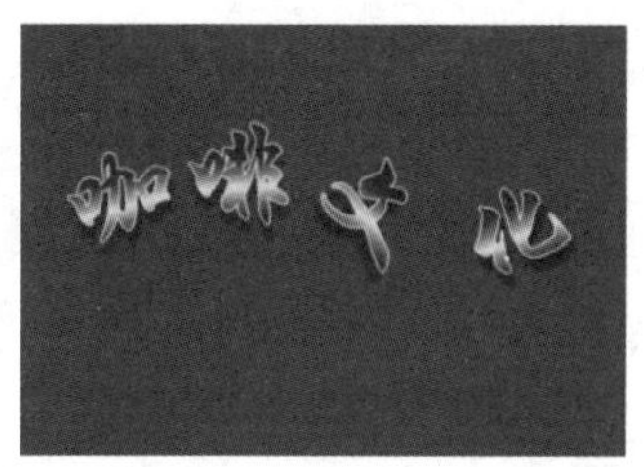

图5-114　“字幕01”素材从左往右运动的效果

（3）同理，将“字幕 02”字幕素材拖入“时间线”面板的“V7”轨道中，然后将其入点设置为 00：00：12：00，再通过在“字幕 02”字幕素材结尾处进行拖动的方式将其时间长度设置为与其他轨道上的素材等长，此时“时间线”面板如图 5-115 所示。

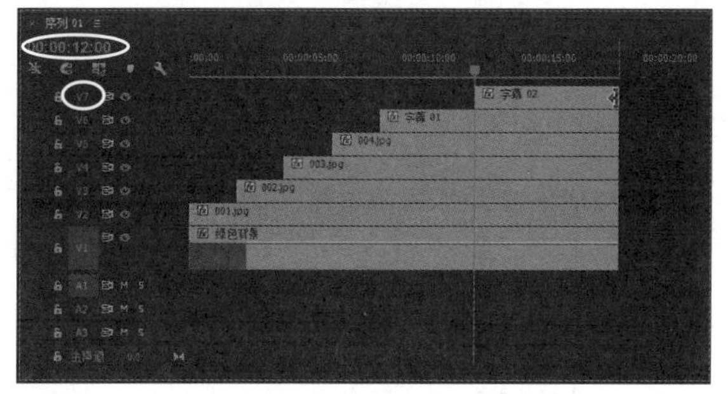

图5-115　将“字幕02”字幕素材拖入“V7”轨道中，并设置其时间长度

（4）设置“字幕 02”字幕素材从左往右运动的效果。选择“V7”轨道上的“字幕 01”字幕素材，然后将时间滑块移动到 00：00：12：00 处，接着在“效果控件”面板中单击“位置”左边的⏱按钮，添加一个关键帧，并将数值设置为（-300.0，288.0），如图 5-116 所示。最后将时间滑块移动到 00：00：14：00 处，将“位置”的数值设置为（360.0，288.0），此时软件会在 00：00：14：00 处自动添加一个关键帧，如图 5-117 所示。此时在“节目”面板中单击▶按钮，即可看到“字幕 01”字幕素材从左往右运动的效果，如图 5-118 所示。

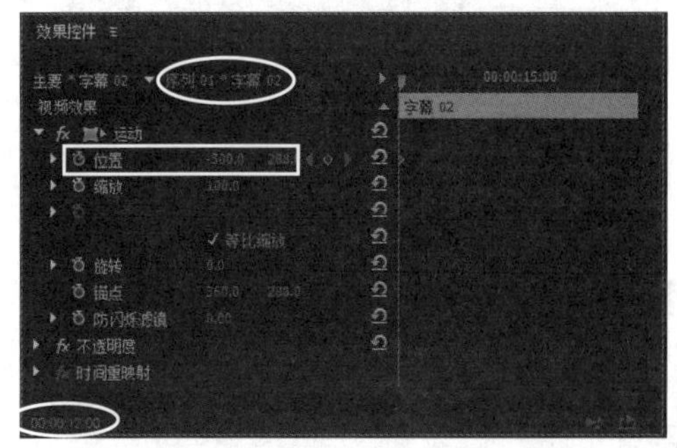

图5-116　在00：00：12：00处添加“位置”关键帧

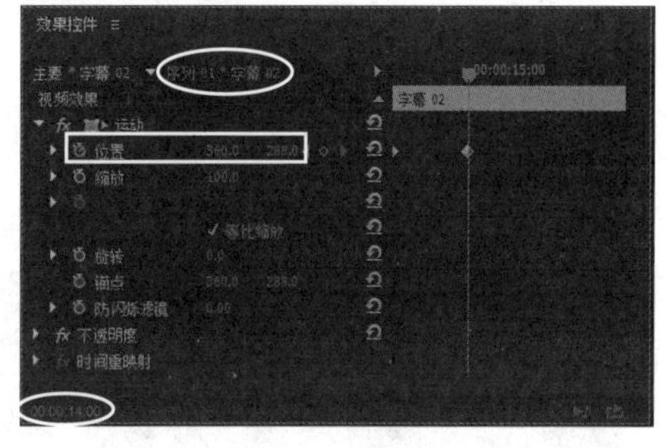

图5-117　在00：00：14：00处添加“位置”关键帧

（5）至此，沿一定方向运动的图片效果制作完毕，执行“文件 | 导出 | 媒体”命令，将其输出为“沿一定

方向运动的图片效果 .avi”文件。

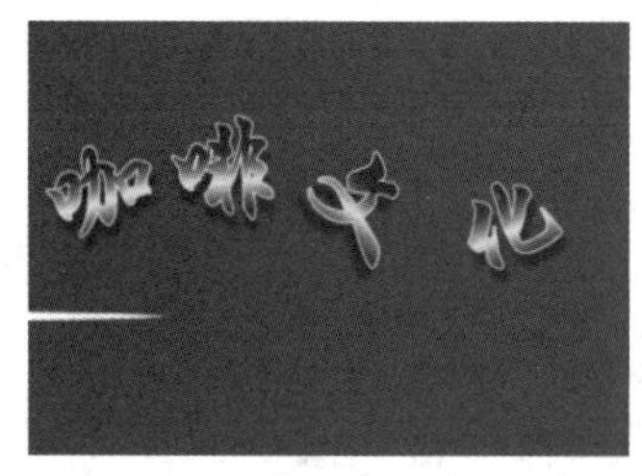

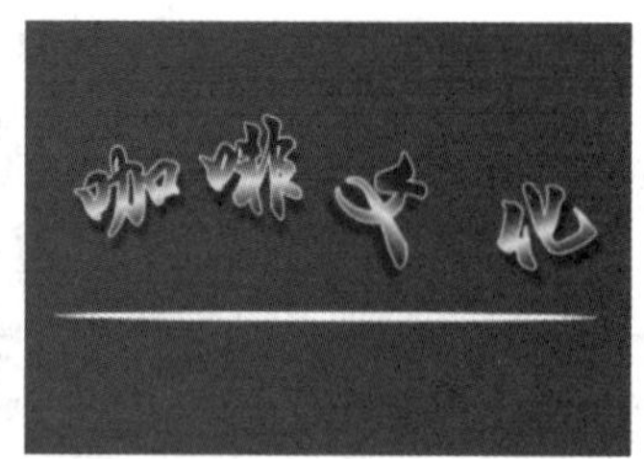

图5-118 “字幕02”素材从左往右运动的效果

课后练习

一、填空题

1. 在 Premiere Pro CC 2015 中的运动效果可分为________运动、________运动、________运动和________运动 4 种。

2. 选择要删除的关键帧，按________键即可将其删除。

二、选择题

1. 下列（　　）属于在“效果控件”面板“运动”项中可以设置的参数。

A. 位置　　B. 旋转　　C. 三维　　D. 锚点

2. 粘贴关键帧的快捷键是________。

A. Ctrl+C　　B. Ctrl+X　　C. Ctrl+A　　D. Ctrl+V

三、问答题 / 上机题

1. 简述利用“效果控件”面板来实现透明效果的方法。

2. 利用资源素材中的“课后练习 \ 第 5 章 \ 练习 1”中的相关素材制作图 5-119 所示的画面运动和旋转效果。

图5-119 练习2的效果

3. 利用资源素材中的“课后练习 \ 第 5 章 \ 练习 2”中的相关素材制作图 5-120 所示的图片和文字的运动效果。

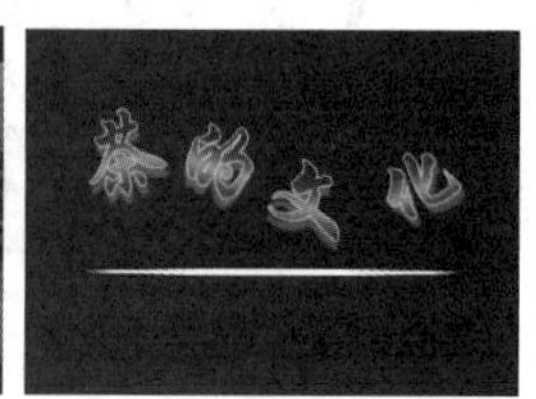

图5-120 练习3的效果

字幕的应用 第6章

字幕是现代影视节目中的重要组成部分，可以起到解释画面、补充内容等作用。Premiere 作为专业视频编辑软件，有着强大的字幕制作和处理功能。通过本章的学习，读者应掌握以下内容：

- 认识字幕窗口；
- 掌握文本字幕的创建方法；
- 掌握使用图形字幕对象的方法；
- 掌握字幕效果的编辑方法；
- 掌握创建动态字幕的方法。

6.1 初识字幕

字幕是影视制作中常用的信息表现元素，独立于视频、音频这些常规内容。很多影视的片头都会用到精彩的标题字幕，以使影片更为完整。Premiere Pro CC 2015 准备了一个与音频编辑区域完全隔离的字幕设计窗口，以便用户能够专注于字幕的创建工作。

6.1.1 简单字幕的创建

所谓字幕，是指在视频素材和图片素材之外，由用户自行创建的可视化元素，如文字、图形等。创建简单字幕的具体操作步骤如下：

（1）启动 Premiere Pro CC 2015 后，执行“文件 | 新建 | 字幕”命令（或者单击“项目”面板下方的 （新建项）按钮，从弹出的下拉菜单中选择“字幕”命令）。

（2）在弹出的图 6–1 所示的“新建字幕”对话框中输入字幕的名称，单击“确定”按钮，即可创建一个新的字幕设计窗口，如图 6–2 所示。

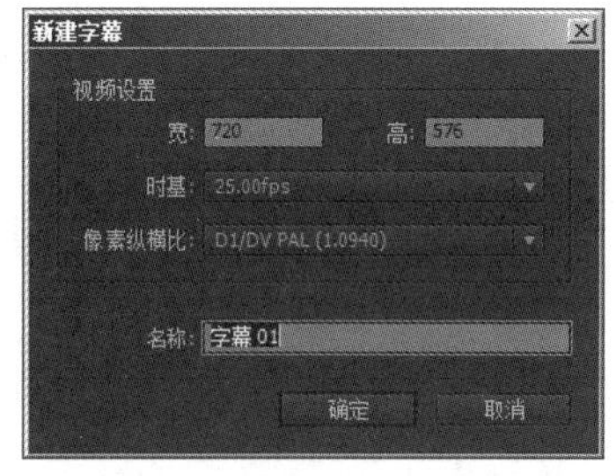

图6–1 “新建字幕”对话框

（3）选择“字幕工具”面板中的 （文字工具），然后在字幕设计窗口中单击，即可输入文字内容，如图 6–3 所示。

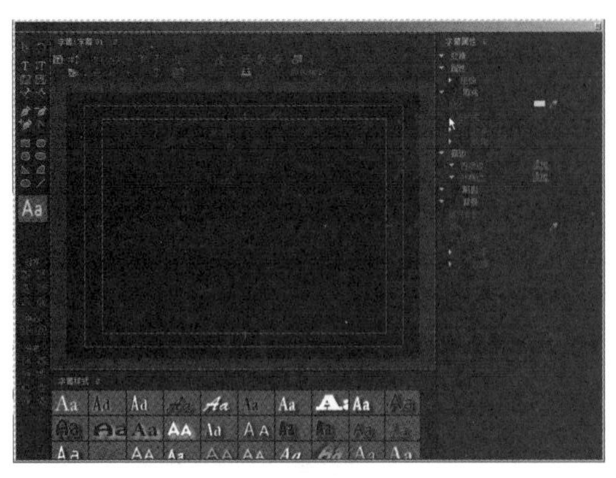
图6–2　新建的字幕

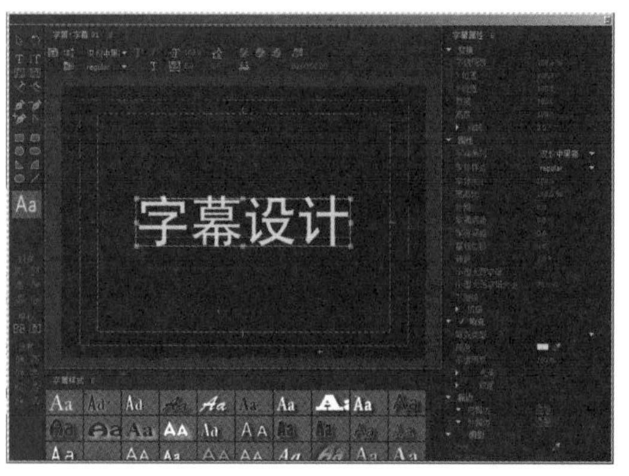

图6–3　输入文字内容

（4）单击字幕设计窗口中的☒按钮，关闭字幕设计窗口。此时创建的字幕会自动添加到“项目”面板中，如图 6–4 所示。

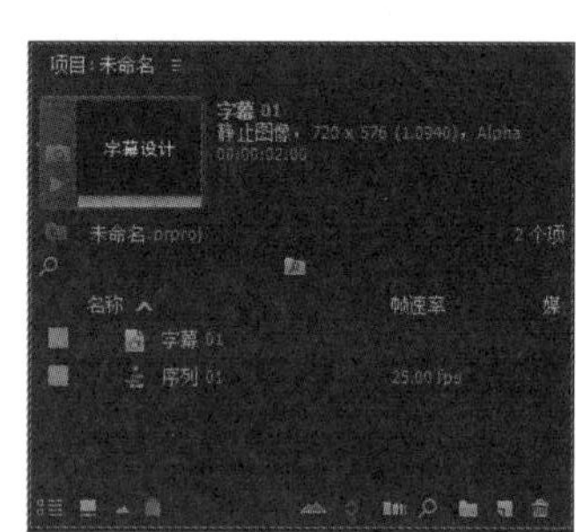
图6–4　“项目”面板

6.1.2　字幕设计窗口的布局

所有字幕都是在字幕设计窗口中创建完成的。在该设计窗口中用户不仅创建和编辑静态字幕，还可以制作出各种动态的字幕效果。字幕设计窗口包括“字幕”面板、“字幕工具”面板、“字幕动作”面板、“字幕样式”面板和“字幕属性”面板 5 个面板。

1. “字幕”面板

“字幕”面板位于字幕设计窗口的中央，是创建、编辑字幕的主要区域，用户不仅可以在该面板中直观地了解字幕应用于影片后的效果，还可直接对其进行修改。

“字幕”面板分为属性栏和编辑窗口两部分，如图 6–5 所示。

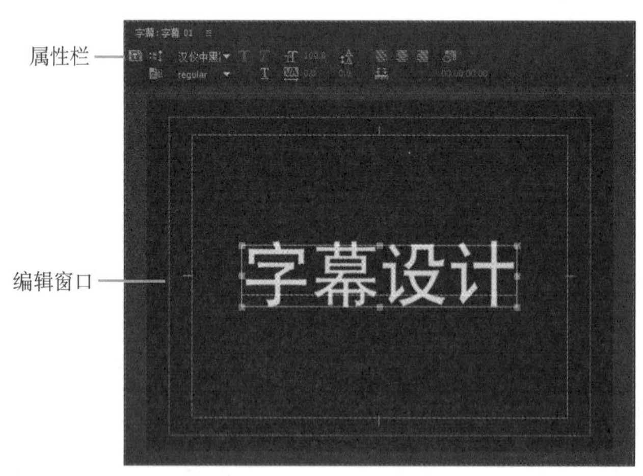

图6–5　“字幕”面板

属性栏包含了字体、字体样式等字幕对象常见的属性设置项，利用属性栏可快速调整字幕对象，从而提高创建及修改字幕时的工作效率。

编辑窗口用于创建和编辑字幕，这里需要注意的是编辑窗口中显示了两个实线框，其中内部实线框是字幕标题安全区，外部实线框是字幕动作安全区。如果文字或图形在动作安全区外，它们将不会在某些 NTSC 制式的显示器或电视中显示出来，即使能在 NTSC 显示器上显示出来，也会模糊或变形。

2. “字幕工具”面板

“字幕工具”面板位于字幕设计窗口的左上方，如图 6–6 所示，包含了制作和编辑字幕时所要用到的工具。利用这些工具，用户不仅可以在字幕内加入文本，还可绘制简单的几何图形。

- （选择工具）：用于选定窗口中的文字或图像，配合 Shift 键，可以同时选择多个对象。选中的对象四周将会出现控制点。
- （旋转工具）：用于对字幕文本进行旋转。
- （文字工具）：用于在字幕设计窗口中输入水平方向的文字。
- （垂直文字工具）：用于在字幕设计窗口中输入垂直方向的文字。
- （区域文字工具）：用于在字幕设计窗口中输入水平方向的多行文本。
- （垂直区域文字工具）：用于在字幕设计窗口中输入垂直方向的多行文本。
- （路径文字工具）：用于在字幕设计窗口中输入沿路径弯曲且平行于路径的文本。图 6–7 所示为使用路径输入工具输入文本的效果。

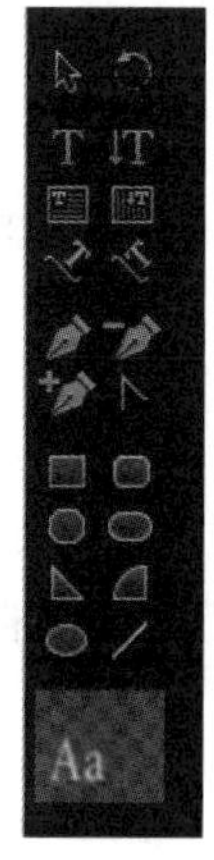

图6–6　“字幕工具”面板

图6–7　使用“路径输入工具”输入文本的效果

- （垂直路径文字工具）：用于在字幕设计窗口中输入沿路径弯曲且垂直于路径的文本。
- （钢笔工具）：用于绘制使用（路径文字入工具）和（垂直路径输入工具）输入的文本路径。
- （添加锚点工具）：用于添加在文本路径上的锚点。
- （删除锚点工具）：用于删除在文本路径上的锚点。
- （转换锚点工具）：用于调整文本路径的平滑度。
- （矩形工具）：用于绘制带有填充色和线框色的矩形。配合 Shift 键，可绘制出正方形。
- （圆角矩形工具）：用于绘制带有圆角的矩形，如图 6–8 所示。
- （切角矩形工具）：用于绘制带有斜角的矩形，如图 6–9 所示。
- （圆矩形工具）：用于绘制左右两端是圆弧形的矩形，如图 6–10 所示。

图6–8　圆角矩形

图6–9　切角矩形

图6–10　圆矩形

- （楔形工具）：用于绘制三角形。配合 Shift 键，可绘制出直角三角形。
- （弧形工具）：用于绘制弧形。
- （椭圆工具）：用于绘制三角形。配合 Shift 键，可绘制出正圆。
- （直线工具）：用于在字幕窗口中绘制线段。

3. “字幕动作”面板

“字幕动作”面板位于字幕设计窗口的左下方，用于在“字幕”面板的编辑窗口对齐或排列所选对象。“字幕动作”面板中的工具按钮分为“对齐”、“居中”和“分布”3 个选项组，如图 6–11 所示。

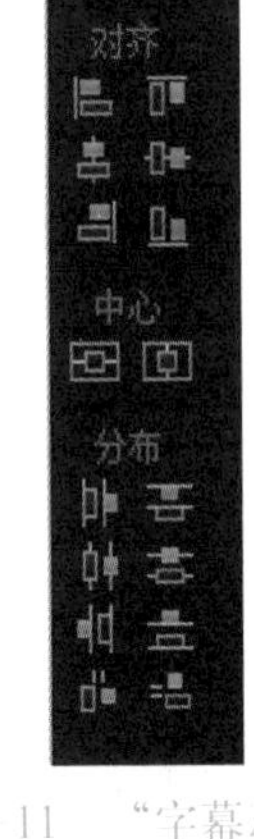

图6–11 “字幕动作”面板

（1）“对齐”选项组。“对齐”选项组中的按钮只有在选择至少两个对象后才能被激活，它们的含义如下：

- （水平靠左）：用于将所选对象以最左侧对象的左边线为基准进行对齐。
- （垂直靠上）：用于将所选对象以最上方对象的顶边线为基准进行对齐。
- （水平居中）：用于在竖排时，以上面第 1 个对象中心位置对齐；横排时，以选择的对象横向的中间位置集中对齐。

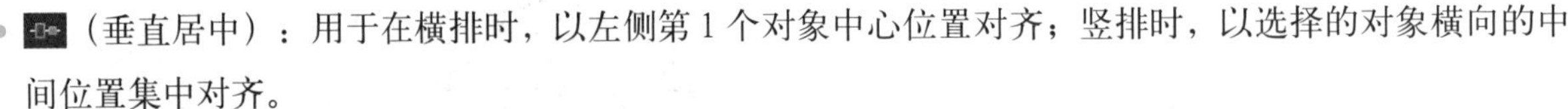

- （垂直居中）：用于在横排时，以左侧第 1 个对象中心位置对齐；竖排时，以选择的对象横向的中间位置集中对齐。
- （水平靠右）：用于将所选对象以最右侧对象的右边线为基准进行对齐。
- （垂直靠下）：用于将所选对象以最下方对象的底边线为基准进行对齐。

（2）“居中”选项组。“居中”选项组中的按钮只有在选择至少一个对象之后才能被激活，它们的含义如下：

- （垂直居中）：用于在水平方向上，与视频画面的垂直中心保持一致。
- （水平居中）：用于在垂直方向上，与视频画面的水平中心保持一致。

（3）“分布”选项组。“分布”选项组中的按钮只有在选择至少 3 个对象后才能被激活，它们的含义如下：

- （水平靠左）：用于以左右两侧对象的左边线为界，使相邻对象左边线的间距保持一致。
- （垂直靠上）：用于以上下两侧对象的顶边线为界，使相邻对象顶边线的间距保持一致。
- （水平居中）：用于以左右两侧对象的垂直中心线为界，使相邻对象中心线的间距保持一致。
- （垂直居中）：用于以上下两侧对象的水平中心线为界，使相邻对象中心线的间距保持一致。
- （水平靠右）：用于以左右两侧对象的右边线为界，使相邻对象右边线的间距保持一致。
- （垂直靠下）：用于以上下两侧对象的底边线为界，使相邻对象底边线的间距保持一致。
- （水平等距间隔）：用于以左右两侧对象为界，使相邻对象的垂直间距保持一致。
- （垂直等距间隔）：用于以上下两侧对象为界，使相邻对象的水平间距保持一致。

4. “字幕样式”面板

“字幕样式”面板位于字幕设计窗口的中下方，如图 6–12 所示。其中存放着 Premiere Pro CC 2015 中 89 种预置字幕样式。利用这些样式，用户可以在创建字幕后，快速获得各种精美的字幕效果。

图6–12 “字幕样式”面板

提示

字幕样式可应用于所有的字幕对象，包括文本和图形。

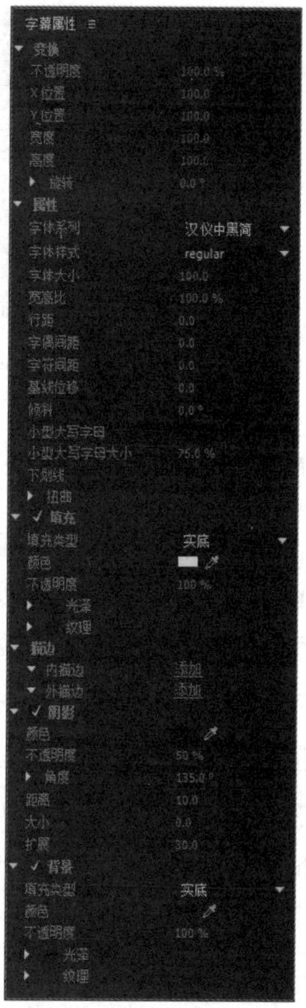

5. “字幕属性”面板

“字幕属性”面板位于字幕设计窗口的右侧。在“字幕”面板中选择不同的对象，“字幕属性”面板也有所不同。下面以选择文字后的“字幕属性”面板为例对“字幕属性”面板进行讲解。

选择文字后的“字幕属性”面板如图 6-13 所示，包括“变换”、“属性”、“填充”、“描边”、“阴影”和“背景”6 个参数区域。利用这些参数选项，用户不仅可以对字幕中文字和图形的位置、大小、颜色等基本属性进行调整，还可以为其定制描边与阴影效果。关于“字幕属性”面板中的相关参数的讲解请参见 6.3 节。

图6-13　“字幕属性”面板

6.2　创建文本字幕

文本字幕分为多种类型，除了基本的水平文本字幕和垂直文本字幕外，Premiere Pro CC 2015 还能创建路径文本字幕。

6.2.1　创建水平文本字幕

水平文本字幕是指沿水平方向进行分布的字幕类型。使用（文字工具）在“字幕”面板的编辑窗口的任意位置单击，即可输入相应文字，从而创建水平文本字幕，如图 6-14 所示。使用（区域输入工具）在“字幕”面板的编辑窗口中绘制文本框后，输入文字，可以创建多行水平文本字幕，如图 6-15 所示。

图6-14　创建水平文本字幕

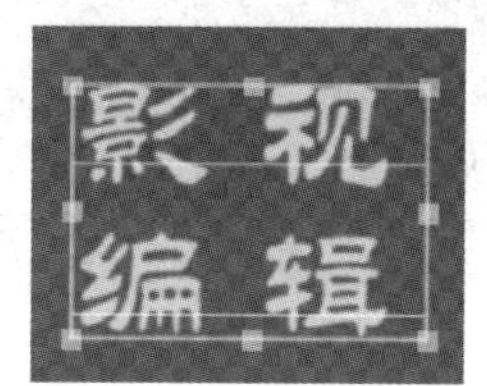

图6-15　创建多行水平文本字幕

提示

在输入文本内容的过程中，按Enter键可以使文本内容另起一行。

6.2.2　创建垂直文本字幕

垂直文本字幕的创建方法与水平文本字幕的创建方法类似，只要使用（垂直文字工具）在“字幕”面板的编辑窗口的任意位置单击，即可输入相应文字，从而创建垂直文本字幕，如图 6-16 所示。使用（垂直区域文字工具）在“字幕”面板的编辑窗口中绘制文本框后，输入文字，可以创建多行垂直文本字幕；如图 6-17 所示。

图6-16　创建垂直文本字幕

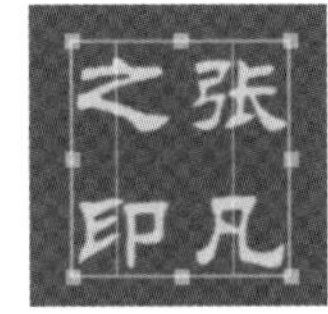

图6-17　创建多行垂直文本字幕

6.2.3　创建路径文本字幕

与水平文本字幕和垂直文本字幕相比，路径文本字幕的特点是能够通过调整路径形状而改变字幕的整体形态。创建路径文本的具体操作步骤如下：

（1）使用（路径文字工具）在“字幕”面板的编辑窗口的任意位置单击，从而创建路径的第 1 个定位点，如图 6-18 所示。

（2）同理，创建路径的第 2 个定位点，然后通过调整锚点的控制柄来修改路径的形状，如图 6-19 所示。

（3）完成路径会之后，直接输入文本内容，即可完成路径文本的创建，如图 6-20 所示。

图6-18　创建路径的第1个锚点

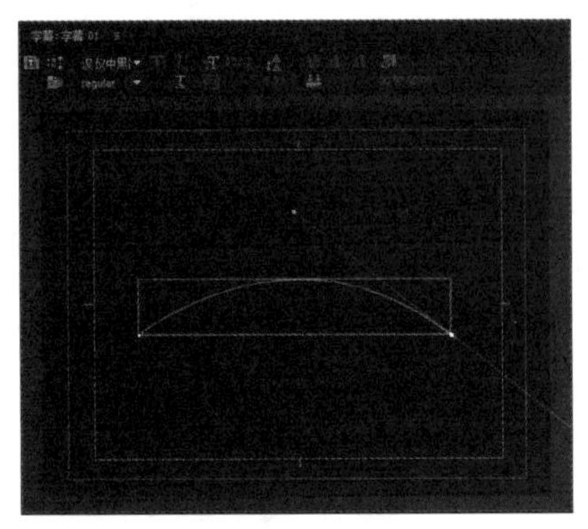

图6-19　修改路径的形状

图6-20　创建的路径文本

6.3　字幕效果的编辑

在字幕设计窗口中输入文字后，还可以对文字进行变换、填充、描边以及添加阴影等操作，从而使字幕看起来更加美观。在 Premiere Pro CC 2015 中，可以通过设置“字幕属性”面板中的“变换”、“属性”、“填充”、“描边”、“阴影”和“背景”6 种参数来编辑文字效果。

1. 变换

“变换”区域的参数用于设置选定对象的“不透明度”、“位置”、“宽度”、“高度”和“旋转”属性。

- 不透明度：用于设置对象的透明度。

- X 位置：用于设置对象在 X 轴的坐标。
- Y 位置：用于设置对象在 Y 轴的坐标。
- 宽度：用于设置对象的宽度。
- 高度：用于设置对象的高度。
- 旋转：用于设置对象的旋转角度。

2. 属性

“属性”区域的参数用于设置字体、字体大小、字距等属性。

- 字体系列：在该下拉列表中包含了系统中安装的所有字体。
- 字体样式：在该下拉列表中包含了字体一般加粗、倾斜等样式。
- 字体大小：用于设置字体的大小。
- 宽高比：用于设置字体的长宽比。图 6–21 所示为设置不同“宽高比”数值的效果比较。

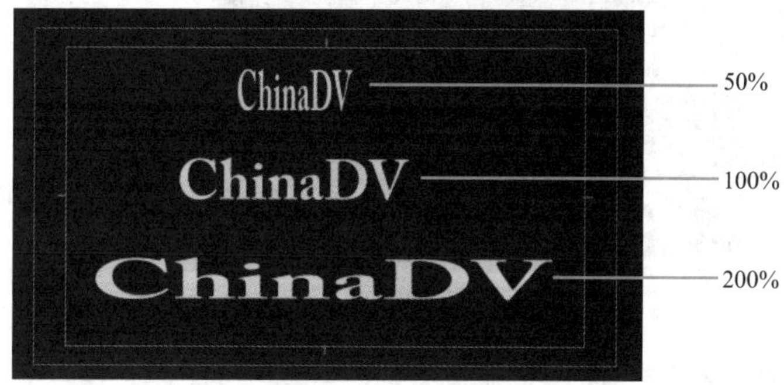

图6–21　设置不同“宽高比”的效果比较

- 行距：用于设置行与行之间的距离。图 6–22 所示为设置不同“行距”数值的效果比较。

图6–22　设置不同“行距”　的效果比较

- 字符间距：用于设置光标位置处前后字符之间的距离，可在光标位置处形成两段有一定距离的字符。图 6–23 所示为设置不同“字符间距”数值的效果比较。

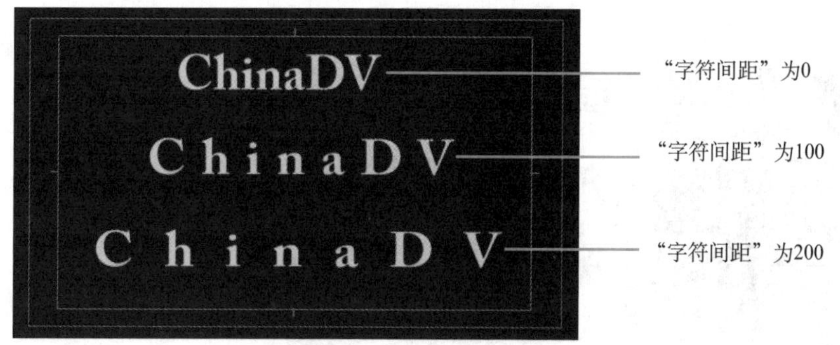

图6–23　设置不同“字符间距”　的效果比较

- 基线位移：用于设置输入文字的基线位置，通过改变该项的数值，可以方便地设置上标和下标。图 6–24 所示为设置不同“基线位移 ”数值的效果比较。

“基线位移”为0

“基线位移”为-50

“基线位移”为50

图6–24　设置不同“基线位移 ”数值的效果比较

- 倾斜：用于设置字符是否倾斜。图 6–25 所示为设置不同“倾斜”数值的效果比较。

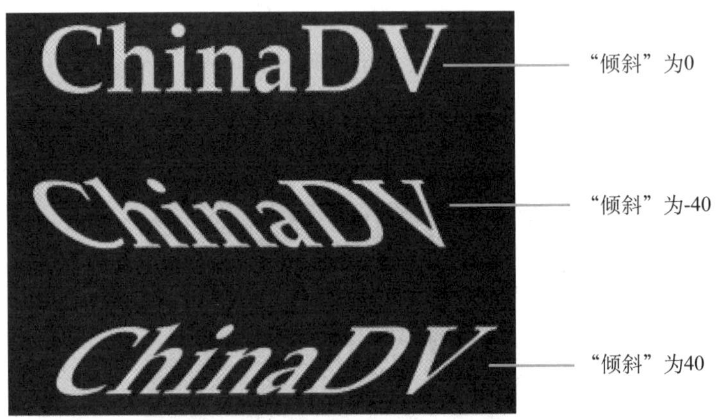

图6–25　设置不同“倾斜 ”数值的效果比较

- 小型大写字母：勾选该复选框后，可以输入大写字母，或者将已有的小写字母改为大写字母。图 6–26 所示为勾选“小型大写字母 ”复选框前后的效果比较。

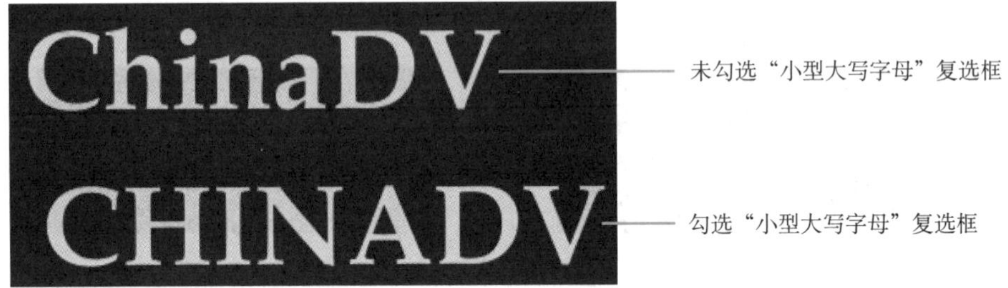

图6–26　勾选“小型大写字母 ”复选框前后的效果比较

- 大写字母尺寸：小写字母改为大写字母后，可以利用该项来调整大小。
- 下画线：勾选该复选框后，可以在文本下方添加下画线。图 6–27 所示为勾选“下画线”复选框前后的效果比较。

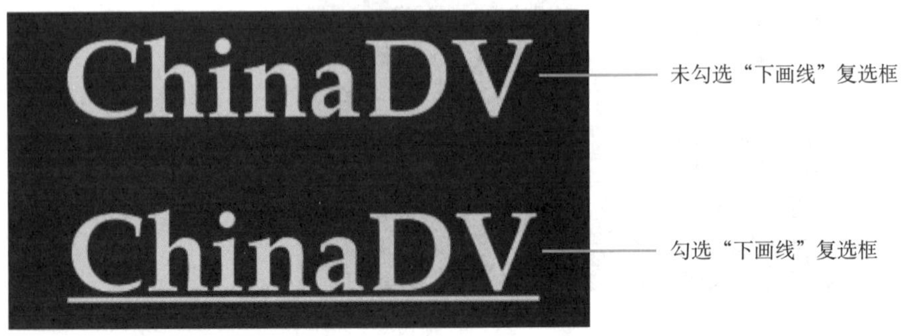

图6–27　勾选“下画线”复选框前后的效果比较

- 扭曲：用于对文本进行扭曲设置。通过调节 X 和 Y 轴向的扭曲度，可以产生变化多端的文本形状。图 6–28 所示为设置不同数值的效果比较。

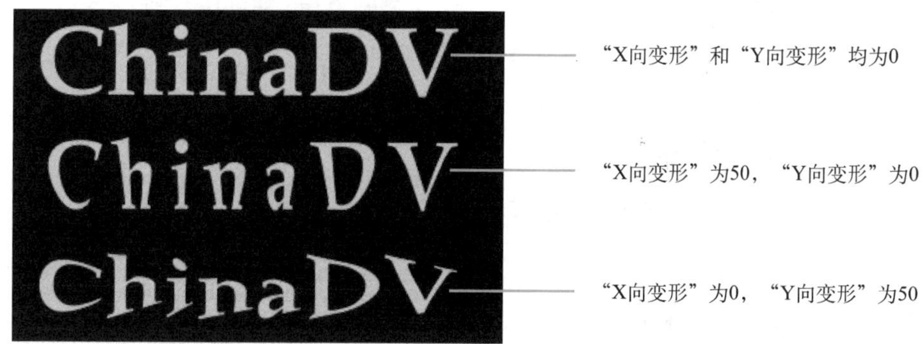

图6–28　设置不同数值的效果比较

3. 填充

"填充"区域如图 6–29 所示，用于为指定的文本或图形设置填充色。

- 填充类型：在右侧的下拉列表中提供了实底、线性渐变、径向渐变、四色渐变、斜面、消除和重影 7 种填充类型供选择，如图 6–30 所示。
- 颜色：用于设置填充颜色。
- 不透明度：用于设置填充色的透明度。
- 光泽：勾选该复选框后，可为对象添加一条辉光线。
- 纹理：勾选该复选框后，可为字幕设置纹理效果。

4. 描边

"描边"区域如图 6–31 所示，用于为对象设置一个描边效果。Premiere Pro CC 2015 提供了"内描边"和"外描边"两种描边效果。要应用描边效果首先要单击右侧的"添加"按钮，此时会显示出相关参数，如图 6–32 所示，然后通过设置相关参数选项完成描边设置。图 6–33 所示为文字设置"外描边"的描边效果。

图6–29　"填充"区域的参数

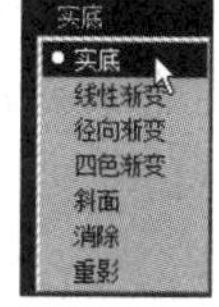

图6–30　填充类型

图6–31　"描边"区域的参数

5. 阴影

"阴影"区域如图 6–34 所示，用于为字幕添加阴影效果。

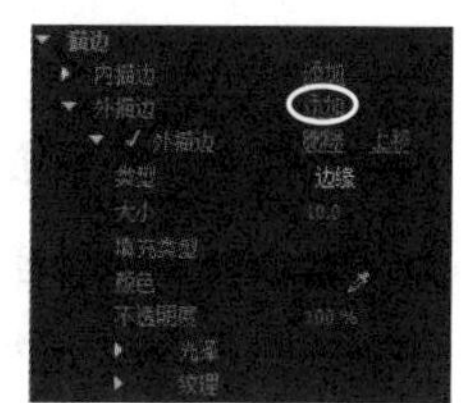

图6–32　单击"添加"按钮

图6–33　"外描边"的描边效果

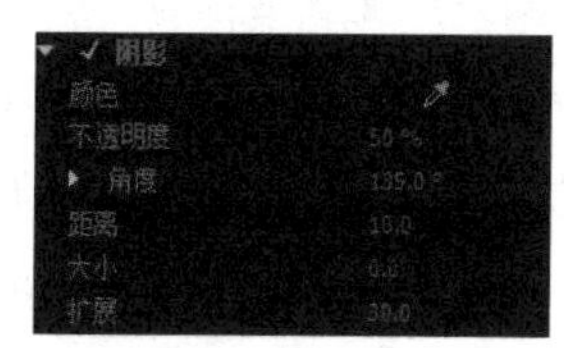

图6–34　"阴影"区域的参数

- 颜色：用于设置阴影的颜色。
- 透明：用于设置阴影颜色的透明度。
- 角度：用于设置阴影的角度。
- 距离：用于设置阴影的距离。
- 大小：用于设置阴影的大小。
- 模糊：用于设置阴影的模糊程度。

图 6–35 所示为文字设置“阴影”参数后的效果。

6. 背景

“背景”区域如图 6–36 所示，用于为字幕添加背景效果。该区域的参数与前面介绍的“填充”区域相同，这里不再赘述。

图6–35　为文字设置“阴影”参数后的效果

图6–36　“背景”区域的参数

6.4　创建动态字幕

根据素材类型的不同，可以将 Premiere 中的字幕分为静态字幕和动态字幕两种类型。在此之前创建的字幕都属于静态字幕，即本身不会运动的字幕。而动态字幕则是本身可以运动的字幕类型。动态字幕分为游动字幕和滚动字幕两种类型。

6.4.1　创建游动字幕

游动字幕是指在屏幕上进行水平运动的动态字幕类型，分为从左到右游动和从右往左游动两种方式。其中，从右往左游动是游动字幕的默认设置，电视节目制作时多用于飞播信息。下面制作一个从左往右游动的字幕效果，具体操作步骤如下：

（1）执行“字幕 | 新建字幕 | 默认游动字幕”命令，然后在弹出的图 6–37 所示的“新建字幕”对话框中设置字幕素材的属性后，单击“确定”按钮，新建一个字幕文件。

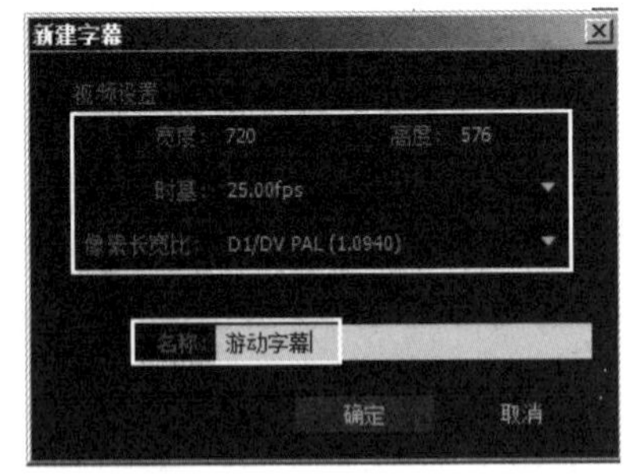

图6–37　“新建字幕”对话框

（2）在新建的字幕文件中输入要进行滚动的字幕内容（此时输入的是“新兴产业发展前景”8 个字），如图 6–38 所示。

（3）单击字幕设计窗口中“字幕”面板属性栏中的■（滚动 / 游动选项）按钮，然后在弹出的“滚动 / 游动选项”对话框中勾选“开始于屏幕外”和“结束于屏幕外”复选框，如图 6–39 所示，单击“确定”按钮。

（4）从“项目”面板中将制作好的滚动字幕拖入“时间线”面板中，然后单击“节目”面板中的▶按钮，即可看到从左往右游动的字幕效果，如图 6–40 所示。

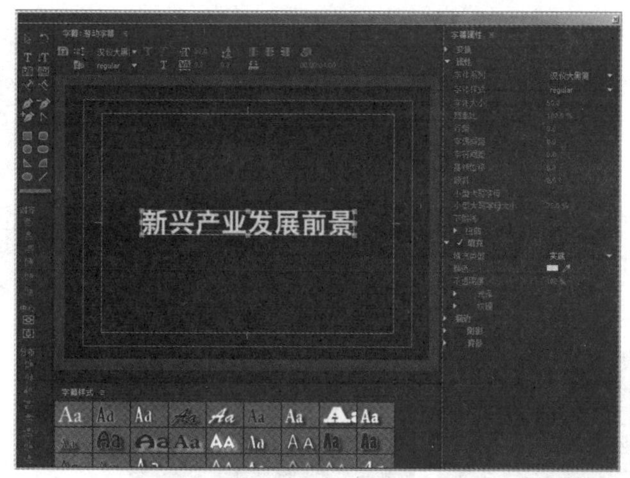

图6–38　输入游动字幕的文字

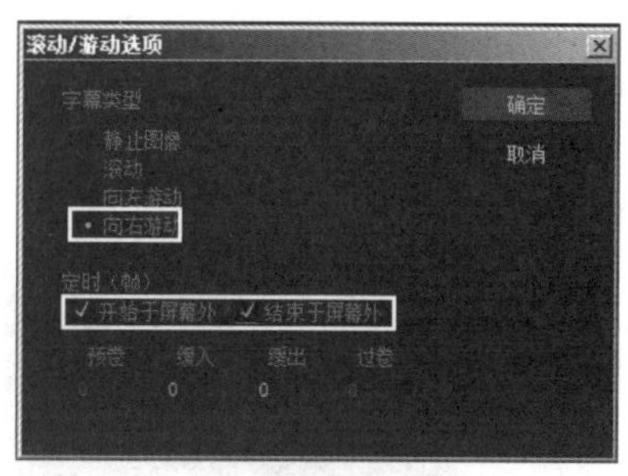

图6–39　设置游动字幕的参数

图6–40　从左往右游动的字幕效果

6.4.2　创建滚动字幕

滚动字幕的效果是从屏幕下方逐渐向上运动，在影视节目制作中多用于节目末尾演职员表的制作。制作滚动字幕的具体操作步骤如下：

（1）执行“字幕 | 新建字幕 | 默认滚动字幕”命令，然后在弹出的图 6–41 所示的“新建字幕”对话框中设置字幕素材的属性后，单击“确定”按钮，新建一个字幕文件。

（2）在新建的字幕文件中输入要进行滚动的字幕内容（此时输入的是“友情出演”4 个字），如图 6–42 所示。

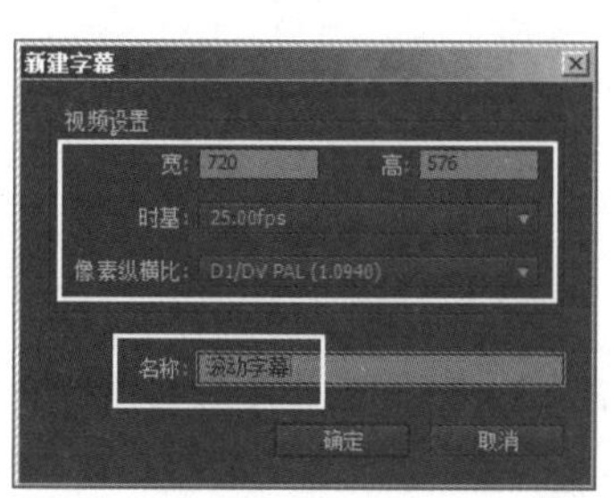

图6–41　“新建字幕”对话框

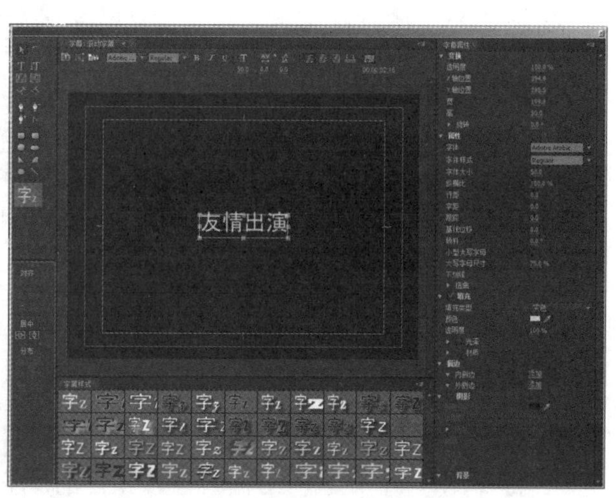

图6–42　输入要进行滚动的字幕内容

（3）单击字幕设计窗口中“字幕”面板属性栏中的![icon]（滚动／游动选项）按钮，然后在弹出的“滚动／游动选项”对话框中勾选“开始于屏幕外”和“结束于屏幕外”复选框，如图 6–43 所示，单击“确定”按钮。

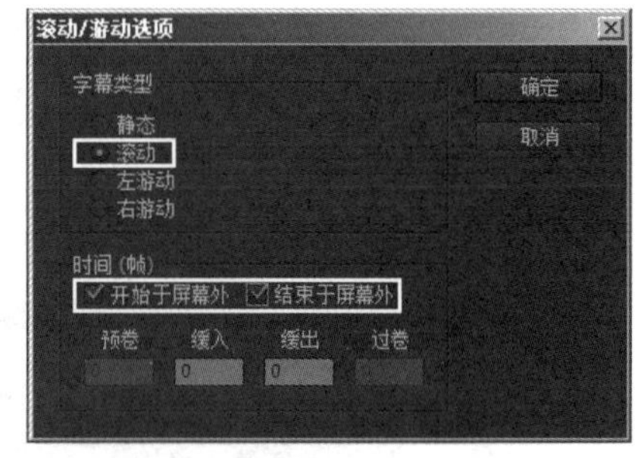

图6–43　设置滚动字幕的参数

（4）从“项目”面板中将制作好的滚动字幕拖入“时间线”面板中，然后单击“节目”面板中的▶按钮，即可看到从下往上滚动的字幕效果，如图 6–44 所示。

图6–44　滚动字幕的效果

6.5　实 例 讲 解

本节将通过“制作四季风景的字幕效果”、“制作颜色渐变的字幕效果”、“制作沿路径弯曲的文字效果”、“制作滚动字幕效果”、“制作游动字幕效果”和“制作底片效果”6 个实例来讲解 Premiere Pro CC 2015 的字幕在实践中的应用。

6.5.1　制作四季风景的字幕效果

要点

本例将制作随图片逐个出现的字幕效果，如图 6–45 所示。通过本例的学习，读者应掌握简单文字字幕的制作方法。

图6–45　随图片逐个出现的字幕效果

操作步骤

1. 编辑图片素材

（1）启动 Premiere Pro CC 2015，然后单击“新建项目”按钮，新建一个名称为“制作四季风景的字幕效果”的项目文件。接着新建一个 DV–PAL 制标准 48 kHz 的“序列 01”序列文件。

（2）设置静止图片默认持续时间为 4 s。执行“编辑 | 首选项 | 常规”命令，在弹出的对话框中将“视频过渡默认持续时间”设置为 25 帧，将“静止图像默认持续时间”设置为 4 s。然后在对话框左侧选择“媒体”，

再在右侧将“不确定的媒体时基”设置为 25 帧 /s，单击“确定”按钮。

(3) 导入素材。执行“文件 | 导入”命令，导入资源素材中的“素材及结果 \ 第 6 章 字幕的应用 \ 6.5.1 制作四季风景的字幕效果 \ 春天 .jpg”、“夏天 .jpg”、“秋天 .jpg”和“冬天 .jpg”文件，此时“项目”面板如图 6–46 所示。

(4) 在“项目”面板中按住 Ctrl 键，依次选择“春天 .jpg”、“夏天 .jpg”、“秋天 .jpg”和“冬天 .jpg”素材，然后将它们拖入“时间线”面板的“V1”轨道中，入点为 00：00：00：00。此时“时间线”面板会按照素材选择的先后顺序将素材依次排列，时间总长度为 16 s，如图 6–47 所示。

图6–46　“项目”面板

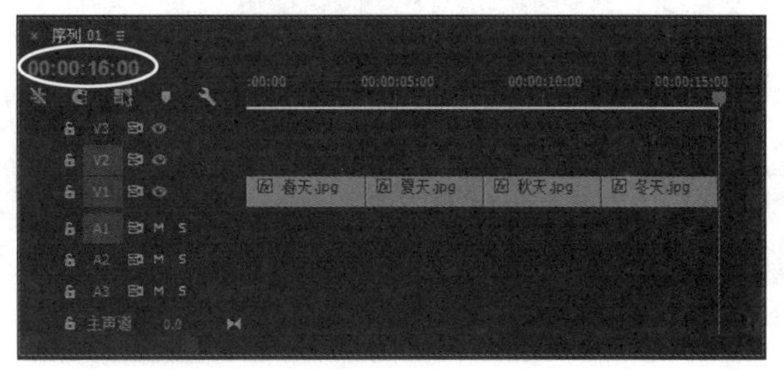

图6–47　“时间线”面板

2. 在“春天 .jpg”画面上添加汉字“春”和英文“Spring”的字幕

(1) 将时间滑块定位在 00：00：00：00 的位置，然后单击“项目”面板下方的■（新建项）按钮，从弹出的下拉菜单中选择“字幕”命令，在弹出的“新建字幕”对话框输入“名称”为“春天字幕”，如图 6–48 所示，单击“确定”按钮，进入“春天字幕”字幕的设计窗口，如图 6–49 所示。

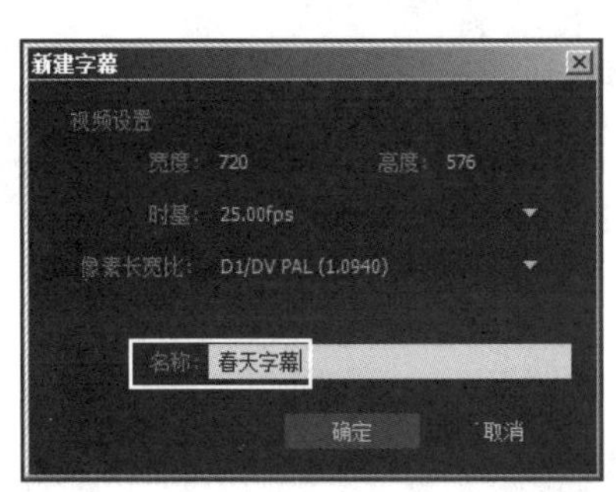

图6–48　输入“名称”为“春天字幕”

图6–49　“春天字幕”字幕的设计窗口

提示

将时间滑块定位在00：00：00：00的位置，是为了显示出“春天.jpg”的背景图片，以便调整文字在图片上的相关位置。

(2) 在“春天字幕”字幕设计窗口中，选择“字幕工具”面板中的T（文字工具），在字幕窗口右上部单击，然后输入文字“春”，并在右侧“属性”面板“字体”选项中设置“字体系列”为“Adobe Caslon pro”，字号为“160”，如图 6–50 所示。

提示

选择“字幕工具”面板中的■（选择工具），可以对文字位置进行再次调整。

（3）同理，重新选择工具箱中的T（文字工具），在“春”字下面单击，然后输入英文“Spring”，并设置“字体系列”为“Adobe Caslon pro”，“字体样式”为“Bold”，“字体大小”为“40”，如图 6-51 所示。

图6-50 输入文字“春”

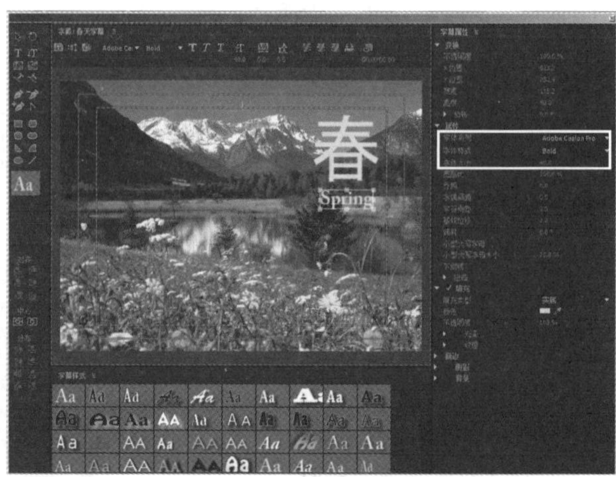

图6-51 输入文字“Spring”

（4）至此，“春天字幕”制作完毕，单击字幕设计窗口右上角的☒按钮，关闭字幕设计窗口。此时创建的“春天字幕”字幕会自动添加到“项目”面板中，如图 6-52 所示。

（5）将“春天字幕”字幕拖入“时间线”面板的“V2”轨道中，入点为 00:00:00:00 的位置，如图 6-53 所示。

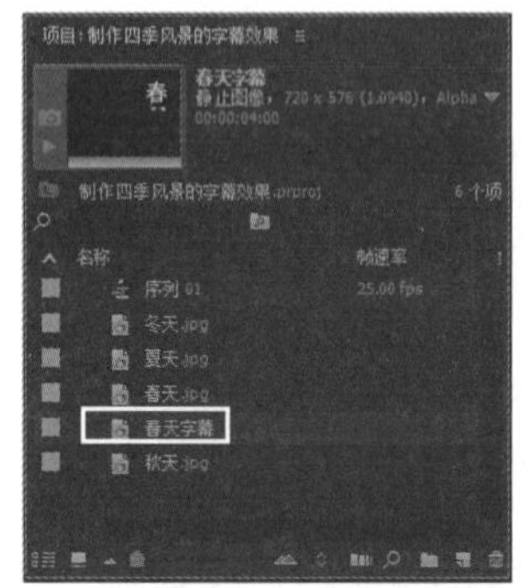

图6-52 “项目”面板

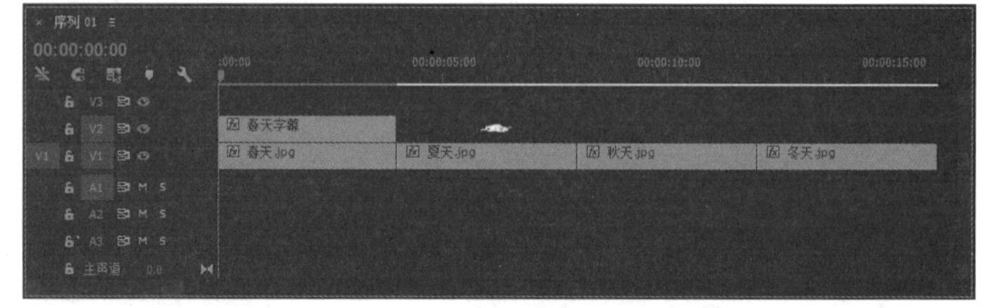

图6-53 将“春天字幕”字幕拖入“V2”轨道中，入点为00:00:00:00

3. 创建“夏天字幕”、“秋天字幕”和“冬天字幕”3 个字幕

（1）将时间滑块移到“夏天 .jpg”上，然后双击“V2”轨道中的“春天字幕”素材，进入“春天字幕”字幕的设计窗口，此时视频背景显示为“夏天 .jpg”图片，如图 6-54 所示。

（2）单击“春天字幕”字幕的设计窗口左上角的▣（基于当前字幕新建字幕）按钮，在弹出的“新建字幕”对话框中输入“名称”为“夏天字幕”，如图 6-55 所示，单击“确定”按钮，进入“夏天字幕”字幕的设计窗口。

图6-54 背景显示为“夏天.jpg”图片

提示

在进行字幕制作时，经常会遇到要制作多个风格和版式相同而文字内容不同的字幕，利用“基于当前字幕新建字幕”的功能可以在当前字幕内容的基础上进行简单的修改，从而完成新字幕的制作。

（3）在“夏天字幕”字幕设计窗口中将“春”改为“夏”，将“Spring”改为“Summer”，并将文字移到右下方，如图 6–56 所示。

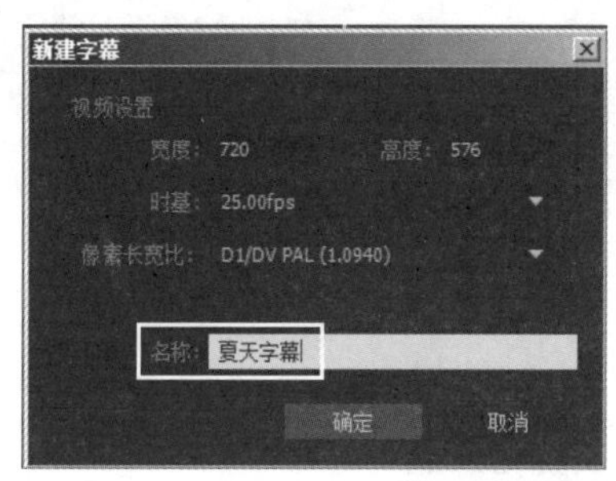

图6–55　“项目”面板

图6–56　更换“夏天字幕”字幕中文字后的效果

（4）单击字幕设计窗口右上角的的按钮，关闭字幕设计窗口，此时“项目”面板如图 6–57 所示。然后将“夏天字幕”字幕拖入“时间线”面板的“V2”轨道中与“春天字幕”的结尾对齐，如图 6–58 所示。

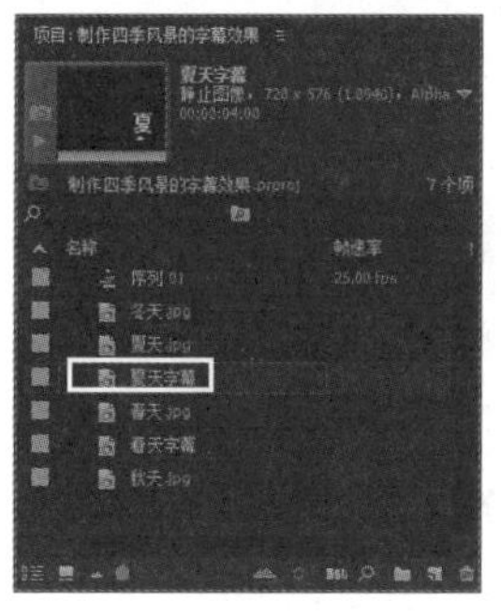

图6–57　“项目”面板

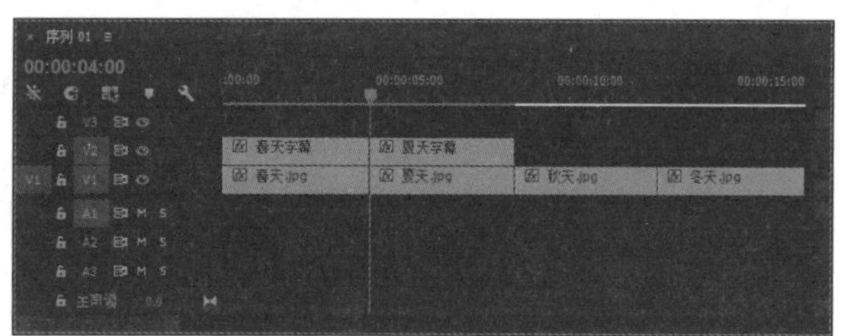

图6–58　将“夏天字幕”字幕拖入“时间线”面板的“V2”轨道中

（5）同理，创建“秋天字幕”字幕，如图 6–59 所示。然后将其拖入“时间线”面板的“V2”轨道中与“夏天字幕”的结尾对齐，如图 6–60 所示。

（6）同理，创建“冬天字幕”字幕，如图 6–61 所示。然后将其拖入“时间线”面板的“V2”轨道中与“秋天字幕”的结尾对齐，如图 6–62 所示。

4. 创建素材之间的视频切换

（1）同时选择“V1”和“V2”轨道，使它们高亮显示。然后将时间滑块定位在 00:00:04:00 的位置，然后按 Ctrl+D 组合键，此时软件会在该处

图6–59　“秋天字幕”字幕的效果

给“V1”和“V2”添加一个默认的“交叉溶解”的视频过渡效果，如图 6–63 所示。

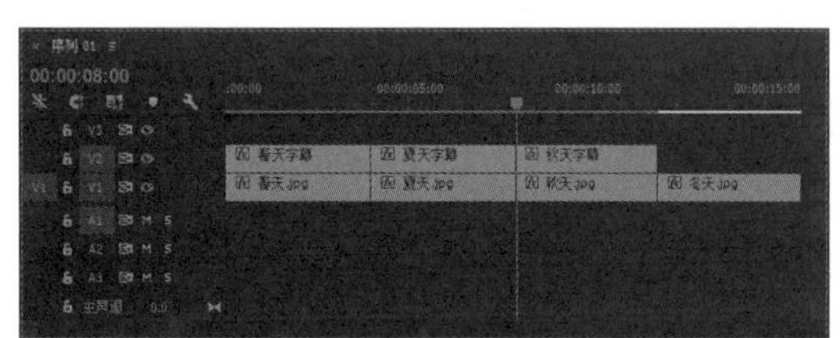

图6–60 将“秋天字幕”字幕拖入“时间线”面板的“V2”轨道中

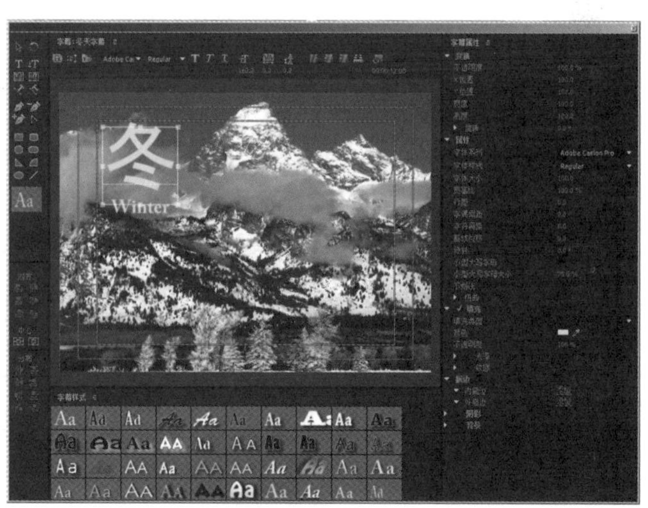

图6–61 “冬天字幕”字幕的效果

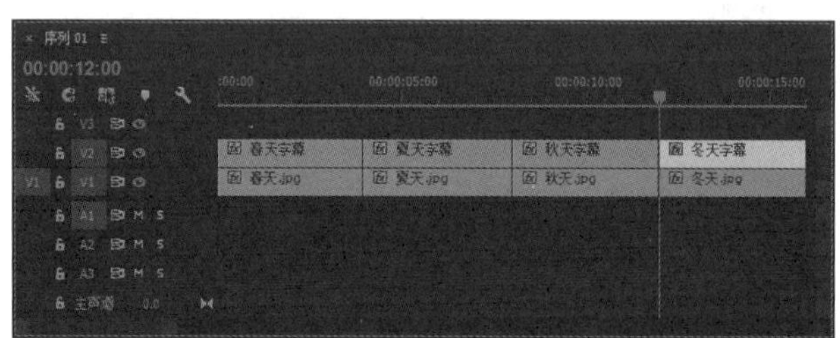

图6–62 将“冬天字幕”字幕拖入“时间线”面板的“V2”轨道中

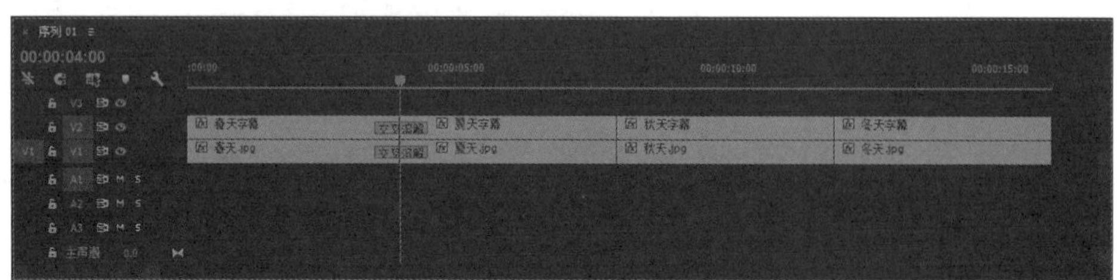

图6–63 在00：00：04：00处给“V1”和“V2”添加一个默认的“交叉溶解”的视频过渡效果

(2) 在“节目”面板中单击▶按钮，即可看到 00：00：00：00 ~ 00：00：08：00 处素材之间的视频过渡效果，如图 6–64 所示。

图6–64 在00：00：00：00~00：00：08：00处素材之间的视频过渡效果

(3) 按 PageDown 组合键，此时时间线滑块会自动跳转到 00：00：08：00 的位置，然后按 Ctrl+D 组合键，在此处自动添加一个默认的“交叉溶解”的视频过渡效果。按 PageDown 键，此时时间线滑块会自动跳转到

00：00：12：00 的位置，最后按 Ctrl+D 组合键，在此处自动添加一个默认的“交叉溶解”的视频过渡效果，此时“时间线”面板如图 6–65 所示。

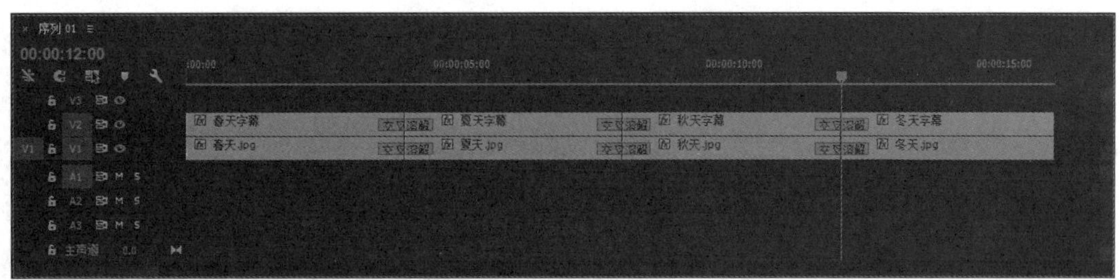

图6–65　“时间线”面板

（4）至此，四季风景的字幕效果制作完毕，执行“文件 | 导出 | 媒体” 命令， 将其输出为“四季风景的字幕效果 .avi”文件。

6.5.2　制作颜色渐变的字幕效果

要点

本例将制作颜色渐变的字幕效果，如图 6–66 所示。通过本例的学习，读者应掌握颜色渐变的字幕的制作方法。

图6–66　颜色渐变的字幕效果

操作步骤

1. 制作背景

（1）启动 Premiere Pro CC 2015，然后单击“新建项目”按钮，新建一个名称为“制作颜色渐变的字幕效果”的项目文件。接着新建一个 DV–PAL 制标准 48 kHz 的“序列 01”序列文件。

（2）导入素材。执行“文件 | 导入”命令，导入资源素材中的“素材及结果 \ 第 6 章 字幕的应用 \ 6.5.2 制作颜色渐变的字幕效果 \ 背景 002. jpg”文件，此时“项目”面板如图 6–67 所示。

（3）将素材放入时间线。将“项目”面板中的“背景 002.jpg”素材拖入“时间线”面板的“V1”轨道中，入点为 00：00：00：00，如图 6–68 所示。

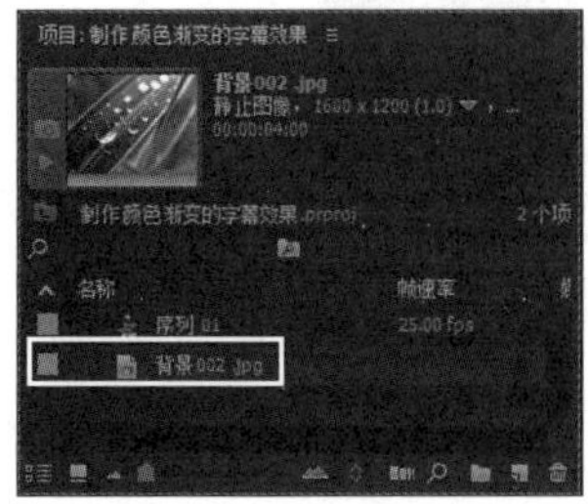

图6–67　“项目”面板

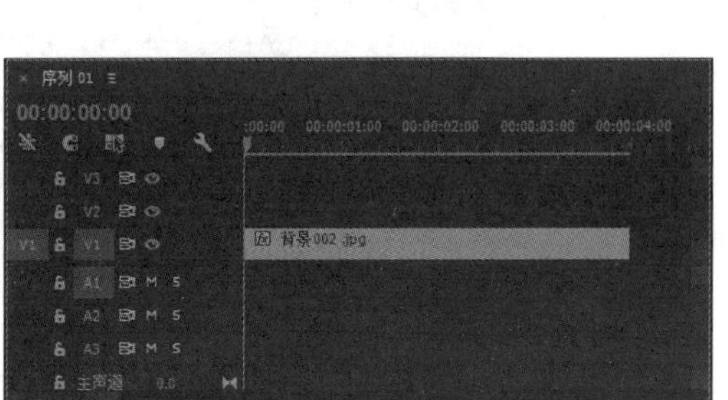

图6–68　将“背景002. jpg”拖入“V1”轨道中

2. 制作字幕

（1）单击“项目”面板下方的 （新建项）按钮，从弹出的下拉菜单中选择“字幕”命令，然后在弹出的“新

建字幕”对话框中保持默认参数，如图 6–69 所示，单击“确定”按钮，进入“字幕 01”字幕的设计窗口，如图 6–70 所示。

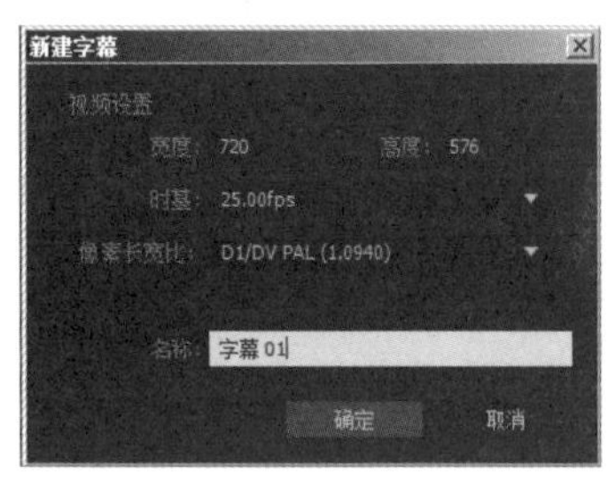

图6–69 “新建字幕”对话框

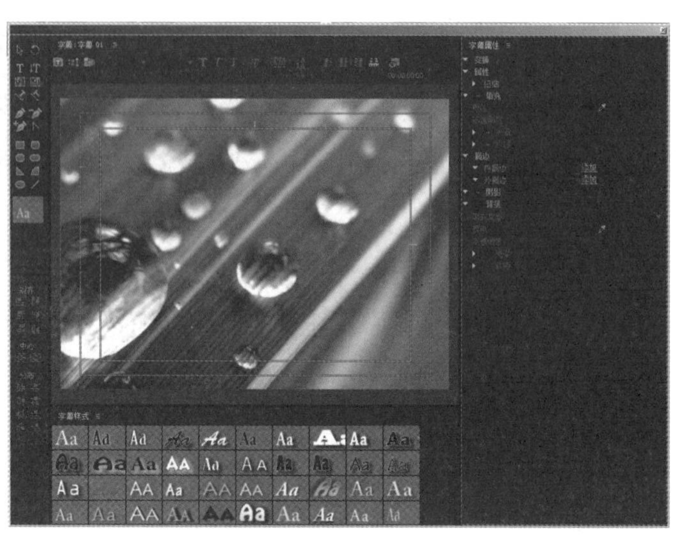

图6–70 “字幕01”字幕的设计窗口轨道中

(2) 输入文字。选择“字幕工具”面板中的 (垂直文字工具)，然后在“字幕面板”编辑窗口中输入“保护水资源”5 个字，接着在“字幕属性”面板中设置“字体系列”为“汉仪书魏体简”，“字体大小”为 80.0，“字偶间距”为 15.0。接着将“填充”区域下的“填充类型”设置为“线性渐变”，再将“颜色”左侧色标设置为一种黄色（225，235，55），将右侧色标设置为一种红色（255，0，0），效果如图 6–71 所示。

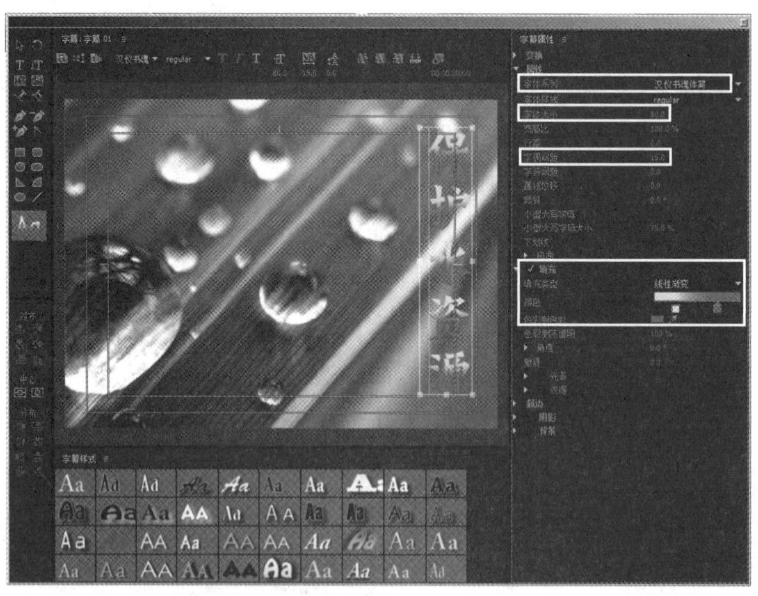

图6–71 输入文字

(3) 对文字进行进一步设置。单击“描边”区域中“外描边”右侧的“添加”命令，然后在添加的外描边中将“类型”设置为“边缘”，将“大小”设置为 10.0；将“颜色”设置为一种淡黄色（255，255，230）。最后勾选“阴影”复选框，将“角度”设置为 30.0°，“距离”设置为 7.0，“大小”设置为 0.0，“扩散”设置为 0.0，效果如图 6–72 所示。

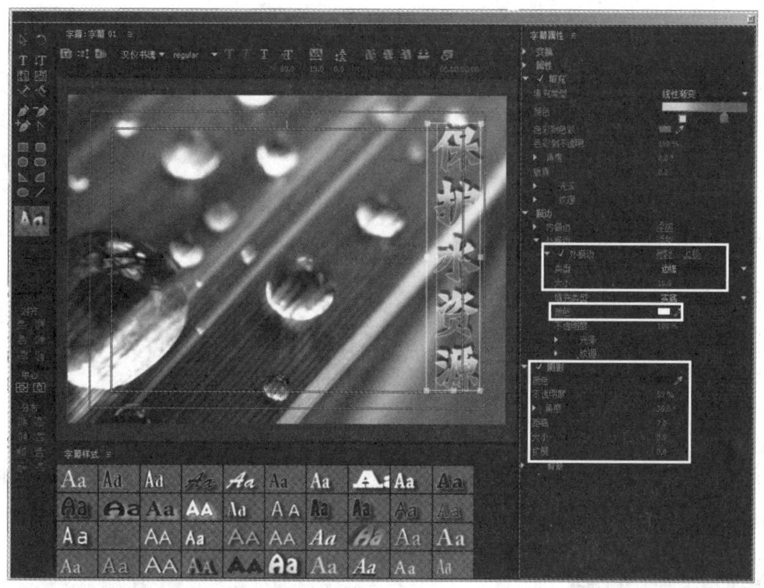

图6-72　设置“描边”和“阴影”参数

（4）单击“字幕设计窗口”右上角的⊠按钮，关闭字幕设计窗口，此时创建的“字幕 01”字幕会自动添加到“项目”面板中，如图 6-73 所示。

（5）从“项目”面板中将“字幕 01”字幕拖入“时间线”面板的“V2”轨道中，入点为 00：00：00：00，此时“时间线”面板如图 6-74 所示，效果如图 6-75 所示。

（6）至此，颜色渐变的字幕效果制作完毕。

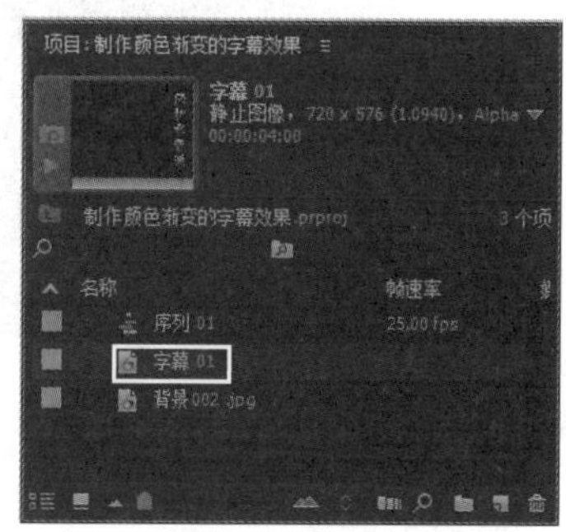

图6-73　“项目”面板

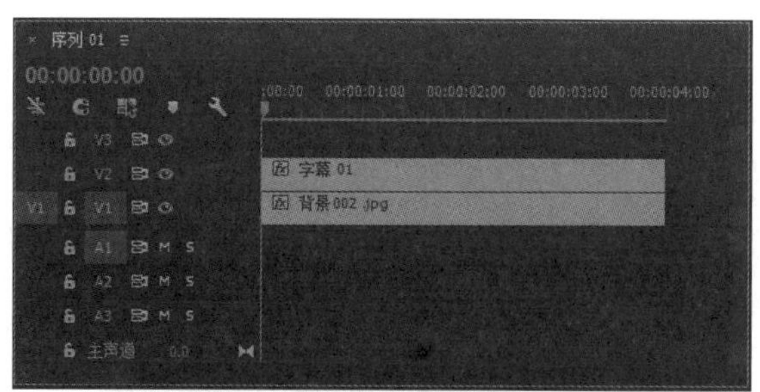

图6-74　“时间线”面板

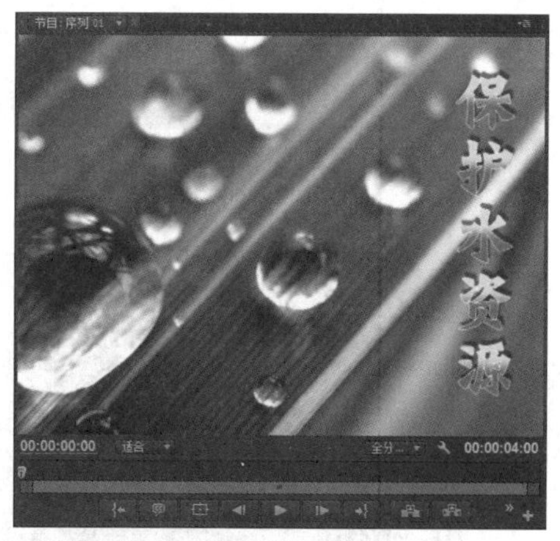

图6-75　最终效果

6.5.3　制作沿路径弯曲的文字效果

要点

本例将制作沿路径弯曲的文字效果，如图 6-76 所示。通过本例的学习，读者应掌握利用（垂直路径输入工具）制作沿路径弯曲的文字的方法。

操作步骤

1. 制作背景

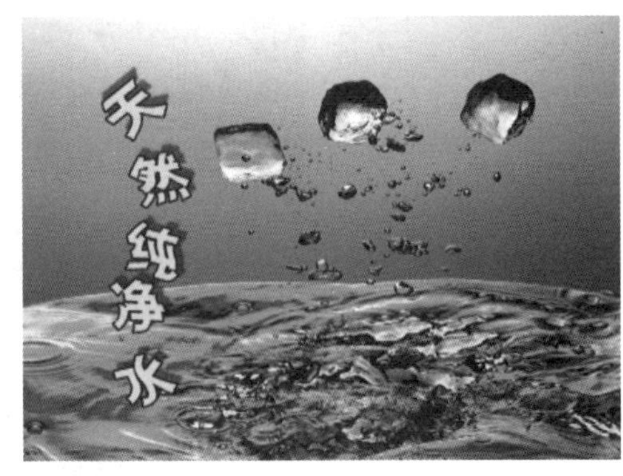

图6-76 沿路径弯曲的文字效果

(1) 启动Premiere Pro CC 2015，然后单击“新建项目”按钮，新建一个名称为“沿路径弯曲的文字效果”的项目文件。接着新建一个DV-PAL制标准48 kHz的“序列01”序列文件。

(2)导入素材。执行“文件|导入”命令，导入资源素材中的“素材及结果＼第6章 字幕的应用＼6.5.3 制作沿路径弯曲的文字效果＼背景003.jpg”文件，此时“项目”面板如图6-77所示。

(3) 将素材放入时间线。将“项目”面板中的“背景003. jpg”素材拖入“时间线”面板的 “V1”轨道中，入点为00：00：00：00，如图6-78所示，效果如图6-79所示。

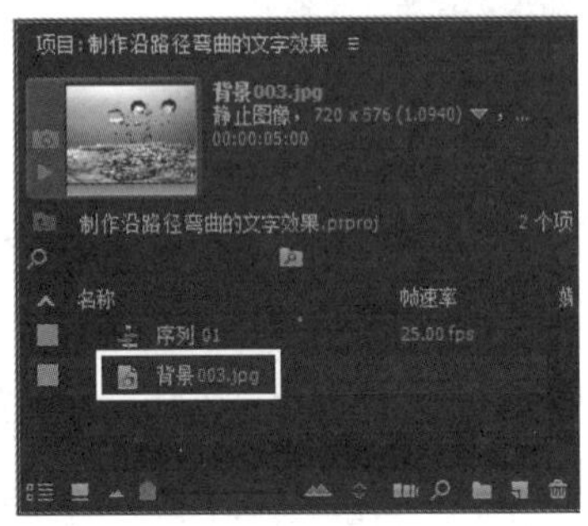

图6-77 “项目”面板

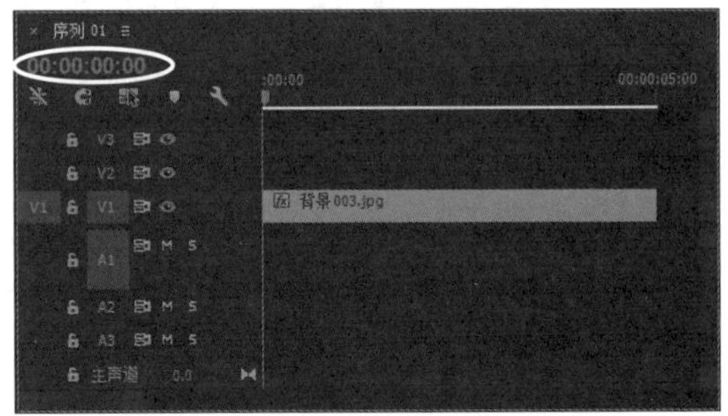

图6-78 将“背景020. jpg”拖入“V1”轨道中

2. 制作字幕

(1)单击“项目”面板下方的■(新建项)按钮，从弹出的下拉菜单中选择“字幕”命令，在弹出的“新建字幕”对话框中保持默认参数，如图6-80所示，单击“确定”按钮，进入“字幕01”字幕的设计窗口，如图6-81所示。

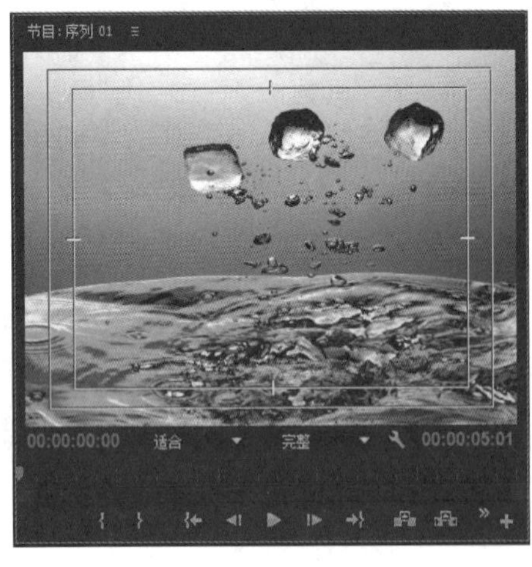

图6-79 画面效果

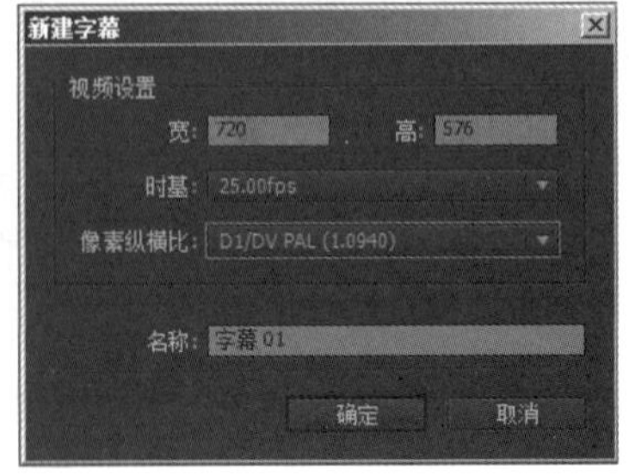

图6-80 “新建字幕”对话框

(2) 输入沿路径弯曲的文字。选择“字幕工具”面板中的■（路径文字工具），然后在“字幕面板”编辑窗口中绘制一条路径，如图6-82所示，接着再次选择■（路径文字工具）后，在绘制的路径上单击。此时路径上方会出现一个白色的光标，如图6-83所示，此时输入文字“天然纯净水”。最后在“字幕属性”面板中设置“字体系列”为“汉仪水波体简”，“字体大小”为 70.0，“字偶间距”为 15.0。再将“填充”区域下的“颜色”设置为白色（255，255，255），如图 6–84 所示。

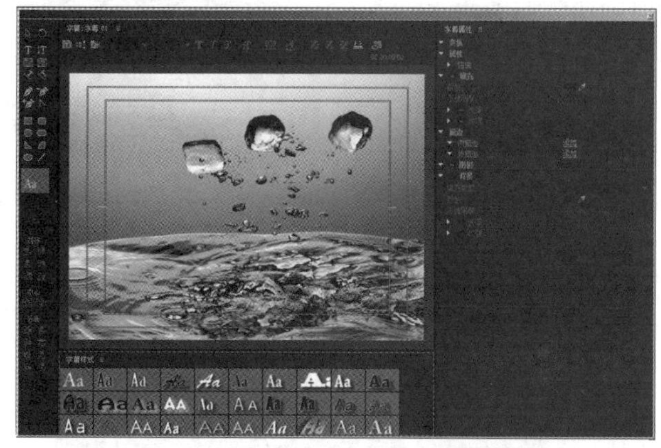

图6–81　“字幕01”字幕的设计窗口

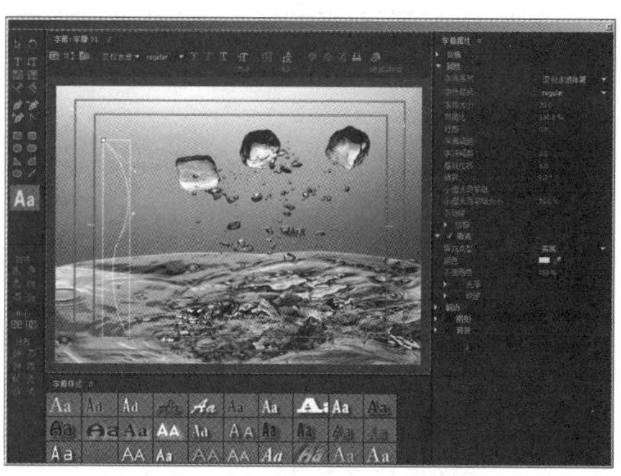

图6–82　绘制一条路径

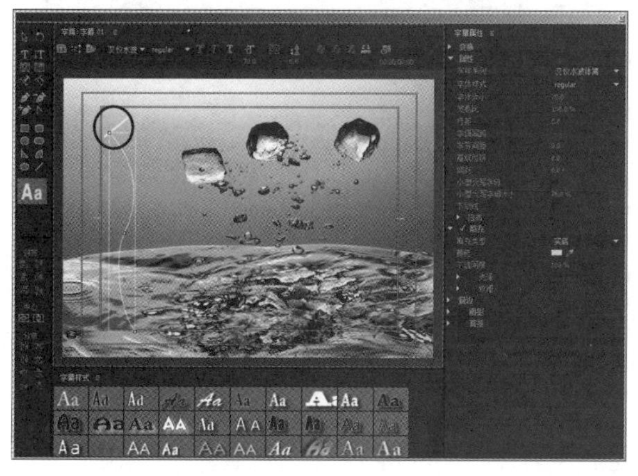

图6–83　路径上方出现一个白色的光标

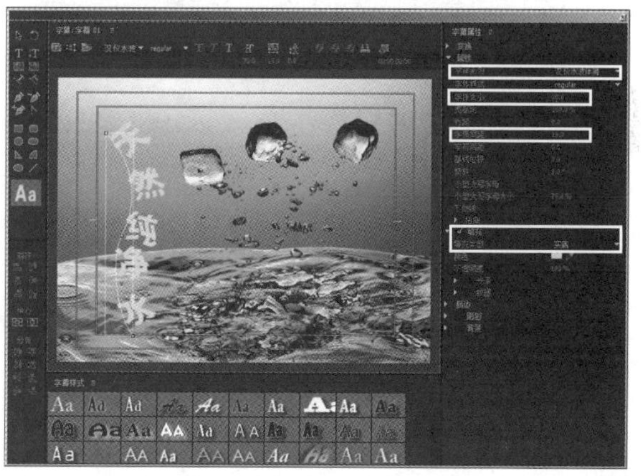

图6–84　输入文字“天然纯净水”

（3）对文字进行进一步设置。单击“描边”区域中“外描边”右侧的“添加”命令，然后在添加的外侧边中将“类型”设置为“边缘”，将“大小”设置为 20.0，接着将“颜色”设置为一种黑色（0，0，0）。最后勾选“阴影”复选框，保持默认的参数，效果如图 6–85 所示。

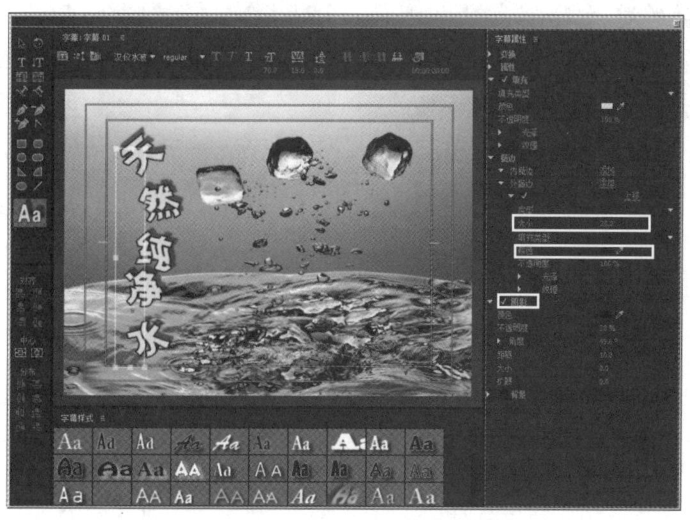

图6–85　对文字进行进一步设置后的效果

（4）单击“字幕设计窗口”右上角的☒按钮，关闭字幕设计窗口，此时创建的“字幕 01”字幕会自动添加到“项目”面板中，如图 6–86 所示。

（5）从“项目”面板中将“字幕 01”字幕拖入“时间线”面板的“V2”轨道中，入点为 00：00：00：00，此时“时间线”面板如图 6–87 所示，效果如图 6–88 所示。

（6）至此，沿路径弯曲的文字效果制作完毕。

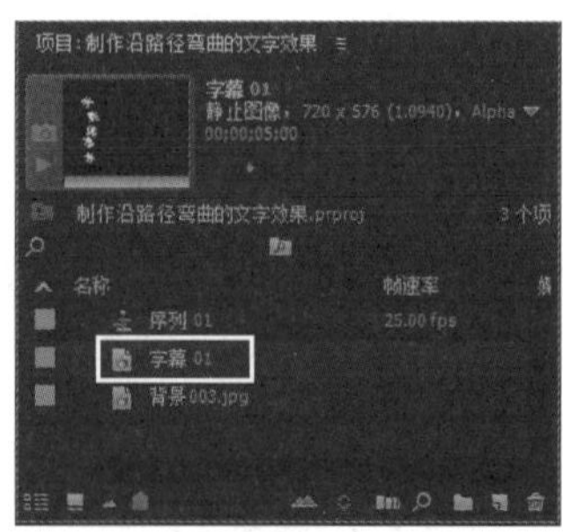

图6–86　“项目”面板

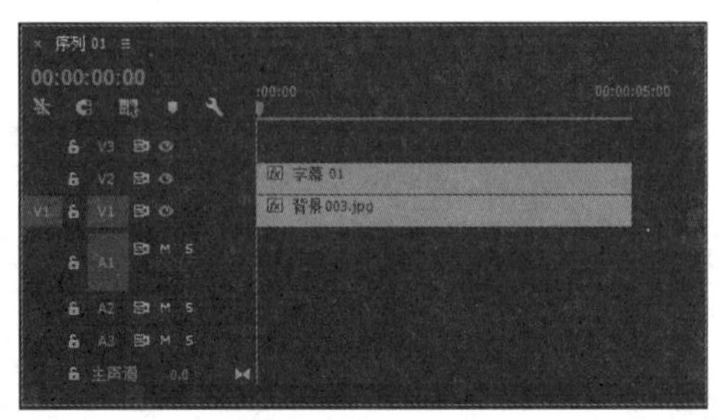

图6–87　“时间线”面板

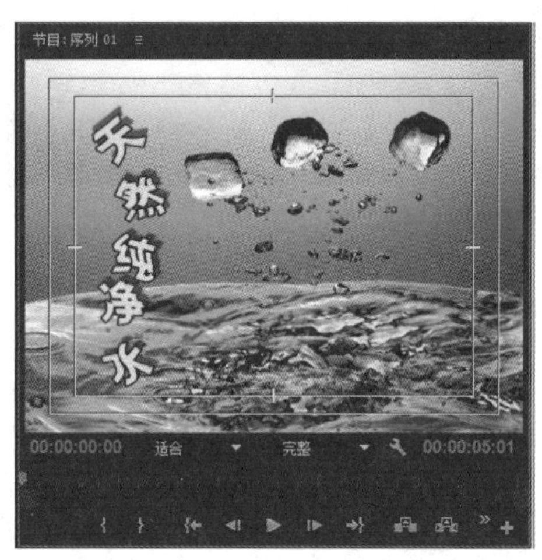

图6–88　最终效果

6.5.4　制作滚动字幕效果

要点

本例将制作影片中经常看到的滚动字幕效果，如图 6–89 所示。通过本例的学习，应掌握滚动字幕的创建方法。

图6–89　滚动字幕效果

操作步骤

1. 创建静态字幕

（1）启动 Premiere Pro CC 2015，然后单击“新建项目”按钮，新建一个名称为“制作滚动字幕效果”的项目文件。接着新建一个 DV–PAL 制标准 48 kHz 的“序列 01”序列文件。

（2）设置静止图片默认持续时间为 6 s。执行“编辑 | 首选项 | 常规”命令，在弹出的对话框中将“静止图像默认持续时间”设置为 150 帧。然后在对话框左侧选择“媒体”，再在右侧将“不确定的媒体时间基准”设置为 25 帧 /s，单击“确定”按钮。

(3)单击“项目”面板下方的(新建项)按钮,从弹出的下拉菜单中选择“字幕”命令,然后在弹出的“新建字幕”对话框中保持默认参数 ,如图 6–90 所示,单击“确定”按钮,进入“字幕 01”字幕的设计窗口,如图 6–91 所示。

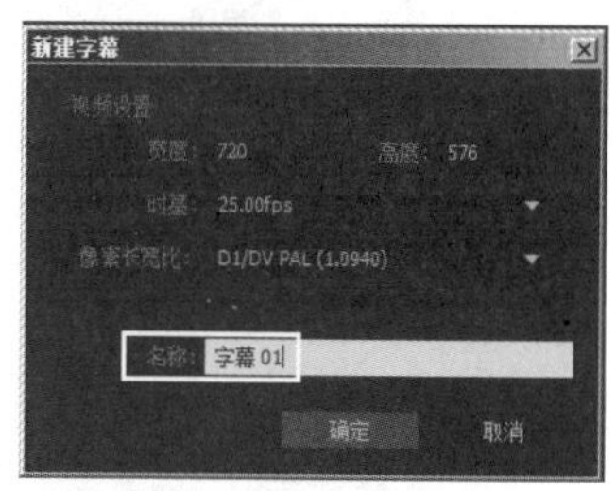

图6–90 “新建字幕”对话框

(4)打开资源素材中的“素材及结果\6.5.4 制作滚动字幕效果\text.txt”文件。然后按快捷键 Ctrl+A 全选文字,再按快捷键 Ctrl+C 进行复制。接着回到字幕设计窗口,选择工具箱中的T(文字工具),在字幕设计窗口中单击,最后按快捷键 Ctrl+V 进行粘贴,结果如图 6–92 所示。

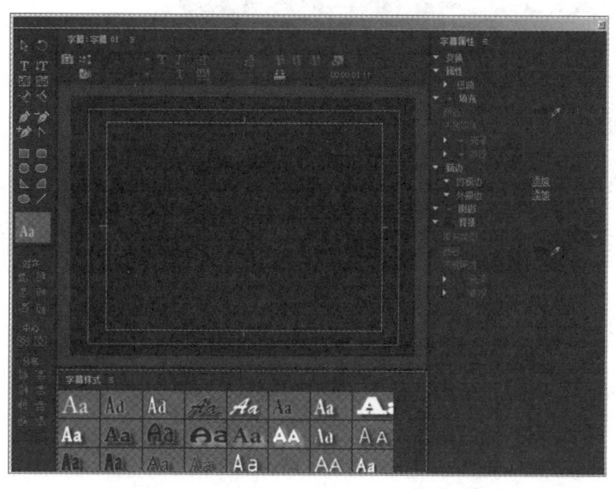

图6–91 “字幕01”字幕的设计窗口

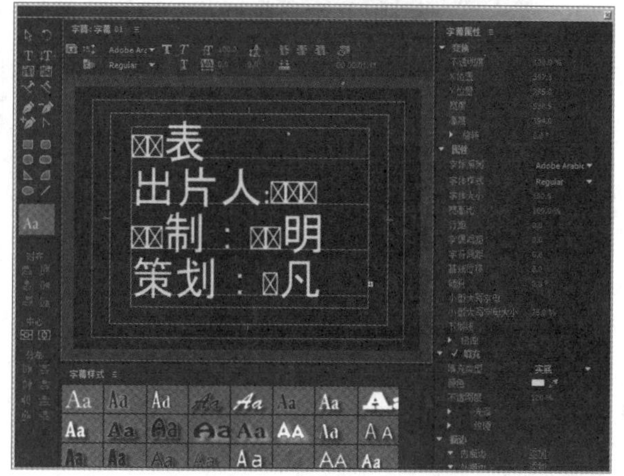

图6–92 粘贴文字后的效果

(5)此时字体显示不正确,这是因为当前字体不适合的原因。选中所有字体,将“字体系列”改为“汉仪中宋简”即可。

(6)此时文字间距和大小不合适,需要进行调整。选中所有文字,在右侧“字幕属性”面板中设置“字体大小”为 30,“行距”为 30,“字偶间距”为 10,然后单击左侧工具栏中的(水平居中)按钮,将所有文字水平居中对齐,如图 6–93 所示。

(7)选中首行文字“职员表”,将“字体系列”改为“汉仪大黑简”,“字体大小”改为 50,并将文字移动到中间位置,如图 6–94 所示。

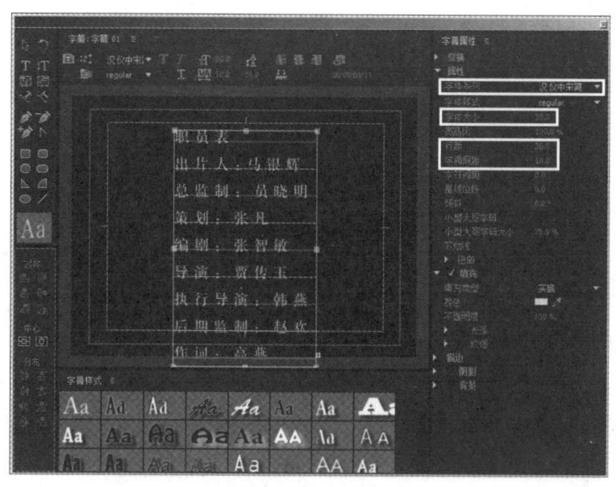

图6–93 调整文字属性后的效果

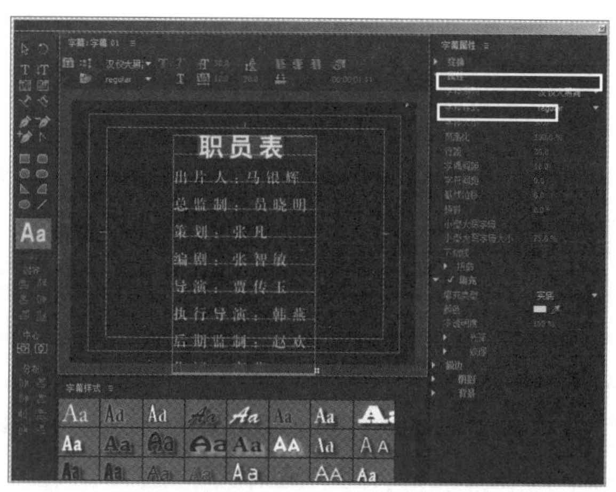

图6–94 调整“职员表”文字属性后的效果

2. 创建滚动字幕

(1)单击字幕设计窗口上方的(滚动/游动选项)按钮,从弹出的“滚动/游动选项”对话框中选择“滚动”单选按钮，并选勾选“开始于屏幕外”和“结束于屏幕外”复选框，如图 6–95 所示，单击“确定”按钮。

(2) 单击“字幕设计窗口”右上角的按钮，关闭字幕设计窗口，此时创建的“字幕 01”字幕会自动添加到“项目”面板中。

(3) 从“项目”面板中将“字幕 01”拖入“时间线”面板的“V1”轨道中，入点为 00：00：00：00，如图 6–96 所示。

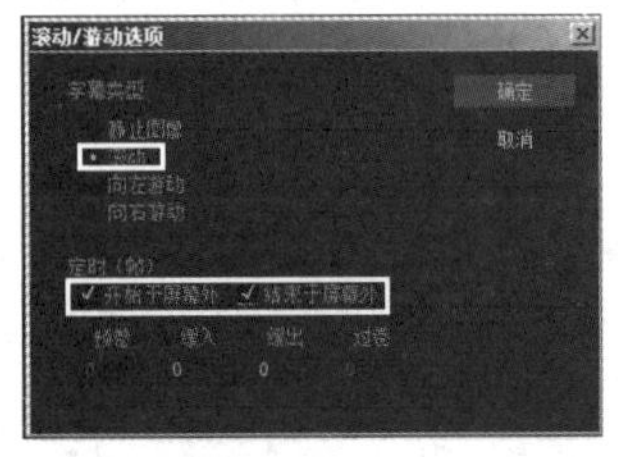

图6–95　设置滚动字幕的参数

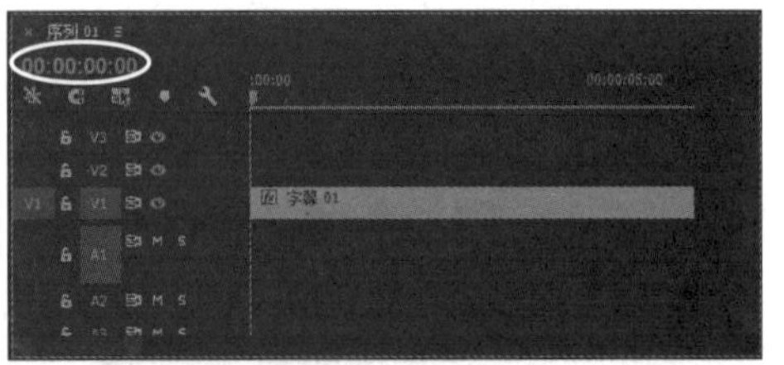

图6–96　将“字幕01”拖入“V1”轨道中

(4) 至此，滚动字幕效果制作完毕，执行“文件 | 导出 | 媒体” 命令， 将其输出为“滚动字幕效果 .avi”文件。

6.5.5　制作游动字幕效果

要点

本例将制作竖排从左到右的游动字幕效果，如图 6–97 所示。通过本例的学习，应掌握输入垂直文字、创建游动字幕和字幕样式的应用。

图6–97　游动字幕效果

操作步骤

1. 创建静态字幕

(1) 启动 Premiere Pro CC 2015，然后单击“新建项目”按钮，新建一个名称为“制作游动字幕效果”的项目文件。接着新建一个 DV–PAL 制标准 48 kHz 的“序列 01”序列文件。

(2) 设置静止图片默认持续时间为 6 s。执行“编辑 | 首选项 | 常规”命令，在弹出的对话框中将“静止图像默认持续时间”设置为 6 s。然后在对话框左侧选择“媒体”，再在右侧将“不确定的媒体时间基准”设置为 25 帧 /s，单击“确定”按钮。

(3) 导入素材。执行“文件 | 导入”命令，导入资源素材中的“素材及结果 \ 第 6 章　字幕的应用 \6.5.5 制作游动字幕效果 \ 背景 .jpg”文件。

(4) 将素材放入时间线。将“项目”面板中的“背景 .jpg”素材拖入“时间线”面板的 “V1”轨道中，入点为 00：00：00：00，如图 6–98 所示，效果如图 6–99 所示。

(5) 单击“项目”面板下方的 (新建项) 按钮，从弹出的下拉菜单中选择“字幕”命令，然后在弹出的“新建字幕”对话框中保持默认参数 ，如图 6–100 所示，单击“确定”按钮，进入“字幕 01”字幕的设计窗口，如图 6–101 所示。

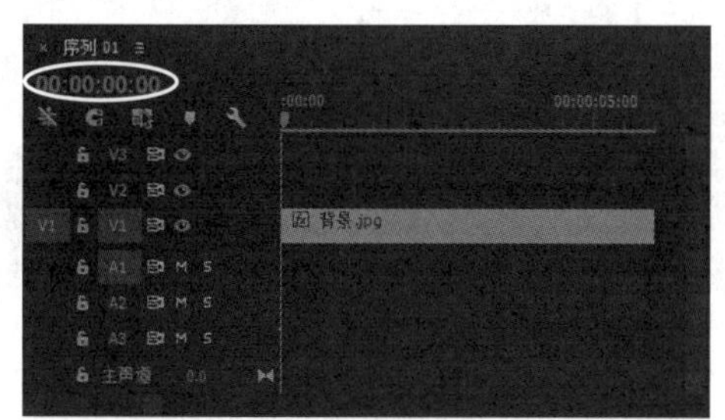

图6–98　将“背景. jpg”拖入 “V1”轨道中

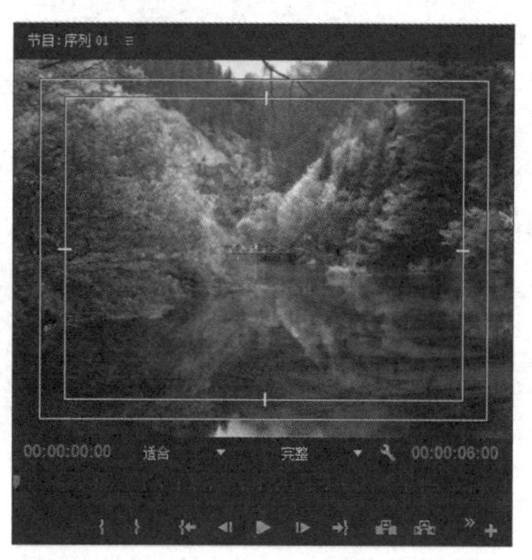

图6–99　画面效果

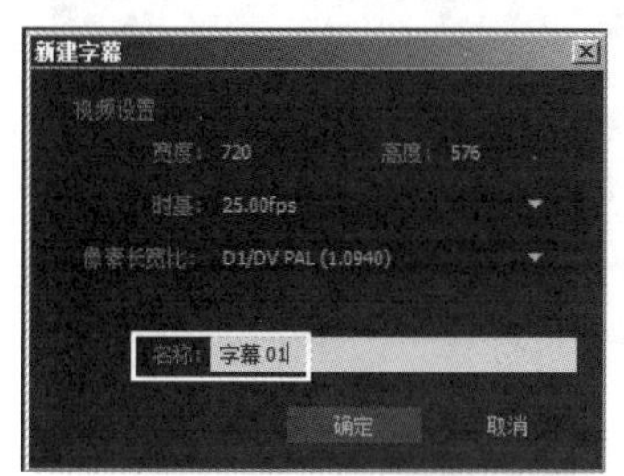

图6–100　“新建字幕”对话框

图6–101　“字幕01”字幕的设计窗口

(6) 打开资源素材中的“素材及结果 \ 第 6 章　字幕的应用 \ 第 6 章　字幕的应用 \ 6.5.5　制作游动字幕效果 \text.txt”文件。然后按快捷键 Ctrl+A 全选文字，再按快捷键 Ctrl+C 进行复制。接着回到字幕设计窗口，选择工具箱中的 (垂直文字工具)，在字幕设计窗口中单击，最后按快捷键 Ctrl+V 进行粘贴，结果如图 6–102 所示。

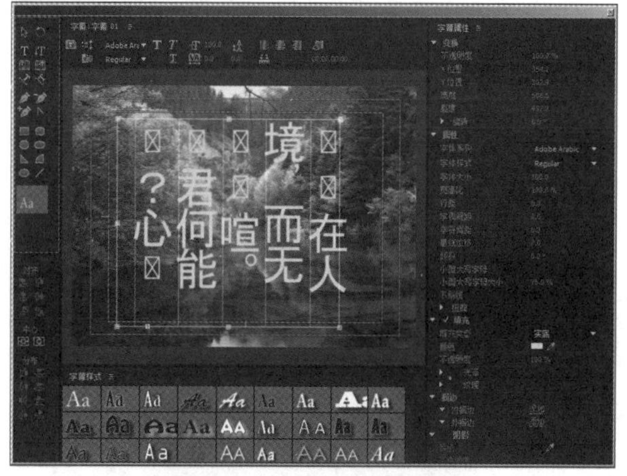

图6–102　粘贴文字后的效果

(7) 此时字体显示不正确，这是因为当前字体不适合的原因，下面选中所有字体，在右侧 “字幕属性”面板中设置“字体系列”为“汉仪大隶书简”， “字体大小”为 20， “行距”为 25， “字偶间距”为 15， “颜色”为绿色 (0，255，0) ，并将作者“陶渊明”移动到下方。接着单击左侧工具栏中的 (垂直居中) 和 (水平居中) 按钮，结果如图 6–103 所示。

(8) 制作文字的阴影效果。选中文字，在右侧“字幕属性”面板中展开“阴影”选项，然后设置参数，如图 6–104 所示。

图6-103　调整字体属性后的效果

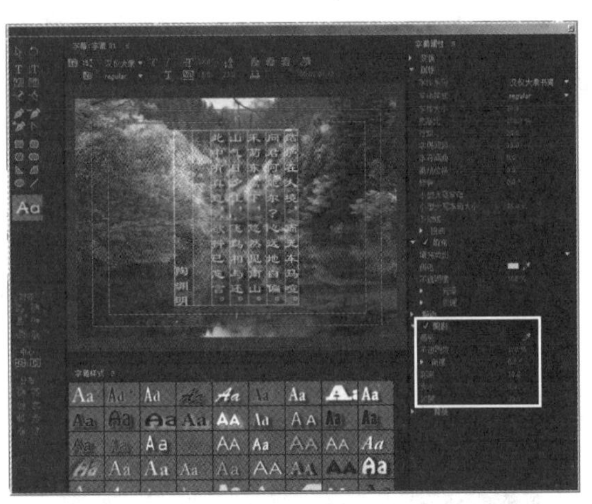
图6-104　设置文字阴影参数

（9）为了便于今后继续使用这种阴影样式，将该样式进行保存。在字幕设计窗口中单击“字幕样式”面板右上角的■按钮，从弹出的下拉菜单中选择“新建样式”命令，然后在弹出的对话框中输入要保存的字幕样式的名称，如图6-105所示，单击“确定”按钮，此时该样式就被添加进“字幕样式”面板，如图6-106所示。

图6-105　输入字幕样式的名称

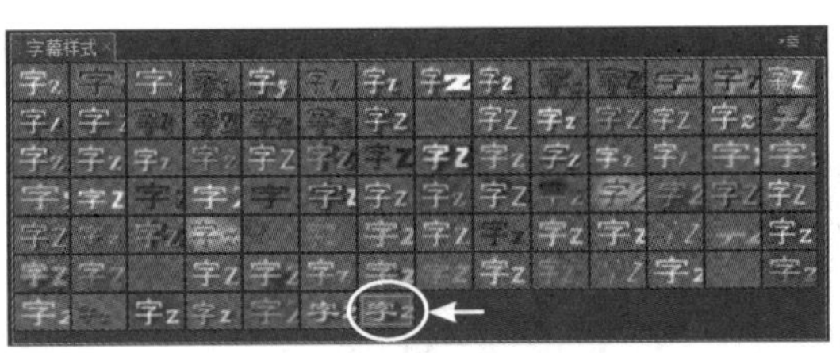

图6-106　添加的字幕样式

2. 创建游动字幕

（1）单击字幕设计窗口上方的■（滚动/游动选项）按钮，从弹出的“滚动/游动选项”对话框中选择“向右游动”单选按钮，并选勾选“开始于屏幕外”和“结束于屏幕外”复选框，如图6-107所示，单击“确定”按钮。

（2）单击“字幕设计窗口”右上角的■按钮，关闭字幕设计窗口，此时创建的“字幕01”字幕会自动添加到“项目”面板中。

（3）从“项目”面板中将“字幕01”拖入“时间线”面板的“V1”轨道中，入点为00：00：00：00，如图6-108所示。

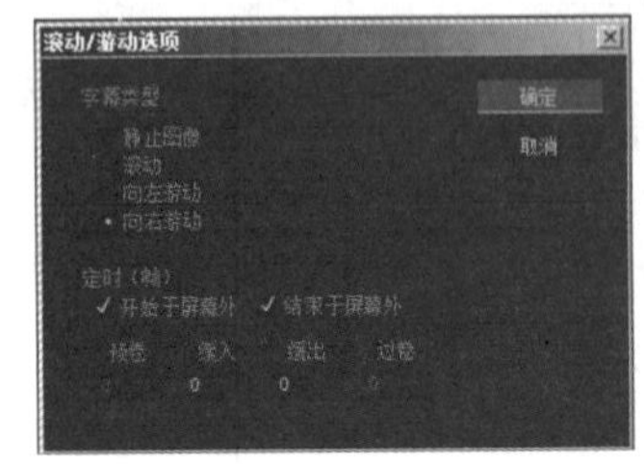

图6-107　“滚动/游动选项”对话框

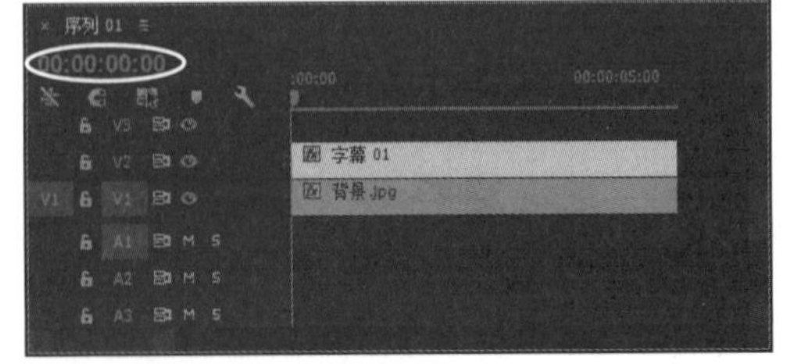

图6-108　添加的字幕样式

（4）至此，滚动字幕效果制作完毕，执行“文件|导出|媒体”命令，将其输出为“游动字幕效果.avi”文件。

6.5.6　制作底片效果

要点

本例将制作在相机按下快门的一瞬间所产生的底片效果，如图 6–109 所示。通过本例的学习，读者应掌握设置素材持续时间、利用字幕制作取景框以及“闪光灯”和“反转”特效的综合应用。

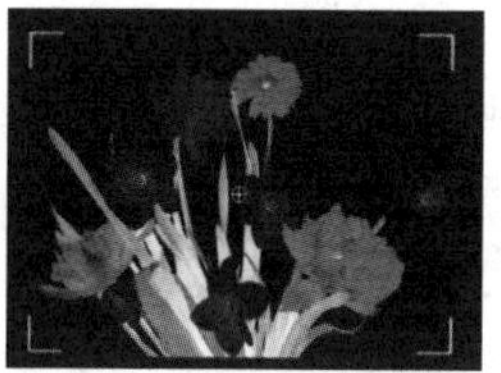

图6–109　底片效果

操作步骤

1. 将素材放入时间线

（1）启动 Premiere Pro CC 2015，然后单击“新建项目”按钮，新建一个名称为“制作底片效果”的项目文件。接着新建一个 DV–PAL 制标准 48 kHz 的“序列 01”序列文件。

（2）导入素材。执行“文件 | 导入”命令，导入资源素材中的“素材及结果 \ 第 6 章 字幕的应用 \ 6.5.6 制作底片效果 \ 001. jpg”和“002. jpg”文件，此时“项目”面板如图 6–110 所示。

（3）将“项目”面板中的“001.jpg”素材拖入“时间线”面板的“V1”轨道中，入点为 00：00：00：00，如图 6–111 所示。

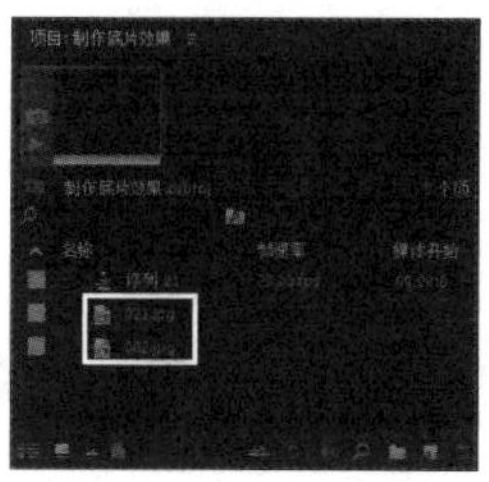

图6–110　“项目”面板

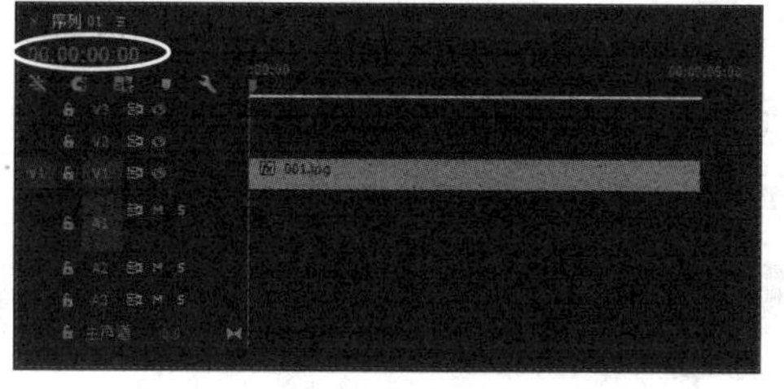

图6–111　将“001.jpg”拖入“时间线”线的“V1”轨道上

（4）修改“001. jpg”素材的持续时间。选择“时间线”面板中的“001. jpg”素材，然后右击，从弹出的快捷菜单中选择“速度 / 持续时间”命令，在弹出的“剪辑速度 / 持续时间”对话框中设置“持续时间”为 00：00：01：05，如图 6–112 所示，单击“确定”按钮，此时“时间线”面板，如图 6–113 所示。

图6–112　设置持续时间

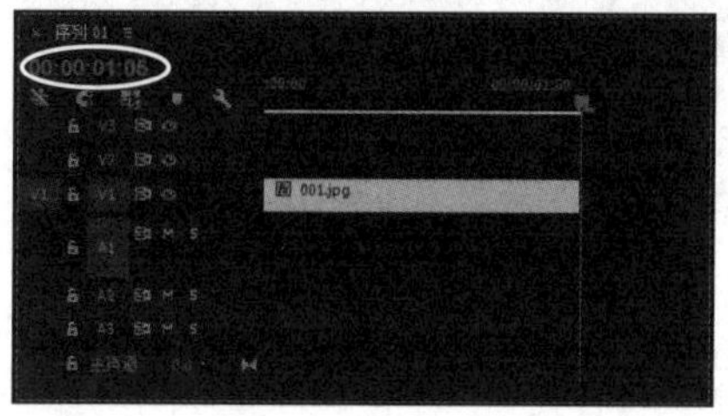

图6–113　“时间线”面板

（5）同理，将“项目”面板中的“002.jpg”素材拖入“时间线”面板的“V1”轨道中，使“001.jpg”和“002.

jpg”素材首尾相接。然后将“002．jpg”素材的“持续时间”也设置为 00：00：01：05，此时“时间线”面板分布，如图 6–114 所示。

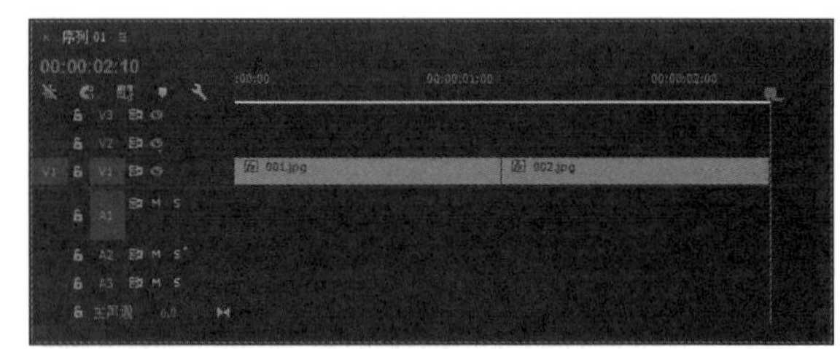

图6–114 “时间线”面板

2. 创建取景框

（1）新建“取景框”字幕。将时间滑块定位在 00;00;00;00 的位置，单击“项目”面板下方的■（新建项）按钮，从弹出的下拉菜单中选择“字幕”命令，在弹出的“新建字幕”对话框中设置参数，如图 6–115 所示，单击“确定”按钮，进入“取景框”字幕的设计窗口，如图 6–116 所示。

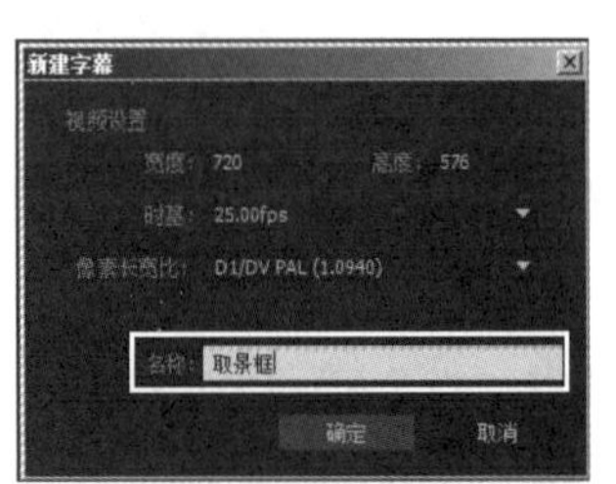

图6–115 “新建字幕”对话框

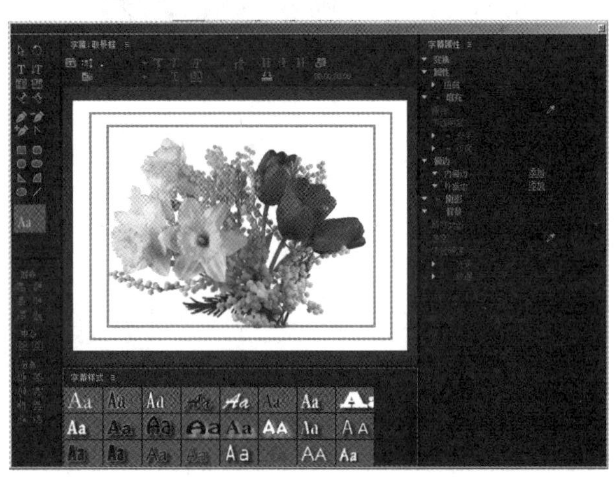

图6–116 “取景框”字幕的设计窗口

（2）隐藏字幕背景。在“取景框”字幕的设计窗口中单击“字幕”面板属性栏中的■（显示背景视频）按钮，隐藏字幕背景，效果如图 6–117 所示。

（3）绘制取景框。选择“字幕工具”面板中的■（直线工具），然后在“字幕面板”编辑窗口中绘制线段，如图 6–118 所示。

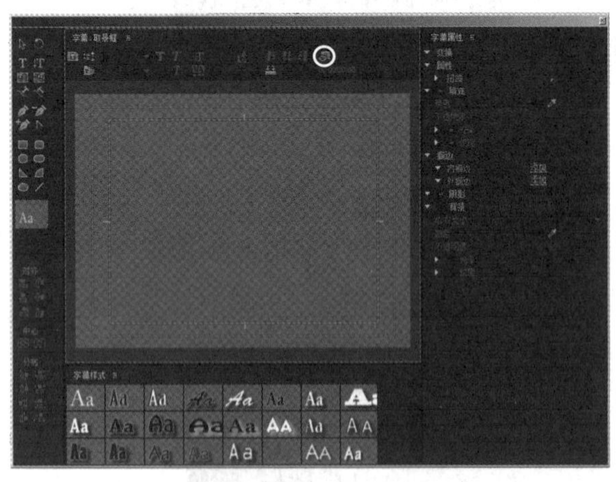

图6–117 隐藏字幕背景后的效果

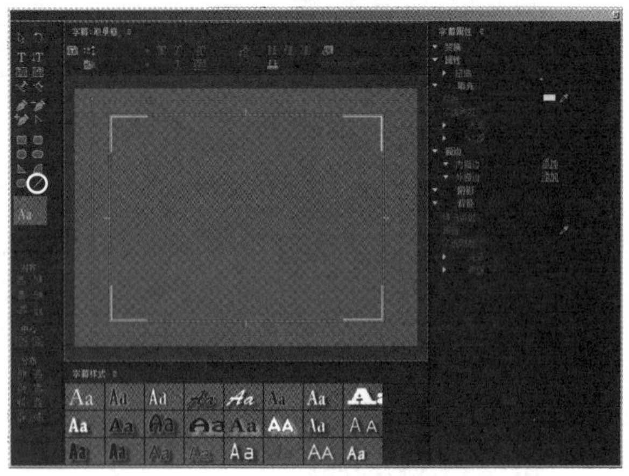

图6–118 隐藏字幕背景后的效果

（4）单击“字幕设计窗口”右上角的■按钮，关闭字幕设计窗口，此时创建的“取景框”字幕会自动添加到“项目”面板中，如图 6–119 所示。然后从“项目”面板中将“取景框”字幕拖入“时间线”面板的“V3”轨道中。

（5）将“取景框”字幕的时间长度设置为与“V1”上的素材等长。右击“时间线”面板中的“取景框”

素材，然后从弹出的快捷菜单中选择“速度 / 持续时间”命令，在弹出的“剪辑速度 / 持续时间”对话框中将“持续时间”设置为 00：00：02：10，如图 6–120 所示，单击“确定”按钮，从而使“取景框”字幕的长度与“V1”的素材等长，此时“时间线”面板分布，如图 6–121 所示。

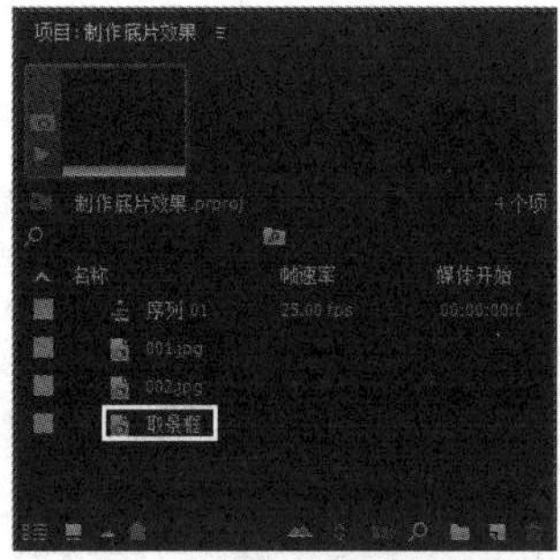

图6–119　“项目”面板

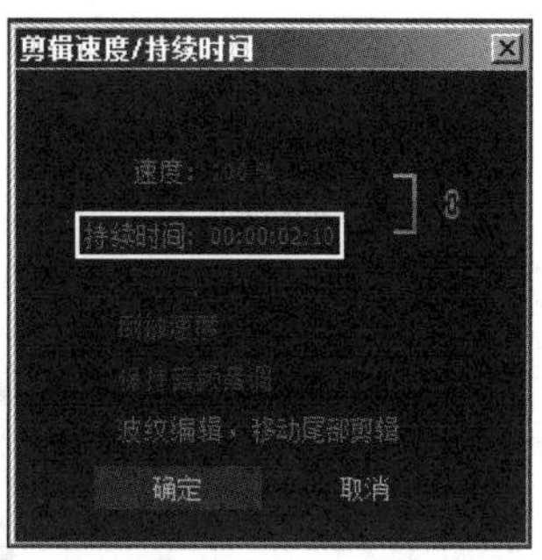

图6–120　调整“取景框”字幕的持续时间

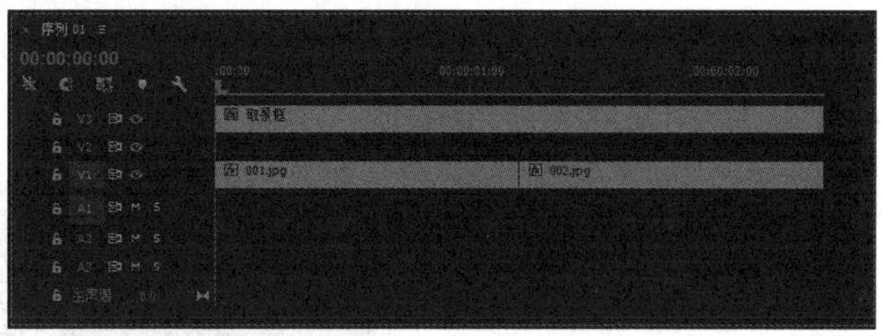

图6–121　“时间线”面板的分布

(6) 制作取景框的闪光效果。在“效果”面板中展开“视频效果”文件夹，然后选择“风格化”中的 “闪光灯”特效，如图 6–122 所示。接着将其拖入“时间线”面板中的“V3”轨道上的“取景框”素材上。最后在“效果控件”面板中将“闪光灯”特效的“明暗闪动颜色”设置为黑色，如图 6–123 所示。此时在“节目”面板上单击▶按钮，即可看到取景框的黑白闪光效果，如图 6–124 所示。

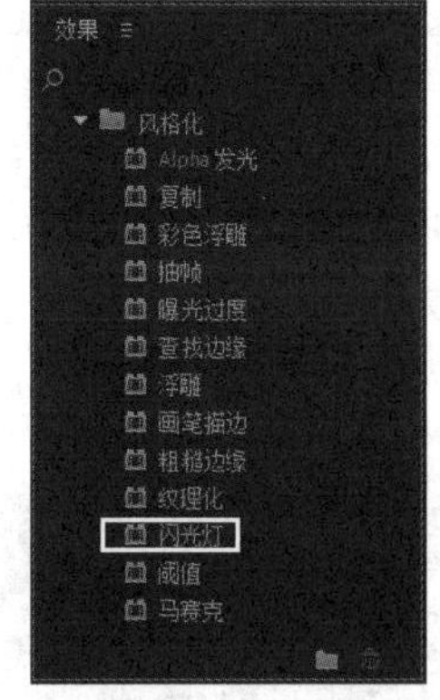

图6–122　选择“闪光灯”特效

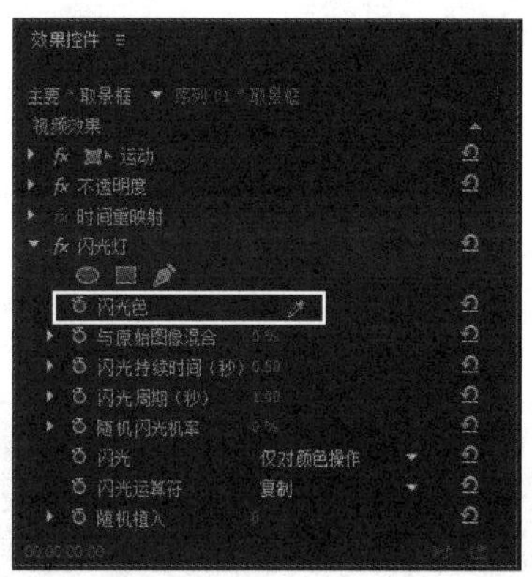

图6–123　将“明暗闪动颜色”设置为黑色

图6–124　取景框的黑白闪光效果

3. 制作底片效果

（1）制作“001.jpg”素材的底片效果。从“项目”面板中将“001.jpg”素材拖入“时间线”面板的“V2”轨道中，入点为00：00：00：21。然后右击该素材，从弹出的快捷菜单中选择“速度/持续时间”命令，在弹出的“剪辑速度/持续时间”对话框中将“持续时间”设置为00：00：00：04，如图6–125所示，单击“确定”按钮，此时“时间线”面板分布如图6–126所示。

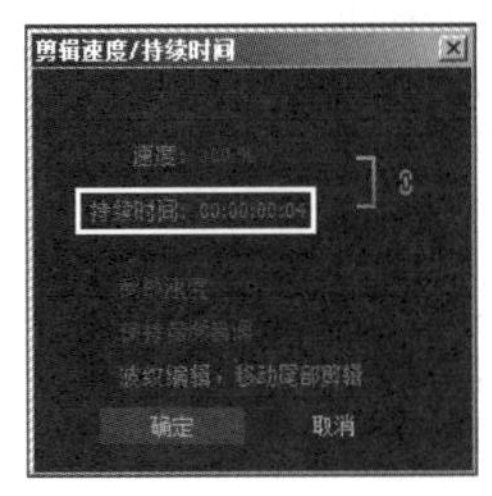

图6–125　设置持续时间

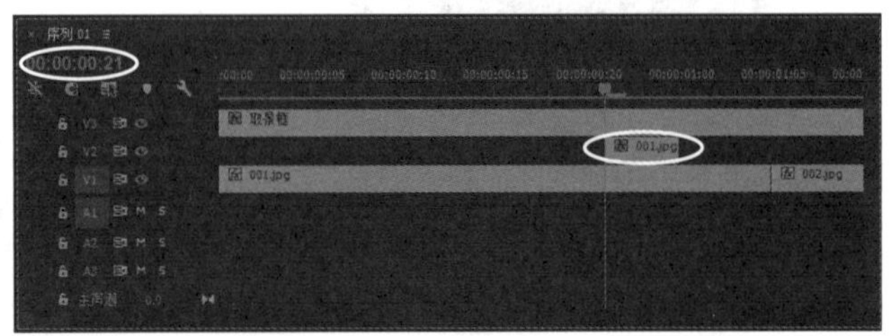

图6–126　“时间线”面板的分布

（2）在“效果”面板中展开“视频效果”文件夹，然后选择“通道”中的“反转”特效，如图6–127所示。接着将其拖入“时间线”面板中的“V2”轨道上的“001.jpg”素材上，效果如图6–128所示。

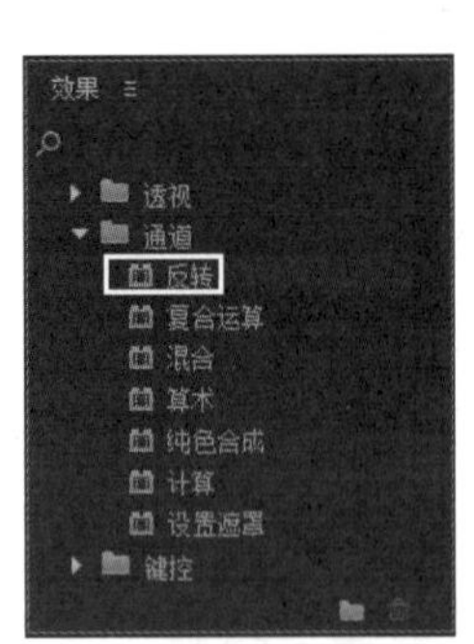

图6–127　选择“反转”命令

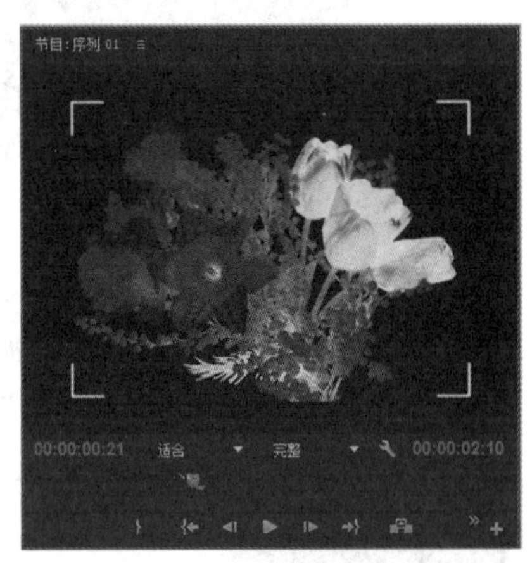

图6–128　“反转”效果

（3）制作“002.jpg”素材的底片效果。从“项目”面板中将“002.jpg”素材拖入“时间线”面板的“V2”轨道中，入点为00：00：01：21。然后将该素材的“持续时间”也设置为00：00：00：04，此时“时间线”面板分布如图6–129所示。

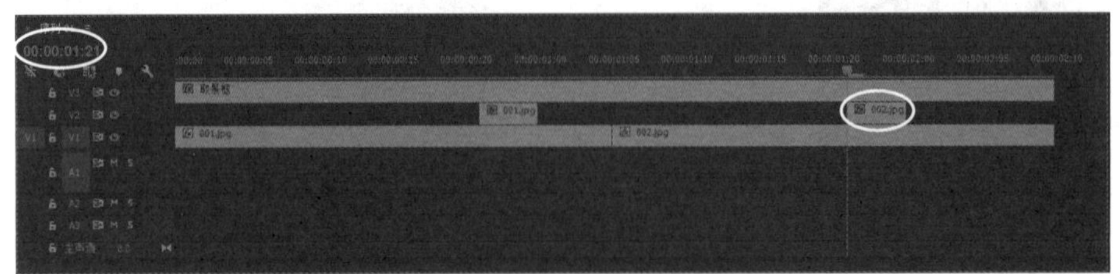

图6–129　“时间线”面板的分布

（4）在“效果”面板中同样选择“通道”中的“反转”特效，然后将其拖入“时间线”面板中的“V2”轨道上的“002.jpg”素材上，效果如图6–130所示。在“效果控件”面板中展开“反转”特效的参数，将“通道”设置为“明亮度”，如图6–131所示，效果如图6–132所示。

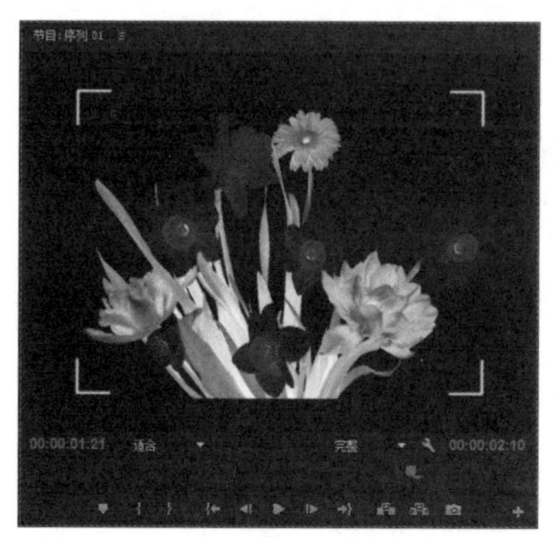

图6–130　给“002.jpg”添加“反转”特效的效果

图6–131　将“通道”设置为“明亮度”

图6–132　将“通道”设置为“明亮度”的效果

（5）至此，底片效果制作完毕，执行“文件 | 导出 | 媒体”命令，将其输出为“底片效果 .avi”文件。

课后练习

一、填空题

1. 在 Premiere Pro CC 2015 中，可以通过设置“字幕属性”面板中的________、________、________、________和________5 种参数来编辑文字效果。

2. Premiere Pro CC 2015 的动态字幕分为________和________两种类型。

二、选择题

1. Premiere Pro CC 2015 中默认有（　　）种预置字幕样式。

A. 86　　B. 89　　C. 90　　D. 92

2. 下列（　　）属于 Premiere Pro CC 2015 的填充类型？

A. 线性渐变　　B. 放射渐变　　C. 划像　　D. 四色渐变

三、问答题 / 上机题

1. 简述路径文本字幕的创建方法。

2. 利用资源素材中的“课后练习 \ 第 6 章 \ 练习 1”中的相关素材制作图 6–133 所示的颜色渐变的字幕效果。

3. 利用资源素材中的“课后练习 \ 第 6 章 \ 练习 2”中的相关素材制作图 6–134 所示的沿路径弯曲的文字效果。

图6–133　练习2的效果

图6–134　练习3的效果

第7章 获取和编辑音频

本章重点

在现代影视节目的制作过程中，所有节目都会在后期编辑时添加适合的背景音效，从而使节目能够更加精彩、完美。Premiere Pro CC 2015 为用户提供了各种便捷的音频处理功能。通过本章的学习，读者应掌握以下内容：

- 掌握导入和添加音频素材的方法；
- 掌握编辑音频素材的方法；
- 掌握分离和链接视音频的方法；
- 掌握音频过渡与音频效果的相关知识。

7.1 音 频 概 述

人类能够听到的所有声音都可被称为音频，如说话声、歌声、乐器声和噪声等，但由于类型的不同，这些声响都具有一些自身的特性。

7.1.1 了解声音

声音是通过物体振动产生出来的，其中正在发生的物体被称为声源。由声源振动空气所产生的疏密波在进入人耳后，会通过振动耳膜产生刺激信号，并由此形成听觉感受，这便是人们“听”到声音的整个过程。

1. 不同类型的声音

声源在发出声音时的振动速度称为声音频率，是以赫兹（Hz）为单位进行测量的。通常情况下，人们能够听到的声音频率在 20 Hz ~ 20 kHz 范围之内。按照内容、频率范围和时间领域的不同，可以将声音大致分为以下几种类型：

1）自然音

自然音是指大自然的声音，如流水声、雷鸣声或风的声音等。

2）纯音

当声音只由一种频率的声波所组成时，声源所发出的声音便称为纯音。

3）复合音

复合音是由基音和泛音组合在一起形成的声音，即由多个不同频率声波构成的组合频率。复合音的产生原因是声源物体在进行整体振动的同时，其内部的组合部分也在振动而形成的。

4）协和音

协和音是由两个单独的纯音组合而成的，但它与基音存在正比的关系。例如，当按下钢琴相差8度的音符时，两者听起来犹如一个音符，因此被称为协和音；如果按下相邻2度的音符，则听起来不融合，这种声音被称为不协和音。

5）噪声

噪声是一种会引起人们烦躁或危害人体健康的声音，其主要来源于交通运输、车辆鸣笛、工作噪声和建筑施工等。

6）超声波与次声波

音波的频率高于20 kHz时，被称为超声波。音波的频率低于20 kHz时，被称为次声波。

2. 声音的三要素

人们从听觉心理上把声音归纳为响声、音高和音色3种不同的属性。

1）响度

响度又称声强或音量，用于表示声音能量的强弱程度，主要取决于声波振幅的大小，振幅越大响度越大。声音的响度采用声压或声强来计量，单位为帕（Pa）；与基准声压比值的对数值称为声压级，单位为分贝（dB）。

响度是听觉的基础，正常人听觉的强度范围在0～140 dB之间，当声音的频率超出人耳可听频率范围时，其响度为0。

2）音高

音高也称音调，用于表示人耳对声音高低的主观感受。音调由频率决定，频率越高音调越高。一般情况下，较大物体振动时的音调较低，较小物体振动时的音调较高。

3）音色

音色也称音品，是由声音波形的谐波频谱和包络决定的。举例来说，当人们听到声音时，通常都能够辨别出是哪种类型的声音，其原因在于不同声源在振动发声时产生的音色不同，因此会为人们带来不同的听觉印象。

7.1.2 音频信号的数字化处理技术

随着科学技术的发展，无论是广播电视、电影、音像公司、唱片公司还是个人录音棚，都在使用数字化技术处理音频信号。数字化正成为一种趋势，而数字化的音频处理技术也将拥有广阔的前景。

1. 数字音频技术的概述

所谓数字音频是指把声音信号数字化，并在数字状态下进行传送、记录、重放以及加工处理的一整套技术。与之对应的是，将声音信号在模拟状态下进行加工处理的技术称为模拟音频技术。

模拟音频信号的声波振幅具有随时间连续变化的性质，音频数字化的原理就是将这种模拟信号按一定时间间隔取值，并将取值按照二进制编码进行表示，从而将连续的模拟信号变换为离散的数字信号的操作过程。

与模拟信号相比，数字音频拥有较低的失真率和较高的信噪比，能经受多次复制与处理而不会明显降低质量。在多声道音频领域中，数字音频还能够消除通道间的相位差。不过，由于数字音频的数字量较大，因此会提高存储与传输数据时的成本和复杂性。

2. 数字音频技术的应用

由于数字音频在存储和传输方面拥有很多模拟音频无法比拟的技术优越性，因此数字音频技术已经广泛地应用于音频制作过程中。

1）数字录音机

数字录音机采用了数字化方式记录音频信号，因此能够实现很高的动态范围和极好的频率相应，抖晃率也低于可测量的极限。与模拟录音机相比，剪辑功能也有极大的增强和提高，还可以实现自动编辑。

2）数字调音台

数字调音台除了具有 A/D 和 D/A 转换器外，还具有 DSP 处理器。在使用及控制方面，调音台附设有计算机磁盘记录、电视监视器，且各种控制器的调校程序、位置、电平、声源记录分组等均具有自动化功能，包括推拉电位器运动、均衡器、滤波器、压限器、输入、输出、辅助编组等，均由计算机控制。

3）数字音频工作站

数字音频工作站是一种计算机多媒体技术应用到数字音频领域后的产物，包括许多音频制作功能。多轨数字记录系统可以进行音乐节目录音、补录、搬轨及并轨使用，用户可以根据需要对轨道进行补充，从而能够更方便地进行音频、视频同步编辑等后期制作。

7.2 导入和添加音频素材

在视频编辑完成后，通常还要给编辑好的视频添加相应的音频。下面介绍导入和添加音频素材的方法。

7.2.1 导入音频素材

在 Premiere Pro CC 2015 中对音频素材进行编辑前，需要先将要导入到“项目”面板中的音频素材准备好，然后执行导入操作，将其导入到“项目”面板中。导入音频素材的具体操作步骤如下：

（1）执行“文件 | 导入”命令。

（2）在弹出的“导入”对话框中选择要导入的音频素材（此时选择的是“01.mp3”），如图 7-1 所示，然后单击“打开”按钮，即可将其导入到“项目”面板中，如图 7-2 所示。

图7-1　选择导入的音频素材

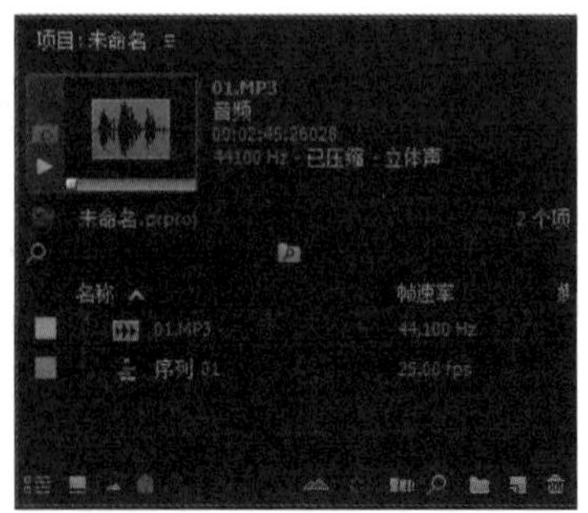

图7-2　“项目”面板

提示

在“项目”面板的空白区域中双击，也可以弹出“导入”对话框。

7.2.2　在“时间线”面板中添加音频素材

在将音频素材导入到“项目”面板后，需要将音频素材添加到“时间线”面板中才能对音频素材进行编辑操作。在“时间线”面板中添加音频素材的具体操作步骤如下：

（1）在“项目”面板中选择要添加到“时间线”面板中的音频素材。

（2）将其拖入“时间线”面板的相应音频轨道中，此时音轨轨道上会出现一个矩形框，如图 7–3 所示。拖动矩形框，将音频素材放置到所需位置后松开鼠标，即可将其添加到“时间线”面板中，如图 7–4 所示。

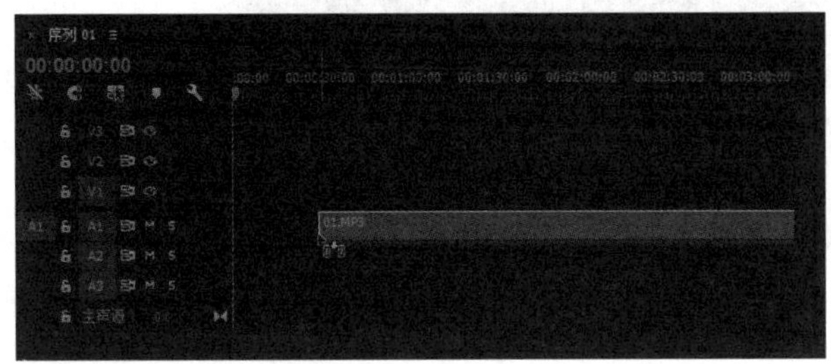

图7–3　将音频素材拖入“时间线”面板的相应音频轨道中

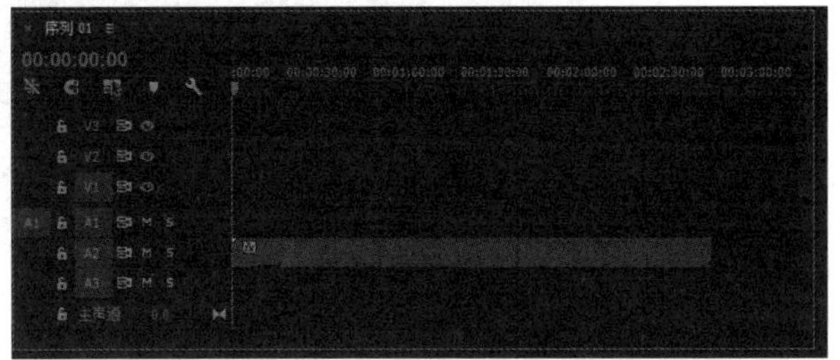

图7–4　添加到“时间线”面板中的音频素材

7.3　编辑音频素材

将所需音频素材添加到“时间线”面板后，即可对音频素材进行编辑了。

7.3.1　调整音频持续时间和播放速度

与视频素材的编辑一样，在应用音频素材时，可以对其播放速度和时间长度进行修改设置。调整音频持续时间和播放速度的具体操作步骤如下：

（1）在“时间线”面板中选择要调整的音频素材。

（2）右击，从弹出的快捷菜单中选择“速度／持续时间”命令，在弹出的图 7–5 所示的“剪辑速度／持续时间”对话框中对音频的持续时间进行调整，此时将“速度”数值改为 50%，如图 7–6 所示。

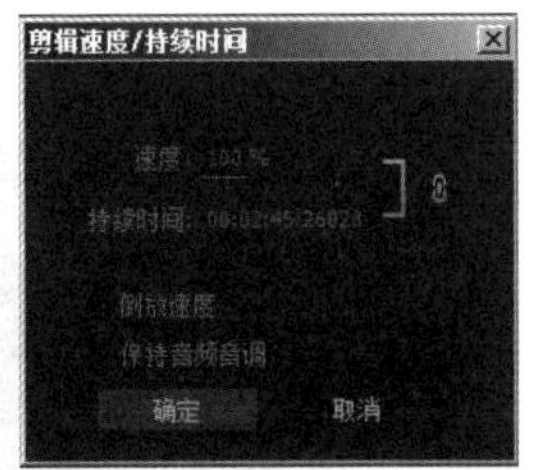

图7–5　“剪辑速度/持续时间”对话框

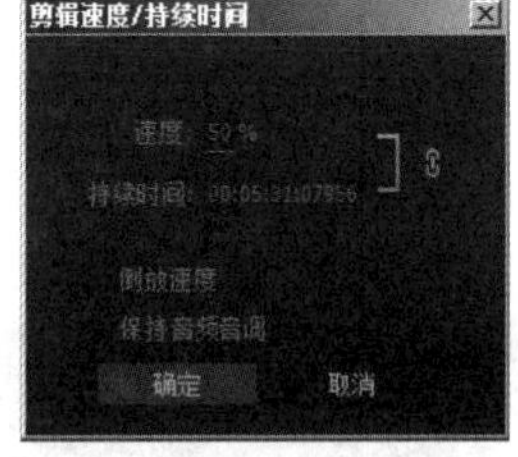

图7–6　将“速度”数值改为50%

提示

改变“速度”数值时，音频的播放速度就会发生改变，也可使音频的持续时间发生改变，改变后的音频素材的节奏也同时被改变。

（3）单击“确定”按钮，此时音频素材显示如图 7–7 所示。

（4）在“时间线”面板中直接拖动音频的边缘，也可改变音频轨道中音频素材的长度，如图 7–8 所示。

图7-7 调整“速度”数值后的音频素材

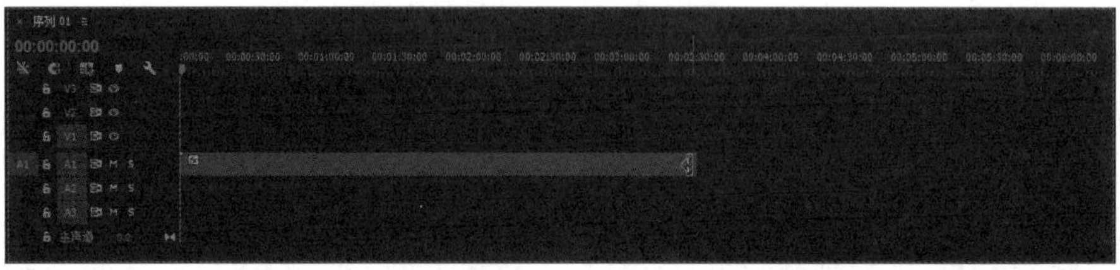

图7-8 通过直接拖动音频边缘的方法改变音频素材的长度

（5）利用（剃刀工具）可以将多余的音频部分与原有音频分离开，如图 7-9 所示。选择多余的音频，按 Delete 键，即可删除多余的音频部分。

图7-9 利用（剃刀工具）将多余的音频部分与原有音频分离开

7.3.2 调节音频增益

音频增益是指音频信号的声调高低，当一个视频片段同时拥有几个音频素材时，就需要平衡这几个素材的增益，如果一个素材的音频信号或高或低，就会严重影响播放时的音频效果。调节音频增益的具体操作步骤如下：

（1）在“时间线”面板中选择需要调整的音频素材（此时选择的是“A2”轨道中的“02.MP3”），如图 7-10（a）所示。此时在“源”面板中可以查看音频波形效果，如图 7-10（b）所示。

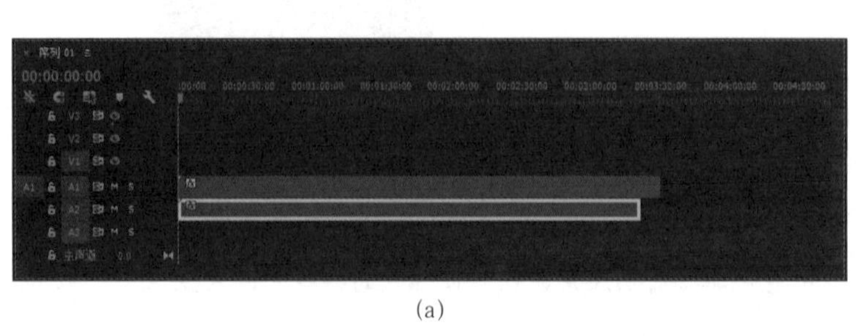

(a)

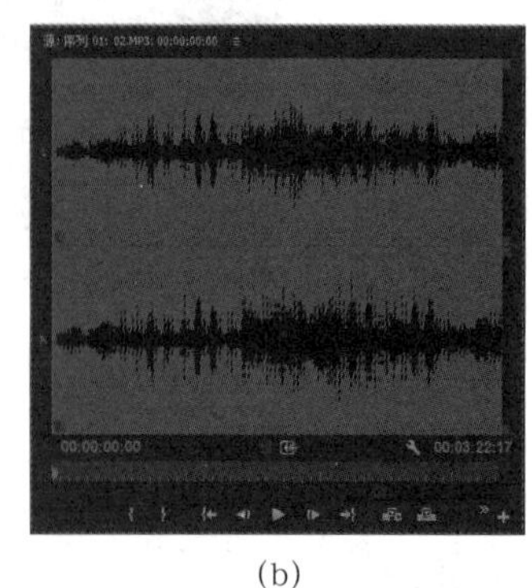

(b)

图 7-10 调整音频

（2）执行“剪辑 | 音频选项 | 音频增益”命令，弹出“音频增益”对话框，如图 7-11 所示。选择“将增益设置为”单选按钮，使其处于设置状态，再将鼠标指针移动到后面的设置数值上，当指针变为手形标记时，按下鼠标左键并左右拖动鼠标，此时增益值将被改变，如图 7-12 所示。

（3）设置完成后单击“确定”按钮，在“源”面板中可以查看处理后的音频波形效果，如图 7–13 所示。

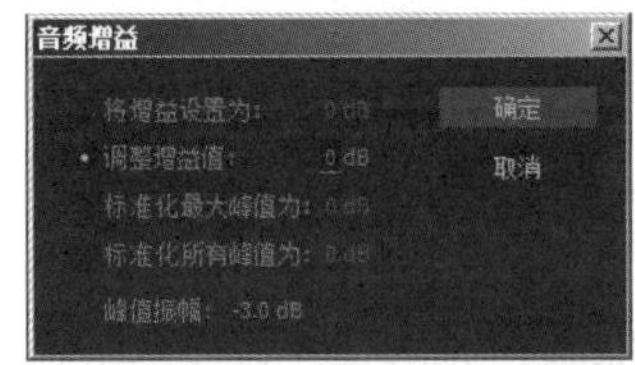

图7–11　“音频增益”对话框

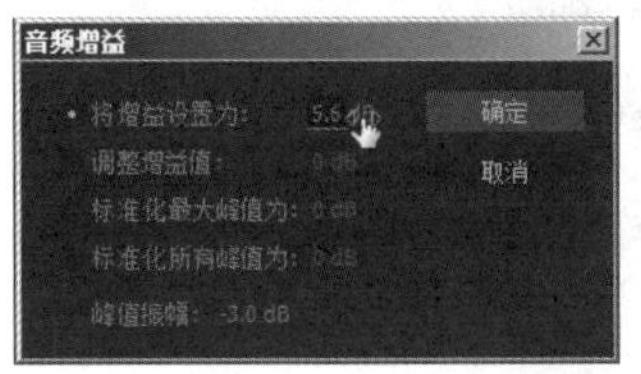

图7–12　改变增益数值

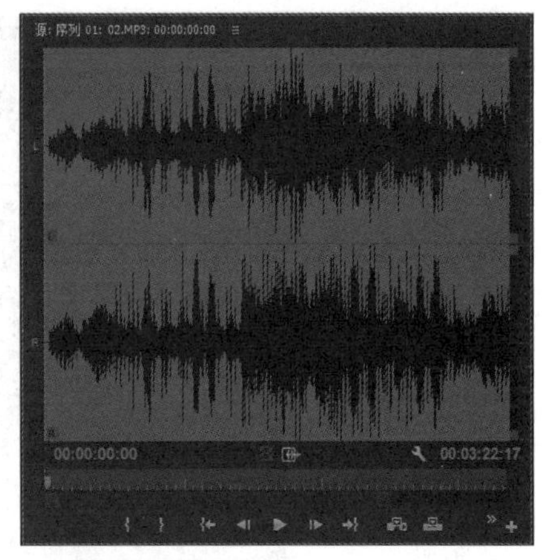

图7–13　处理后的音频波形效果

7.3.3　音频素材的音量控制

音频素材的音量可以通过以下两种方法来控制：

方法一：在“时间线”面板中选择需要调整音量的音频素材（此时选择的是“A1”轨道中的“01.MP3”），然后进入“效果控件”面板，展开“音量”选项，通过调节“级别”的数值来控制音频素材的音量，如图 7–14 所示。

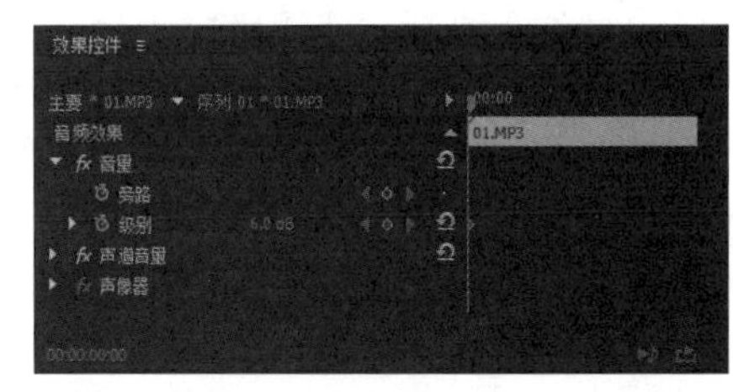

图7–14　通过调节“级别”的数值来控制音频素材的音量

方法二：在“时间线”面板中选择需要调整音量的音频素材（此时选择的是“A1”轨道中的“01.MP3”），然后单击音频轨道上的■（显示关键帧）按钮，从弹出的下拉菜单中选择“轨道关键帧 | 音量”命令，如图 7–15 所示。接着通过单击■（添加－移除关键帧）按钮，为音频轨道添加关键帧，再通过拖动关键帧位置的方式即可控制音频素材的音量，如图 7–16 所示。

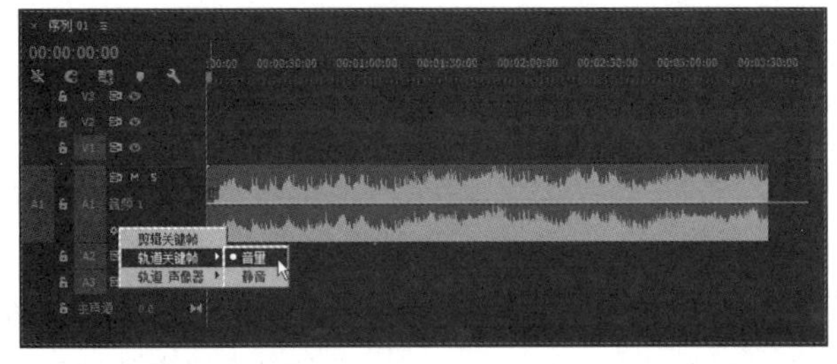

图7–15　选择“音量”命令

图7–16　通过拖动关键帧位置的方式控制音频素材的音量

7.4　使用“音轨混合器”面板

使用“音轨混合器”面板可以对音频素材的播放效果进行编辑和实时控制。执行“窗口 | 音轨混合器”命令，调出“音轨混合器”面板，如图 7–17 所示。

该面板的主要参数解释如下：

- 左右声道平衡：将该按钮向左转用于控制左声道，向右转用于控制右声道，也可以在按钮下面的数值栏中直接输入数值来控制左右声道，如图 7-18 所示。

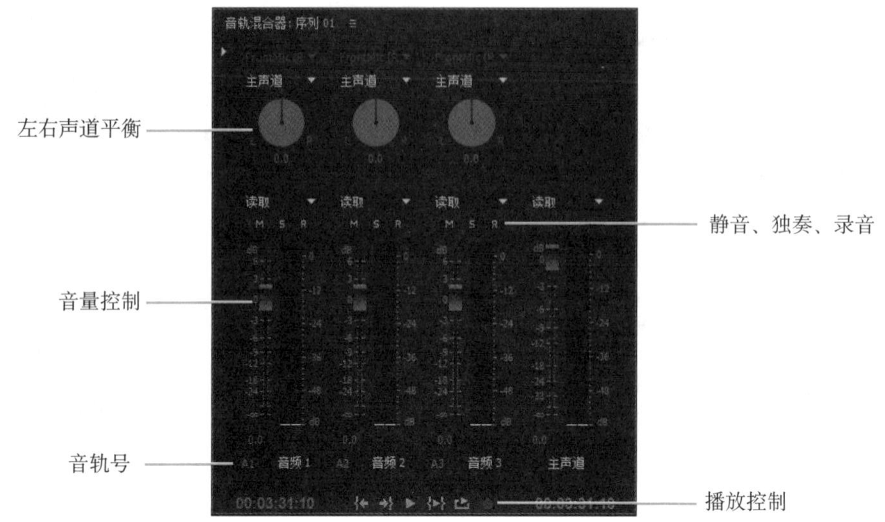

图7-17 “音轨混合器”面板

- 音量控制：将滑块向上拖动，可以调节音量的大小，旁边的刻度用来显示音量值，单位是 dB，如图 7-19 所示。

图7-18 左右声道平衡

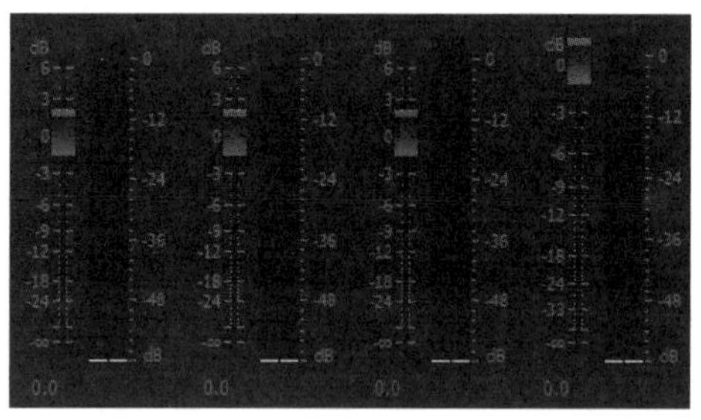

图7-19 音量控制

- 音轨号：对应“时间线”面板中的各个音频轨道。如果在“时间线”面板中添加一条音频轨道，则在“音轨混合器”面板中也会显示出相应的音轨号。
- 静音、独奏、录音：激活 M（静音）按钮，可以产生静音效果；激活 S（独奏）按钮，可以使其他音频轨道上的音频成静音效果，而只播放当前音频片段；激活 R（录音）按钮，可以进行录音控制，如图 7-20 所示。
- 播放控制：该栏按钮包括（跳转到入点）、（跳转到出点）、（播放 - 停止切换）、（播放入点到出点）、（循环）和（录制）6 个按钮，如图 7-21 所示。通过这些按钮可以方便地对音频素材进行相关的操作。

图7-20 静音、独奏、录音控制

图7-21 播放控制按钮

7.5 分离和链接视音频

在进行视频编辑的过程中，经常需要将“时间线”面板中的视音频链接素材中的视频和音频进行分离，或者将各自独立的视频和音频素材进行链接。

1. 分离视音频

分离视音频的具体操作步骤如下：

（1）在“时间线”面板中选择要分离视音频的素材。

（2）右击，从弹出的快捷菜单中选择“取消链接”命令，即可将选定素材的视音频进行分离。

2. 链接视音频

（1）在“时间线”面板中同时选择要进行链接的视频和音频。

（2）右击，从弹出的快捷菜单中选择“链接”命令，即可将视频和音频链接在一起。

7.6　音频过渡与音频效果

在制作影片的过程中，为音频素材添加音频过渡效果或音频效果，能够使音频素材间的连接更为自然、融洽，从而提高影片的整体质量。

7.6.1　应用音频过渡

与先前所介绍的视频切换效果相同，Premiere Pro CC 2015 将音频过渡也集中在“效果”面板中。在“效果”面板中展开“音频过渡”文件夹中的“交叉淡化”文件夹，即可看到 Premiere Pro CC 2015 内置的“恒定功率”、“恒定增益”和“指数淡化”3 种音频过渡效果，如图 7–22 所示。

在同一轨道中的两个音频之间可以添加一个音频过渡效果，默认的是“恒定功率”音频过渡，它可使音频素材以逐渐减弱的方式过渡到下一个音频素材。而“恒定增益”音频过渡则可使音频素材以逐渐增强的方式进行过渡；“指数淡化”视频过渡则可使音频素材以指数的淡入 / 淡出方式进行过渡。

图7–22　“音频过渡”文件夹

应用音频过渡的具体操作步骤如下：

（1）将两个音频素材拖入“时间线”面板的同一轨道中，并首尾相接，如图 7–23 所示。

（2）在“效果”面板中展开“音频过渡”文件夹中的“交叉淡化”文件夹，从中选择所需的音频过渡（此时选择的是“恒定功率”）。然后将其拖到“02.MP3”的开始处，即可完成音频过渡的添加，此时“时间线”面板如图 7–24 所示。

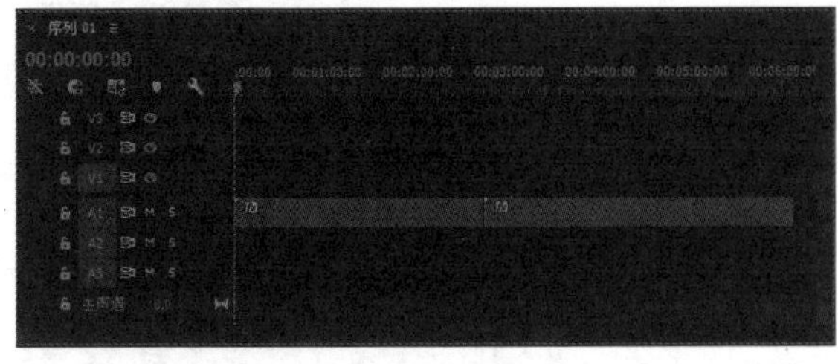

图7–23　将两个音频素材拖入“时间线”面板的同一轨道中

图7–24　将“恒定功率”音频效果拖到素材上

（3）在“时间线”面板中选择添加的“恒定功率”音频过渡，然后进入“效果控件”面板可以调整音频过渡的持续时间如图 7–25 所示。

图7-25　设置音频过渡的持续时间

7.6.2　应用音频效果

音频效果的作用与视频效果一样，主要用来创作特殊的音频效果，Premiere Pro CC 2015 将音频效果集中在“效果”面板的“音频效果”文件夹中，如图 7-26 所示。

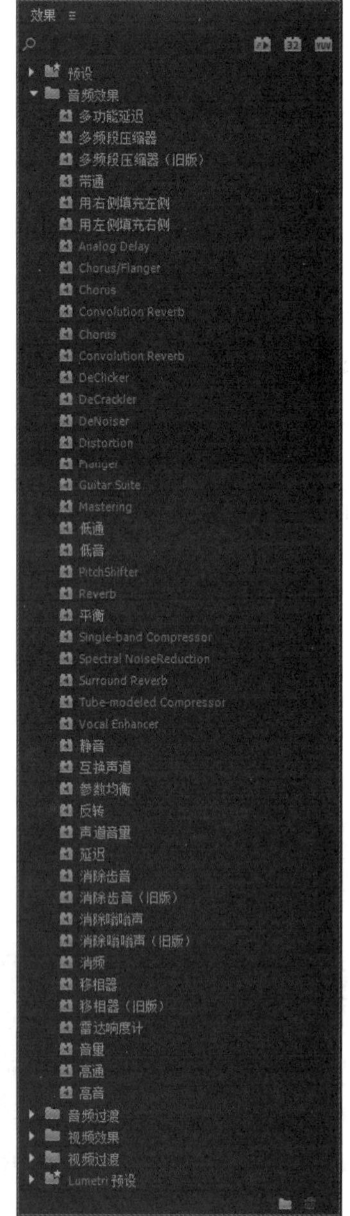

图7-26　“音频效果”文件夹中的特效

下面介绍音频效果中比较常见的几种特效：

- 多功能延迟：用于产生多重延迟效果，可以对音频素材中的原始音频添加多达 4 次回声。
- 低通：用于删除高于指定频率界限的频率。
- 低音：用于产生低音效果，允许增加或减少较低的频率（等于或低于 200 Hz）。
- 平衡：用于平衡音频素材内的左右声道。
- 用右侧填充左侧：用于将右声道中的音频信号复制并替换左声道中的音频信号。
- 用左侧填充右侧：用于将左声道中的音频信号复制并替换右声道中的音频信号。
- 互换声道：用于交换左右声道的效果。
- 参数均衡：用于增大或减小与指定中心频率接近的频率。
- 延迟：用于产生延迟效果，可以设置原始声音和回声之间的时间，最大可设置为 2 s。
- 音量：在编辑影片的过程中，如果要在标准特效之前渲染音量，则应当使用“音量”音频效果代替默认的音量调整选项。“音量”音频效果可以提高音频电平而不被修剪，只有当信号超过硬件允许的动态范围时才会出现修剪，这时往往导致失真的音频。正值表示增加音量，而负值表示减小音量。
- 高通：用于删除低于指定频率界限的频率。
- 高音：用于产生高音效果，允许增加或减少较高的频率（4 000 Hz 或更高）。

应用音频效果的方法和应用视频效果的方法相同，只要将音频效果拖到“时间线”面板中相应的音频素材上即可。

课后练习

一、填空题

1. 在"时间线"面板中选择要分离视音频的素材，右击，从弹出的快捷菜单中选择________命令，即可将选定素材的视音频进行分离。

2. Premiere Pro CC 2015 的音量控制单位是________。

二、选择题

1. 下列（　　）属于 Premiere Pro CC 2015 中的音频过渡类型。

   A. 持续声量　　　　B. 恒定增益

   C. 恒定功率　　　　D. 指数淡化

2. 导入音频素材的快捷键是（　　）。

   A. Ctrl+D　　B. Ctrl+E　　C. Ctrl+I　　D. Ctrl+V

三、问答题

1. 简述分离和链接视音频的方法。
2. 简述添加音频过渡的方法。
3. 简述添加音频效果的方法。

第8章 视频影片的输出

视频、音频素材编辑完成后，即可对编辑好的项目进行输出，将其发布为最终作品。将项目文件编辑好之后，针对不同的要求，Premiere Pro CC 2015 提供了媒体、Adobe 剪辑注释、字幕、输出到磁带、输出到 EDL（L）和输出为 OMF 等几种输出设置，以输出不同的文件类型。通过本章的学习，读者应掌握以下内容：

- 掌握输出影片的方法；
- 掌握输出单帧画面的方法；
- 掌握单独输出音频的方法。

8.1 输出影片

在影片编辑完成后，通过菜单中的“导出”命令和“Adobe Media Encoder”软件，可将在“时间线”面板中编辑好的内容输出为完整的影片。具体操作步骤如下：

（1）在“时间线”面板中对素材进行编辑后，执行“文件|导出|媒体”命令，弹出“导出设置”对话框，如图 8-1 所示。

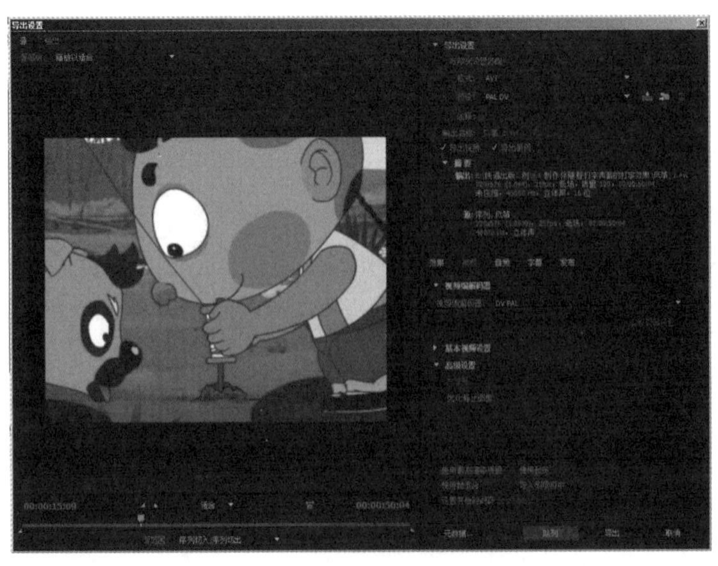

图8-1 “导出设置”对话框

“导出设置”对话框中主要参数的含义如下：

- 格式：在右侧的下拉列表中可以根据需要选择要输出的文件格式，如图 8–2 所示。
- 预设：在右侧的下拉列表中可以选择软件预设的文件导出格式，如图 8–3 所示。
- 视频编解码器：在右侧的下拉列表中可以选择不同的影片压缩的编解码器，如图 8–4 所示。相对于选择的输出格式不同，对应的解码器也不同。

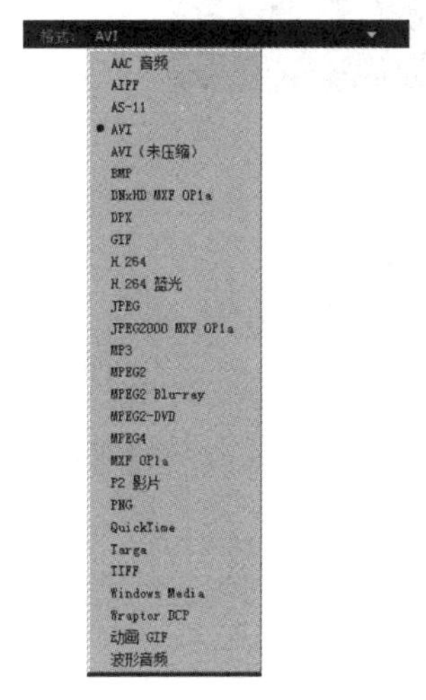

图8–2　“格式”下拉列表

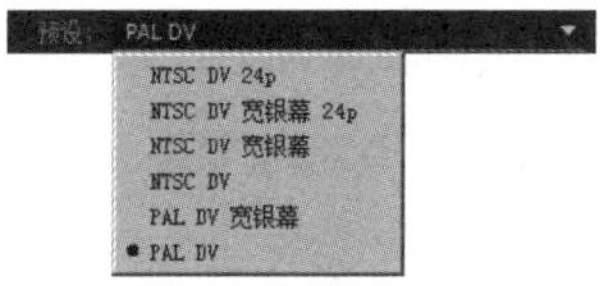

图8–3　“预设”下拉列表

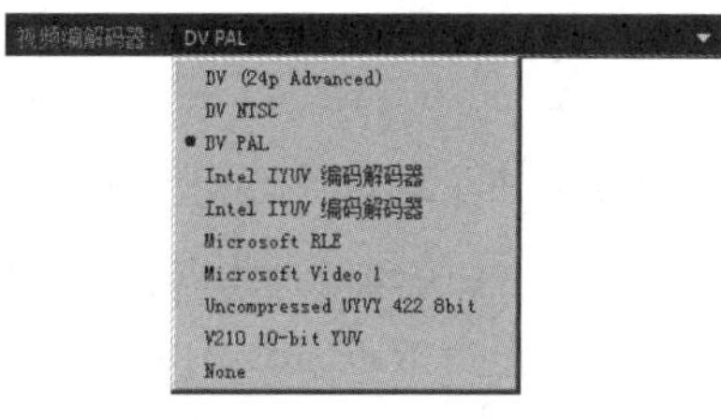

图8–4　“视频编解码器”下拉列表

- 基本视频设置：用于设置影片的品质、帧速率和场类型等参数。
- 高级设置：用于设置影片的关键帧、扩展静帧图像等参数。

（2）单击“输出名称”后的链接，然后在弹出的“另存为”对话框中设置导出文件的名称和路径，单击“保存”按钮，如图 8–5 所示，返回“导出设置”对话框。

（3）在“导出设置”对话框中单击“导出”按钮，即可导出影片。

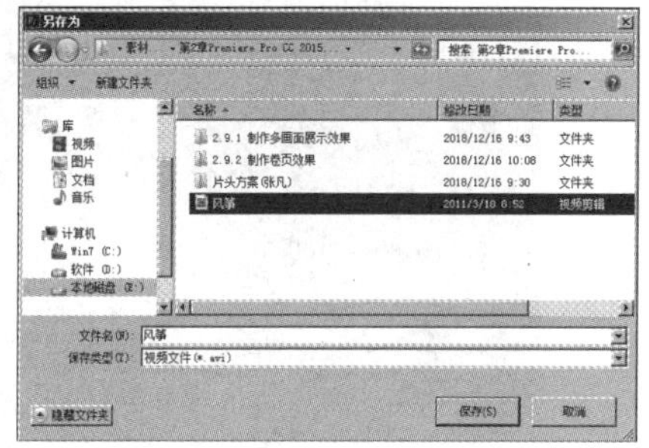

图8–5　“另存为”对话框

8.2　输出单帧画面

有时在输出项目文件时，需要将项目中的某一帧画面输出为静态图片文件，例如对影片项目中设置出的视频特效画面进行取样等。输出单帧画面的具体操作步骤如下：

（1）创建一个新项目，然后在“时间线”面板中对素材进行编辑后，将时间滑块拖动到需要输出的帧的位置（此时为 00:00:42:10 处），如图 8–6 所示。

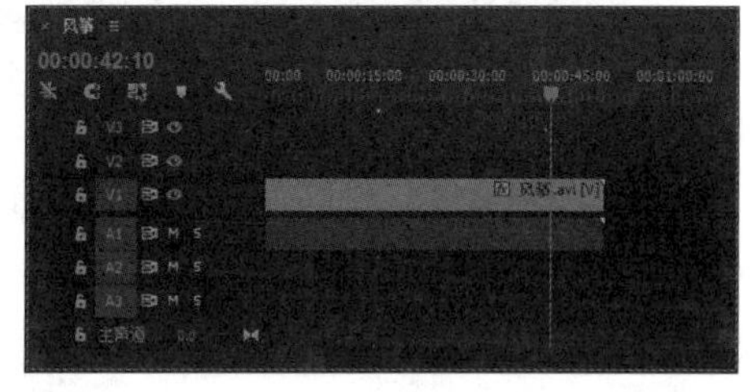

图8–6　将时间滑块拖动到需要输出的帧的位置

（2）在“节目”面板中预览目前帧的画面，确定需要输出的内容画面，如图 8–7 所示。

（3）在“节目”面板中单击下方工具按钮中的（导出单帧）按钮，然后在弹出的图 8–8 所示的“导出帧”对话框的“名称”右侧文本框中输入要导出的单帧图片的名称，再在“格式”右侧下拉列表中选择一种要导出的图片格式，单击“浏览”按钮，从弹出的对话框中设置要导出图片的路径，最后单击“确定”按钮，即可导出单帧图像。

图8-7　在“节目”面板中预览目前帧的画面

图8-8　“导出帧”对话框

8.3　单独输出音频

通过 Premiere Pro CC 2015，除了可以将项目文件输出为影片文件和单帧图片外，还可以将项目片断中的音频部分单独输出为所要类型的音频文件。具体操作步骤如下：

（1）在一个编辑好音频内容的项目文件中，执行“文件 | 导出 | 媒体”命令，然后在弹出的“导出设置”对话框的“格式”下拉列表中选择“波形音频”命令，如图 8-9 所示。接着设置“输出名称”选项。

（2）选择“音频”选项卡，对音频文件的压缩模式、采样率等基本属性进行设置，如图 8-10 所示。

图8-9　选择“波形音频”命令

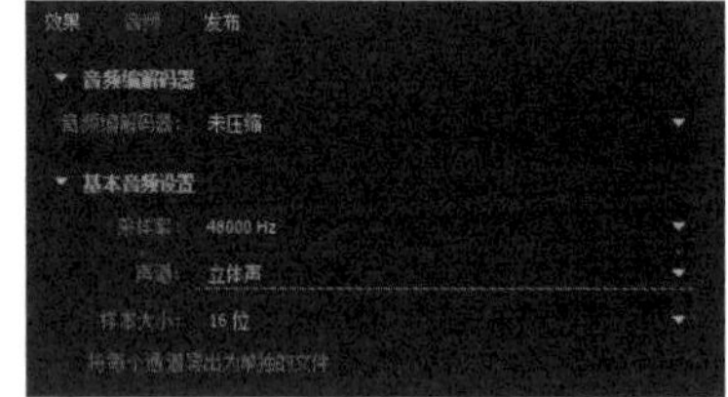

图8-10　“音频”选项卡

（3）设置完毕后，单击“导出”按钮，即可将编辑好的文件以音频形式输出。

课后练习

简答题

1. 简述输出影片的方法。
2. 简述输出单帧画面的方法。
3. 简述单独输出音频的方法。

第9章 综合实例

本章重点

通过前面8章的学习，读者已经掌握了Premiere Pro CC 2015相关的基础知识。本章将综合利用前面8章的知识，制作两个综合实例。通过本章的学习，读者应能够独立完成相关的剪辑操作。

- 制作伴随着打字声音的打字效果；
- 制作配乐诗词效果。

9.1 制作伴随着打字声音的打字效果

要点

本例将利用3种方法来制作影视中常见的伴随着打字声音的打字效果，如图9–1所示。通过本例的学习，应掌握多序列和“裁剪”视频特效以及添加音频的应用。

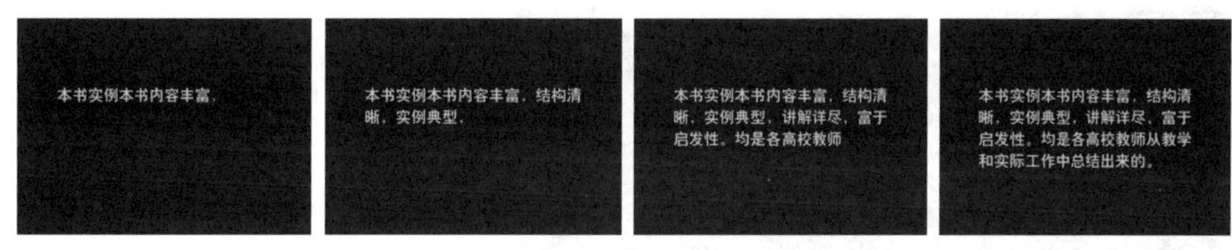

图9–1 伴随着打字声音的打字效果

操作步骤

1. 制作伴随着打字声音的打字效果方法1

1）创建字幕

（1）启动Premiere Pro CC 2015，然后单击“新建项目”按钮，在弹出的“新建项目”对话框中输入“名称”为“制作伴随着打字声音的打字效果”，单击“确定”按钮，从而新建一个项目文件。

（2）单击“项目”面板下方的■（新建项）按钮，从弹出的下拉菜单中选择“序列”命令，新建一个DV–PAL制标准48 kHz的“序列01”序列文件。再次单击“项目”面板下方的■（新建项）按钮，从弹出的下拉菜单中选择“字幕”命令，在弹出的“新建字幕”对话框中保持默认参数，如图9–2所示，单击“确定”

按钮，进入“字幕 01”字幕的设计窗口 。

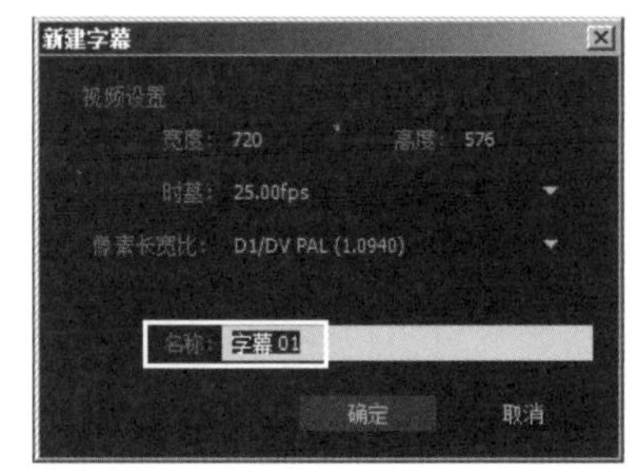

图9–2 “新建字幕”对话框

(3) 打开资源素材中的“素材及结果 \ 第 9 章 综合实例 \9.1 制作伴随着打字声音的打字效果 \ 文字 .txt”文件，如图 9–3 所示，按快捷键 Ctrl+A 全选文字，再按快捷键 Ctrl+C 进行复制。回到字幕窗口，选择工具箱中的T（文字工具），在字幕窗口中拖拉出一文字区域，按快捷键 Ctrl+V 进行粘贴，结果如图 9–4 所示。

(4) 此时字体会出现乱码现象，这是因为字体不正确的原因。选中文字，在右侧的“字幕属性”面板中将“字体”设为“汉仪大黑简”，“字体大小”设为 35，“行距”设为 20 即可。单击左侧“字幕动作”面板中的（垂直居中）和（水平居中）按钮，将文字居中对齐，结果如图 9–5 所示。

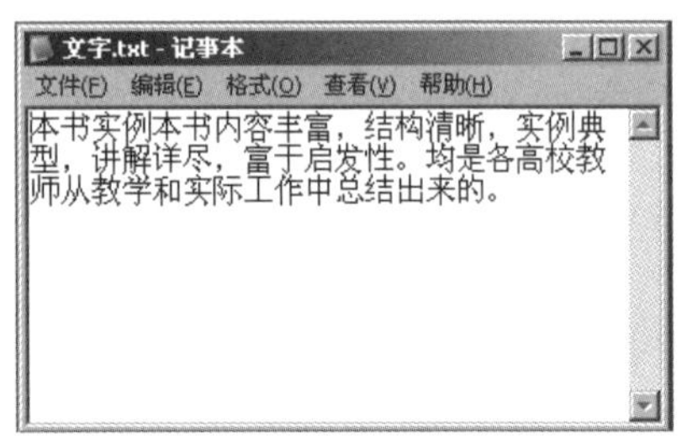

图9–3 “文字.txt”文件

图9–4 粘贴文字后的效果

(5) 单击“字幕窗口”右上角的按钮，关闭字幕窗口，此时创建的“字幕 01”字幕会自动添加到“项目”面板中，如图 9–6 所示。

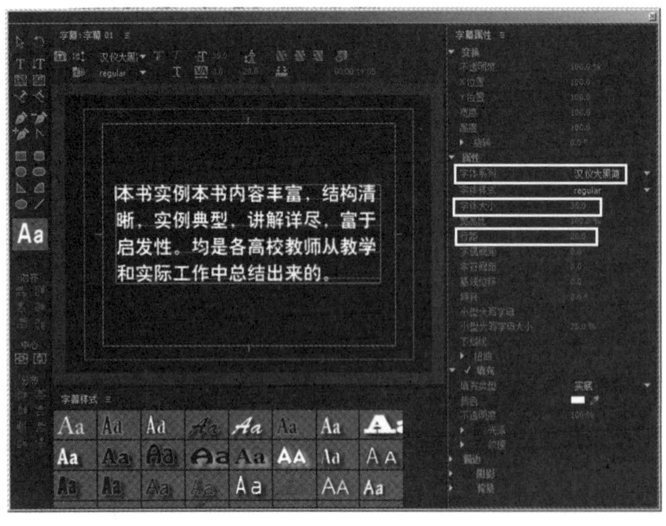

图9–5 调整文字属性后的效果

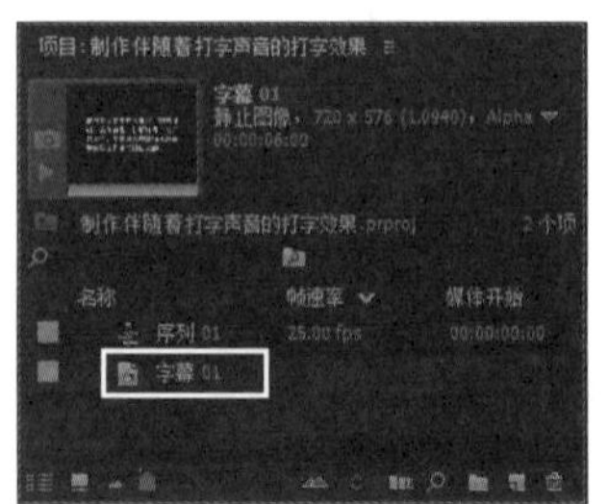
图9–6 “项目”面板

2）制作第 1 行文字的打字效果

(1) 从“项目”面板中将“字幕 01”拖入“时间线”面板的“V1”轨道中，入点为 00：00：00：00，出点为 00：00：12：00，如图 9–7 所示。

（2）在“效果”面板中展开“视频特效”文件夹，然后选择“变换”中的“裁剪”特效，如图9–8所示。将其拖入“时间线”面板“V1”轨道中的“字幕01”素材上。

图9–7　“时间线”面板

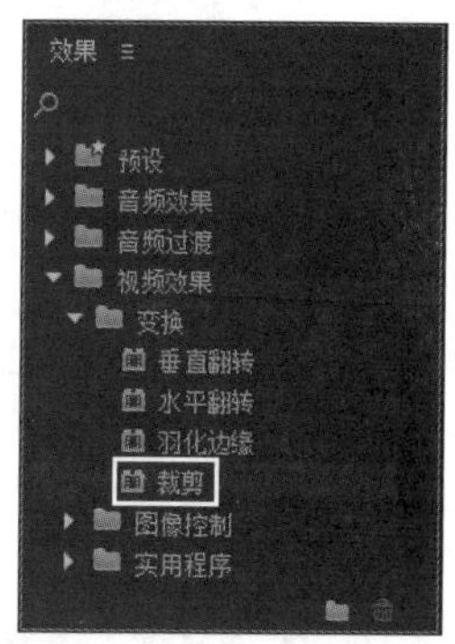

图9–8　选择“裁剪”特效

（3）制作只显示第1行文字的效果。选择“V1”轨道中的“字幕01”字幕素材，然后在“效果控件”面板中将“裁剪”特效“底部”数值设置为60%，如图9–9所示。

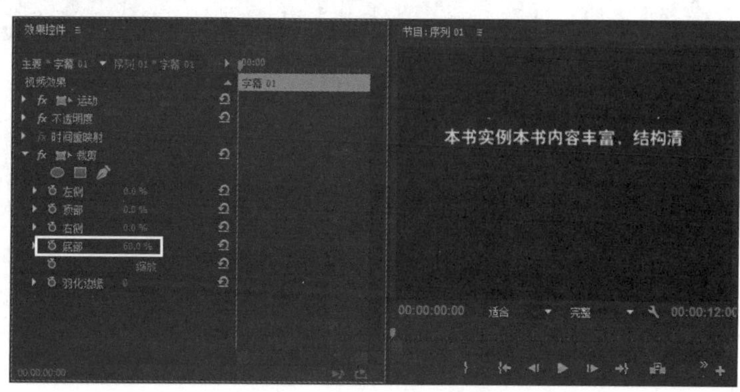

图9–9　将“裁剪”特效的“底部”数值设置为60%

（4）制作第1行文字逐个出现的效果。从“效果”面板中将“裁剪”特效再次拖到“时间线”面板的“字幕01”素材上，给它添加第2个“裁剪”特效。将时间滑块移动到00：00：00：00的位置，在“效果控件”面板中单击第2个“裁剪”特效中“右侧”前面的按钮，插入关键帧，并将数值设置为90%，如图9–10所示。接着将时间滑块移动到00：00：03：00的位置，将“右侧”的数值设置为9%，如图9–11所示。

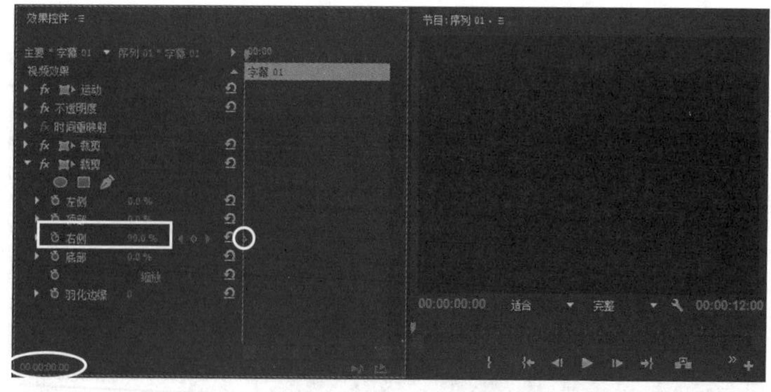

图9–10　在00：00：00：00的位置插入“右侧”的关键帧，并将数值设置为90%

（5）在“节目”面板上单击按钮，即可看到第1行文字逐个出现的效果，如图9–12所示。

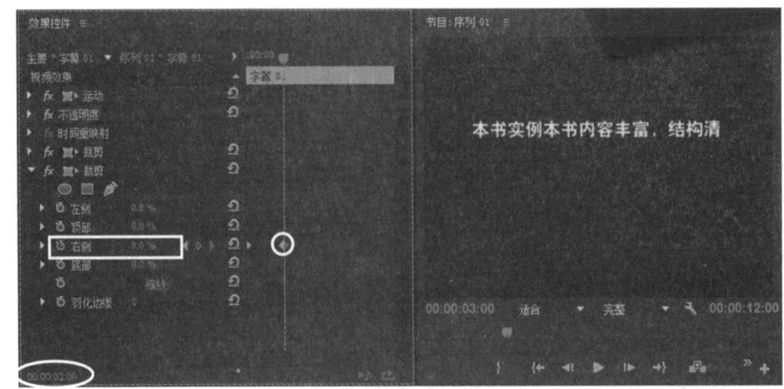

图9-11 在00：00：03：00的位置将“右侧”的数值设置为9%

图9-12 第1行文字逐个出现的效果

3）制作第 2 行文字的打字效果

（1）从“项目”面板中将“字幕 01”拖入“时间线”面板的“V2”轨道中，入点为 00：00：03：00，出点为 00：00：12：00（即与“V1”中的“字幕 01”素材结尾对齐），如图 9-13 所示。

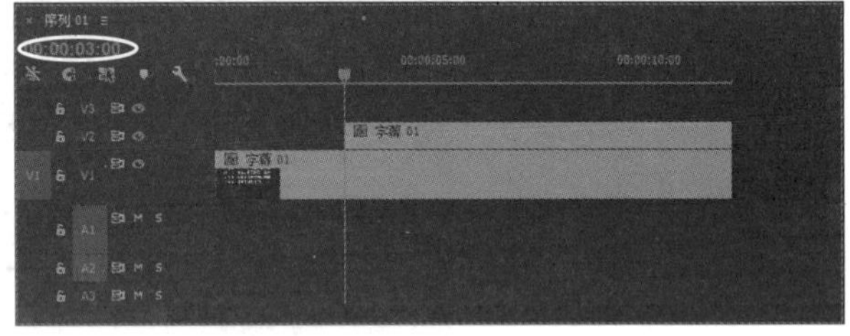

图9-13 将“字幕01”拖入“V2”轨道中

（2）将“V1”轨道中的“字幕 01”字幕素材的两个“裁剪”特效复制给“V2”轨道中的“字幕 01”字幕素材。选中“V1”轨道中的“字幕 01”字幕素材，然后在“效果控件”面板中选择两个“裁剪”特效，按快捷键 Ctrl+C 进行复制。激活“V2”轨道，使之高亮显示，再选择“V2”轨道中的“字幕 01”素材，将时间滑块定位在 00：00：03：00 的位置，在“效果控件”面板中按快捷键 Ctrl+V 进行粘贴。最后修改粘贴后的第 1 个“裁剪”参数，将“顶部”的数值设置为 40%，将“底部”的数值设置为 52%，如图 9-14 所示。

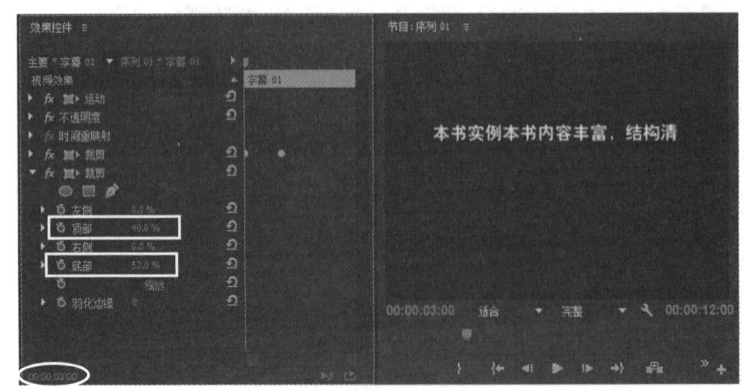

图9-14 修改第1个“裁剪”特效的“顶部”和“底部”参数

（3）在“节目”面板上单击▶按钮，即可看到第 1 行文字逐个出现的效果，如图 9-15 所示。

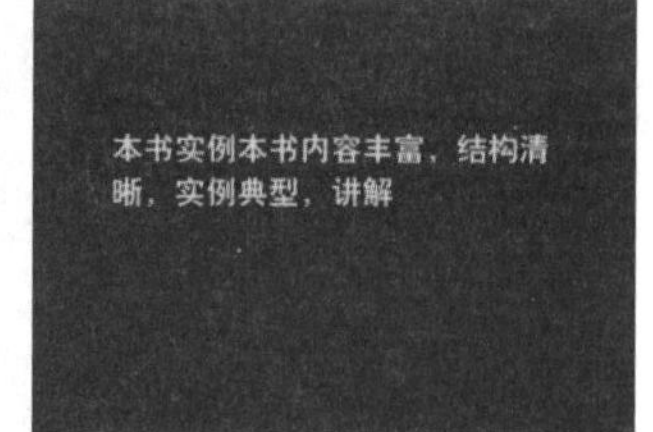

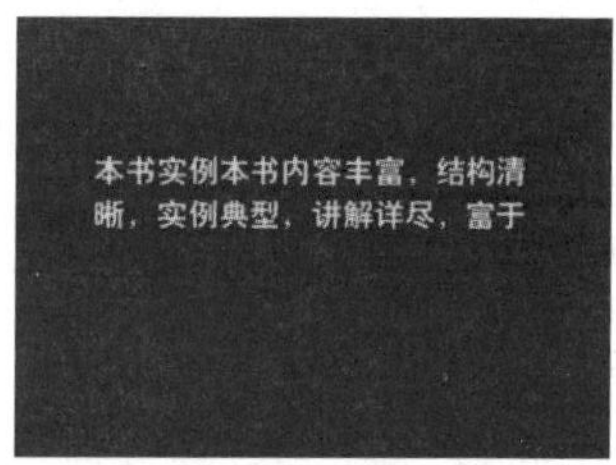

图9–15　第2行文字逐个出现的效果

4）制作第 3 行文字的打字效果

（1）从“项目”面板中将“字幕 01”拖入“时间线”面板的“V3”轨道中，入点为 00：00：06：00，出点也为 00：00：12：00（即与“V1”中的“字幕 01”素材结尾对齐），如图 9–16 所示。

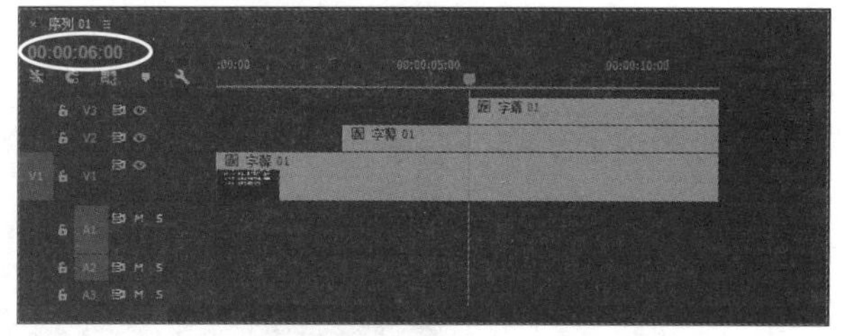

图9–16　将“字幕01”拖入“V3”轨道中

（2）激活“V3”轨道，使之高亮显示，再选择“V3”轨道中的“字幕 01”素材，将时间滑块定位在 00：00：06：00 的位置，在“效果控件”面板中按快捷键 Ctrl+V 进行粘贴。最后修改粘贴后的第 1 个“裁剪”参数，将“顶部”的数值设置为 49%，将“底部”的数值设置为 42%，如图 9–17 所示。

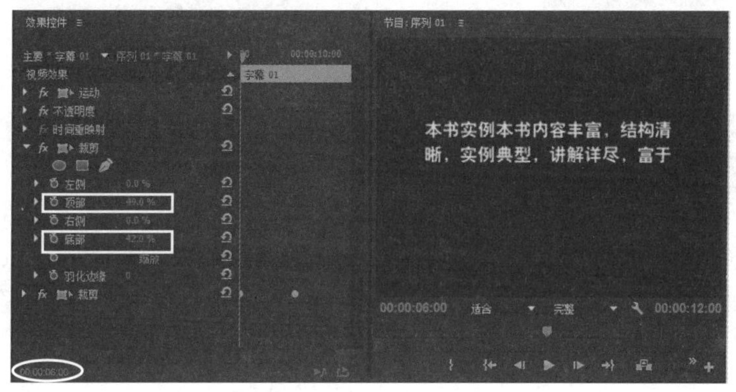

图9–17　修改第1个“裁剪”特效的“顶部”和“底部”参数

（3）在“节目”面板上单击▶按钮，即可看到第 3 行文字逐个出现的效果，如图 9–18 所示。

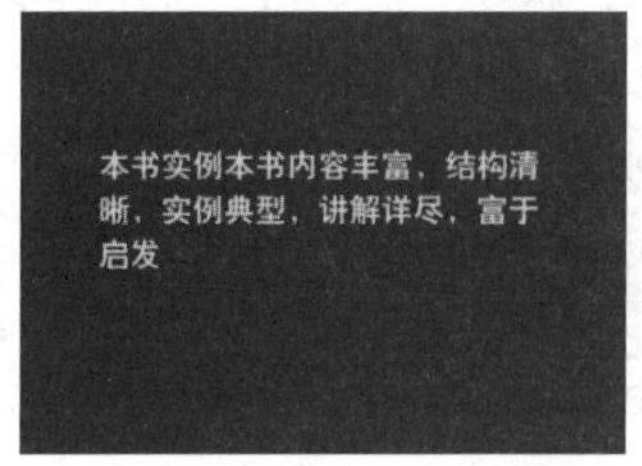

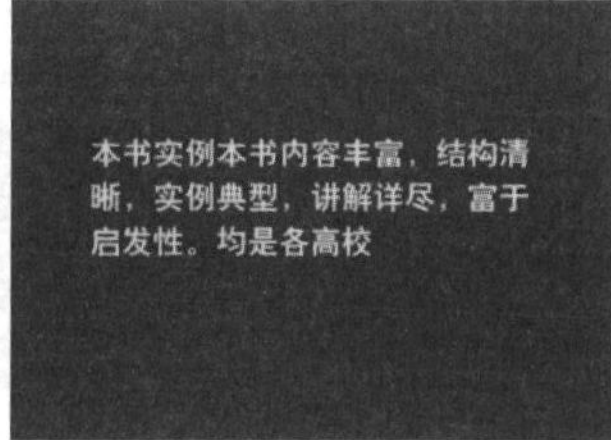

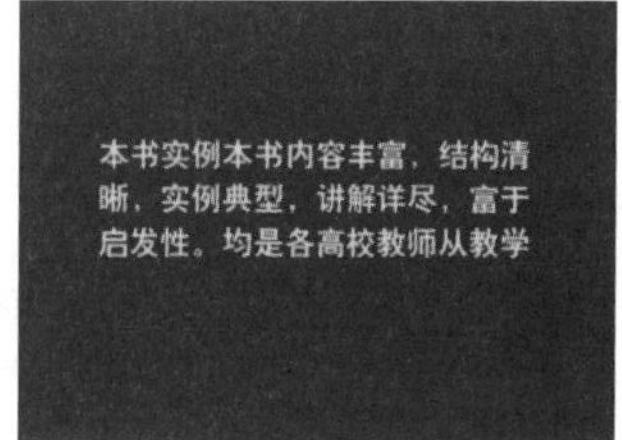

图9–18　第3行文字逐个出现的效果

5）制作第 4 行文字的打字效果

（1）从“项目”面板中将“字幕 01”拖入“时间线”面板的“V3”的上方，此时会自动产生一个“V4”轨道，然后将拖入该轨道的“字幕 01”的入点设置为 00：00：09：00，出点也为 00：00：12：00（即与“V1”中的“字幕 01”素材结尾对齐），如图 9–19 所示。

（2）激活“V4”轨道，使之高亮显示，再选择“V4”轨道中的“字幕 01”素材，将时间滑块定位在 00：00：09：00 的位置，在“效果控件”面板中按快捷键 Ctrl+V 进行粘贴。最后修改粘贴后的第 1 个“裁剪”参数，将“顶部”的数值设置为 58%，将“底部”的数值设置为 0%，如图 9–20 所示。

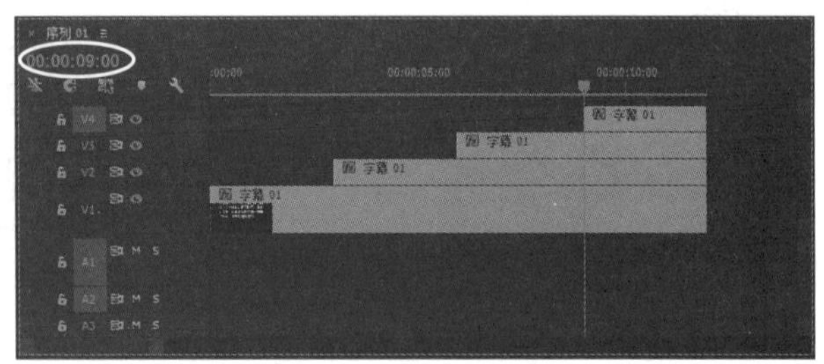

图9–19　将“字幕01”拖入“V4”轨道中

（3）在“节目”面板中单击▶按钮，即可看到第 4 行文字逐个出现的效果，如图 9–21 所示。

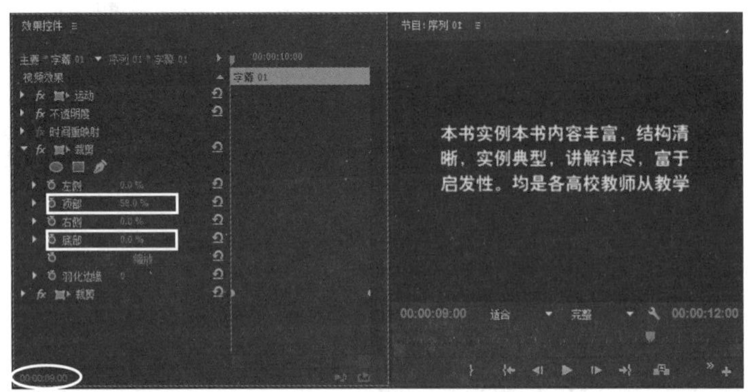

图9–20　修改第1个“裁剪”特效的“顶部”和“底部”参数

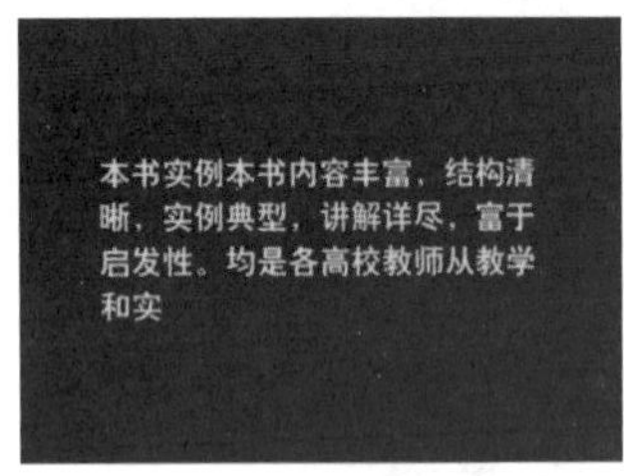

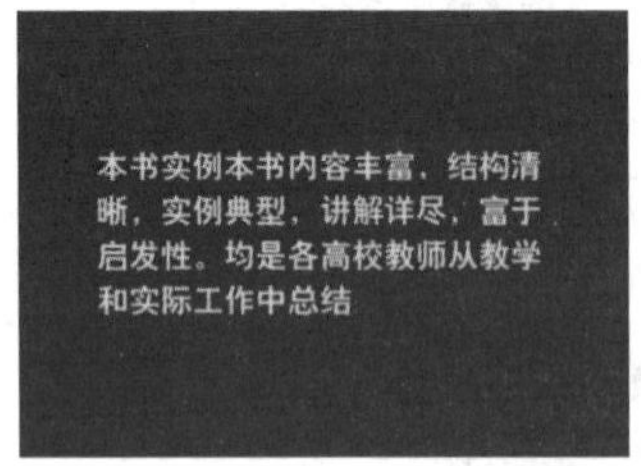

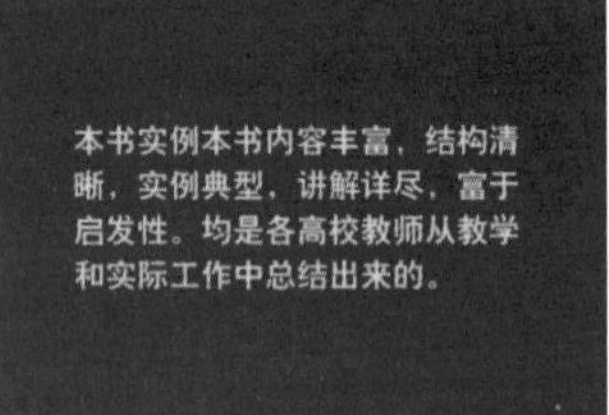

图9–21　第4行文字逐个出现的效果

6）添加打字声音

（1）执行“文件 | 导入”命令，导入资源素材中的“素材及结果 \ 第 9 章　综合实例 \9.1　制作伴随着打字声音的打字效果 \ 打字声音 .wav”文件。

（2）从“项目”面板中将导入的“打字声音 .wav”拖入时间线“A1”轨道上，入点为 00：00：00：00，如图 9–22 所示。

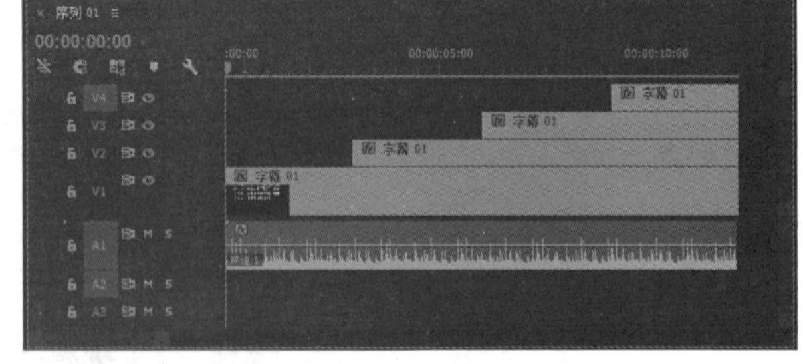

图9–22　添加“打字声音.wav”后的“时间线”面板

（3）至此，伴随着打字声音的打字效果制作完毕，执行“文件 | 导出 | 媒体”命令，将其输出为“伴随着打字声音的打字效果 .avi”文件。

2. 制作伴随着打字声音的打字效果方法 2

上面这种方法使用了 4 个轨道，如果遇到文字的行数较多，制作起来占用的轨道数会很多，这样不是很方便。此时可以采用只使用了两个轨道的打字效果的制作方法：

1）创建“序列 02”

（1）单击“项目”面板下方的（新建项）按钮，从弹出的下拉菜单中选择“序列”命令，如图 7–23 所示。

（2）在弹出的“新建序列”对话框中设置参数，如图 9–24 所示，单击“确定”按钮，进入“序列 02”的编辑状态，此时“项目”面板如图 9–25 所示 。

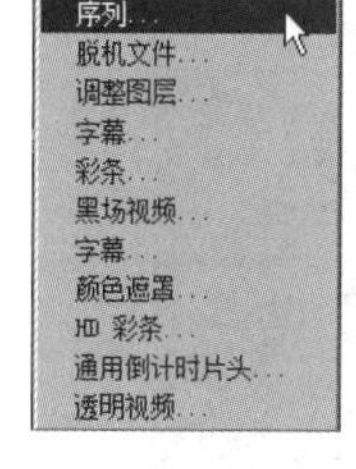

图9–23 选择“序列”

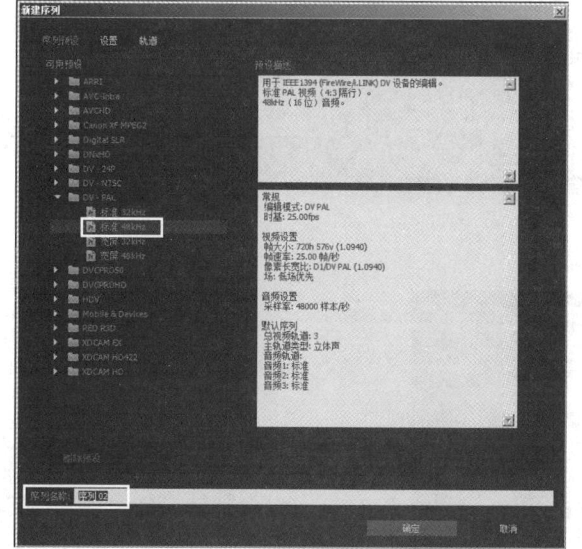

图9–24 “新建序列”对话框

图9–25 “项目”面板

2）制作第 1 行文字的打字效果

（1）从“项目”面板中将“字幕 01”拖入“时间线”面板的“V1”轨道中，入点为 00：00：00：00，出点为 00：00：03：00，如图 9–26 所示。

（2）在 “效果”面板中展开 “视频特效”文件夹， 然后选择 “变换”中的 “裁剪”特效， 如图 9–27 所示。接着将其拖入 “时间线”面板“V1”轨道中的“字幕 01”素材上。

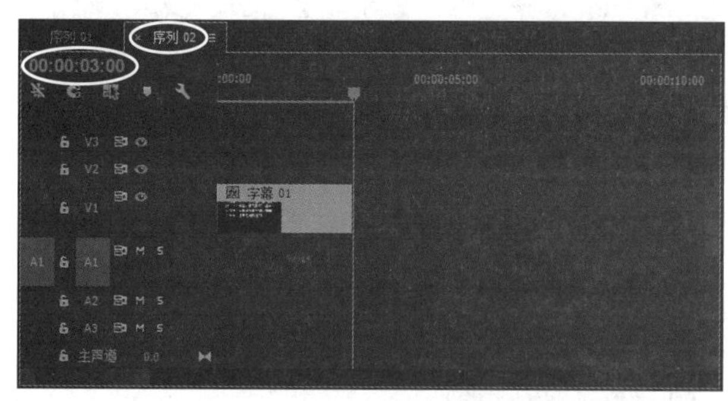

图9–26 将“字幕01”拖入“V1”轨道中

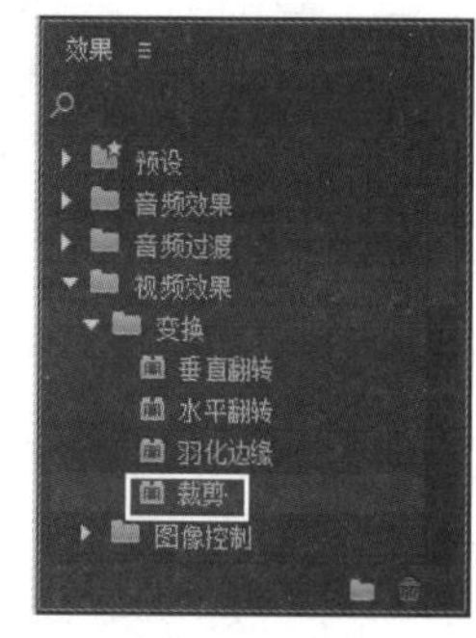

图9–27 选择“裁剪”特效

（3）制作只显示第 1 行文字的效果。选择“V1”轨道中的“字幕 01”字幕素材，然后在“效果控件”面板中将“裁剪”特效“底部”数值设置为 60%，如图 9–28 所示。

（4）制作第 1 行文字逐个出现的效果。从“效果”面板中将“裁剪”特效再次拖到“时间线”面板的“字幕 01”素材上，从而给它添加第 2 个“裁剪”特效。然后将时间滑块移动到 00：00：00：00 的位置，在“效果控件”面板中单击第 2 个“裁剪”特效中“右侧”前面的按钮，插入关键帧，并将数值设置为 90%，如图 9–29 所示。接着将时间滑块移动到 00：00：03：00 的位置，将“右侧”的数值设置为 9%，如图 9–30 所示。

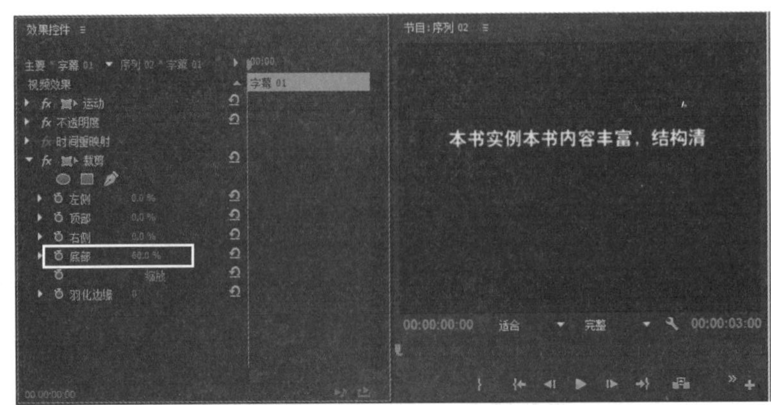

图9-28　将“裁剪”特效的“底部”数值设置为60%的效果

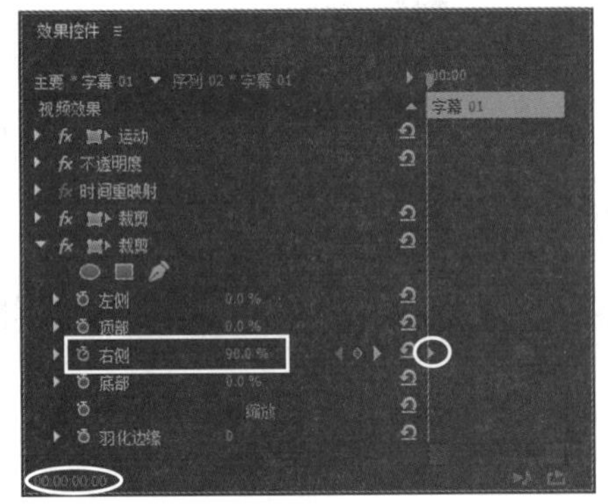

图9-29　在00:00:00:00设置“右侧”的关键帧

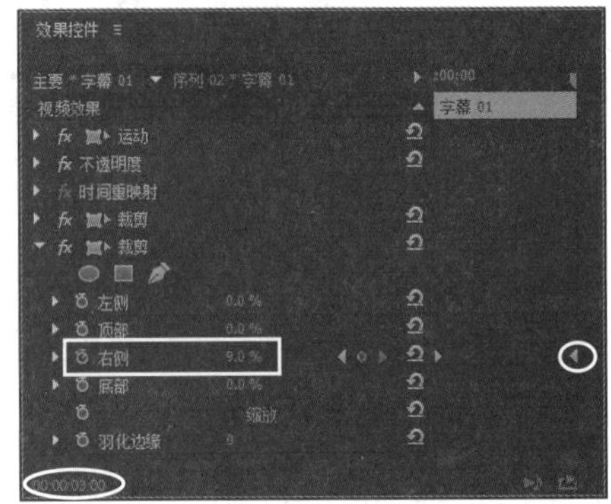

图9-30　在00:00:03:00设置“右侧”的关键帧

（5）在“节目”面板中单击▶按钮，即可看到第1行文字逐个出现的效果，如图9-31所示。

图9-31　第1行文字逐个出现的效果

3）制作第2～4行文字的打字效果

（1）选中“时间线”面板“V1”轨道中的“字幕01”素材，然后按快捷键Ctrl+C进行复制，接着依次在00：00：03：00、00：00：06：00和00：00：09：00处按快捷键Ctrl+V进行粘贴，如图9-32所示。

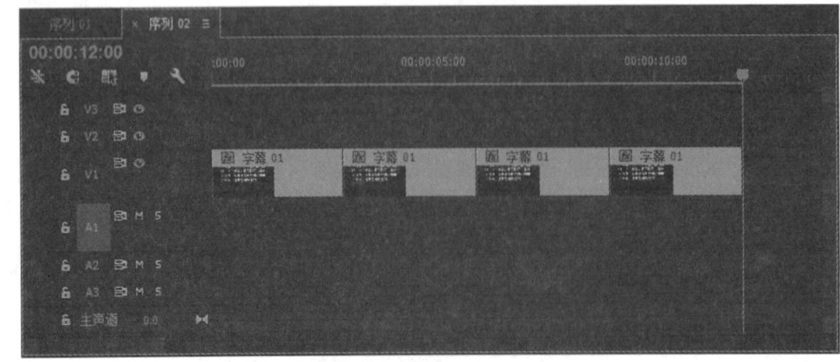

图9-32　粘贴“字幕01”素材后的“时间线”面板

（2）选中“V1”轨道中的第 2 段“字幕 01”素材，然后在“效果控件”面板中将第 1 个“裁剪”特效的“顶部”数值设置为 40%，将“底部”数值设置为 52%，如图 9–33 所示，从而只显示出第 2 行文字。接着在“节目”面板中单击▶按钮，即可看到第 2 行文字逐个出现的效果，如图 9–34 所示。

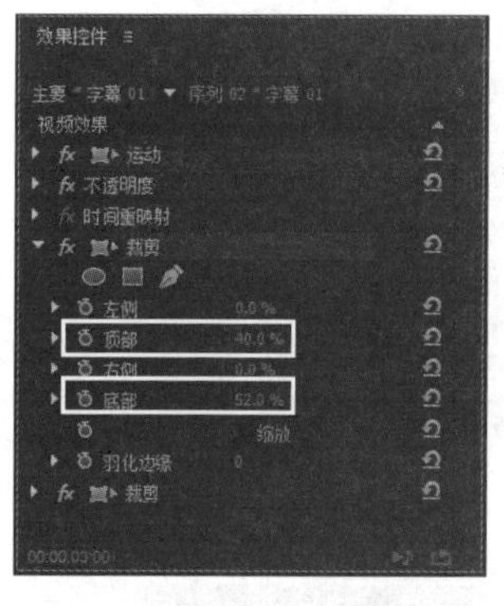

图9–33　修改“顶部”和“底部”参数

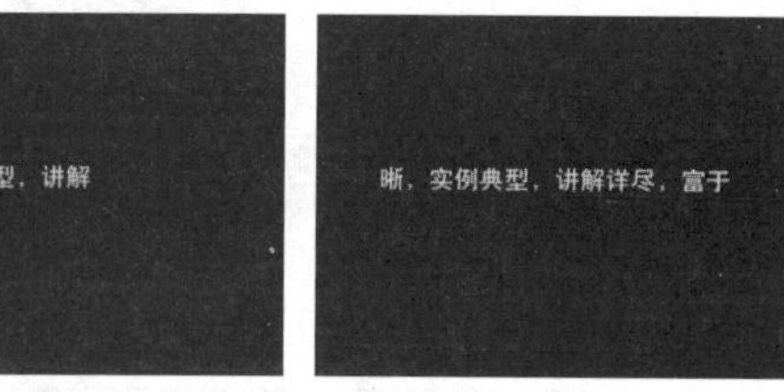

图9–34　看到第2行文字逐个出现的效果

（3）选中“V1”轨道中的第 3 段“字幕 01”素材，然后在“效果控件”面板中将第 1 个“裁剪”特效的“顶部”数值设置为 49%，将“底部”数值设置为 42%，如图 9–35 所示，从而只显示出第 3 行文字。接着在“节目”面板中单击▶按钮，即可看到第 3 行文字逐个出现的效果，如图 9–36 所示。

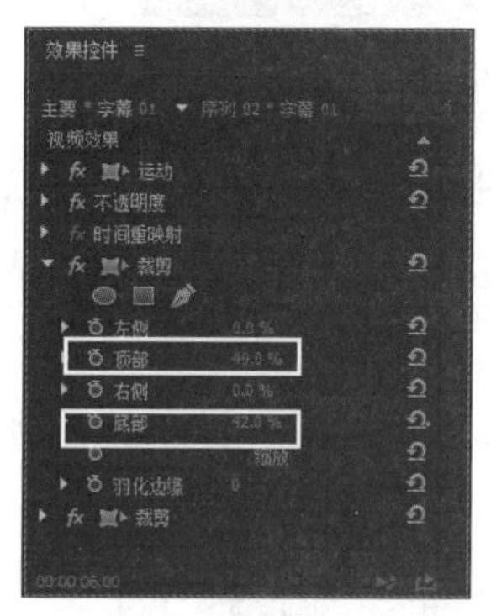

图9–35　修改“顶部”和“底部”参数

图9–36　看到第3行文字逐个出现的效果

（4）选中“V1”轨道中的第 4 段“字幕 01”素材，然后在“效果控件”面板中将第 1 个“裁剪”特效的“顶部”数值设置为 58%，将“底部”数值设置为 0%，如图 9–37 所示，从而只显示出第 4 行文字。接着在“节目”面板中单击▶按钮，即可看到第 4 行文字逐个出现的效果，如图 9–38 所示。

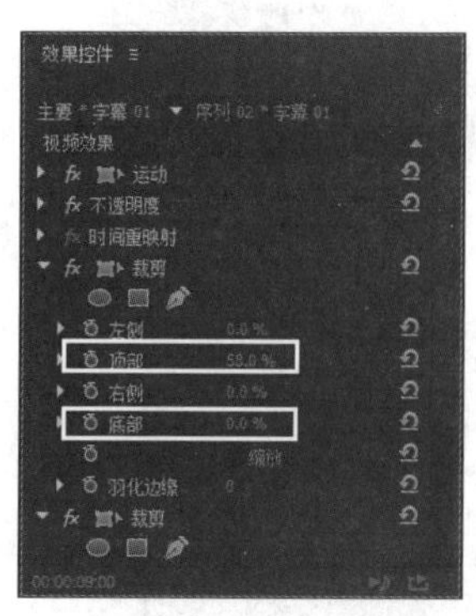

图9–37　修改“顶部”和“底部”参数

图9–38　看到第4行文字逐个出现的效果

4）制作打过的文字不消失的效果

（1）选中“V1”轨道中的第 1 段“字幕 01”素材，按快捷键 Ctrl+C 进行复制，然后选中“V2”轨道使其高亮显示，接着将时间滑块移动到 00：00：03：00 的位置，按快捷键 Ctrl+V 进行粘贴，如图 9–39 所示。最后选中粘贴后的素材，在“效果控件”面板中将第 2 个“裁剪”特效进行删除。此时在“节目”面板中单击▶按钮，即可看到，在第 1 行文字不消失的情况下，第 2 行文字逐个出现的效果，如图 9–40 所示。

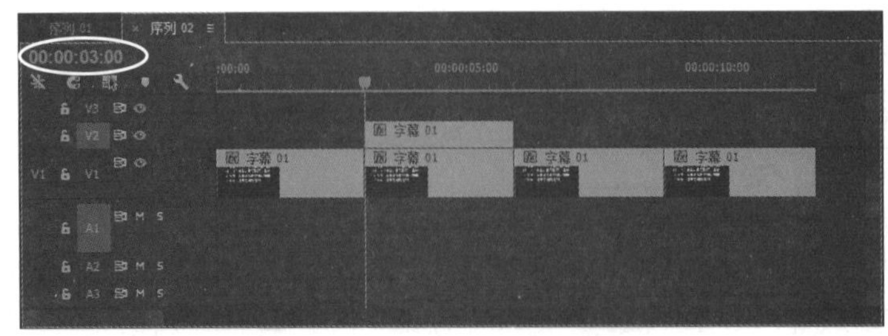

图9–39 在“V2”的00:00:03:00的位置粘贴“字幕01”素材后的“时间线”面板

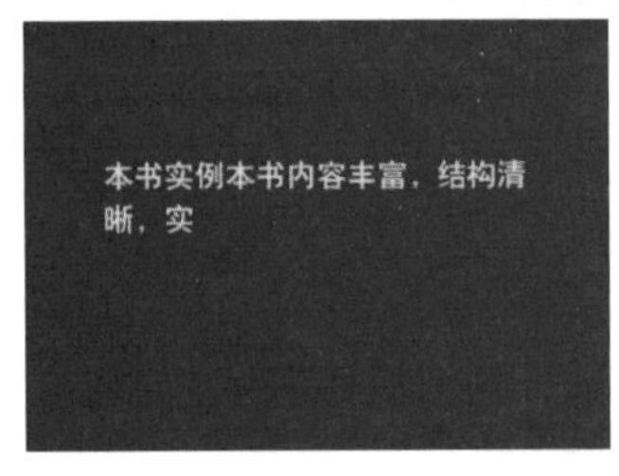

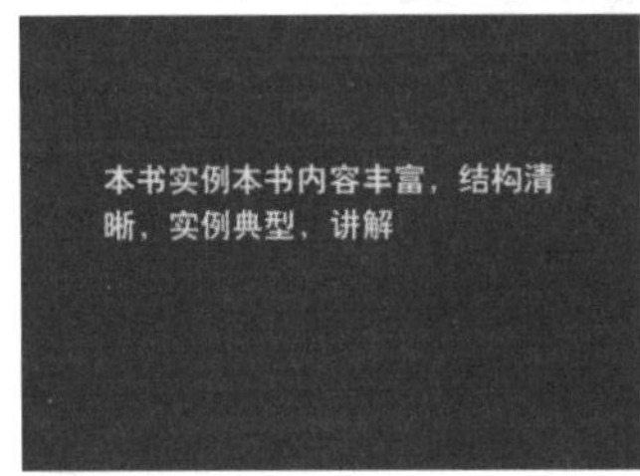

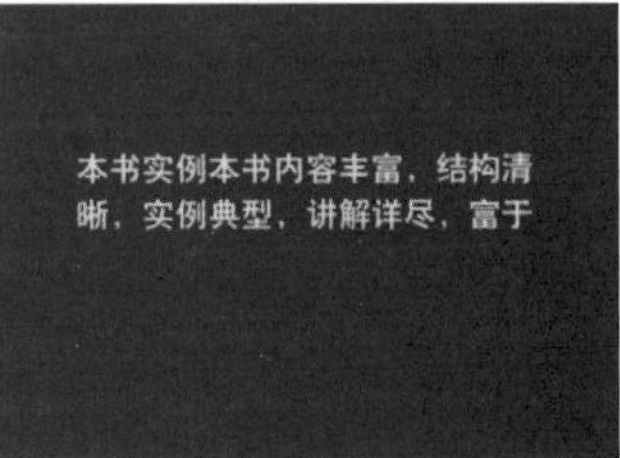

图9–40 在第1行文字不消失的情况下，第2行文字逐个出现的效果

（2）选中“V1”轨道上的第 2 段素材，按快捷键 Ctrl+C 进行复制，然后选中“V2”使其高亮显示，接着将时间滑块移动到 00：00：06：00 的位置，按快捷键 Ctrl+V 进行粘贴，如图 9–41 所示。最后选中粘贴后的素材，在“效果控件”面板中将第 2 个“裁剪”特效进行删除，并将第 1 个“裁剪”特效中“顶部”的数值设置为 0%，“底部”的数值设置为 52%，如图 9–42 所示。此时在“节目”面板中单击▶按钮，即可看到在第 1、2 行文字不消失的情况下，第 3 行文字逐个出现的效果，如图 9–43 所示。

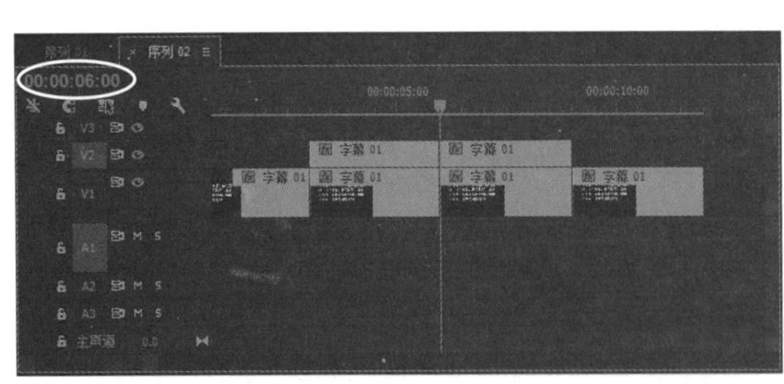

图9–41 在00:00:06:00的位置粘贴“字幕01”素材

图9–42 修改“顶部”和“底部”参数

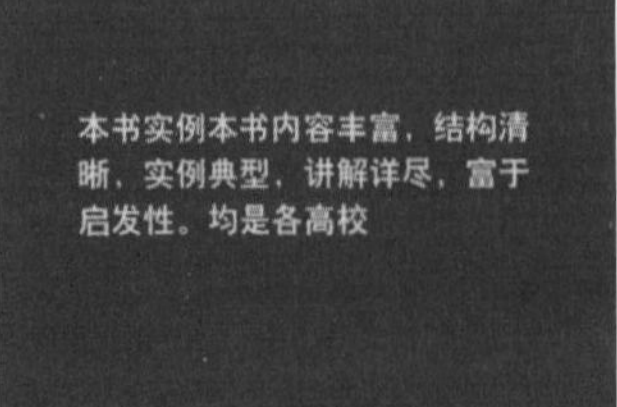

图9–43 在第1、2行文字不消失的情况下，第3行文字逐个出现的效果

（3）选中“V1”轨道上的第 3 段“字幕 01”素材，按快捷键 Ctrl+C 进行复制，然后选中“V2”使其高亮显示，接着将时间滑块移动到 00：00：09：00 的位置，按快捷键 Ctrl+V 进行粘贴，如图 9−44 所示。最后选中粘贴后的素材，在“效果控件”面板中将第 2 个“裁剪”特效进行删除，并将第 1 个“裁剪”特效中“顶部”的数值设置为 0%，“底部”的数值设置为 42%，如图 9−45 所示。此时在“节目”面板中单击▶按钮，即可看到在第 1 ~ 3 行文字不消失的情况下，第 4 行文字逐个出现的效果，如图 9−46 所示。

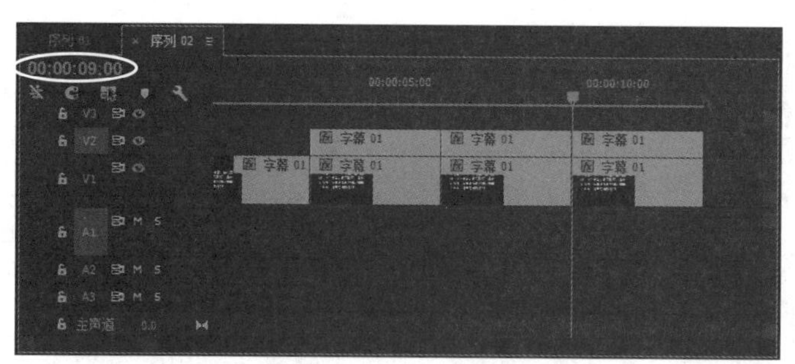

图9−44　在00:00:09:00的位置粘贴“字幕01”素材

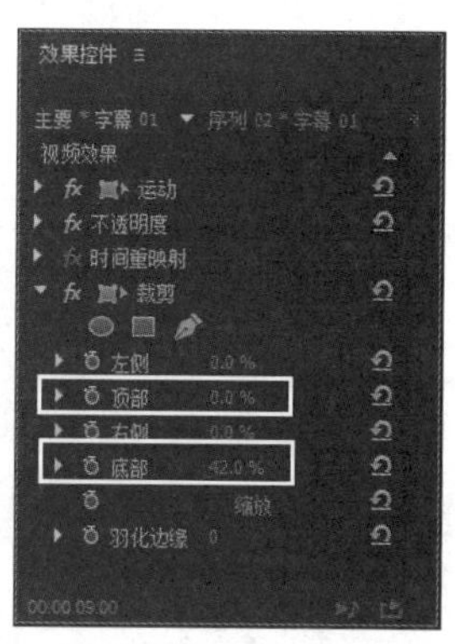

图9−45　修改“顶部”和“底部”参数

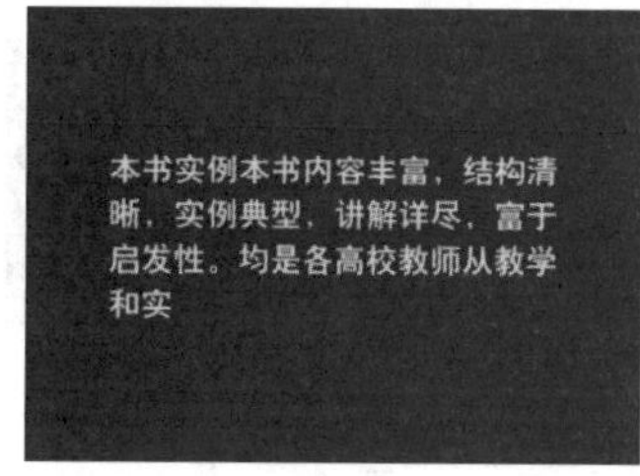

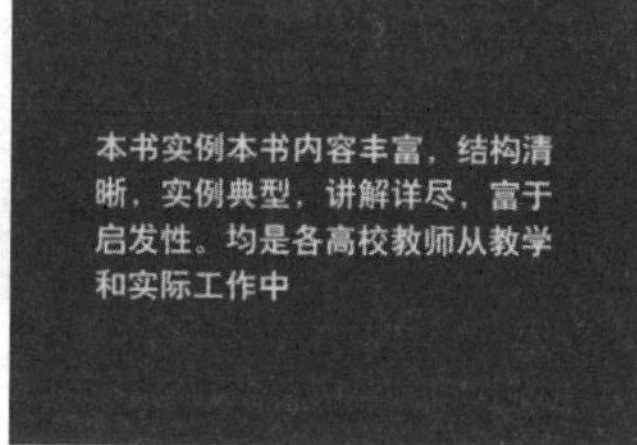

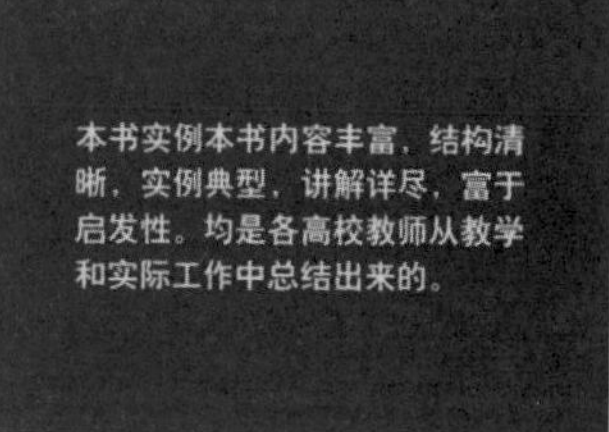

图9−46　在第1~3行文字不消失的情况下，第4行文字逐个出现的效果

5）添加打字声音

（1）从“项目”面板中将导入的“打字声音 .wav”拖入时间线“A1”轨道上，入点为 00：00：00：00，如图 9−47 所示。

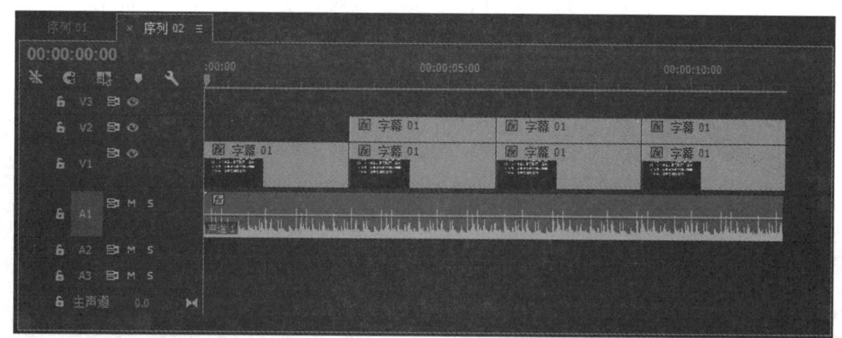

图9−47　添加“打字声音.wav”后的“时间线”面板

（2）至此，伴随着打字声音的打字效果制作完毕，执行“文件 | 导出 | 媒体”命令，将其输出为“伴随着打字声音的打字效果 .avi”文件。

9.2　制作配乐唐诗效果

要点

本例将制作静态图片产生镜头拉伸和文字遮罩的动画效果，如图 9–48 所示。通过本例的学习，应掌握设置图像默认持续时间、“径向划像”视频切换特效、“颜色键”视频特效、透明度的变化、黑场视频和通用倒计时片头的综合应用。

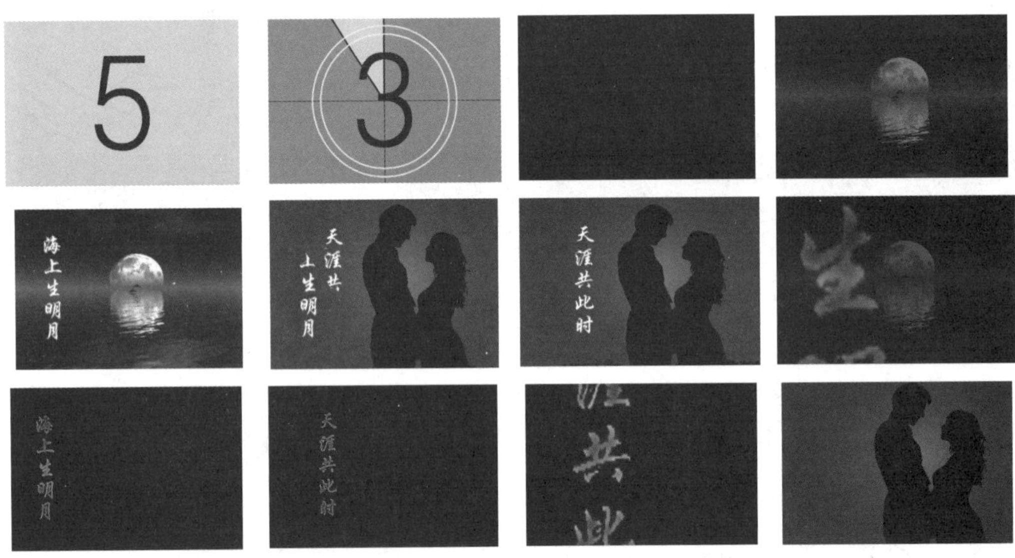

图9–48　配乐诗词效果

操作步骤

1. 编辑图片素材

（1）新建项目文件。启动 Premiere Pro CC 2015，然后单击“新建项目”按钮，如图 9–49 所示。在弹出的“新建项目”对话框中输入“名称”为“制作配乐诗词效果”，如图 9–50 所示，单击“确定”按钮，新建一个项目文件。

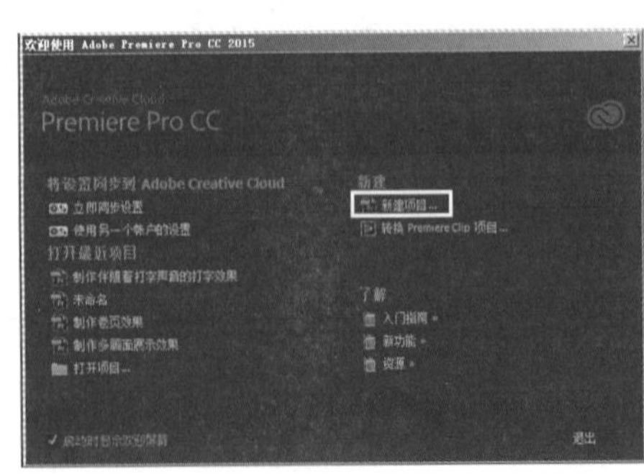

图9–49　单击“ 新建项目 ”按钮

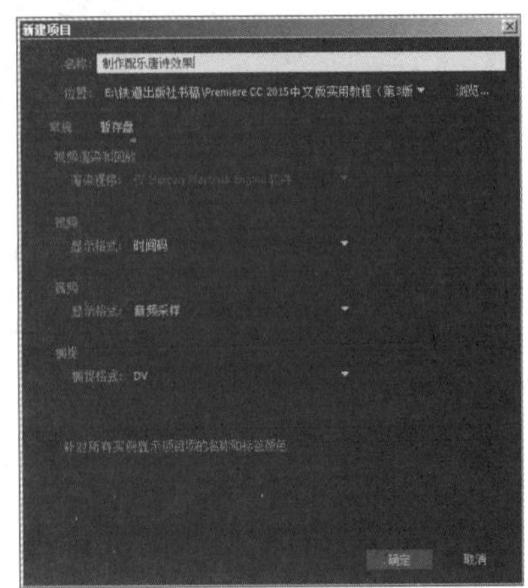

图9–50　输入名称

（2）新建“序列 01”序列文件。单击“项目”面板下方的■（新建项）按钮，从弹出的下拉菜单中选择“序列”

命令，在弹出的“新建序列”对话框中设置参数，如图 9–51 所示，单击“确定”按钮 。

（3）为了便于下面操作，将静态图片默认长度设为 5 s。执行“编辑 | 首选项 | 常规”命令，在弹出的对话框中设置“静帧图像默认持续时间”为 125 帧，如图 9–52 所示。然后在对话框左侧选择“媒体”，再在右侧将“不确定的媒体时间基准”设置为 25 帧 / s，如图 9–53 所示，单击“确定”按钮。

提示

由于前面设置的“时间基准”为25帧/s，因此125帧正好是5 s。

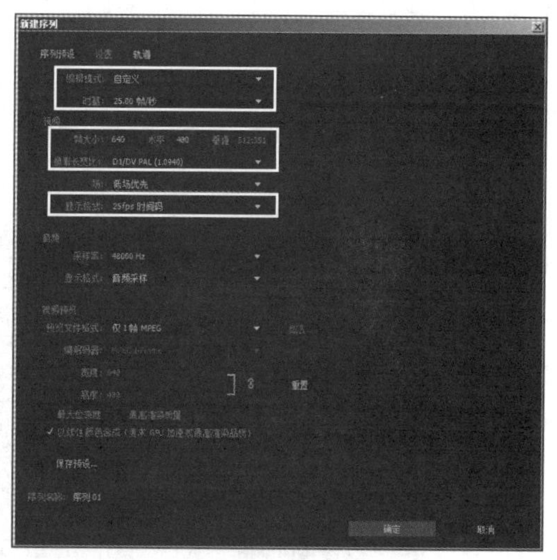

图9–51　“新建序列”对话框

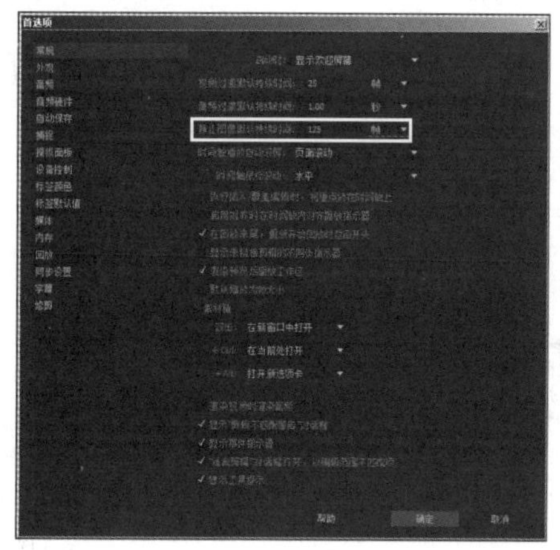

图9–52　设置“静帧图像默认持续时间”为125帧

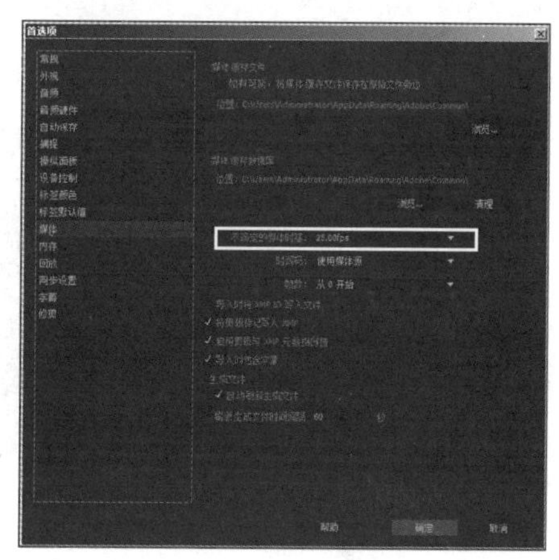

图9–53　将“不确定的媒体时间基准”设置为25帧/s

（4）导入素材图片。执行“文件 | 导入”命令，在弹出的对话框中选择资源素材中的“素材及结果 \ 第 9 章 综合实例 \9.2 制作配乐诗词效果 \ 图片 001.jpg”、“图片 002.jpg”、“文字 1.jpg”和“文字 2.jpg”文件，单击“打开”按钮，将其导入“项目”面板，如图 9–54 所示。

提示

由于前面进行了设置，此时四张静态图片的默认时间长度均为5 s。

（5）在“项目”面板中依次选择“图片 001.jpg”和“图片 002.jpg”素材，然后将它们拖入“时间线”面板的“V1”轨道中，入点为 00：00：00：00，如图 9–55 所示。

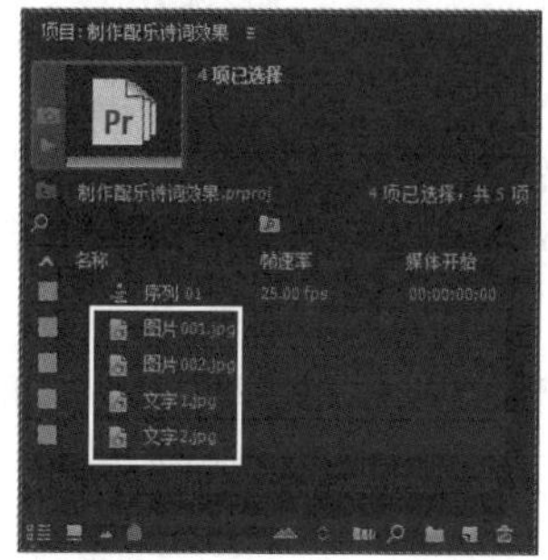

图9–54　“项目”面板

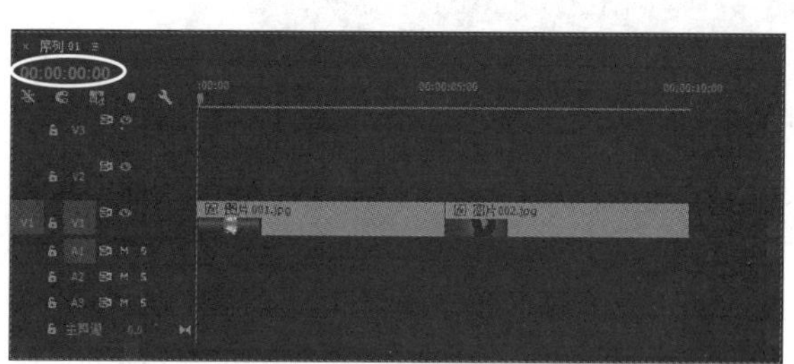

图9–55　将“图片001.jpg”和“图片002.jpg”素材拖入“时间线”面板

(6) 制作“图片 001.jpg”素材的镜头拉神效果。选择“时间线”面板中的“图片 001.jpg”素材，然后在“效果控件”面板中展开“运动”选项。再将“时间线”面板移动到 00：00：00：00 的位置，单击“缩放”选项前的按钮，在此处添加一个关键帧，如图 9–56 所示。将时间滑块移动到 00：00：05：00 的位置，单击按钮，添加一个新的“缩放”关键帧，并将数值设置为 90，如图 9–57 所示。

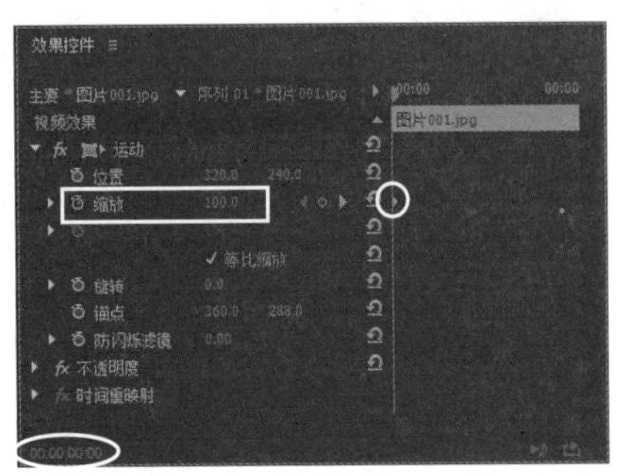

图9–56　在00：00：00：00处添加“缩放”关键帧

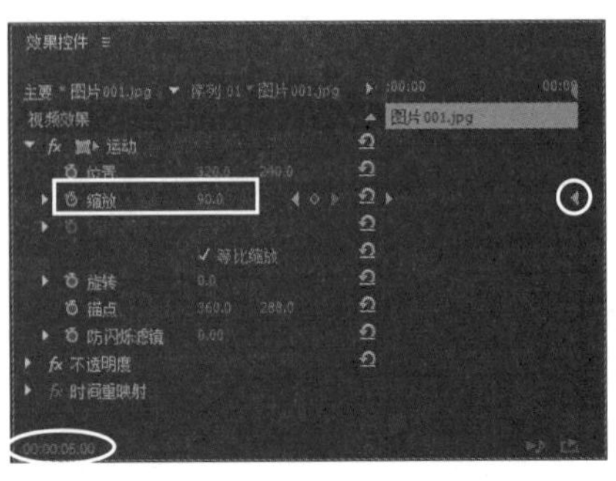

图9–57　在00：00：05：00处设置“缩放”参数

(7) 在 “节目”面板中单击按钮，即可看到“图片 001.jpg”素材镜头拉神效果，如图 9–58 所示。

镜头拉神前

镜头拉神后

图9–58　“图片001.jpg”素材镜头拉神效果

(8) 同理，制作“图片 002.jpg”素材的镜头拉神效果。选择“时间线”面板中的“图片 002.jpg”素材，然后在“效果控件”面板中展开“运动”选项。再将时间滑块移动到 00：00：05：00 的位置，单击“缩放”选项前的按钮，在此处添加一个关键帧，如图 9–59 所示。接着将时间滑块移动到 00：00：10：00 的位置，单击按钮，添加一个新的“缩放”关键帧，并将数值设置为 90，如图 9–60 所示。最后在“节目”面板中单击按钮，即可看到“图片 002.jpg”素材镜头拉神效果，如图 9–61 所示。

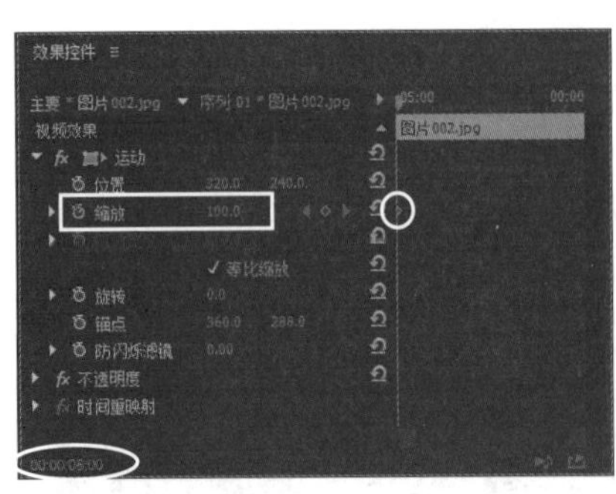

图 9–59　在 00：00：05：00 处添加“缩放”关键帧

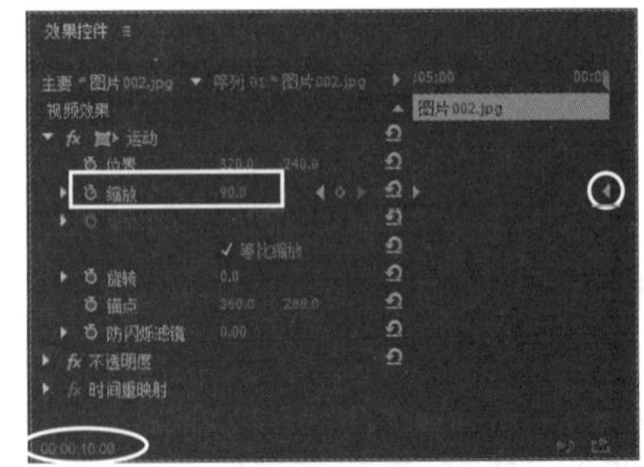

图 9–60　在 00：00：10：00 处设置“缩放”参数

(9) 重新设置“图片 001.jpg”素材的持续时间为 10 s。从“项目”面板中再次将“图片 001.jpg”拖入“时间线”面板的“V1”轨道中，入点为 00：00：10：00，然后右击该素材，从弹出的快捷菜单中选择“速度 / 持续时间”命令。在弹出对话框中的设置如图 9–62 所示，单击“确定”按钮，此时“时间线”面板如图 9–63 所示。

镜头拉神前

镜头拉神后

图9-61　“图片002.jpg”素材镜头拉神效果

图9-62　设置“图片001.jpg”的持续时间

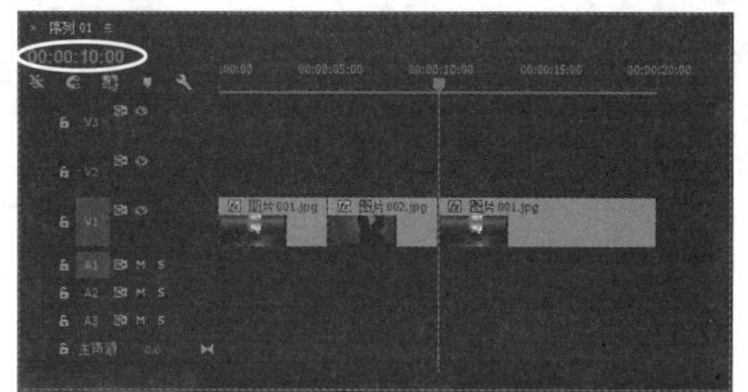
图9-63　“时间线”面板

（10）同理，重新设置“图片 002.jpg”素材的持续时间为 10 s。在“项目”面板中再次将“图片 002.jpg”拖入“时间线”面板的“V1”轨道中，入点为 00：00：20：00，并将该素材的“速度 / 持续时间”设为 10 s，此时“时间线”面板如图 9-64 所示。

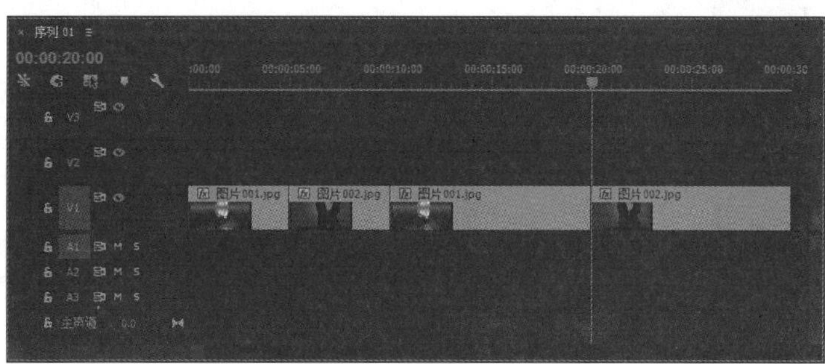
图9-64　“时间线”面板

2. 添加文字切换效果

（1）分层导入图像。执行“文件 | 导入”命令，在弹出的对话框中选择资源素材中的“素材及结果 \9.2 制作配乐诗词效果 \ 分层文字 .psd”文件，如图 9-65 所示，单击“打开”按钮，在弹出的“导入分层文件：分层文字”对话框中的设置如图 9-66 所示，单击“确定”按钮，将其导入“项目”面板，如图 9-67 所示。

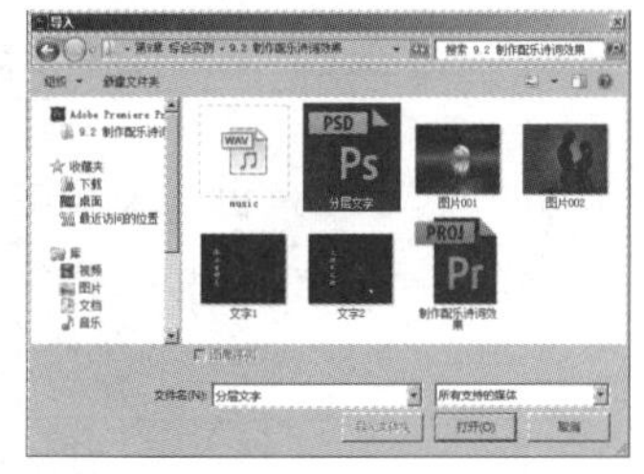
图9-65　选择“分层文字.psd”文件

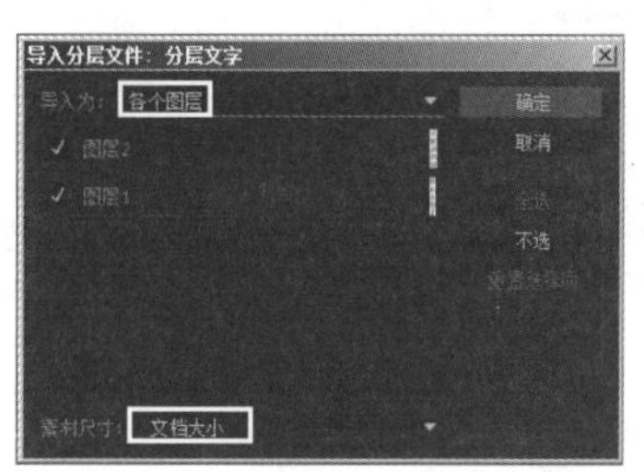
图9-66　设置导入参数

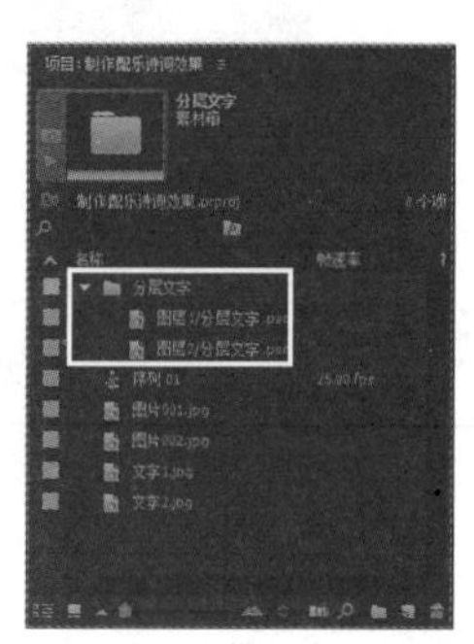
图9-67　“项目”面板

(2) 添加“图层 1/ 分层 1.psd”的视频切换。将“图层 1/ 分层 1.psd”拖入“时间线”面板的“V2”轨道中，入点为 00：00：00：00。然后在 “效果”面板中展开 “视频过渡”文件夹，选择 “擦除”中的 “径向划变”视频擦除，如图 9–68 所示。接着将其拖入“时间线”面板“V2”轨道中的“图层 1/ 分层 1.psd”的开始位置，如图 9–69 所示。

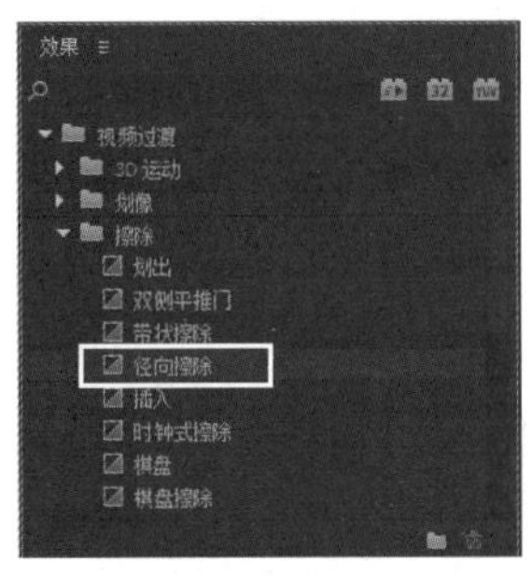

图9–68 选择“径向擦除”特效

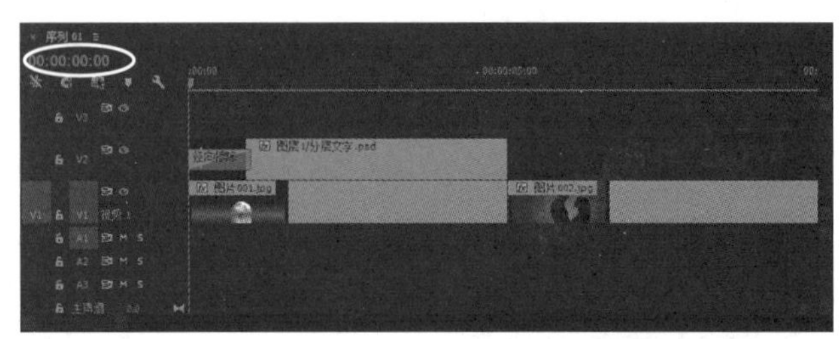

图9–69 将“径向擦除 ”特效拖入“图层1/分层1.psd”的开始位置

(3) 设定“图层 1/ 分层 1.psd”视频切换的切换时间。选择“V2”轨道中的“图层 1/1.psd”素材上的“径向擦除”视频切换，然后进入“效果控件”面板，将其“持续时间”设为 00 ： 00 ： 03： 00 即可，如图 9–70 所示，此时“时间线”面板如图 9–71 所示。在“节目”面板中单击▶按钮，即可看到“图层 1/ 分层 1.psd”素材的视频切换效果，如图 9–72 所示。

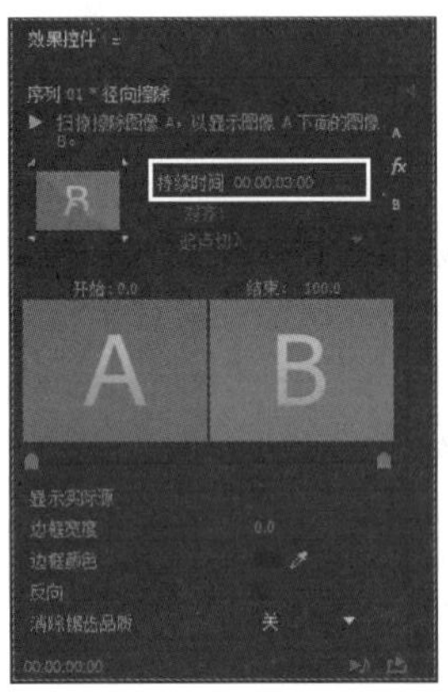

图9–70 设置“径向划变 ”的持续时间

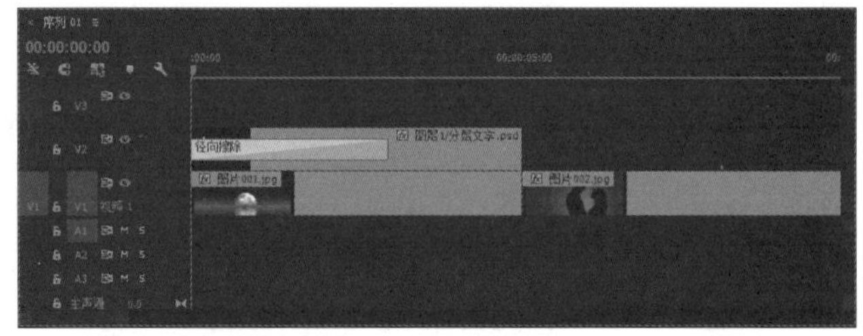

图9–71 “时间线 ”面板

图9–72 “图层1/分层1.psd”素材的视频切换效果

提示

右击“V2”轨道中的“图层1/1.psd”素材上的“径向擦除”视频切换，然后在弹出的快捷菜单中选择“设置过渡持续时间”命令，在弹出的对话框中也可以设置“径向擦除”视频切换持续时间。

(4) 同理，添加“图层 2/ 分层 1.psd”的视频切换和设置切换特效持续时间。将“图层 2/ 分层 .psd”拖入“时间线”面板的“V2”轨道中，入点为 00：00：05：00。然后将 “效果”面板 “视频切换”文件夹中的 “擦除”文件夹内的 “径向擦除”视频切换拖入 “时间线”面板“V2”轨道中的“图层 2/ 分层 .psd”的开始位置。接着选择添加的“径向擦除”视频切换，然后进入“效果控件”面板，将其“持续时间”设为 00：00：03：00，此时“时间线”面板如图 9－73 所示。最后在 “节目”面板中单击▶按钮，即可看到“图层 2/ 分层 .psd”素材的视频切换效果，如图 9－74 所示。

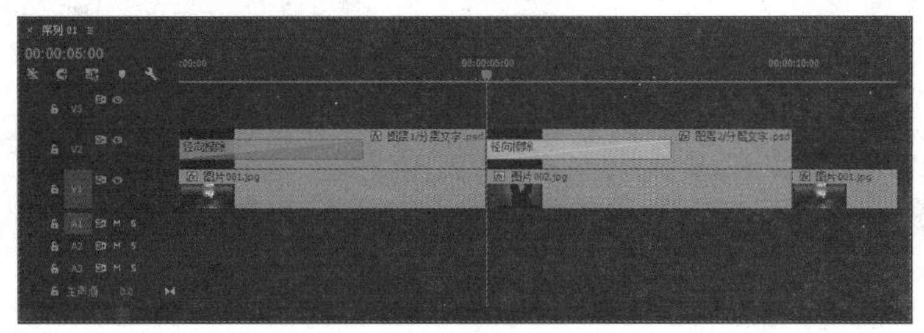

图9－73　“时间线 ”面板

图9－74　“图层2/分层1.psd”素材的视频切换效果

3. 添加文字遮罩效果

（1）从“项目”面板中将“文字 1.jpg”拖入“时间线”面板的“V2”轨道中，入点为 00：00：10：00。然后将该素材的持续时间设置为 00：00：10：00，此时“时间线”面板如图 9－75 所示，效果如图 9－76 所示。

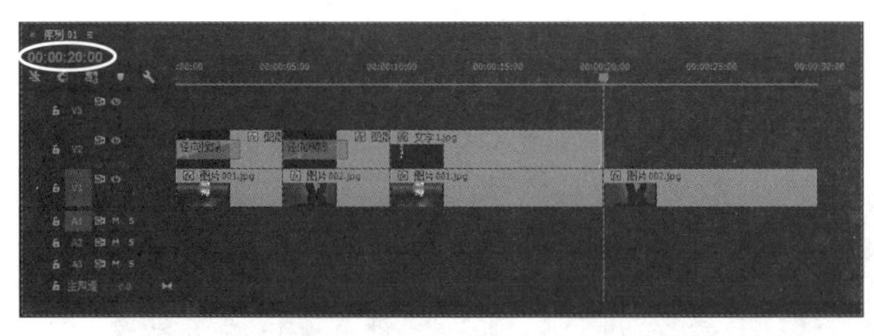

图9－75　“时间线 ”面板

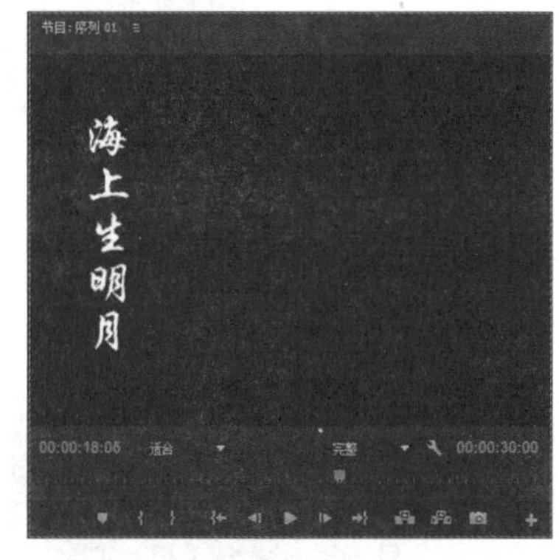

图9－76　“文字1.jpg ”的画面效果

（2）制作“文字 1.jpg”素材的遮罩。在“效果”面板中展开“视频特效”文件夹，选择“键控”中的“颜色键”特效，如图 9－77 所示，将其拖入“时间线”面板中的“文字 1.jpg”上。进入“效果控件”面板，将“颜色键”的“主要颜色”设置为白色，如图 9－78 所示。

（3）制作“文字 1.jpg”素材由大变小飞入画面的效果。在“时间线”面板中选择“文字 1.jpg”素材，然后在“效果控件”面板中将时间滑块移动到 00：00：11：00 的位置。再分别单击“位置”和“缩放”前面的⏱按钮，在此处添加关键帧，并修改参数，如图 9－79 所示。接着将时间滑块移动到 00：00：18：00 的位置，分别修改“位置”和“缩放”的参数，如图 9–80 所示。最后在“节目”面板中单击▶按钮，即可看到“文字 1.jpg”素材由大变小飞入画面的效果，如图 9–81 所示。

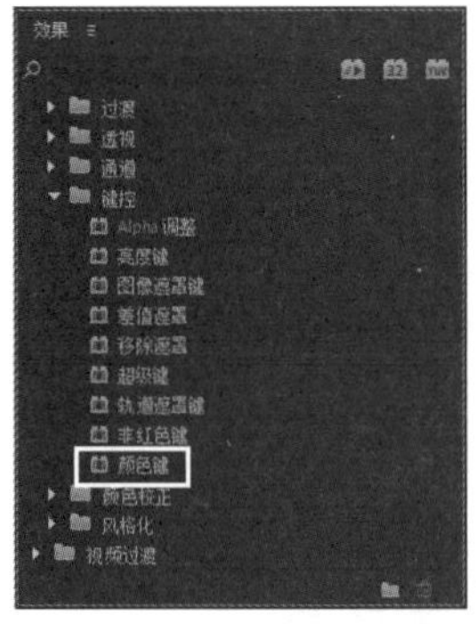

图9–77 选择“颜色键”

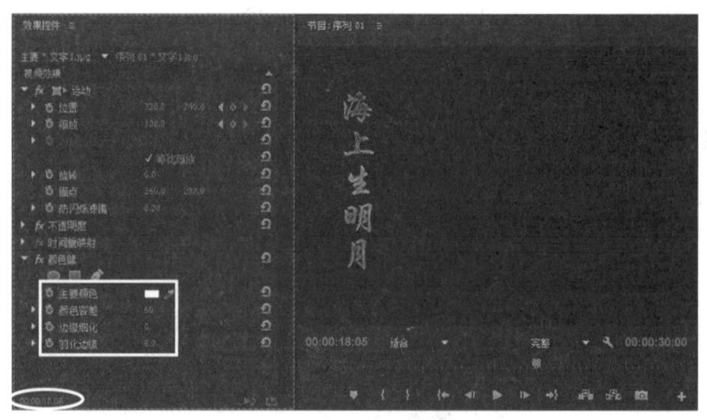

图9–78 将“颜色键”的“主要颜色”设置为白色的效果

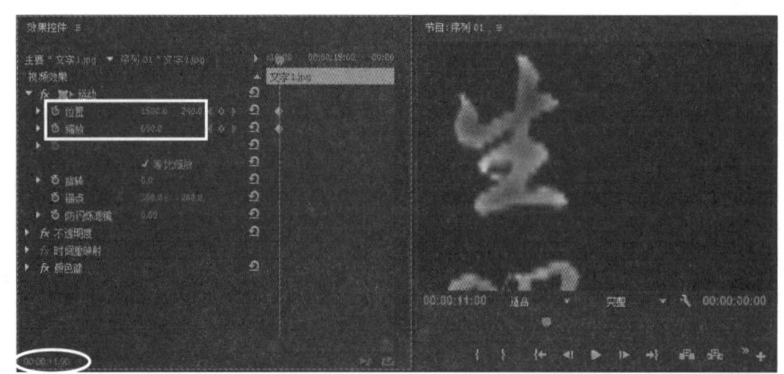

图9–79 在00：00：11：00处设置“位置”和“缩放”的关键帧

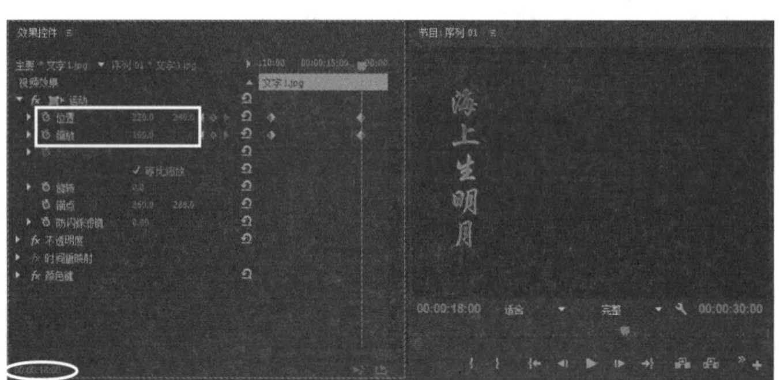

图9–80 在00：00：18：00处设置“位置”和“缩放”的关键帧

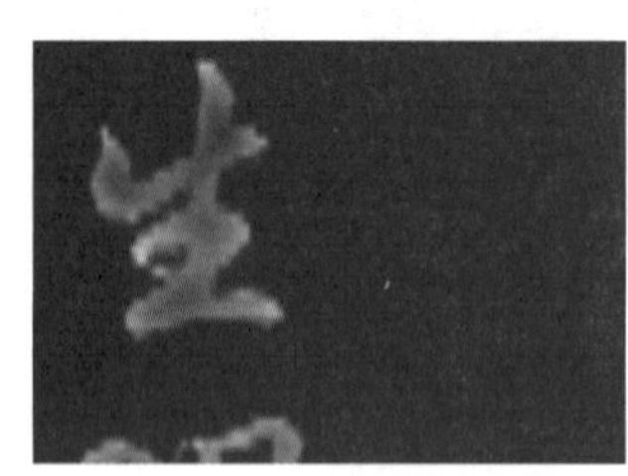

图9–81 “文字1.jpg”素材由大变小飞入画面的效果

（4）从“项目”面板中将“文字 2.jpg”拖入“时间线”面板的“V2”轨道中，入点为 00：00：20：00。然后将该素材的持续时间设置为 00：00：10：00，此时“时间线”面板如图 9–82 所示，效果如图 9–83 所示。

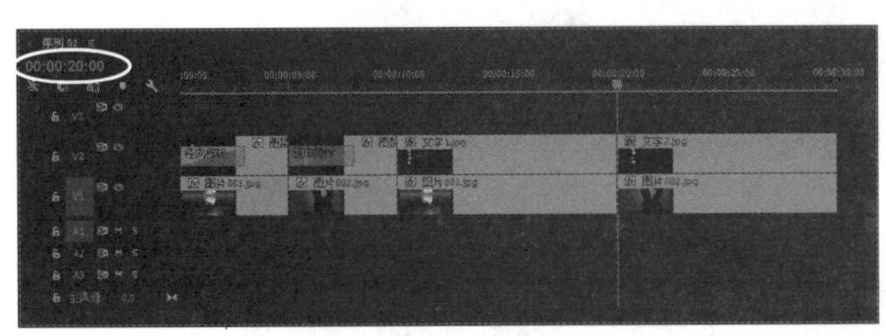

图9–82 “时间线”面板

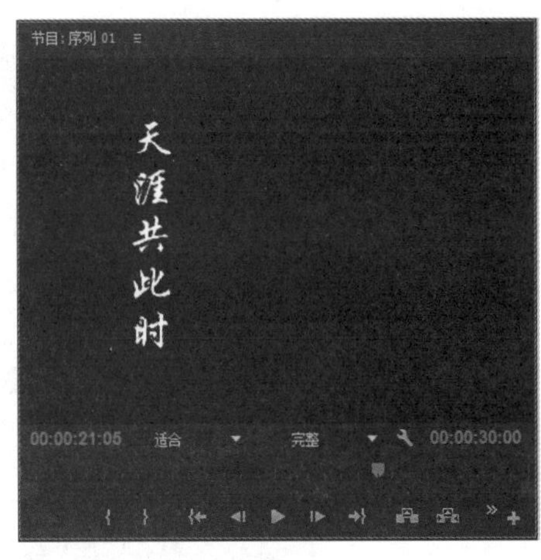

图9–83 “文字2.jpg ”的画面效果

（5）制作“文字 2.jpg”素材的遮罩。在“效果”面板中展开 “视频特效”文件夹， 然后选择 “键控”中的 “颜色键”特效，将其拖入“时间线”面板中的“文字 2.jpg”上。进入“效果控件”面板，将“颜色键”的“主要颜色”设置为白色，如图 9–84 所示。

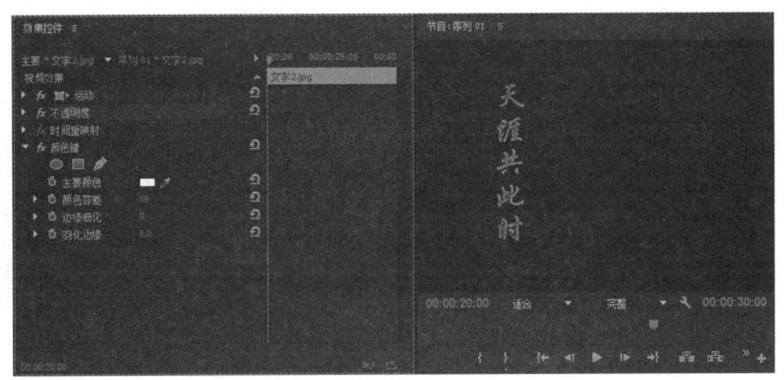

图9–84 对“文字2.jpg”素材遮罩后的效果

（6）制作“文字 2.jpg”素材由小变大飞出画面的效果。在“时间线”面板中选择“文字 2.jpg”素材，然后在“效果控件”面板中将时间线滑块移动到 00：00：22：00 的位置。再分别单击“位置”和“缩放”前面的按钮，在此处添加关键帧，并修改参数，如图 9–85 所示。接着将时间滑块移动到 00：00：29：00 的位置，分别修改“位置”和“缩放”的参数，如图 9–86 所示。在“节目”面板中单击按钮，即可看到“文字 2.jpg”素材由小变大飞出画面的效果，如图 9–87 所示。

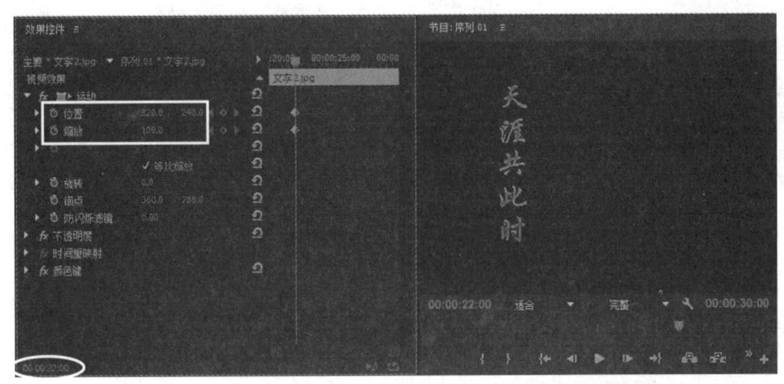

图9–85 在00：00：22：00处设置“位置”和“缩放”的关键帧

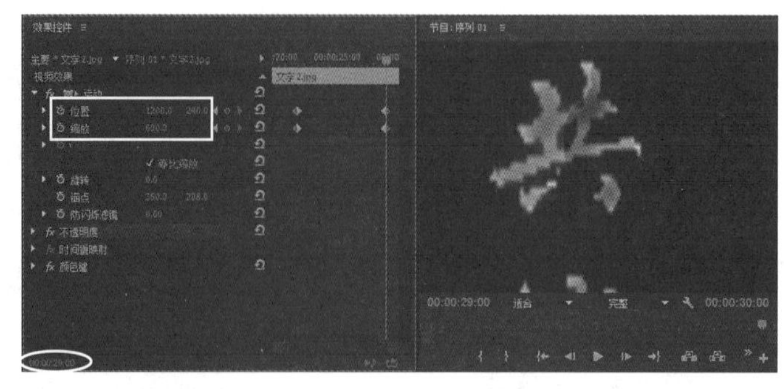

图9-86　在00：00：29：00处设置“位置”和“缩放”的关键帧

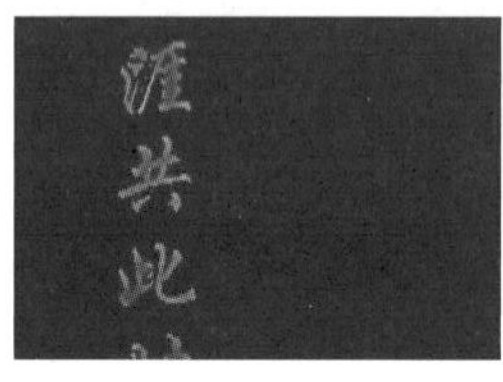
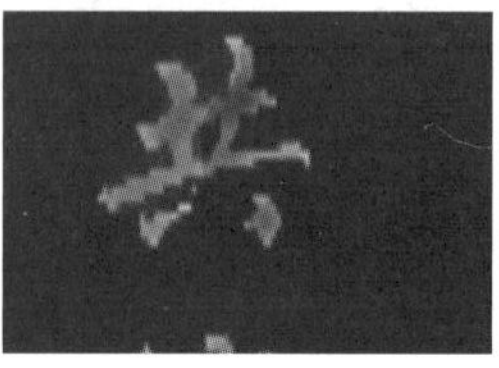

图9-87　“文字2.jpg”素材由小变大飞出画面的效果

4. 添加片头与背景音乐

该实例的主体部分已经编辑好了，接下来的工作是运用Premiere Pro CC 2015自带的“通用倒计时片头”为本实例添加一个片头效果，并适当调整倒计时的时间长度。然后利用多种方法制作各个片断之间的淡入和淡出效果。最后给该实例添加音乐效果并输出为影片。

1）制作“通用倒计时片头”

（1）单击“项目”面板下方的■（新建项）按钮，从弹出的下拉菜单中选择“通用倒计时片头”命令，如图9-88所示，然后在弹出的“新建通用倒计时片头”对话框中设置参数，如图9-89所示。单击“确定”按钮，在弹出的“通用倒计时设置”对话框中保持默认参数，如图9-90所示，单击“确定”按钮，此时新建的“通用倒计时片头”会自动添加到“项目”面板中，如图9-91所示。

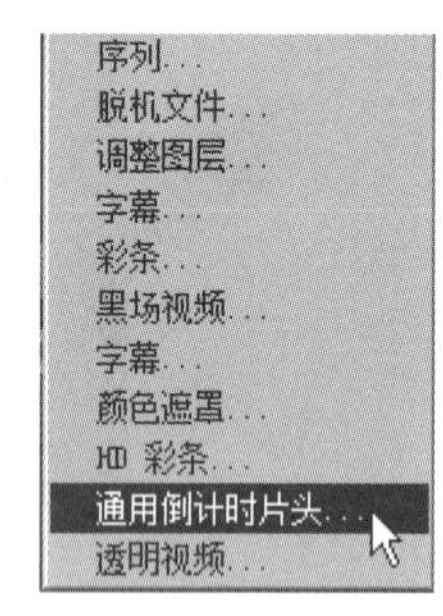

图9-88　选择“通用倒计时片头”命令

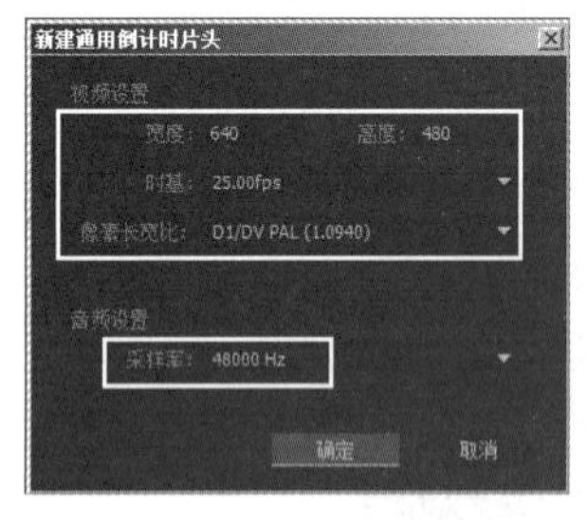

图9-89　“新建通用倒计时片头”对话框

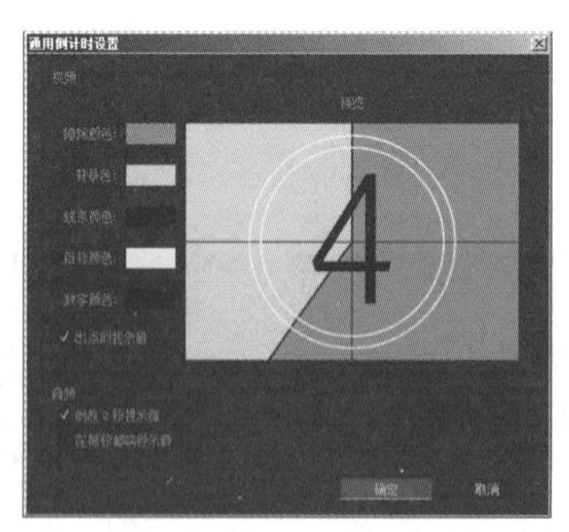

图9-90　“通用倒计时片头设置”对话框

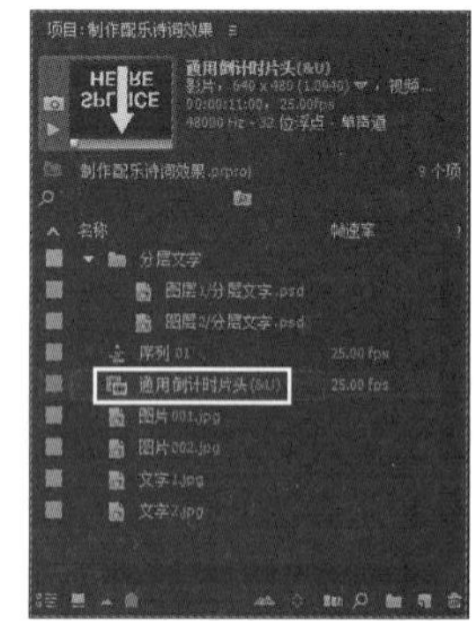

图9-91　“项目”面板

（2）将“项目”面板中的“通用倒计时片头”素材拖入到“素材源”面板中，如图9-92所示。然后激活“V1”轨道，使之高亮显示，再将时间滑块移动到00：00：00：00的位置，如图9-93所示，单击“素材源”面板下方的■（插入）按钮，即可将“通用倒计时片头”素材插入“V1”轨道。此时“时间线”面板如图9-94所示。

图9–92　“项目”面板

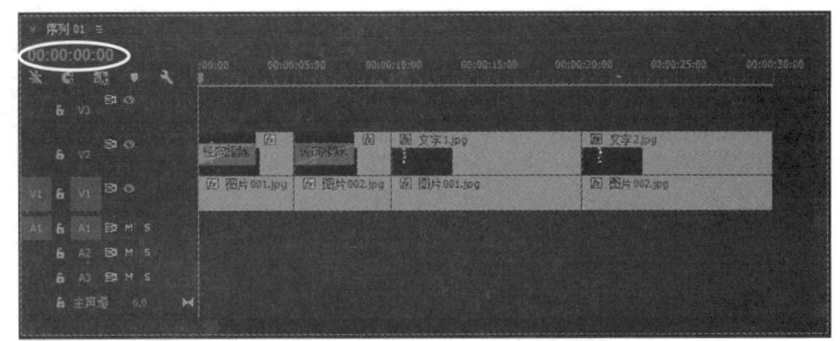

图9–93　将时间滑块定位在00：00：00：00处

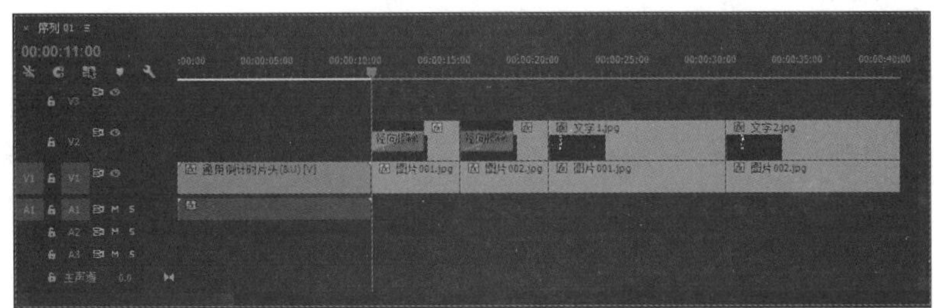

图9–94　插入“通用倒计时片头”的“时间线”面板

(3) 右击时间线中的“通用倒计时片头”，从弹出的快捷菜单中选择“取消链接”命令，将“通用倒计时片头”的视频和音频进行分离。选择“A1”轨道的“通用倒计时片头”的音频部分，按 Delete 键删除。

(4) 此时所插入的“通用倒计时片头”素材过长，会影响整体效果，需要将倒计时从 10 s 改为 5 s，并从倒数第 5 s 开始开始计时。选择工具箱中的（剃刀工具），在“时间线”面板的 00：00：06：00 的位置将“通用倒计时片头”素材断开，如图 9–95 所示。选中断开后的“通用倒计时片头”素材的前半部分，右击，从弹出的快捷菜单中选择“波纹删除”命令，将其删除，此时“时间线”面板如图 9–96 所示。在“节目”面板中单击按钮，即可看到删除“通用倒计时片头”前半部分后的倒计时效果，如图 9–97 所示。

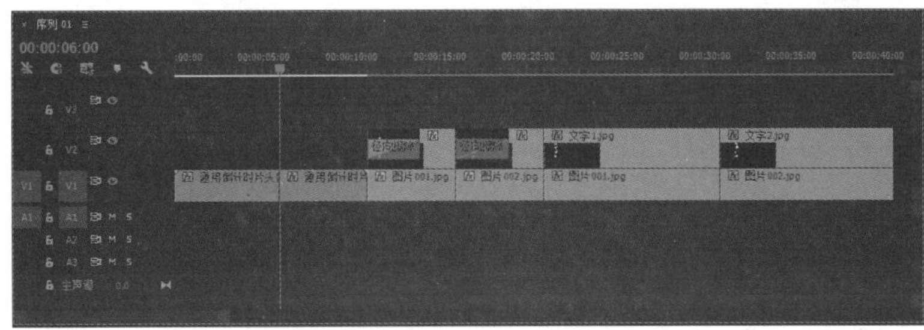

图9–95　在00：00：06：00的位置将“通用倒计时片头”素材断开

提示

利用“波纹删除”命令删除素材后，其后面的所有素材都会相应地向前移动。如果按Delete键进行直接删除，后面的所有素材不会相应地向前移动。

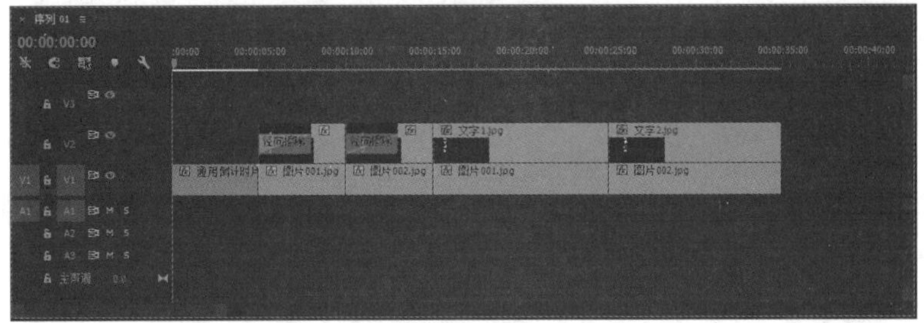

图9–96　删除“通用倒计时片头”前半部分后的“时间线”面板

图9-97　删除“通用倒计时片头”前半部分后的倒计时效果

2）制作各个片断之间的淡入和淡出效果

（1）制作“通用倒计时片头”素材到主体部分之间的淡入效果。在 V2 轨道左侧空白处双击，展开 V2 轨道，选中“V2”上的“图层 1/ 分层文字”素材，分别在 00：00：05：00 和 00：00：06：00 的位置单击（添加 / 删除关键帧）按钮，添加两个关键帧，如图 9-98 所示。接着将 00：00：05：00 向下移动，如图 9-99 所示。

提示

如果在时间线中没有显示关键帧，可以单击时间线右上方上方的（时间轴显示设置）按钮，从弹出的下拉菜单中选择“显示视频关键帧”命令，如图9-100所示，即可在时间线中显示添加的关键帧。

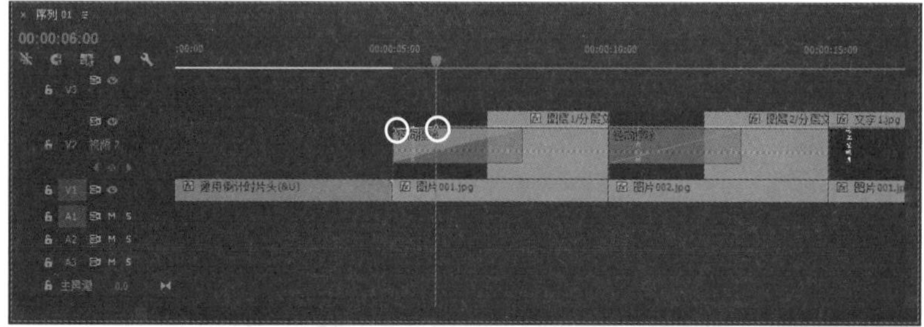

图9-98　在00：00：05：00和00：00：06：00处添加两个关键帧

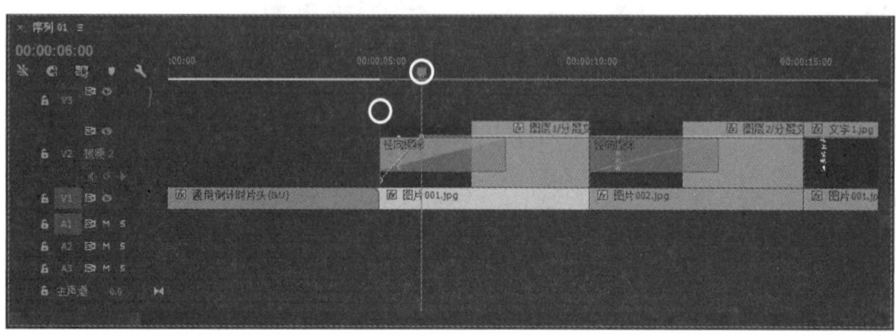

图9-99　将00：00：05：00处的关键帧向下移动

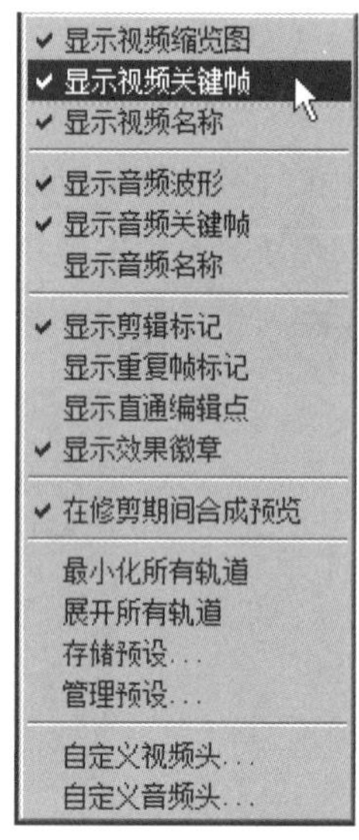

图9-100　选择“显示视频关键帧”命令

（2）同理，分别在“V1”轨道的“图片 001.jpg”素材的 00：00：05：00 和 00：00：06：00 的位置添加两个不透明关键帧，然后在 00：00：05：00 的位置向下移动，此时“时间线”面板如图 9-101 所示。

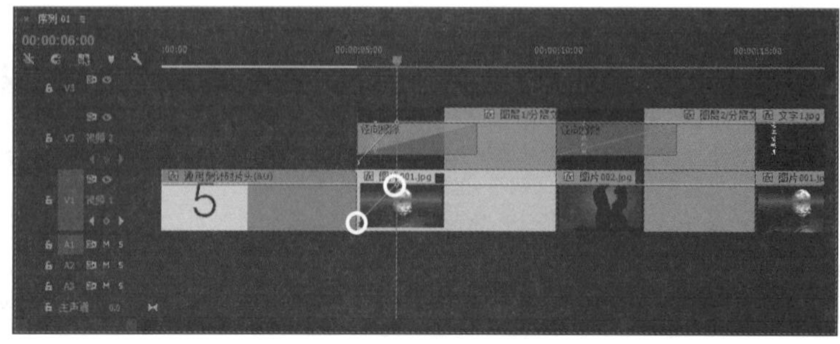

图9-101　在“图片001.jpg”素材上添加两个不透明关键帧

提示

在视频轨道上添加不透明度关键帧和在“效果控件”面板中的“不透明度”中添加不透明度关键帧是一致的。图9-102为添加在“效果控件”面板中给“图片001.jpg”素材添加不透明度关键帧的显示效果。

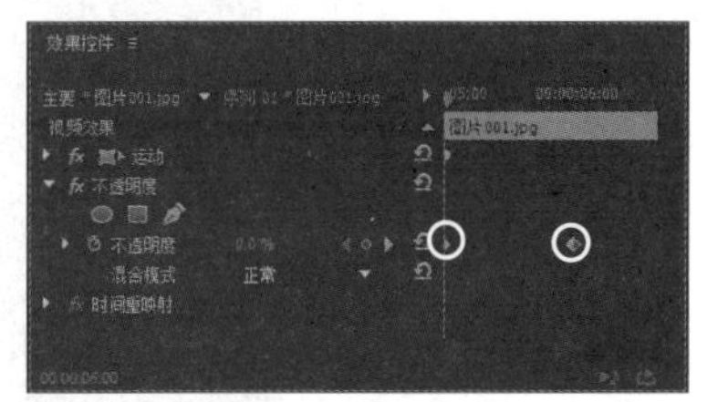

图9-102　在“效果控件”面板中添加“不透明度”关键帧

（3）在　“节目”面板中单击▶按钮，即可看到 00：00：05：00 ~ 00：00：06：00 之间的淡入效果，如图 9-103 所示。

图9-103　00：00：05：00~00：00：06：00之间的淡入效果

（4）制作“文字 1.jpg”的淡入效果。选中“V2”上的“文字 1.jpg”素材，然后分别在 00：00：15：00 和 00：00：16：00 的位置单击◇（添加 / 删除关键帧）按钮，添加两个不透明关键帧，然后将 00：00：15：00 位置的关键帧向下移动，如图 9-104 所示。在“节目”面板中单击▶按钮，即可看到 00：00：15：00 ~ 00：00：16：00 之间的淡入效果，如图 9-105 所示。

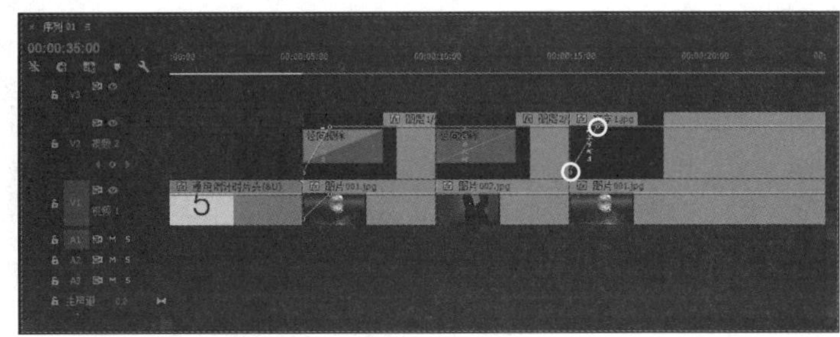

图9-104　在00：00：15：00和00：00：16：00处添加并对不透明度关键帧进行处理

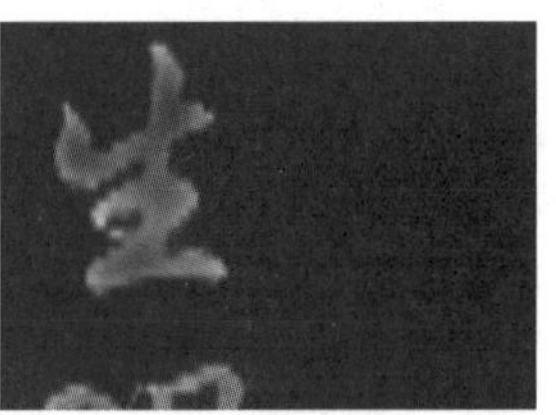

图9-105　00：00：15：00~00：00：16：00之间的淡入效果

（5）制作最终的文字淡出效果。选中“V2”上的“文字 2.jpg”素材，然后分别在 00：00：34：00 和 00：00：35：00 的位置单击◇（添加 / 删除关键帧）按钮，添加两个关键帧，接着将 00：00：35：00 位置的关键帧向下移动，如图 9-106 所示。最后在“节目”面板中单击▶按钮，即可看到 00：00：34：00 ~ 00：00：35：00 之间的淡入效果，如图 9-107 所示。

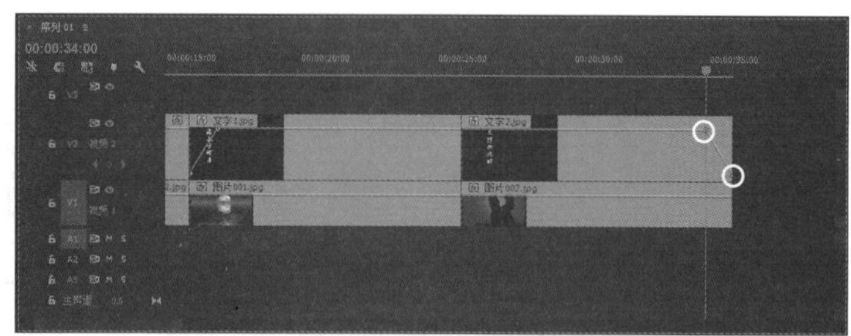

图9-106 在00：00：34：00和00：00：35：00处添加并对透明度关键帧进行处理

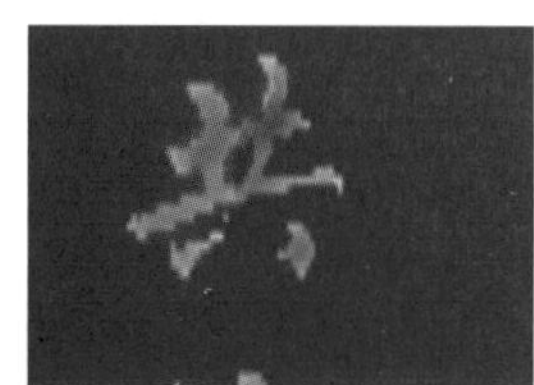

图9-107 00：00：34：00～00：00：35：00之间的淡出效果

3）制作黑场视频效果

在“节目”面板中单击▶按钮，会发现在00：00：15：00和00：00：25：00位置上片断转换十分生硬，可利用“黑场视频”解决这个问题。

（1）单击“项目”面板下方的▣（新建项）按钮，从弹出的下拉菜单中选择“黑场视频”命令，如图9-108所示，在弹出的“新建黑场视频”对话框中设置参数，如图9-109所示，单击“确定”按钮。此时新建的“黑场视频”会自动添加到“项目”面板中，如图9-110所示。

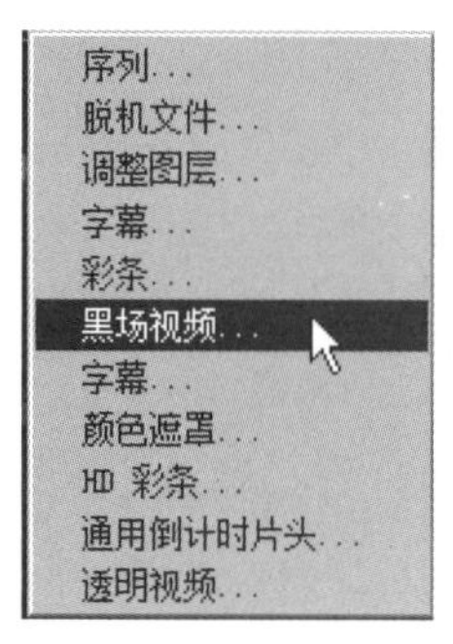

图9-108 选择“黑场视频”命令

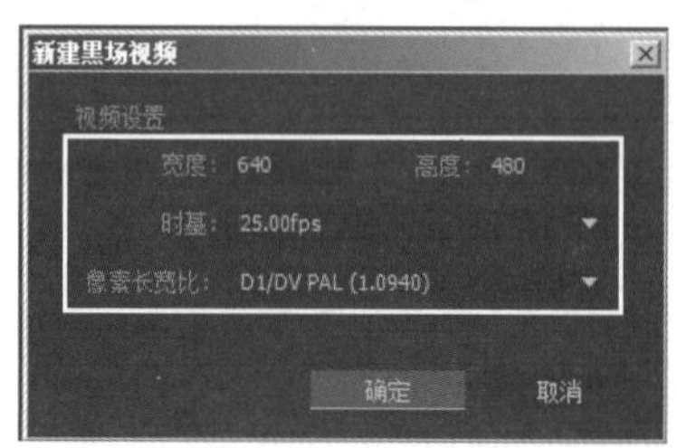

图9-109 “新建黑场视频”对话框

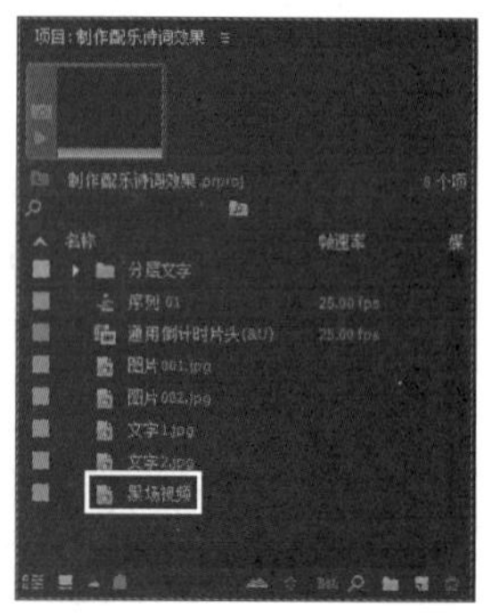

图9-110 “项目”面板

（2）设置黑场的持续时间为2 s。右击“项目”面板中的“黑场”，从弹出的快捷菜单中选择“速度/持续时间”命令，在弹出的对话框中将时间长度设为00：00：02：00，如图9-111所示。

（3）从“项目”面板中将“黑场”素材拖入“时间线”面板的“V3”轨道中，入点为00：00：09：00，如图9-112所示。

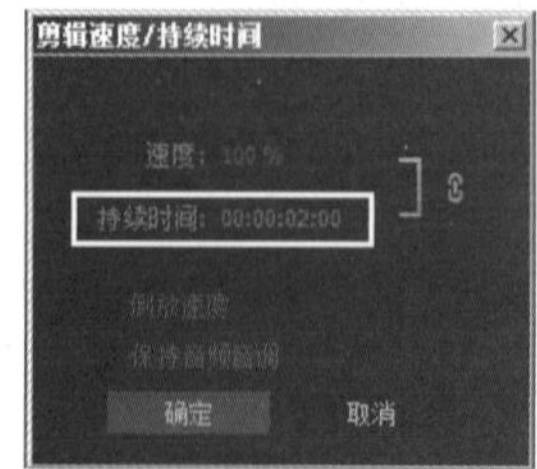

图9-111 设置“持续时间”

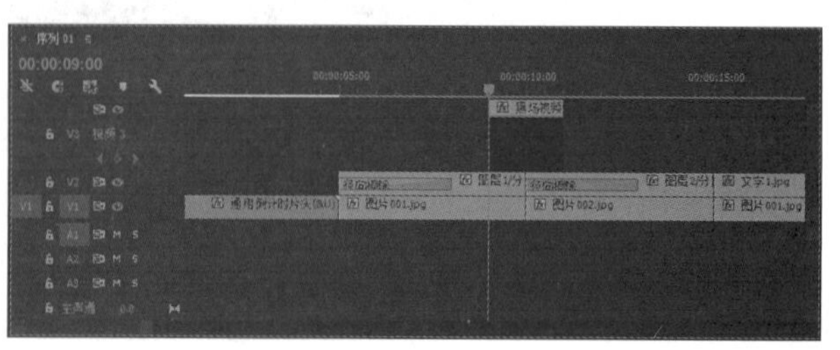

图9-112 将“黑场视频”拖入“V3”轨道中

(4) 在“V3”轨道中选择“黑场视频”素材，然后分别在 00：00：09：00、00：00：10：00 和 00：00：11：00 位置添加关键帧，将 00：00：09：00 和 00：00：11：00 位置的关键帧向下移动，如图 9–113 所示。在“节目”面板中单击▶按钮，即可看到 00：00：09：00 ~ 00：00：11：00 之间的淡入 / 淡出效果，如图 9–114 所示。

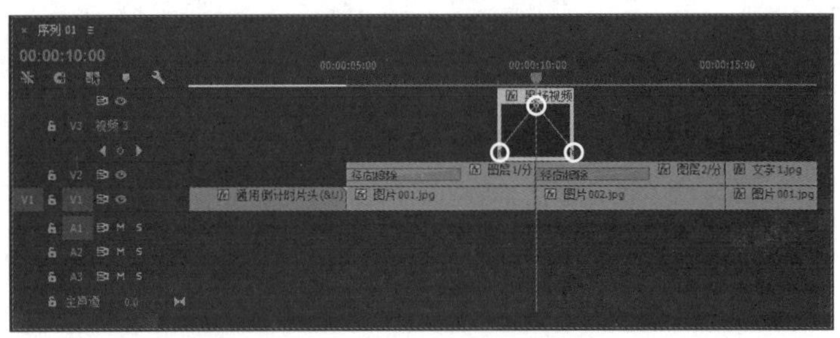

图9–113　在00：00：09：00～00：00：11：00之间设置“黑场视频”的不透明度

图9–114　在00：00：09：00～00：00：11：00之间“黑场视频”的淡入/淡出效果

(5) 从“项目”面板中将“黑场视频”素材拖入“时间线”面板的“V3”轨道中，入点为 00：00：24：00，然后分别在 00：00：24：00、00：00：25：00 和 00：00：26：00 位置添加关键帧添加 3 个关键帧，将 00：00：24：00 和 00：00：26：00 位置的关键帧向下移动，如图 9–115 所示。在“节目”面板中单击▶按钮，即可看到 00：00：24：00 ~ 00：00：26：00 之间的淡入 / 淡出效果，如图 9–116 所示。

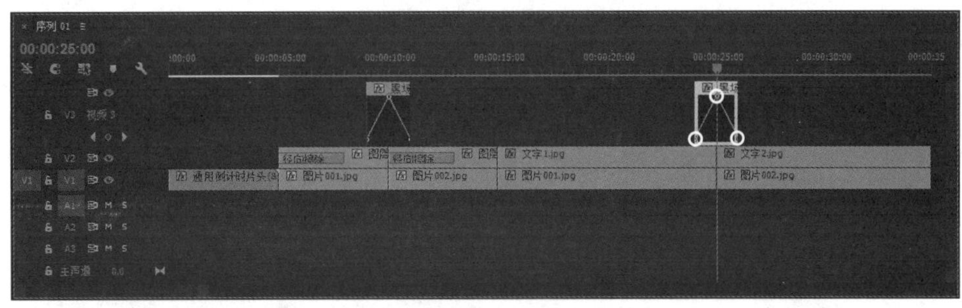

图9–115　向下移动00：00：24：00～00：00：26：00设置的关键帧

图9–116　在00：00：09：00～00：00：11：00之间“黑场视频”的淡入/淡出效果

4）添加背景音乐

(1) 执行“文件 | 导入”命令，导入资源素材中的“素材及结果 \9.2 制作配乐诗词效果 \music.wav”文件。

(2) 从“项目”面板中将“music.wav”拖入“时间线”面板的“A1”轨道中，入点位置为 00：00：00：00，如图 9–117 所示。

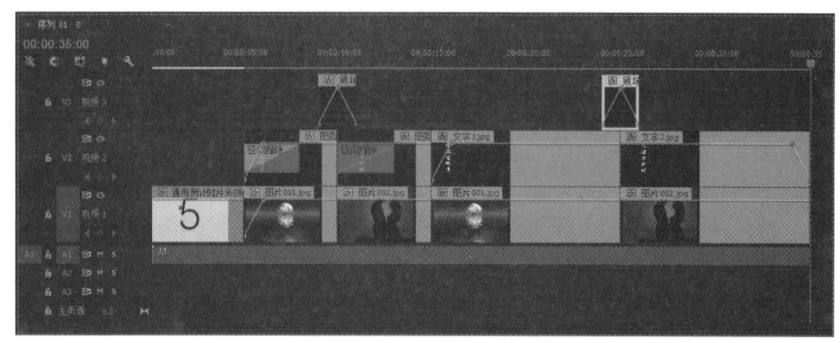

图9-117 将“music.wav”拖入“时间线”面板的“A1”轨道中

（3）至此，配乐诗词效果制作完毕，执行“文件|导出|媒体”命令，将其输出为“配乐唐诗效果.avi”文件。

课后练习

上机题

1. 利用资源素材中的“素材及结果\课后练习\第9章\练习1\打字声音.wav”文件，制作伴随着声音的打字效果，如图9-118所示。结果可参考资源素材中的“素材及结果\第8章 综合实例\课后练习\练习1\练习1.prproj”文件。

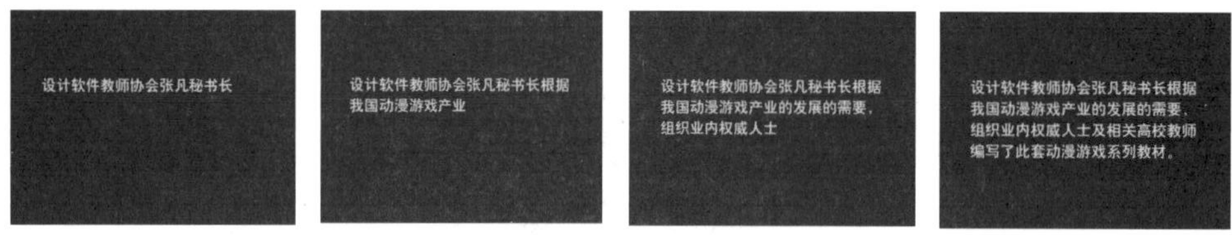

图9-118 练习1的效果

2. 利用资源素材中的“素材及结果\课后练习\第9章\练习2\分层文字.psd”、“music.wav”、“红叶1.jpg”、“红叶2.jpg”、“文字1.jpg”和“文字2.jpg”素材，制作配乐诗词效果，如图9-119所示。结果可参考资源素材中的“素材及结果\第8章 综合实例\课后练习\练习2\练习2.prproj”文件。

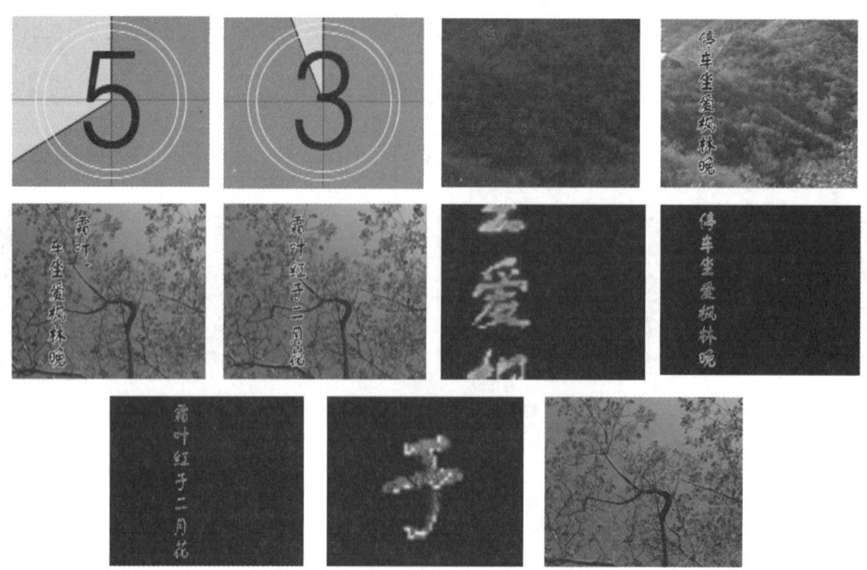

图9-119 练习2的效果